Volker Deutsch · Michael Platte · Manfred Vogt / Ultraschallprüfung

Springer

Berlin
Heidelberg
New York
Barcelona
Budapest
Hongkong
London
Mailand
Paris
Santa Clara
Singapur
Tokio

Volker Deutsch / Michael Platte / Manfred Vogt

Ultraschallprüfung

Grundlagen und industrielle Anwendungen

Mit 303 Abbildungen

Springer

Prof. Dr. Ing. Volker Deutsch
Dr. rer. nat. Michael Platte
Dipl.-Ing. Manfred Vogt

Firma Karl Deutsch
Prüf- und Meßgerätebau GmbH & Co. KG
Otto-Hausmann-Ring 101
42115 Wuppertal

ISBN 3-540-62072-9 Springer-Verlag Berlin Heidelberg NewYork

Die Deutsche Bibliothek - Cip-Einheitsaufnahme
Deutsch, Volker: Ultraschallprüfung: Grundlagen und industrielle Anwendungen / Volker Deutsch/Michael Platte/Manfred Vogt.- Berlin; Heidelberg; New York; Barcelona; Budapest; Hongkong; London; Mailand; Paris; Santa Clara; Singapur; Tokio: Springer, 1997
ISBN 3-540-62072-9
NE: Platte, Michael; Vogt, Manfred

Herstellung:ProduServ Verlagsservice GmbH, Berlin
Einbandgestaltung: Struve & Partner, Heidelberg
Satz: Saladruck, Berlin
Druck und Verarbeitung: Koninklijke Wöhrmann B. V., Zutphen
SPIN: 10560515 66/3020 - 5 4 3 2 1 0 - Gedruckt auf säurefreiem Papier

Vorwort

Dieses Buch ist genau wie das 1993 im VDI-Verlag erschienene über „Magnetpulver-Rißprüfung“ [1] für den Prüfpraktiker geschrieben. Die Grundlagen der Ultraschallprüfung sollen in verständlicher Sprache soweit erläutert werden, wie es für die praktische Prüfung erforderlich ist. Daher sind die Kapitel 2, 3 und 6 verhältnismäßig umfangreich gegenüber allen anderen, die kurz gefaßt wurden, um den vorgegebenen Umfang nicht zu überschreiten. Dort werden vor allem die derzeit tatsächlich angewendeten Prüfmethoden beschrieben. Die Hinweise auf ausführlichere Literatur und auf einschlägige Regelwerke sollen dem speziell interessierten Leser weiterhelfen. Auf Vollständigkeit im wissenschaftlichen Sinn und Erläuterung aller historischer, wenn auch durchaus interessanter Prüftechniken wird ausdrücklich verzichtet. Das Buch soll die Ausbildung des Ultraschallprüfers begleiten. Es soll ferner als schnelles Nachschlagewerk für alle diejenigen dienen, die zwar selbst keine Fachleute auf dem Gebiet der zerstörungsfreien Prüfung (ZfP) sind, sich aber mit der US-Prüftechnik befassen müssen, etwa weil diese in ihr eigentliches Arbeitsgebiet eingreift. Das ist in heutiger Zeit immer öfter der Fall, da die ZfP ja in steigendem Maße in die industrielle Fertigung integriert wird. Der Grundsatz, daß Qualität nicht erprüft, sondern nur produziert werden kann, ist dann selbstverständlich. Daher ist die ZfP wichtiger Bestandteil umfassender Qualitäts-Sicherheits-(QS)-Systeme geworden. Die Autoren – alle drei sind in der Fa. Karl Deutsch, Wuppertal tätig – konnten aufbauen auf dem im DVS-Verlag, Düsseldorf erschienenen Fachbuch „Die Ultraschallprüfung von Schweißverbindungen“ [2]. Dem DVS sei ausdrücklich gedankt für sein freundliches Einverständnis, Teile daraus übernehmen zu dürfen. In diesem Buch wird allerdings über die Schweißtechnik hinaus die ganze Palette der Ultraschall-Anwendungstechnik erläutert.

Des möglichen Vorwurfs, die Bilder zeigten vorzugsweise Gerätschaften aus dem Hause Karl Deutsch, sind sich die Verfasser durchaus bewußt. Sie halten aber dagegen, daß ihnen darauf am einfachsten Zugriff gegeben ist und weisen ausdrücklich darauf hin, daß alle Beschreibungen und Inhalte dieses Buches so allgemein gehalten sind, daß sie auf alle marktgängigen Geräte gleichermaßen zutreffen.

Die Autoren danken all den Fachkollegen, die ihnen mit Ratschlägen, Literaturhinweisen und dem Überlassen von Bildern geholfen haben.

Inhalt

1 Einführung

1.1 Geschichte der Ultraschallprüfung

In diesem Kapitel werden Fachausdrücke benutzt, die dem Anfänger in der Ultraschall-Prüftechnik noch nicht geläufig sind. In diesem Fall wird geraten, es zunächst zu überschlagen und erst später zu lesen.

Die Grundlagen der Ultraschall-Erzeugung sind bereits in der 2. Hälfte des 19. Jahrhunderts von weltberühmten Physikern beschrieben worden. J. P. JOULE entdeckte 1847 den magnetostriktiven und die Brüder J. und P. CURIE 1880 den piezoelektrischen Effekt. Die erste praktische Anwendung schlug der Brite RICHARDSON vor. 1912 war die „Titanic" untergegangen und die technische Welt diskutierte über Früherkennung von Eisbergen. RICHARDSONS Vorschlag, das mit Ultraschall zu versuchen, führte aber erst zu Konsequenzen, als CHILOWSKY and LANGEVIN begannen, Ultraschall im 1. Weltkrieg zur Ortung von U-Booten anzuwenden. Die so entwickelte Ortungstechnik wurde in den Jahren zwischen den Weltkriegen zur Beschreibung der Meerestopologie weiterentwickelt.

Der Russe SOKOLOW schlug 1928 erstmals vor, Ultraschall zur Werkstoffprüfung einzusetzen. Erwähnenswert sind auch Arbeiten von POHLMAN, der 1937 Ultraschallfelder durch einen mit dünnen Metallplättchen gefüllten Bildwandler sichtbar machte. Während des 2. Weltkrieges wurde zwischen 1940 und 1943 die Ultraschall-Prüfung in den USA, in Deutschland und in England von FIRESTONE, TROST und SPROULE natürlich ohne Kenntnis voneinander, aber zur Lösung des gleichen Prüfproblems eingesetzt. Dopplungen in Panzerplatten und feine Lunker in Halbzeug waren mit keinem bis dahin bekannten ZfP-Verfahren nachweisbar. Während TROST wie beim Durchstrahlungsverfahren mit getrennten Sendern und Empfängern arbeitete, was zur sog. „TROSTschen Ultraschallzange" führte, erfand FIRESTONE das zukunftsträchtige Reflexionsverfahren mit einem einzigen Schwinger. Sein „Reflectoscope" wurde in der Folgezeit von der Firma SPERRY, später AUTOMATION INDUSTRIES, zur Anwendungsreife gebracht. SPROULE arbeitete nicht nur zu Beginn, sondern auch später ausschließlich mit SE-Prüfköpfen. Sein Gerät wurde von der Fa. HUGHES, später KELVIN HUGHES gebaut. Die Geräteentwicklung in Deutschland schloß nicht an die Arbeiten von TROST in der „Reichsröntgenstelle" an. Sowohl J. KRAUTKRÄMER als auch K. DEUTSCH, dieser zusammen mit H. W. BRANSCHEID, begannen mit Geräteentwicklungen, ohne voneinander zu wissen, aber in Kenntnis der Arbeiten von FIRESTONE. Mit dem Wiederaufbau der europäischen Stahlindustrie ergab sich in den Folgejahren ein großes Marktpotential, so daß auch für weitere Firmen (SIEMENS, LEHFELDT, KRETZTECHNIK) Geräteentwicklungen lohnend erschienen. Die dann folgende stürmische Aufwärtsentwicklung aller ZfP-Verfahren dauert auch heute noch an.

1.2 Zerstörungsfreie Prüfung als Teil der Qualitätssicherung

Jede Prüfung oder Kontrolle von Werkstücken soll klären, ob die Prüfobjekte in der Lage sein werden, die künftige betriebliche Beanspruchung ohne Versagen zu ertragen. Zerstörende Prüfungen liefern dazu quantitative Vergleichswerte, setzen allerdings Gleichartigkeit mit den nicht zerstörten Teilen voraus, da nur dann eine Übertragung der Ergebnisse zulässig ist. Naturgemäß werden zerstörende Prüfungen an möglichst wenigen Prüfgegenständen durchgeführt. Nur zerstörungsfreie Prüfungen (ZfP) können ausnahmslos alle Werkstücke erfassen. Dabei lassen sich nicht nur Werkstoffeigenschaften ermitteln, sondern auch sporadisch vorkommende Fehlstellen auffinden und bewerten. Sind Inhomogenitäten aufgefunden, ist es wichtig zu wissen, inwieweit diese belassen werden können oder sogar müssen. Dies ist dann der Fall, wenn von einer Nacharbeit nicht nur Verbesserungen der Gebrauchsfähigkeit erwartet werden können. Daraus läßt sich die Aufgabe der ZfP so definieren:

> Durch reproduzierbare Prüftechnik ist sicherzustellen, daß die zur Weiterverwendung freigegebenen Werkstücke keine Fehler oberhalb der vorher definierten Bewertungsschwelle aufweisen. Das Ergebnis muß so dokumentiert sein, daß der Bezug zwischen Prüfgegenstand und Prüfbefund keinem Zweifel unterliegt.

Eigentliches Ziel der ZfP ist daher, diejenigen geprüften Werkstücke zur praktischen Verwendung freizugeben, die eine definierte Mindestqualität erreichen oder übertreffen. Damit ist die ZfP fester Bestandteil der Qualitätssicherung (QS), neuerdings als Qualitäts-Management (QM) bezeichnet, aber nur einer von vielen. Deshalb ist die früher viel gepriesene Rolle der Werkstoffprüfung als Teil einer der Produktion übergeordneten Inspektion zu Ende. Insbesondere international anerkannte Qualitäts-Normen wie DIN/ISO 9000 ff. fordern eine Prozeßlenkung, bei der Qualität produziert und nicht erprüft wird. Mit der gewandelten Aufgabenstellung gewinnt die Frage der möglichen Reproduzierbarkeit der Prüfverfahren hohen Stellenwert. Die Sicherheit, fehlerhafte oder fehlerfreie Befunde reproduzierbar festzustellen, kann sehr hoch sein. Dazu müssen jedoch grundsätzliche Mängel im angewendeten Verfahren berücksichtigt sein sowie Veränderungen der Ergebnisse durch Prüflingseigenschaften oder Prüfbedingungen, durch Umgebungseinflüsse, fehlerhafte Prüfgeräte und menschliche Unzulänglichkeiten ausgeschlossen werden. Setzt man Prüfverfahren nur dann ein, wenn ein sicheres Ergebnis erwartet werden kann, kontrolliert, daß gleiche Prüflingseigenschaften und konstante Prüfbedingungen herrschen und hält Umgebungseinflüsse ab, dann können fehlerhafte Prüfaussagen nur noch durch schlechte Gerätschaften oder Fehlverhalten des Prüfers entstehen. Heute sind die Eigenschaften der Geräte und des Zubehörs in engen Grenzen vorgeschrieben und deren Einhaltung in QS-Systemen erfaßt und dokumentiert. Die größte Fehlerquelle liegt beim ausführenden Menschen, denn „Nobody is perfect". Sie wiederum kann durch richtige Personalauswahl, durch Aus- und Weiterbildung sowie durch Motivation erheblich verringert werden; ganz auszuschließen ist sie freilich nicht. Letzlich ist in jedem Einzelfall zu entscheiden, durch welche Maßnahmen das Restrisiko weiter herabgesetzt werden kann und ob der damit verbundene Aufwand wirtschaftlich gerechtfertigt ist. Auch ist zu bedenken, ob der Rest durch eine Haftpflicht-Versicherung abgedeckt werden sollte. In diesen Zusammenhang gehört der Hinweis, daß auch Dienstleistungen wie das Prüfen unter die gesetzliche Produzentenhaftung fallen.

Qualitätssicherung in neuzeitlicher Fertigung kann nicht ohne Rücksicht auf Kosten erfolgen. Werkstücke, die durch zu hohen Prüfaufwand zu teuer werden, verlieren ihre Konkurrenzfähigkeit. Der Käufer und Weiterbearbeiter eines Bauteils muß zwar auf Qualität bestehen, er haftet aber nur indirekt, kann er doch Folgeschäden seinem Lieferanten aufbürden. Insofern ist ihm kein Vorwurf zu machen, wenn er Qualität fordert, es weitgehend dem Lieferanten überläßt, wie diese zu sichern ist und vor allem nach Preiswürdigkeit einkauft. Im übrigen gibt es viele Beispiele dafür, daß durch Optimierung von Fertigungsprozessen auch der notwendige Prüfaufwand erheblich reduziert werden kann.

Bei der Ultraschall-Prüfung von Hand übersteigen die Personalkosten den Wert von Prüfgerät und Zubehör zumeist um ein Vielfaches. Das läßt sich durch eine einfache Überschlagsrechnung belegen: Der Arbeitsplatz eines UT 2-Prüfers kostet mindestens 75 TDM pro Jahr. Ein Ultraschall-Gerät mit dem notwendigen Zubehör ist für weniger als 15 TDM zu haben. Es kann zudem von zwei Prüfern in zwei Schichten benutzt werden und hält mindestens 5 Jahre, meist erheblich länger. So kommt man leicht zu der Schlußfolgerung, daß die Personalkosten mehr als 95 % der Gesamtkosten ausmachen. Falls Hilfspersonal zur Vorbereitung der Prüfung sowie zum Ausfüllen und Einordnen der Prüfberichte eingesetzt wird, erhöht sich dieser Wert noch. Dadurch läßt sich ableiten, daß sich auch erheblich teureres Gerät dann rentiert, wenn Zeiten für Justierung und Protokollierung eingespart werden können. Gerade das läßt sich mit den modernen rechnergestützten Geräten und der Anbindung an EDV-Systeme erreichen.

Aus der jährlichen Geräteabschreibung und den angefallenen effektiven Prüfstunden lassen sich die Prüfkosten pro Werkstück ermitteln. Es löst immer wieder Erstaunen aus, daß die so ermittelten echten Prüfkosten durchaus in der Größenordnung der Herstellkosten liegen, mitunter sogar darüber. Das gilt umso mehr, je mehr Nacharbeit und als Folge davon erneute Prüfungen anfallen.

So kommt es, daß mitunter schon bei Kleinserien-Produktion der Einsatz teurer automatisierter Geräte rentabel ist. Dabei sind in jedem Einzelfall die unvermeidbaren Umrüst- und Testzeiten zu berücksichtigen. Bei der Massenprüfung z.B. von Halbzeug im Produktionsfluß ist die kontinuierliche automatische Überwachung im mehrschichtigen Betrieb erheblich wirtschaftlicher als der Einsatz von – vielen – Handprüfern. Daß die Sicherheit der Auffindung aller Fehler durch eine automatische Anlage erheblich höher ist als durch Prüfer, wird von niemanden mehr ernsthaft bestritten.

Werden ZfP-Verfahren zur QS eingesetzt, so gehören dazu klare Verfahrens- und Arbeitsanweisungen, die Teil des Qualitäts-Sicherungs-Handbuches (QSH) sein müssen. Darin muß eindeutig angegeben sein, wie gute von schlechten Werkstücken unterschieden werden, wie diese zu kennzei chnen sind und in welcher Form Qualitäts-Merkmale beschrieben und dokumentiert werden müssen.

2 Physikalische Grundlagen

2.1 Methoden der Ultraschallerzeugung

2.1.1 Allgemeines

Schall ist mechanische Bewegung von Materie. Ohne Materie gibt es keine Schallübertragung. So kann man z.B. eine in einem luftleeren Behälter angeschlagene Glocke von außen nicht hören. Füllt man den Behälter mit Luft oder einem Gas, so ist der Ton der schwingenden Glocke deutlich vernehmbar. Schall kann daher sowohl in Gasen, Flüssigkeiten als auch Festkörpern entstehen und sich ausbreiten. Dabei wird nicht Materie transportiert, vielmehr schwingen die Atome oder Moleküle des jeweiligen Ausbreitungsmediums an einem Ort periodisch um ihre Ruhelage und übertragen dabei ihre Bewegung auf benachbarte Atome oder Moleküle. Der Schwingungsvorgang breitet sich dadurch mit einer für das jeweilige Ausbreitungsmedium charakteristischen *Schallgeschwindigkeit* c aus. Bei einer Momentaufnahme der Molekülschwingungen einer sich ausbreitenden Schallwelle stellt man fest, daß sich Schwingungszustände in festen Abständen wiederholen. Dieser Abstand wird als *Wellenlänge* λ bezeichnet. An einem festen Beobachtungspunkt hingegen wiederholen sich die Schwingungzustände mit der Zeit. Die *Frequenz* f ist die Anzahl der Schwingungen pro Sekunde und wird nach dem gleichnamigen deutschen Physiker in *Hertz* (Hz) angegeben. Wellenlänge und Frequenz hängen über die Schallgeschwindigkeit voneinander ab:

$$\lambda = \frac{c}{f} \tag{2-1}$$

Die Frequenzen technisch genutzten Schalls umfassen etliche Zehnerpotenzen. Daher sind die Angaben in Kilohertz (1 kHz = 10^3 Hz) und Megahertz (1 MHz = 10^6 Hz) praktisch und gebräuchlich.

Am geläufigsten und auch längsten untersucht ist die Schallausbreitung in Luft, durch die wir Menschen uns verständigen. Die Definition des *Ultraschalls* nimmt daher auch subjektiv auf das Hörvermögen des Menschen Bezug. Für das ungeschädigte menschliche Ohr sind Frequenzen bis etwa 18 kHz wahrnehmbar, wobei diese Grenze mit zunehmendem Alter abnimmt. Ultraschall ist physikalisch Schall, dessen Frequenz oberhalb des menschlichen Hörvermögens (> 20 kHz) liegt. Nur der Vollständigkeit halber sei erwähnt, daß das menschliche Ohr auch zu tiefen Frequenzen hin einen Grenzwert aufweist: Der für den Menschen ebenfalls nicht mehr wahrnehmbare Schall unterhalb 16 Hz wird *Infraschall* genannt.

Andere Lebewesen, z.B. Hunde oder manche Kleinsäugetiere, sind durchaus in der Lage, Ultraschall wahrzunehmen. Manche von ihnen können darüber hinaus auch Ultraschallsignale erzeugen. Das wohl bekannteste Beispiel sind Fledermäuse, die mit Hilfe von Ultraschallechos von 20 bis zu 150 kHz in der Dunkelheit Hindernisse oder Beutetiere orten, ein Verfahren, dessen Prinzip den in diesem Buch an späterer Stelle beschriebenen Anwendungen in der Materialprüfung durchaus ähnlich ist.

Bei vielen technischen Vorgängen werden neben den hörbaren Geräuschen auch beträchtliche Anteile an Ultraschallsignalen erzeugt, so z.B. beim Betätigen einer Dampfpfeife oder bei vielen Schleifvorgängen. Auch Maschinengeräusche enthalten oftmals Ultraschallanteile. Will man Ultraschall bestimmter Frequenz gezielt erzeugen, muß man sich geeigneter technischer Hilfsmittel bedienen. Am einfachsten gelingt das dann, wenn es möglich ist, die im hörbaren Bereich bekannten Methoden der Schallerzeugung auf den Ultraschallbereich zu übertragen. Ein anschauliches Beispiel ist die Orgelpfeife, deren Grundfrequenz bekanntlich umso höher liegt, je kleiner ihr Resonanzkörper ist. Die für eine bestimmte Frequenz notwendige Abmessung wird durch die Wellenlänge bestimmt. Die bekannte Hundepfeife arbeitet ebenfalls nach diesem Prinzip: Durch die geringen Abmessungen des Resonanzkörpers lassen sich damit in Luft Pfeiftöne mit Ultraschallfrequenzen bis zu 30 kHz anregen.

Will man jedoch Schall mit fest vorgegebenen Signalverlauf erzeugen, ähnlich wie zur Wiedergabe von Sprache im hörbaren Bereich, so benötigt man abstrahlende Flächen, die durch ihre Bewegung die umgebende Materie in vorgebener Weise in Schwingungen versetzen. Bei Lautsprechern für Luftschall sind das dünne Papier- oder Kunststoffmembranen, die durch elektromagnetische Spulensysteme oder als kapazitive Wandler, deren Bauweise elektrischen Plattenkondensatoren ähnlich ist, durch elektrostatische Kräfte angetrieben werden. Bei entsprechend kleiner Bauweise lassen sich damit in Luft Schallwellen mit Frequenzen bis zu 1 MHz anregen und umgekehrt auch nachweisen. Für höhere Frequenzen ist die Massenträgheit der verwendbaren mechanischen Bauteile jedoch zu groß. Zur Ultraschallerzeugung in Flüssigkeiten oder Festkörpern versagt dieses Prinzip gänzlich, da auch schon bei tiefen Frequenzen aufgrund der höheren Dichte des Ausbreitungsmediums die abstrahlende Fläche mit einer zu großen Massenbelegung belastet würde. Durch Ausnutzen besonderer physikalischer Eigenschaften können aber einige Festkörper selbst zu Schwingungen angeregt werden, die sich dann auch leicht in ein festes Werkstück oder eine Flüssigkeit übertragen lassen. Auf diese Weise kann man in dem für die Werkstoffprüfung genutzen Frequenzbereich von 20 kHz bis über 100 MHz Ultraschall erzeugen und nachweisen. In der Werkstoffprüfung handelt es sich grundsätzlich um Ultraschall geringer Intensität mit einer maximalen zeitgemittelten Leistung von einigen Milliwatt, der im Ausbreitungsmedium keinerlei bleibende Veränderungen hinterläßt. Im Gegensatz dazu stehen die Anwendungen von Ultraschall hoher Intensität zum Schweißen, Bohren oder Reinigen, deren Aufgabe die gezielte Veränderung eines Werkstoffes ist. Im folgenden sollen die in der Materialprüfung benutzten physikalischen Prinzipien zur Erzeugung von Ultraschall niedriger Intensität erläutert werden.

2.1.2 Piezoelektrischer Effekt

Übt man auf bestimmte Festkörper eine mechanische Zug- oder Druckbeanspruchung aus, so entstehen an den Oberflächen elektrische Ladungen, die man dann als Spannungsdifferenz nachweisen kann, wenn die Oberflächen zuvor metallisiert wurden und gleichsam die Elektroden eines Plattenkondensators bilden (Bild 2-1 a). Ändert sich die mechanische Beanspruchung und Verformung, so ändert sich die Spannung entsprechend. Diese Erscheinung wird *piezoelektrischer Effekt* genannt. Materialien mit einer solchen Erscheinung heißen piezoelektrisch. Der Vorgang ist umkehrbar: Bei Anlegen einer äußeren Spannung zieht sich der Festkörper zusammen bzw. dehnt sich aus (Bild 2-1 b). Diese Erscheinung wird als umgekehrter oder reziproker piezoelektrischer Effekt bezeichnet. Legt man schließlich eine Wechselspannung an, so ändert der Kristall im gleichen Rhythmus seine Dicke, er schwingt. Die dabei auftretenden Dickenänderungen sind klein und mit dem Auge nicht wahrnehmbar. Ähnlich wie bei einer Stimmgabel gibt es bevorzugt anregbare Frequenzen. Die sogenannte Resonanzfrequenz f_r einer piezoelektrischen Scheibe ergibt sich aus der Bedingung, daß ihre Dicke d einer halben Wellenlänge entsprechen muß (c: Schallgeschwindigkeit), also

$$f_r = \frac{c}{2d} \qquad (2\text{-}2)$$

Die Ursache der Piezoelektrizität liegt in einer weit verbreiteten Asymmetrie des Kristallaufbaus. Daher sind die meisten Festkörper von Natur aus piezoelektrisch, sogar Holz, Rohrzucker und menschliche Knochen. Bei den wenigsten Festkörpern ist die Piezoelektrizität jedoch so weit ausgeprägt, daß sie sich technisch nutzen läßt. Das wohl älteste technisch genutzte Piezomaterial ist Quarz, der sowohl in der Natur als Bergkristall vorkommt als auch technisch gezüchtet werden kann. Von ihm stammt auch die Gewohnheit der Werkstoffprüfer ab, piezoelektische Elemente grundsätzlich, jedoch fälschlicherweise, als Kristalle oder Quarze zu bezeichnen.

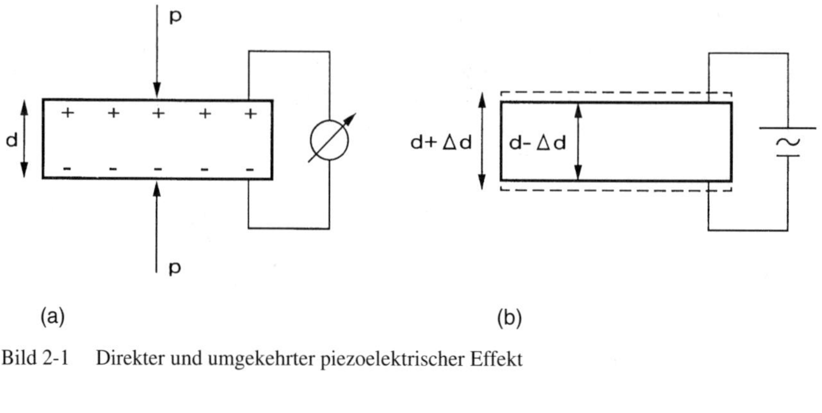

Bild 2-1 Direkter und umgekehrter piezoelektrischer Effekt

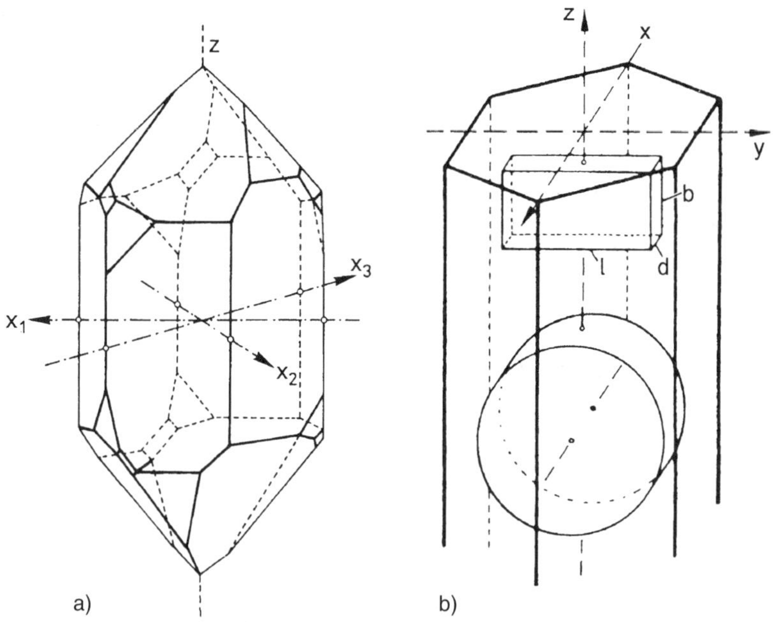

Bild 2-2 Quarz (nach [3])
a) Kristallform
b) Schnittlage von piezoelektrischen Scheiben oder Stäben

Quarz (SiO_2) besteht chemisch aus jeweils einem positiv geladenen Silizium-Ion (Si^{4+}) und zwei negativ geladenen Sauerstoff-Ionen (O_{2-}). Sie ordnen sich bei der Heranbildung des Kristalls aufgrund der Bindungskräfte untereinander in regelmäßigen Positionen an. Die in Bild 2-2 a dargestellte Kristallform des Quarzes [3] wird durch 3 kristallographische Achsen x, y, z gekennzeichnet, die ein rechtwinkliges Koordinatensystem bilden (Bild 2-2 b). Die mechanischen, optischen und piezoelektrischen Eigenschaften hängen dabei stark von der jeweiligen Richtung im Kristall ab. So findet man in z-Richtung keinen piezoelektrischen Effekt, wohl aber senkrecht dazu. Zur Ausnutzung des piezoelektrischen Effektes schneidet man daher Scheiben oder Stäbe entweder senkrecht zur x-Achse (X-Schnitt, Bild 2-2 b) oder senkrecht zur y-Achse (Y-Schnitt) aus dem Kristall heraus. Bild 2-3 zeigt schematisch die Anordnung der positiven und negativen Ladungsschwerpunkte einer senkrecht zur x-Achse geschnittenen und metallisierten Quarzplatte in der z-Ebene. Im unbelasteten Fall (Bild 2-3 a) fallen die Ladungsschwerpunkte der positiv und negativ geladenen Atome zusammen. Die Influenzwirkung der Ladungen auf die metallisierten Plattenoberflächen neutralisieren sich. Die piezoelektrische Platte ist daher elektrisch ungeladen. Bei einem mechanischem Druck p in x-Richtung (Bild 2-3 b) wird das Kristallgitter in der Weise zusammengedrückt, daß sich die positiven Ionen der unteren Elektrode, die negativen Ionen der oberen Elektrode nähern,

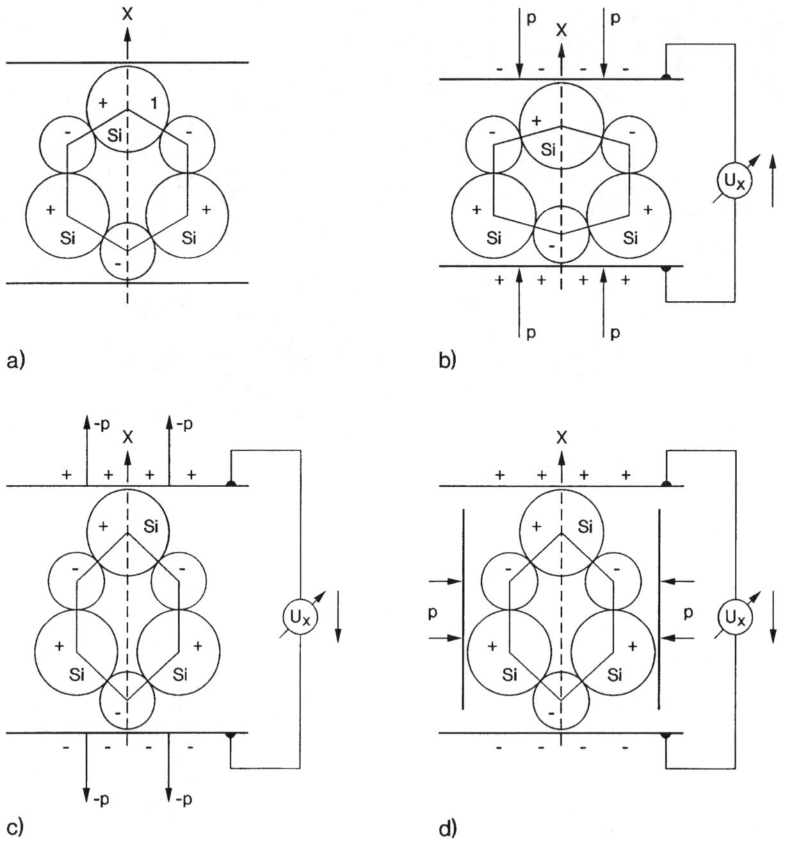

Bild 2-3 Entstehung der Piezoelektrizität im Quarz (X-Schnitt), (nach [3])

die dadurch entsprechend aufgeladen werden. Zwischen den Elektroden läßt sich dann eine entsprechende elektrische Spannung U_x abgreifen. Übt man auf die beiden Oberflächen der Quarzplatte durch einen Unterdruck -p entgegengesetzte Kräfte aus (Bild 2-3 c), so erscheinen durch die umgekehrte Verformung des Kristallgitters gegenüber Bild 2-3 b Ladungen umgekehrten Vorzeichens auf den Elektroden. Entsprechend kehrt auch die elektrische Spannung U_x ihr Vorzeichen um. Dasselbe gilt auch für die elektrische Feldstärke E_x, die definitionsgemäß die durch die Dicke d der Piezoplatte geteilte elektrische Spannung ist:

$$E_x = \frac{U_x}{d} \tag{2-3}$$

Ihre Richtung zeigt immer von plus (+) nach minus (–).

Wenn – wie im vorliegenden Fall – die Richtungen von Druck und der dadurch verursachten elektrischen Spannung oder Feldstärke, oder ganz allgemein die Richtungen von Ursache und Wirkung, übereinstimmen, spricht man vom longitudinalen piezoelektrischen Effekt. Bei Druckeinwirkung in y-Richtung (Bild 2-3 d) entsteht dagegen der transversale piezoelektrische Effekt, bei dem Ursache und Wirkung senkrecht zueinander stehen: Auf den wiederum parallel zur x-Richtung ausgerichteten Elektroden erscheinen dabei Ladungen mit gegenüber Bild 2-3 b entgegengesetztem Vorzeichen.

Umgekehrt hat das Anlegen einer elektrischen Spannung in x-Richtung sowohl eine Dickenänderung in x- als auch in y-Richtung zur Folge. Darüber hinaus tritt in der y-z Ebene eine Scherung der Quarzplatte in y-Richtung auf. In Bild 2-4 a sind diese Vorgänge beim Quarz schematisch dargestellt [4]. Bild 2-4 b zeigt die Verformungen einer in y-Richtung geschnittenen Quarzplatte beim Anlegen einer Spannung an die senkrecht zur y-Richtung orientierten und metallisierten Oberflächen: Neben einer Scherung in der x-z-Ebene kommt jetzt noch eine Scherung in der x-y Ebene hinzu, bei der sich praktisch die metallisierten Oberflächen gegeneinander verschieben. Die verschiedenen Verformungsvorgänge piezoelektrischer Materialien sind oft störend, da sie verschiedene Wellenarten gleichzeitig erzeugen und auch beim Empfang dafür empfindlich sind. Umgekehrt wird es

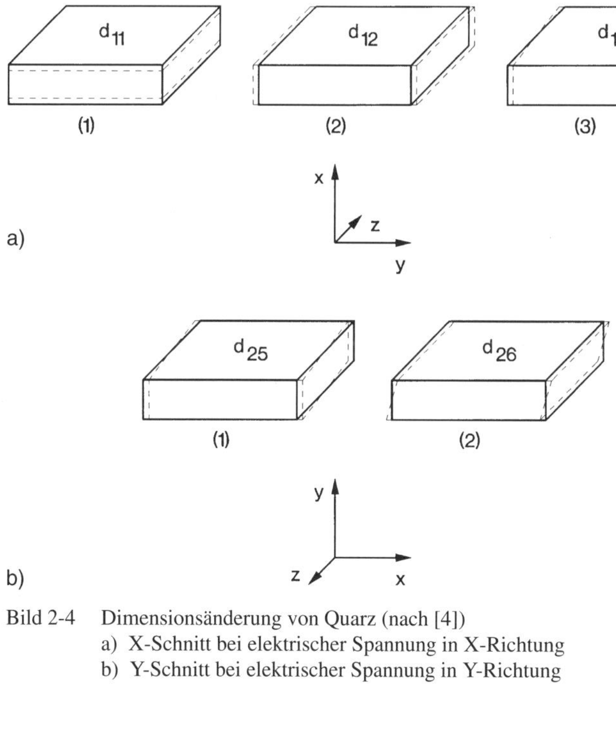

Bild 2-4 Dimensionsänderung von Quarz (nach [4])
a) X-Schnitt bei elektrischer Spannung in X-Richtung
b) Y-Schnitt bei elektrischer Spannung in Y-Richtung

dadurch aber auch technisch erst ermöglicht, verschiedene Wellenarten anzuregen oder nachzuweisen.

Die richtungsabhängigen Zusammenhänge zwischen mechanischen und elektrischen Größen beim piezoelektrischen Effekt werden durch piezoelektrische Konstanten beschrieben. Bei dem für den Schallempfang maßgeblichen direkten piezoelektrischen Effekt beschreibt die Konstante g_{ij} den Quotienten aus der im Material erzeugten Feldstärke E und dem dazu aufgebrachten äußeren Druck p. Alle Größen werden mit der jeweiligen Richtung indiziert, wobei gebräuchlich ist, die Koordinatenachsen statt mit x, y und z mit den Ziffern 1 = x , 2 = y und 3 = z zu kennzeichnen:

$$g_{ij} = \frac{E_i}{p_j} \tag{2-4}$$

Die Verhältnisse in Bild 2-3 b und Bild 2-3 c lassen sich daher durch die Konstante g_{11}, die in Bild 2-3 d durch die Konstante g_{12} beschreiben. Sie betragen beide $57 \cdot 10^{-3}$ [Vm/N].

Der für die Schallerzeugung maßgebliche indirekte piezoelektrische Effekt kann durch die piezoelektrische Konstante d_{ij} beschrieben werden. Sie ist der Quotient aus der relativen Längenänderung $S = \Delta s/s$ und der angelegten Feldstärke:

$$d_{ij} = \frac{S_j}{E_i} \tag{2-5}$$

Daraus ersichtlich ist auch, daß die Höhe der elektrischen Feldstärke und nicht der angelegten Spannung maßgeblich für die erzeugte Längenänderung einer piezoelektrischen Scheibe ist. Je dicker die Scheibe ist, desto größer muß auch die angelegte Spannung sein, um dieselbe relative Dickenänderung zu erzielen. Die durch das elektrische Feld in x = 1 Richtung verursachten Dickenänderungen der Quarzplatte in Bild 2-4 a werden gemäß Gleichung (2-5) durch die Konstanten d_{11} und d_{12} beschrieben. Scherverformungen in der yz, zx und xy Ebene werden jeweils durch die relativen Längenänderungen S_4, S_5, S_6 charakterisiert. Daher beschreibt d_{14} die Scherung der Quarzplatte in Bild 2-4 a bei Feld in x = 1 Richtung, d_{25} und d_{26} die Scherung in Bild 2-4 b bei Feld in y-Richtung.

Die piezoelektrischen Konstanten d_{ij} für Quarz betragen [5]:

$$d_{11} = -d_{22} = -d_{26} = 2{,}25 \cdot 10^{-12} \text{ [m/V]}$$

$$d_{14} = -d_{25} = -0{,}85 \cdot 10^{-12} \text{ [m/V]}$$

Eine 1 mm dicke Quarzscheibe würde demnach bei 1000 V Anregungsspannung eine Dickenänderung von nur 2 tausendstel Mikrometer erfahren, das sind 2 Nanometer (nm).

Die piezoelektrischen Konstanten von Quarz sind weitgehend unabhängig von der Temperatur. Oberhalb von 573 °C verliert Quarz jedoch seine piezoelektrischen Eigenschaften, da sich dann eine andere nichtpiezoelektrische Kristallform bildet.

Durch den piezoelektrischen Effekt wird mechanische Energie in elektrische Energie umgesetzt. Wie bei allen Umwandlungsformen von einer Energieform in eine andere läßt sich auch hier ein Wirkungsgrad angeben. Ein Maß dafür ist der *elektromechanische Kopplungsfaktor k.* Er ist eng verknüpft mit dem Verhältnis der im Piezomaterial erzeugten mechanischen Energie zu der insgesamt hineingesteckten elektrischen Energie und umgekehrt. Er kann niemals größer oder gleich 1 werden. Da maximal nur die in mechanischer Form gespeicherte Energie auch mechanisch abgegeben werden kann, eignet sich ein piezoelektrisches Material umso besser zur Schallerzeugung, je größer der Kopplungsfaktor ist. Dasselbe gilt für die entgegengesetzte Richtung der Energieumwandlung beim Schallempfang durch das piezoelektrische Material. Der elektromechanische Kopplungsfaktor eignet sich daher auch am besten, um verschiedene piezoelektrischen Materialien miteinander hinsichtlich ihres Wirkungsgrades zu vergleichen. Er kann aus den piezoelektrischen Konstanten und den mechanischen Eigenschaften berechnet werden. Da der elektromechanische Kopplungsfaktor ebenso wie die piezoelektrischen Konstanten richtungsabhängig ist, wird auch er in gleicher Weise indiziert. Die Dickenschwingung einer Quarzplatte in X-Schnitt wird daher durch k_{11} beschrieben, die Querschwingung durch k_{12} und die Scherschwingung durch k_{14}. Die erste Ziffer steht hier für die Schnittlage bzw. die Richtung der auftretenden elektrischen Spannung, die zweite Ziffer kennzeichnet die jeweils betrachtetete mechanische Verformung. Die entsprechenden Zahlenwerte bei Quarz betragen $k_{11} = k_{12} = 0{,}1$ und $k_{14} = 0{,}026$ [6].

Die heutzutage mit Abstand wichtigsten piezoelektrischen Materialien für alle Arten von Sensoren und Aktoren sind ferroelektrische Mischkeramiken. Im Falle von Bleizirkonattitanat $Pb(ZrTi)O_3$ (PZT) ist das eine feste Lösung von je zur Hälfte Bleizirkonat $PbZrO_3$ und Bleititanat $PbTiO_3$. Sie werden in Pulverform hergestellt, mit flüssigen Bindemitteln versehen und durch Pressen und einen Glühprozeß (Sintern) in gewünschte Formen gebracht. Ähnlich dem Aufbau ferromagnetischer Materialien mit Weißschen Bezirken spontaner magnetischer Polarisation bestehen ferroelektrische Materialien aus kleinen kristallinen Bereichen (Domänen) mit einer spontanen elektrischen Polarisation [5, 7]. Dabei sind positive und negative Ionen bereits im Ruhezustand gegeneinander verschoben. Sowohl eine äußere Kraft oder ein elektrisches Feld kann die Verschiebung der Ionen vergrößern oder verkleinern. Daher ist eine einzelne Domäne grundsätzlich auch piezoelektrisch. Oberhalb der sogenannten Curie-Temperatur verschwindet die spontane Polarisation und damit auch die Piezoelektrizität. Ganz analog zum Ferromagnetismus sind die Polarisationsrichtungen der in einem Würfel oder einer Scheibe enthaltenen ferroelektrischen Domänen völlig regellos angeordnet (Bild 2-5 a). Im Mittel erscheint ein beliebig herausgeschnittenes Stück eines solchen Materials daher elektrisch neutral und nichtpiezoelektrisch. Durch ein starkes äußeres elektrisches Feld E können die Polarisationsrichtungen der Domänen jedoch auch hier ausgerichtet werden (Bild 2-5 b). Das Material erhält dadurch seine Vorzugsrichtung und ist piezoelektrisch. Die Richtung des Polungsfeldes wird allgemein als z-Richtung festgelegt und mit der Ziffer 3 indiziert. Um einen hohen piezoelektrischen Effekt zu erzielen, muß die Ausrichtung möglichst vollständig sein. Zweckmäßigerweise wird daher in einem Polungsvorgang das Mate-

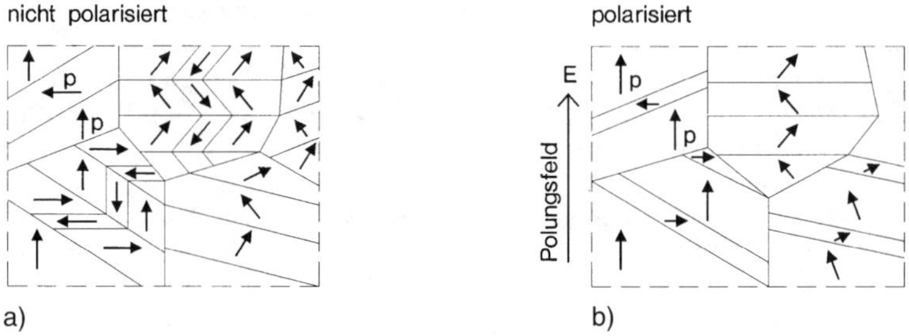

Bild 2-5 Orientierung der Polarisation in ferroelektrischen (piezoelektrischen) Mischkristallen [7]

rial auf eine Temperatur oberhalb der Curie-Temperatur erhöht und bei einem angelegten starken elektrischen Feld langsam abgekühlt. Auf diese Weise sind bei PZT sehr hohe elektromechanische Kopplungsfaktoren (k_{33} bis zu 0,7) möglich.

Genau genommen beschreibt k_{33} die Schwingung eines langen Stabes in Polungsrichtung (Bild 2-6 a). Von praktischem Interesse sind jedoch meist dünne kreis- oder rechteckförmige Scheiben. Hier verursachen die richtungsabhängige Piezoelektrizität und die spezielle Geometrie Dimensionsänderungen, die man als Dickenschwingung (Bild 2-6 b), und Radial- oder auch Planarschwingung, Bild 2-6 c, auffassen kann. Sie hängen zusätzlich von elastischen Eigenschaften des Materials ab und werden daher durch die zugehörigen Kopplungsfaktoren k_t für Dicken- und k_p für Planarschwingungen beschrieben.

Die zur Schallerzeugung angelegten elektrischen Wechselspannungen können bei Piezokeramiken oder allgemein bei allen Materialien, die erst durch einen Polungsprozeß piezoelektrisch werden, die Piezoelektrizität wieder zerstören, wenn die Feldstärken im Material zu hoch werden. Bei Piezokeramiken kann dies auch durch einen hohen statischen oder mechanischen Wechseldruck bewirkt werden. Piezokeramiken unterliegen außerdem einer natürlichen Alterung, bei der die

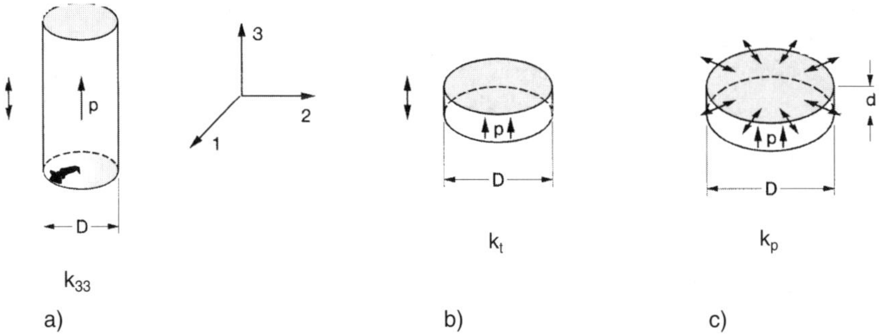

Bild 2-6 Schwingungsformen piezoelektrischer Körper und zugehörige Kopplungsfaktoren

Piezoelektrizität durch Zurückspringen der Polarisationsrichtungen einzelner Domänen exponentiell mit der Zeit abnimmt. Durch stabilisierende Zusätze läßt sich diese Abnahme in einem logarithmischen Zeitmaßstab auf unter 0,2 % pro Zeitdekade reduzieren. Bei einem vorangegangenen künstlichen Alterungsprozess beträgt die Abnahme der Piezoelektrizität bei heute verwendeten Piezokeramiken weniger als 0,2 % in 10 Jahren und ist praktisch nicht meßbar. Überhaupt lassen sich durch Veränderungen der chemischen Zusammensetzung die Eigenschaften von Piezokeramiken in weiten Grenzen gezielt verändern.

Zur Erzeugung von Ultraschall sind früher gebräuchliche Piezokeramiken wie Bariumtitanat ebenso wie der zuvor beschriebene Quarz durch leistungsfähigere Mischkeramiken ersetzt worden. Dasselbe gilt im übrigen auch für das kristalline Seignettesalz und Kaliumhydrogenphosphat (KDP). Von den in Kristallform vorliegenden Materialien hat nur noch das ferroelektrische Lithiumniobat ($LiNbO_3$) wegen seiner hohen Temperaturbeständigkeit bis 1200 °C eine gewisse technische Bedeutung. Lithiumsulfat ist stark hygroskopisch – so nennt man die Tendenz, Feuchtigkeit aufzunehmen – und wird daher technisch kaum mehr genutzt.

Piezoelektrische Kunststoffe erhalten hingegen in zunehmendem Maße Bedeutung. Sie sind nicht von Natur aus piezolektrisch. Sie werden in Form von dünnen Folien durch einen Polungsvorgang, der dem von Piezokeramiken ähnlich ist, piezoelektrisch. Dabei werden entweder die Dipolmomente von Molekülketten durch ein starkes elektrisches Polungsfeld ausgerichtet oder Raumladungszonen erzeugt. Das sind Schichten mit gebundenen Ladungsträgern. Auch hier sind die physikalischen Ursachen der Piezoelektrizität die durch äußere mechanische Kräfte verschobenen Ladungen, bzw. umgekehrt verursacht die Kraftwirkung eines elektrischen Feldes auf die Dipole oder Ladungsträger eine Dicken- oder Längenänderung.

2.1.3 Magnetostriktion

Bringt man einen ferromagnetischen Stoff in ein Magnetfeld, so ändert sich seine Länge. Dieser Effekt heißt Magnetostriktion. Der von einer Spule umgebene ferromagnetische Stab in Bild 2-7 erfährt daher eine Längenänderung, wenn die Spule von einem Strom I durchflossen wird. Der Effekt ist umkehrbar. Erfährt der ferro-

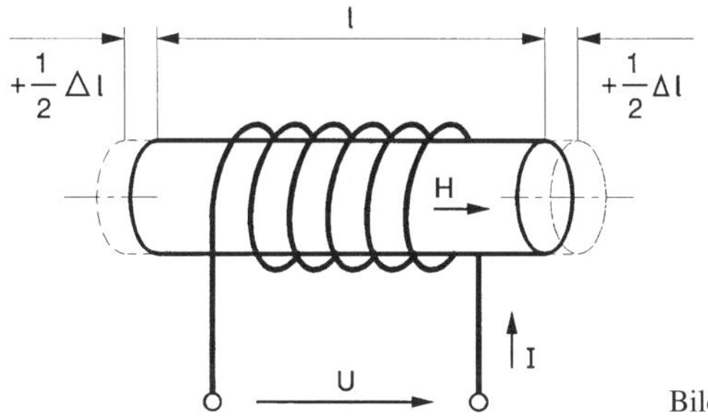

Bild 2-7 Prinzip der Magnetostriktion [8]

magnetische Stab durch eine äußere Kraft eine Längenänderung, so ändert sich seine Magnetisierung. Dadurch wird in der umgebenden Spule eine Induktionsspannung U erzeugt. Ähnlich wie bei der piezoelektrischen Platte besitzt auch der magnetostriktive Stab der Länge l eine Resonanzfrequenz f_r, bei der die halbe Wellenlänge der Länge des Stabes entspricht:

$$f_r = \frac{c}{2l} \tag{2-6}$$

Dabei ist c die Ausbreitungsgeschwindigkeit des Schalls im Stab.

Der Zusammenhang zwischen Längenänderung $\Delta l/l$ und Magnetfeld H ist quadratisch:

$$\frac{\Delta l}{l} = a \cdot H^2 \tag{2-7}$$

Dabei ist a die magnetostriktive Konstante. Das hat zur Folge, daß die Längenänderung unabhängig von der Richtung des Magnetfeldes ist. Gegenüber der Frequenz des anregenden Stromes ist die erzeugte Schwingungsfrequenz daher doppelt so hoch. Daraus erklärt sich auch die aus dem Alltag bekannte Beobachtung, daß das Brummen eines Transfomators der doppelten Netzfrequenz entspricht. Eine Linearisierung gelingt nur durch eine Vormagnetisierung, indem man dem anregenden magnetischen Wechselfeld ein hohes magnetisches Gleichfeld überlagert, etwa durch Einbau eines starken Permanentmagneten oder Überlagerung des Wechselstroms mit Gleichstrom. Darüber hinaus ist die Konstante a nicht nur vom Material, sondern auch von der Magnetfeldstärke und der Temperatur abhängig. Es ist daher nicht möglich, mit einem magnetostriktiven Stab eine Schwingung zu erzeugen, die dem anregenden Feld exakt folgt, wie das bei einem piezoelektrischen Element gegenüber der anregenden Spannung der Fall ist. Auch deshalb werden magnetostriktive Wandler zur Ultraschallerzeugung in der Materialprüfung heutzutage nur noch selten verwendet, allenfalls zur direkten Anregung von Stabwellen in ferromagnetischen stab- oder rohrförmigen Prüflingen. Das Haupteinsatzgebiet liegt heute in der Erzeugung von Wasserschall (Sonar) im Bereich 20 bis 100 kHz oder als Wandler zur Erzeugung von Leistungsschall, z.B. in Ultraschallbohrmaschinen.

Bevorzugte Wandlermaterialien sind Nickel, Nickel-Eisen-Legierungen und Nickel-Zink-Ferrite [8]. Letztere haben eine geringe elektrische Leitfähigkeit, wodurch Wirbelstromverluste minimiert werden. Die elektromechanischen Kopplungsfaktoren dieser Materialien liegen zwischen 0,1 und 0,3 [3].

Der Vollständigkeit halber sei erwähnt, daß auch in ferro- und piezoelektrischen Keramiken eine zusätzliche quadratische Abhängigkeit der Längenänderung von der elektrischen Feldstärke existiert. Dieser Effekt wird dort analog als *Elektrostriktion* bezeichnet. Da der lineare piezoelektrische Effekt jedoch überwiegt, ist die Elektrostriktion technisch bedeutungslos.

2.1.4 Elektrodynamische Ultraschallerzeugung

Fließt durch ein elektrisch leitfähiges Material ein Stom, so wird bekanntlich durch die Wirkung des materialspezifischen elektrischen Widerstandes ein Bruchteil der elektrischen Energie in Wärme umgesetzt. Ursache dafür ist, daß die den Stromfluß verursachenden negativen Ladungsträger (Elektronen) einen Teil Ihres Bewegungsimpulses durch Stoßvorgänge auf ihre Umgebung übertragen, wodurch Volumenelemente zu mechanischen Schwingungen angeregt werden. Diese mechanischen Bewegungen sind völlig *ungeordneter* Natur. Sie unterliegen keiner Periodizität und treten nach außen hin als Wärme in Erscheinung.

In Metallen oder allgemein Werkstoffen mit hoher elektrischer Leitfähigkeit können aber auch durch von außen aufgelegte stromdurchflossene Spulen hochfrequente elektrische Ströme induziert werden, bei denen durch die Kraftwirkung eines statischen Magnetfeldes (Lorenzkraft) alle Ladungsträger des Stromes gleichzeitig senkrecht zur Hauptstromrichtung ausgelenkt werden und quasi im Takte der Stromfrequenz schwingen. Diese *geordnete* Schwingung überträgt sich ebenfalls auf benachbarte Volumenelemente und führt zur Erzeugung von Ultraschall der betreffenden Frequenz. Auch dieser Effekt ist umkehrbar und kann zum Empfang von Ultraschall benutzt werden. Dabei werden in den aufgelegten Spulen hochfrequente Ströme induziert, deren Frequenz der des Ultraschalls entspricht. Hochfrequente induzierte Ströme werden allgemein als Wirbelströme bezeichnet.

Ultraschallwandler, die auf diese Weise berührungslos Ultraschall erzeugen oder empfangen werden als EMUS (Elektromagnetische Ultraschallwandler) oder EMAT (electromagnetic acoustic transducers) bezeichnet. Da es sich hier um ein Verfahren handelt, bei dem der Wandler mit dem Werkstück nicht in Berührung kommt, kann damit auch in z.B. bis 1200 °C heißen Werkstücken Ultraschall erzeugt und nachgewiesen werden [9].

Bild 2-8 zeigt das Prinzip der elektrodynamischen Ultraschallerzeugung [10]. Im linken Teilbild (a) erzeugt ein Permanentmagnet ein Magnetfeld parallel zur Werk-

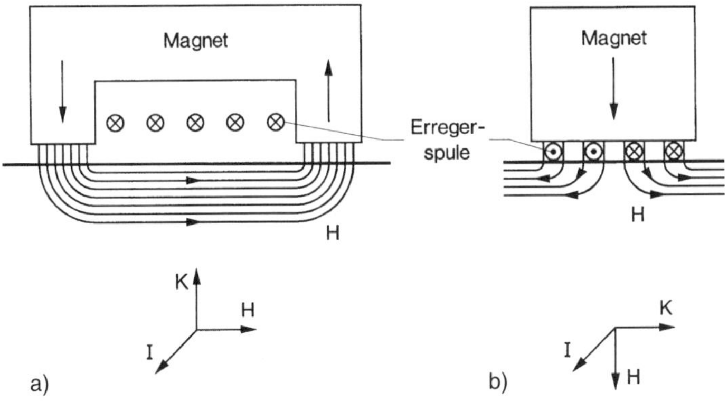

Bild 2-8 Prinzip der elektromagnetischen Ultraschallerzeugung (nach [10])

stückoberfläche. Um das Magnetjoch ist eine Spule gewickelt, die von einem hochfrequenten Wechselstrom durchflossen wird. Die Richtung des Spulenstromes ist so gewählt, daß er in die Zeichenebene hineinfließt. Aufgrund der elektrischen Induktion wird im Werkstück nach der Lenzschen Regel ein Wirbelstrom I entgegengesetzter Richtung erzeugt. Dieser wird durch das statische Magnetfeld H senkrecht zur Werkstückoberfläche abgelenkt. Die Richtungen von Strom, Magnetfeld und resultierender Kraft K auf die Volumenelemente bilden ein rechtshändiges rechtwinkliges Kordinatensystem. Entsprechend der auf sie wirkenden Kraft schwingen die Volumenelemente daher senkrecht zur Werkstückoberfläche.

Im Gegensatz dazu wird in Bild 2-8 b ein Magnetfeld senkrecht zur Werkstückoberfläche erzeugt. Die Spule ist als kreisförmige Flachspule ausgebildet, so daß der Strom rechts in die Zeichenebene hinein, links aus der Zeichenebene herausfließt. Die dazu im Werkstück induzierten kreisförmigen Wirbelströme haben entgegengesetzte Richtung. Die eingezeichneten Richtungen von Strom, Magnetfeld und Kraft gelten für den Bereich des rechten Spulenausschnitts. Im darunterliegendenen Werkstück wirkt daher auf die Volumenelemente eine nach rechts gerichtete Kraft. Wegen der kreisförmigen Spulengeometrie wirken allgemein die Kräfte in radialer Richtung, jedoch immer parallel zur Werkstückoberfläche. In diese Richtung schwingen daher auch die Volumenelemente bei der dadurch erzeugten Ultraschallschwingung.

In beiden Fällen findet die Schwingungserregung unmittelbar unter der Oberfläche des Werkstücks statt, da der induzierte Wirbelstrom sich wegen des Skineffektes nur dort ausbilden kann. Bei für diese Anregungsart typischen Frequenzen zwischen 100 kHz und 4 MHz beträgt seine Eindringtiefe nur einen Bruchteil der Wellenlänge des erzeugten Ultraschalls.

Der im Werkstück erzeugte Schalldruck p hängt von der Wirbelstromdichte j, dem Magnetfeld H und der magnetischen Permeabilität μ des Materials ab.

$$p \sim j \cdot \mu \cdot H \qquad (2\text{-}8)$$

Da der Strom durch die Erregerspule aus praktischen Gründen klein bleiben muß, ist man bestrebt, die magnetische Feldstärke möglichst hoch zu wählen. Daher werden bevorzugt leistungsstarke Samarium-Kobalt-Permanentmagnete eingesetzt, die sich weder mit der Zeit noch durch mechanische Erschütterungen verändern. Durch den Permanentmagneten wird bei ferromagnetischen Werkstücken auch eine hohe Anziehungskraft auf den Wandler ausgeübt, die vorteilhaft sein kann, wenn der Wandler auf dem Werkstück haften soll.

Wandler mit Permanentmagnet werden auch als EPW (Elektrodynamische Permanent-Wandler) bezeichnet [11]. In den weitaus meisten Fällen wird jedoch das erforderliche Magnetfeld durch ein weiteres Spulensystem erzeugt, das von entsprechend hohem Strom durchflossen wird. In beiden Fällen kann die Wirkungsweise elektrodynamischer Ultraschallwandler durch Ausbildung des Magnetfeldes und der Spulen optimiert werden [12]. Die elektromechanischen Kopplungsfaktoren bleiben jedoch von Natur aus im Bereich von 0,001 [6] und sind deutlich kleiner als bei piezoelektrischen Materialien.

Außerdem muß bei elektrodynamischen Wandlern der Abstand zum Werkstück möglichst klein gehalten werden, da sowohl das Magnetfeld H als auch der induzierte Wirbelstromdichte j in Gleichung (2-8) mit dem Abstand zwischen Wandler und Werkstück annähernd exponentiell abfällt. Ein Faktor 3 pro mm Abstand dient als Anhaltswert für die Empfindlichkeitsabnahme, wenn mit demselben Wandler gesendet und empfangen wird [9]. Die tatsächliche Empfindlichkeit eines elektrodynamischen Wandlers ist nur in Sonderfällen vorhersagbar, da die Permeabilität μ in Gleichung (2-8) meist unbekannt ist. In Zunder- oder Korrosionsschichten, mit denen ein Werkstück oftmals bedeckt ist, kann sie zudem bis zu einen Faktor 10 höher sein als im eigentlichen Werkstück. In diesem Fall sind die erzeugten Schalldrücke entsprechend hoch. Die mit elektrodynamischen Wandlern erzeugten Schallfelder sind im allgemeinen komplizierter als bei piezoelektrischer Anregung, da sie stark von der Spulen- und Magnetfeldgeometrie abhängen. Außerdem kommt in ferromagnetischen Metallen noch eine überlagerte magnetostriktive Schallerzeugung hinzu.

Elektrodynamische Wandler der Bauweise aus Bild 2-8 b lassen sich auch in sehr kleiner Bauform herstellen. Sie werden daher gerne eingesetzt, um Schallfelder in Festkörpern zu vermessen. Dazu werden die an der Oberfläche metallischer Festkörper auftretenden Schalldruckverteilungen berührungslos mit einem entsprechenden elektrodynamischen Wandler abgetastet.

2.1.5 Anregung durch Laser

Eine weitere Möglichkeit, in einem Werkstück Ultraschall berührungslos anzuregen, beruht auf der Verwendung von Lasern. Laser sind bekanntlich kohärente Lichtquellen, die im Gegensatz zu diffusen Lichtquellen räumlich und zeitlich geordnete elektromagnetische Schwingungen erzeugen, etwa vergleichbar mit der im vorigen Abschnitt erwähnten geordneten Ultraschallschwingung benachbarter Volumenelemente im Gegensatz zur ungeordneten Wärmeschwingung. Laserlichtquellen erzeugen Lichbündel mit Durchmessern im Millimeterbereich, die kaum divergieren und über große Strecken erhalten bleiben. Laser zeichnen sich außerdem dadurch aus, daß man sie sehr schnell optoelektronisch ein und ausschalten kann. Auf diese Weise können kurze Lichtpulse von wenigen Nanosekunden Dauer erzeugt werden.

Fällt ein solcher Laserpuls auf ein metallisches Werkstück, so wird ein Teil der elektromagnetischen Energie durch Wechselwirkung mit den Ladungsträgern (Elektronen) absorbiert und in Wärme umgesetzt. Dieser Prozeß findet in einer dünnen Schicht von etwa einem tausendstel μm Dicke an der Oberfläche statt, die sich dadurch aufheizt und ausdehnt. Dadurch entstehen dort mechanische Spannungen, die benachbarte Volumenelemente zu hochfrequenten Schwingungen veranlassen. Da die Anregung durch den Laserimpuls nur sehr kurz ist, werden hier grundsätzlich Ultraschallimpulse – so nennt man sehr kurze und zeitlich begrenzte Schwingungen (s. Abschnitt 2.2 und 3.1) – erzeugt. Die Auslenkung der Volumenelemente ist parallel zur Oberfläche, wie Bild 2-9 a zeigt.

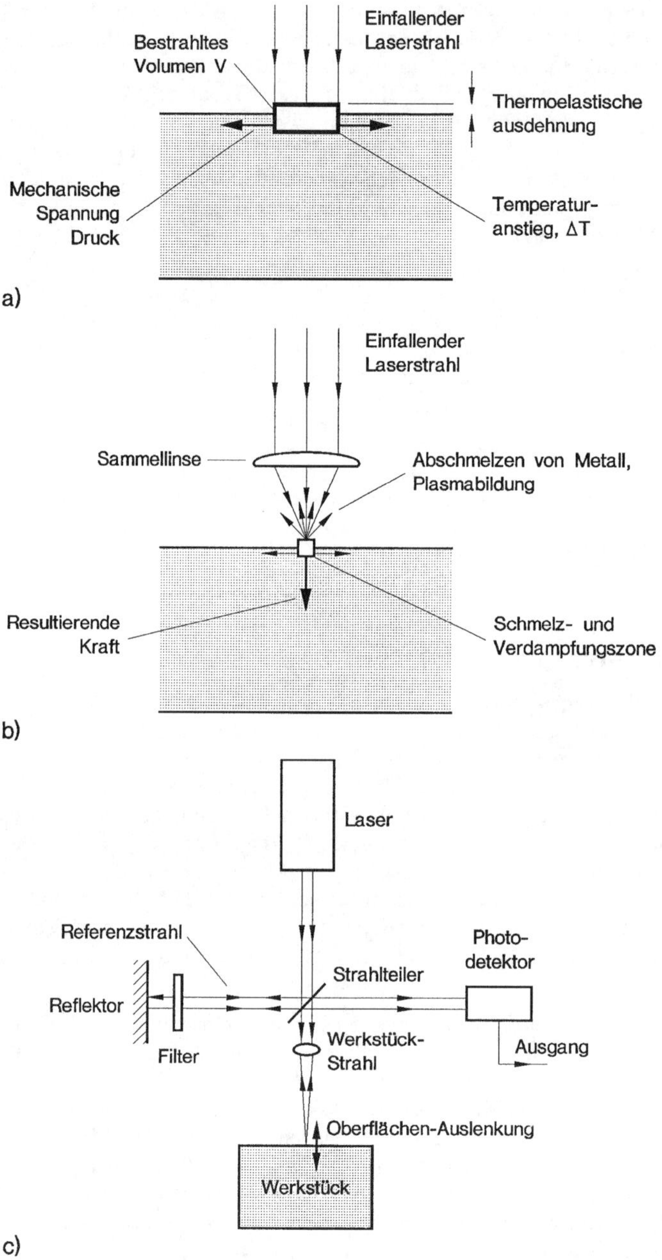

Bild 2-9 Ultraschallanregung und -empfang mit Laser [13]

Erhöht man die Intensität des Lasers, z.B. durch Fokussieren (Bild 2-9 b), so wird dadurch die Oberfläche des Werkstücks im Moment des auftreffenden Laserpulses so stark erhitzt, daß oberflächennahe Atome quasi verdampft werden. In diesem Fall einsteht eine Art mechanischer Rückstoß, der eine senkrechte Kraft auf die benachbarten Volumenelemente ausübt und sie in dieser Richtung in Schwingung versetzt. Derselbe Effekt kann erzielt werden, wenn die Oberfläche zuvor mit einem dünnen Ölfilm oder Farbanstrich versehen wurde. In diesem Fall verdampft nur die Beschichtung, die Oberfläche des Werkstücks bleibt unbeschädigt.

Umgekehrt kann man Ultraschallschwingungen an der Oberfläche eines Festkörpers mit Hilfe einer Laseranordnung berührungslos nachweisen (Bild 2-9 c). Dazu wird mit einem Interferometer punktuell die Auslenkung der Oberfläche des Werkstücks gemessen. Der Laserstrahl wird dazu mit einem halbdurchlässigen Spiegel in einen Referenzstrahl und in einen auf die Oberfläche des Werkstücks gerichteten und dort reflektierten Strahl aufgespalten. Referenzstrahl und vom Werkstück reflektierter Strahl werden überlagert und auf einen Detektor gerichtet. Dieser mißt die Änderung zwischen beiden Strahlen, wenn sich die Oberfläche des Werkstücks bewegt. Die elektrische Ausgangsspannung ist daher der Auslenkung der Oberfläche aus ihrer Ruhelage proportional.

Während die Laseranregung zu einer vergleichbar hohen Schwingungsanregung wie mit piezoelektrischen Materialien führt, sind im Empfangsfall die kleinsten mit Hilfe des piezoelektrischen Effekts nachweisbaren Auslenkungen 3 Größenordnungen kleiner. Wegen des hohen apparativen Aufwandes, wegen der bei hoher benötigter Laserleistung meist zu geringen Impulsfolgefrequenzen im Sendefall, s. Abschnitt 3.2, und nicht zuletzt wegen der bei Verwendung von Laserlicht notwendigen Schutzmaßnahmen sind technische Anwendungen des durch Laser induzierten und nachgewiesenen Ultraschalls selten und auf solche Fälle beschränkt, bei denen die in den vorigen Abschnitten genannten Methoden zur Ultraschallerzeugung und -nachweis versagen. So kann der Abstand zwischen Werkstück und Laser sehr groß sein. Das ermöglicht z.B. die Ultraschallerzeugung in heißen oder radioaktiv kontaminierten Werkstücken. Auch eine entsprechend kleine Ausdehnung des schallerzeugenden Bereichs kann mit anderen Methoden nicht erreicht werden. Im übrigen ist der Ultraschallempfang mit Lasern die bislang einzige Möglichkeit, die tatsächliche Auslenkungen von Volumenelementen bei Ultraschallschwingungen direkt in Längeneinheiten zu messen. Diese Methode des Ultraschallempfangs eignet sich daher auch gut zur absoluten Kalibrierung von piezoelektrischen, magnetostriktiven oder elektromagnetischen Ultraschallwandlern und zur Vermessung von Schallfeldern. Eine ausführlichere Beschreibung befindet sich in [13].

2.2 Begriffe der Schwingungslehre

Die zum Grundverständnis wellenphysikalischer Vorgänge notwendigen Begriffe der Schwingungslehre und der Eigenschaften des Schalls lassen sich gut am Beispiel der Schallerzeugung durch eine zu Schwingungen angeregte piezoelektrische Scheibe erklären. Da *Schwingung* stets die periodische Änderung einer Zustandsgröße bedeutet, kann diese hier sowohl die Dicke der Platte oder auch die momentane Position der sich bewegenden Oberflächen sein. Anschaulich läßt sich eine schwingende Piezoscheibe durch zwei mit Federn verbundene Platten darstellen. In Bild 2-10 ist die untere Platte mit einer starren Wand fest verbunden und wird an ihrer Bewegung gehindert. Das wäre in der Praxis der Fall, wenn die Piezoscheibe einseitig auf eine völlig starre und schwere Unterlage aufgeklebt wäre. Im Diagramm rechts ist die Auslenkung x der oberen Platte über der Zeit t aufgetragen. Die Bewegung aus der Ruhelage heraus bis zur maximalen negativen Auslenkung, das Zurücklaufen über Null in die maximale positive Auslenkung bis zur Rückkehr in die Ausgangsposition bezeichnet man als *eine Schwingung*, oder auch – von der entsprechenden mathematischen Funktion abgeleitet – als eine Sinusschwingung. Die Größe der maximalen Auslenkung heißt *Amplitude*, während man den momentanen Zustand einer Schwingung, z.B. die durch die Ziffern 1–9 in Bild 2-10 gekennzeichneten Punkte, als *Phase* oder *Phasenlage* bezeichnet. Die Zeit, die zum Durchlaufen einer vollen Schwingung benötigt wird, ist die *Schwingungsdauer* t_s. Ihr Kehrwert gibt die Anzahl der Schwingungen pro Zeiteinheit an (Bild 2-11), und wurde schon in Abschnitt 2.1.1 als *Frequenz* f eingeführt.

Ähnlich wie die Position eines Punktes auf einer Kreisbahn zweckmäßigerweise in Polarkoordinaten durch den Radius und einen Phasenwinkel zwischen 0 und 360° angegeben werden kann, kennzeichnet man auch den periodisch wiederkehrenden Zustand einer Schwingung zu einem bestimmten Zeitpunkt t durch einen *Phasenwinkel* φ (Bild 2-12). Nullpunkt ist dabei die Ruhelage oder Auslenkung x = 0. Vergleicht man zwei Schwingungen gleicher Frequenz, so interessiert meist nur deren zeitlicher Gangunterschied Δt, den man als *Phasendifferenz* Δφ angibt. Zwei Schwingungen gleicher Frequenz haben 180° Phasenunterschied, wenn sich die eine im positiven, die andere im negativen Schwingungsmaximum befindet. Da

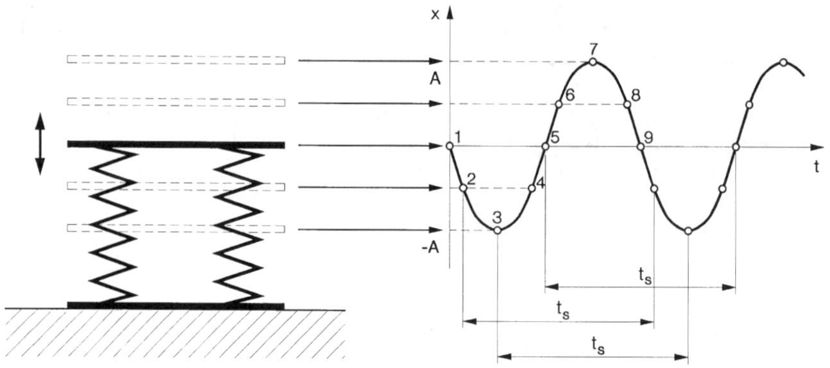

Bild 2-10 Schwingung einer federnd aufgehängten Platte (links) und deren zeitliche Darstellung (rechts); t_s: Schwingungszeit; x: Auslenkung; t: Zeitachse

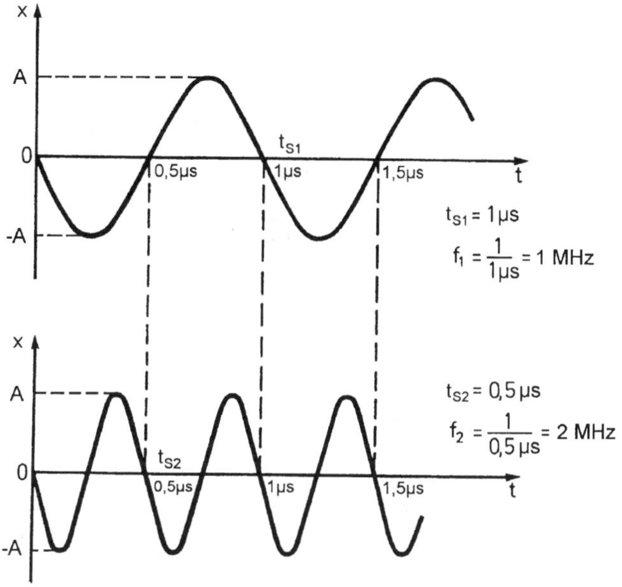

Bild 2-11 Beispiel für Schwingungen unterschiedlicher Schwingungszeiten bzw. Frequenzen

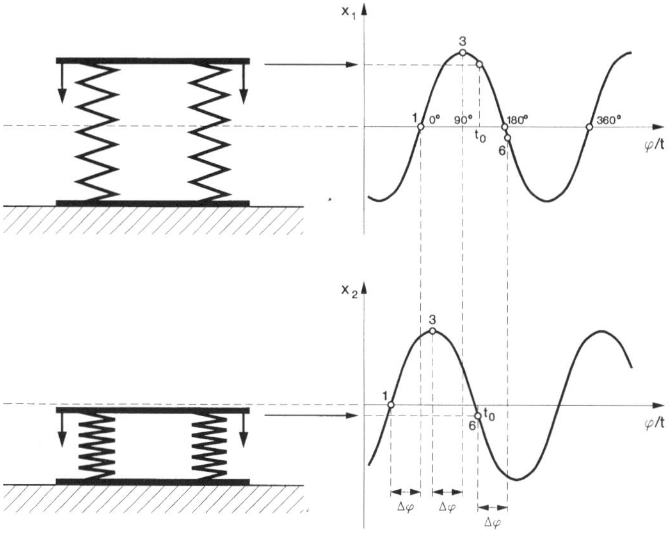

Δφ

Bild 2-12 Zur Erklärung der Phasendifferenz

ihre Amplituden A im einen Fall positiv, im anderen Fall negativ sind, ergibt eine Addition Null. Sind beide Schwingungen gleichphasig, so ergibt eine Addition 2A. Bei einer Überlagerung von Schwingungen, bei der sich die jeweiligen Amplituden unter Berücksichtigung ihrere momentanen Phasenlage addieren, spricht man grundsätzlich von *Interferenz*. Ergibt die Addition eine Vergrößerung der Einzelamplitude, handelt es sich um positive oder konstruktive Interferenz, ergibt die Addition eine Verkleinerung der Amplitude, so ist die Interferenz negativ oder destruktiv. Interferenzen sind vielfältiger Natur. So führt auch die Überlagerung zweier Schwingungen unterschiedlicher Frequenz zu Interferenzen. Das bekannteste Beispiel ist die Schwebung, bei der die Überlagerung zweier Schwingungen mit benachbarten Frequenzen f_1 und f_2 zu einer gemeinsamen Schwingungsfrequenz $(f_1+f_2)/2$ führt, deren Amplitude mit der Differenzfrequenz $(f_1-f_2)/2$ auf und ab schwingt.

Im Gegensatz zu der dauerhaften Schwingung einer Piezoplatte, die entsteht, wenn sie mit einer elektrischen Sinusschwingung kontinuierlich angeregt wird (Bild 2-13 a), spricht man von Schwingungsimpulsen, wenn die Schwingung zeitlich begrenzt ist. Der in Bild 2-13 b gezeigte Schwingungsimpuls entsteht z.B., wenn eine Piezoplatte durch kurzzeitiges elektrisches Aufladen ihre Dicke ändert, die eine nachfolgende Schwingung nach sich führt, deren Amplitude rasch abnimmt. Man spricht in diesem Fall auch von einer *gedämpften* Schwingung. Ursache für eine Schwingungsdämpfung ist sowohl eine materialabhängige innere Dämpfung des Piezomaterials als auch die Abgabe von Schwingungsenergie an die Umgebung.

Durch die Schwingung der Oberfläche einer piezoelektrischen Scheibe, oder allgemein eines schwingenden Körpers, wird zunächst nur die angrenzende Materieschicht mitbewegt. Die Bewegung überträgt sich jedoch fortlaufend an nachfolgende Materieschichten. Bei der Dickenschwingung einer Piezoscheibe gemäß Bild 2-4 a (1) entsteht daher eine Folge von Verdichtungen (Überdruck) und Verdünnungen (Unterdruck) in Richtung der schallerzeugenden Bewegung (Bild 2-14 a). Die so entstehende *Welle*, bei der die Schwingungsrichtung der Materieteilchen parallel zur Ausbreitungsrichtung liegt, nennt man *Longitudinalwelle, Long-* oder *Druckwelle*. Sie kann in festen, flüssigen und gasförmigen Stoffen angeregt werden. Der Stoff, in dem sich eine Welle ausbreitet, wird oft auch als *Ausbreitungsmedium* bezeichnet. Die Ausbreitung der Welle erfolgt dort mit der jedem Werkstoff eigenen *Schallgeschwindigkeit*. Diese ist weitgehend unabhängig von der Frequenz, jedoch abhängig vom jeweiligen Aggregatzustand, dem kristallinen Aufbau, von der Temperatur und dem statischen Druck des Ausbreitungsmediums.

Wird die Oberfläche einer Piezoplatte gemäß Bild 2-4 b (2) zu einer Scherbewegung angeregt, so entsteht im angrenzenden Übertragungsmedium eine *Transversalwelle*, die auch *Trans-*, *Scher-* oder *Schubwelle* genannt wird (Bild 2-14 b). Dabei ist die Schwingungsrichtung der Materieteilchen senkrecht zur Ausbreitungsrichtung. Scherwellen können sich nur in festen Werkstoffen fortpflanzen, da Gase und Flüssigkeiten einer Scherbeanspruchung keinen Widerstand entgegensetzen. Ihre Ausbreitungsgeschwindigkeit ist stets geringer als die der Longitudinalwelle.

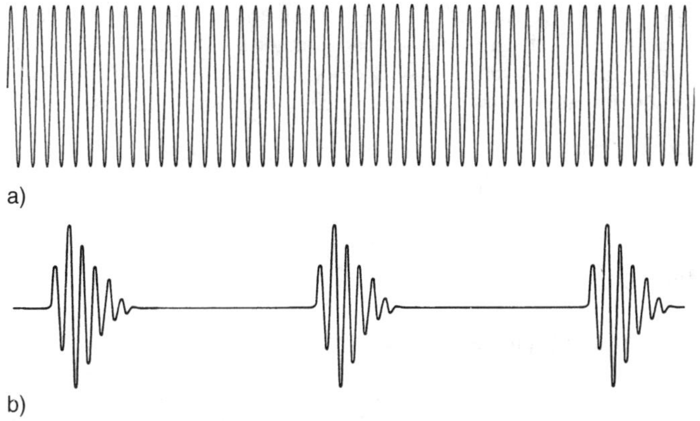

Bild 2-13 a) Dauer- und b) Impulsschall, zeitlicher Verlauf

Bei einer Begrenzung des Werkstoffs gibt es weitere charakteristische Wellenarten, die aus Longitudinal- oder Transversalwellen bestehen oder auch als deren Kombination Mischformen bilden. Für die verschiedenen Wellenarten wird häufig auch der Begriff *Wellenmoden* verwendet. So sind die Dehn- und Biegeschwingungen auf Platten und Stäben (Bild 2-14 c und 2-14 d), auch als *Stabwellen, Platten-* oder *Lamb-*

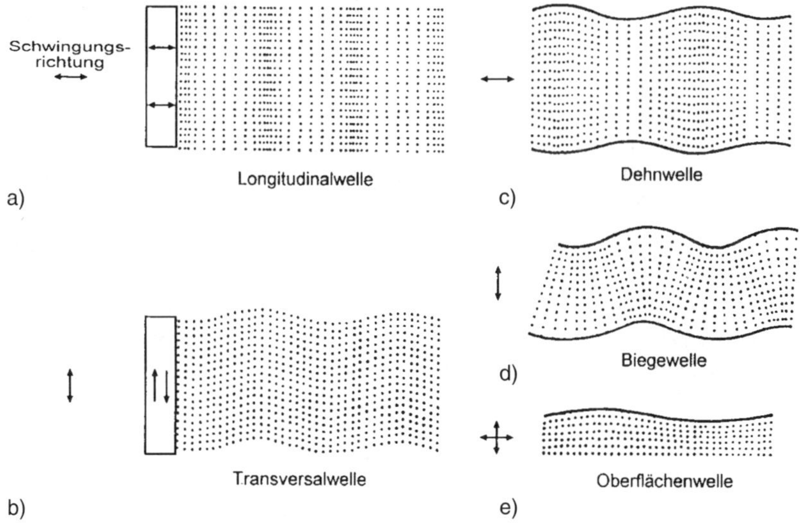

Bild 2-14 Wellenarten: a) in beliebigen Ausbreitungsmedien b) – e) in festen Körpern

Wellen bekannt. Bild 2-14 e zeigt als Mischform die *Oberflächen-* oder *Rayleigh-Welle*. Ihre Schallgeschwindigkeit ist immer etwas geringer als die der Transversalwelle. Die *Kriechwelle* hat die Geschwindigkeit einer Longitudinalwelle. Ihr Name rührt daher, daß sie sich unmittelbar unter der Oberfläche eines Werkstücks ausbreitet.

Weitere Literatur s. [4, 14, 15, 16].

2.3 Schallfelder

2.3.1 Begriffe zur Charakterisierung von Schallfeldern

Die ein Schallfeld charakterisierenden Dichteänderungen (Bild 2-14 a), haben entsprechende zeitlich und örtlich veränderliche Druckänderungen zur Folge. Die Begriffe der Schwingungslehre aus Abschnitt 2.2 beziehen sich daher bei der Schallausbreitung in Gasen, Flüssigkeiten und Festkörpern immer auf den *Schallwechseldruck* p~. Sein größter Wert wird als *Schalldruckamplitude* oder kurz als *Schalldruck* p bezeichnet. Er wird selten in seinen absoluten Einheiten Pascal (N/m^2) oder Bar (10^5 N/m^2) angegeben, sondern meist als Schalldruckpegel L in Dezibel [dB] bezogen auf einen Referenzwert p_o:

$$L\,[\mathrm{dB}] = 20 \cdot \lg \frac{p}{p_o} \qquad (2\text{-}9)$$

Ist der Schalldruck p doppelt oder halb so groß wie p_o, so beträgt L jeweils +6 dB oder –6 dB. Ist p zehnfach so hoch wie wie p_o, so ergibt sich L zu +20 dB. Der Vorteil dieses logarithmischen Maßes liegt darin, daß die dB-Werte addiert und subtrahiert werden, während bei Angabe der tatsächlichen Schalldrücke statt dessen kompliziertere Multiplikationen oder Divisionen ausgeführt werden müßten.

Die für die Schallausbreitung in einem Werkstoff wichtigste Materialkenngröße ist die *spezifische akustische Impedanz* Z. Sie ist das Produkt aus der Schallgeschwindigkeit c und der Dichte ρ.

$$Z = \rho \cdot c \qquad (2\text{-}10)$$

Die Tabellen 3-2 bis 3-5 im Abschnitt 3.5 geben eine Übersicht über die akustischen Kenndaten der bekanntesten Stoffe. Dabei fällt auf, daß der Bereich der spezifischen akustischen Impedanzen der verschiedenen Stoffe infolge ihrer unterschiedlichen Aggregatzustände einige Zehnerpotenzen umfaßt. Die spezifische akustische Impedanz wird häufig auch einfach als *akustische Impedanz* oder als *Schallwellenwiderstand* bezeichnet. Die Bezeichnung Widerstand rührt von einer Ähnlichkeit mit der Elektrizitätslehre her. Dort sind Stromfluß und Spannung in einem Leiter mit dem materialspezifischen elektrischen Widerstand in gleicher Weise verknüpft wie bei einer akustischen Welle die Schnelle der bewegten Teilchen – damit ist ihre maximale Geschwindigkeit gemeint, die sie beim Durchlaufen des Schwingungsnullpunktes erreichen – und der Schalldruck mit dem akustischen Widerstand.

Wie bei elektrischem Strom wird auch bei einer Schallwelle Energie transportiert. Die durch eine Fläche pro Zeit hindurchtretende akustische Energie wird als *Intensität* I bezeichnet. Analog zu elektrischen Größen errechnet sie sich aus Schalldruck und Schallwellenwiderstand:

$$I = \frac{p^2}{2Z} \qquad (2\text{-}11)$$

Sie wird meist in mW/cm^2 angegeben.

Zur Einschätzung gesundheitlicher Risiken von Ultraschall wird bei Schallimpulsen gemäß Bild 2-13 b neben der momentanen Intensität auch eine mittlere Intensität angegeben, indem über alle momentanen Intensitätswerte zeitlich gemittelt wird. Dabei werden auch die Zeiten zwischen den Impulsen mitgezählt. Mittlere Ultraschallintensitäten unter 0,1 W/cm^2 und momentane Maximalintensitäten unter 100 W/cm^2 gelten heutzutage für menschliches Gewebe als völlig unbedenklich [4]. Die in der zerstörungsfreien Werkstoffprüfung auftretenden Intensitäten liegen meist wesentlich darunter. Daher besteht nach heutigen Erkenntnissen keinerlei Gefahr, wenn man mit solchen Schallfeldern in Berührung kommt. Neuere medizinische Untersuchungen empfehlen allerdings auch bei diagnostischen Ultraschallanwendungen, unnötig lange Expositionszeiten zu vermeiden [245].

2.3.2 Schallabstrahlung von kreis- oder rechteckförmigen Flächen

Bei der Ultraschallerzeugung haben die schallabstrahlenden Flächen in den weitaus meisten Fällen Kreis- oder Rechteckform. Nach dem HUYGENS*schen Prinzip* geht von jedem einzelnen Punkt einer schallabstrahlenden Fläche eine Kugelwelle aus. Das Schallfeld an einem beliebigen Punkt im Übertragungsmedium ist die Überlagerung aller dieser Elementarwellen nach Amplitude und Phase. Unmittelbar vor der abstrahlenden Fläche sind die Abstände zu den einzelnen Punkten auf der Fläche sehr unterschiedlich. Die Schallanteile kommen daher dort mit erheblichen Laufzeitunterschieden und dementsprechend großen Phasendifferenzen an. Dies hat je nach momentanem Beobachtungspunkt Auslöschungen oder Verstärkungen des Schalldrucks zur Folge. Daher treten im sogenannten *Nahfeld* von Schallquellen in dichten Abständen Minima und Maxima des Schalldruckes auf, wie Bild 2-15 a für eine kreisförmige Abstrahlfläche, etwa eine Piezoscheibe, verdeutlicht. Unmittelbar auf der Achse (Bild 2-15 b) variiert der Schalldruck zwischen 0 und 2 p_k. Ab einer bestimmten Entfernung z von der Schallquelle, der sogenannten *Nahfeldlänge* N, betragen die Abstandsunterschiede zu den einzelnen Punkten der Schallquelle weniger als eine halbe Wellenlänge entsprechend 180° Phasendifferenz. Daher tritt dort ein letztes Hauptmaximum auf. Die Nahfeldlänge N einer kreisförmigen Scheibe hängt ab von ihrem Radius r_s^2 und von der Wellenlänge λ:

$$N = \frac{r_s^2}{\lambda} \qquad (2\text{-}12)$$

Die Interferenz aller Schallanteile ist bei größeren Abständen, im sogenannten *Fernfeld*, nur noch positiv. Dennoch fällt der Schalldruck wie bei einer Kugelwelle

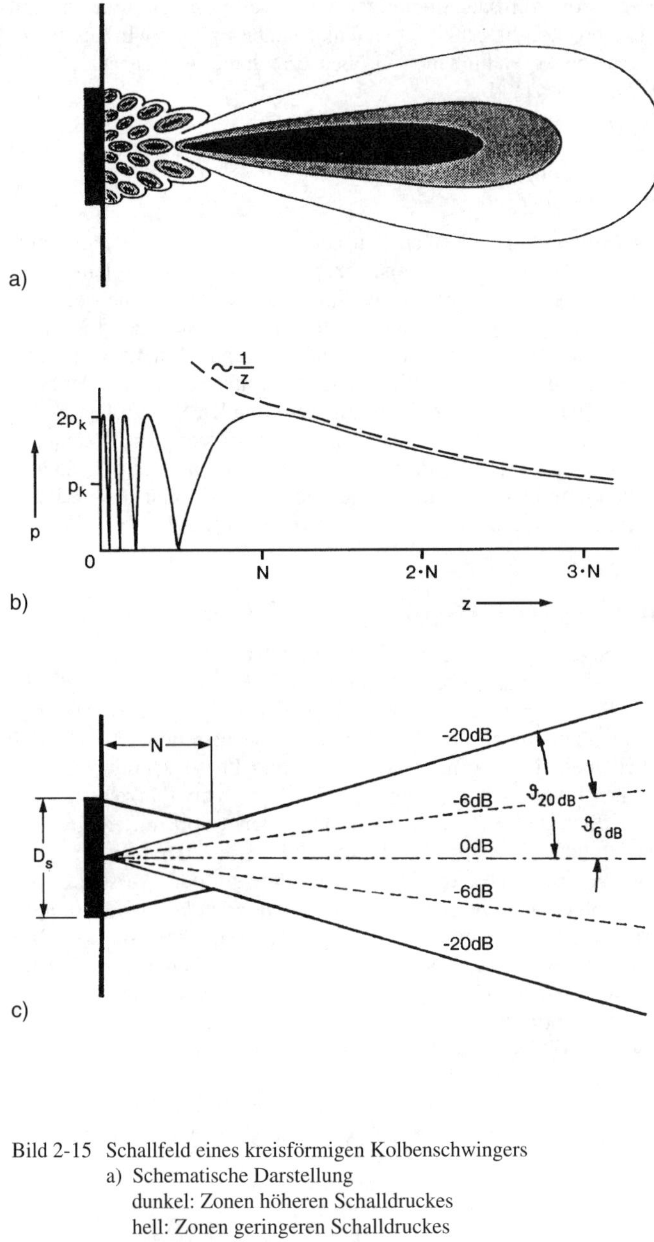

Bild 2-15 Schallfeld eines kreisförmigen Kolbenschwingers
a) Schematische Darstellung
dunkel: Zonen höheren Schalldruckes
hell: Zonen geringeren Schalldruckes
b) Schalldruck auf der Mittelachse (Absolutbetrag)
c) Darstellung der Öffnungswinkel des Schallfeldes

mit 1/z ab, da sich das Schallfeld wie bei einem Scheinwerferkegel öffnet und die Schallenergie sich auf immer größere Flächen verteilt. Zur Charakterisierung des Fernfeldes genügt die Kenntnis darüber, in welchen Abständen von der Mittelachse der Schalldruck gegenüber dem jeweiligen Wert auf der Mittelachse um die Hälfte (6 dB) oder um das zehnfache (20 dB) vermindert ist. Die so definierten Schallkege (Bild 2-15 c), lassen sich durch ihre *Öffnungswinkel* beschreiben. Sie ergeben sich aus:

$$\sin \vartheta_{-6dB} = 0{,}7 \cdot \frac{\lambda}{2r_s} \tag{2-13}$$

$$\sin \vartheta_{-20dB} = 1{,}09 \cdot \frac{\lambda}{2r_s} \tag{2-14}$$

Bei gleicher Frequenz ist die Schallbündelung demnach umso größer, je größer der Radius der Schallquelle und bei gleichem Radius, je kleiner die Wellenlänge ist. Eine Punktschallquelle strahlt daher praktisch in alle Richtungen gleichmäßig ab. Positioniert man eine Punktschallquelle auf den –6 dB oder –20 dB-Linien, so würde die Piezoscheibe einen mittleren Schalldruck wahrnehmen, der ebenfalls 6 bzw. 20 dB kleiner wäre als bei Positionierung der Punktschallquelle auf der Mittelachse. Sendet und empfängt man mit derselben Piezoscheibe, so müssen die in dB angegebenen richtungsabhängigen Abfälle für Sende- und Empfangsfall addiert werden.

Bei Ultraschallwandlern mit runden Piezoscheiben wird oftmals ein *effektiver Schwingerdurchmesser* angegeben, der immer etwas kleiner als der tatsächliche Schwingerdurchmesser ist. Damit kann der Möglichkeit Rechnung getragen werden, daß Randbereiche nicht gleichmäßig oder gar nicht zur Schallabstrahlung beitragen. Die Ursache dafür sind weniger mechanische Kanteneffekte sondern meistens Schwinger, deren Randbereiche aus konstruktiven Gründen nicht metallisiert wurden. Da dort die Anregungsspannung fehlt, schwingt „effektiv" nur der metallisierte mittlere Bereich.

Ist eine schallabstrahlende Fläche nicht rund, so ist auch das Schallfeld nicht mehr rotationssymmetrisch. Bei einem rechteckförmigen Piezoschwinger der Kantenlängen a und b tritt eine Schallbündelung sowohl in Richtung der Kante a als auch b auf. Auch hier läßt sich für jede Kantenrichtung im Fernfeld näherungsweise ein Öffnungswinkel $\vartheta_{\square}$ angeben:

$$\sin \vartheta_{\square\,-6dB} = 0{,}6 \cdot \frac{\lambda}{2a} \tag{2-15}$$

$$\sin \vartheta_{\square\,-20dB} = 0{,}91 \cdot \frac{\lambda}{2a} \tag{2-16}$$

Die Nahfeldlänge eines rechteckförmigen Schwingers ergibt sich aus:

$$N_{\square} = k_{\square} \cdot \frac{a^2}{\lambda} \tag{2-17}$$

Die Konstante $k_{\square}$ hängt ab vom Verhältnis der Kantenlängen a/b. $k_{\square}$ beträgt 1,37 für a/b = 1, für a/b > 2 ist sie 1. Bei quadratischen Schwingern ähnelt die Schalldruckverteilung auf der Achse Bild 2-15 c. Je unterschiedlicher die Kanten a und b sind, desto stärker nehmen aber bereits im Nahfeld auch die Amplituden der Schalldruckmaxima auf der Achse ab.

Kugelförmige oder zylindrische Schwingerflächen bewirken eine punkt- bzw. linienförmige *Fokussierung* des Ultraschalls (Bild 2-16). Hier treffen praktisch alle Schallanteile gleichzeitig ohne Phasenunterschiede im Krümmungsmittelpunkt ein und verstärken sich. Den Abstand des Schalldruckmaximums vom Scheitelpunkt der abstrahlenden Fläche bezeichnet man als *Fokusabstand* F. Tatsächlich ist er durch Beugungseffekte (s. Abschnitt 2.3.3) immer etwas kleiner als der geometrische Krümmungsradius r. Innerhalb des Fokusabstandes befindet sich das Nahfeld mit Maxima und Minima des Schalldrucks. Gegenüber dem ebenen Schwinger mit Radius r_s wird durch die Fokussierung das Nahfeld praktisch auf den Fokusabstand gestaucht. Der Fokusabstand kann niemals größer als die Nahfeldlänge des entsprechenden ebenen Schwingers sein.

Bei einem ebenen Schwinger (Bild 2-15 a), ist die Schallfeldeinschnürung im Abstand der Nahfeldlänge unabhängig von der Wellenlänge. 81 % der gesamten Schallenergie sind hier auf eine Kreisfläche des 0,6-fachen Schwingerdurchmessers konzentriert. Bei Fokussierung durch eine kugelförmige Schwingerfläche (Bild 2-16), kann diese Kreisfläche, die jetzt als Fokusdurchmesser D_f bezeichnet wird, sowohl durch kleinere Wellenlängen als auch durch größere Schwingerdurchmesser reduziert werden:

$$D_f = 1{,}22 \cdot \frac{F \cdot \lambda}{r_s} \tag{2-18}$$

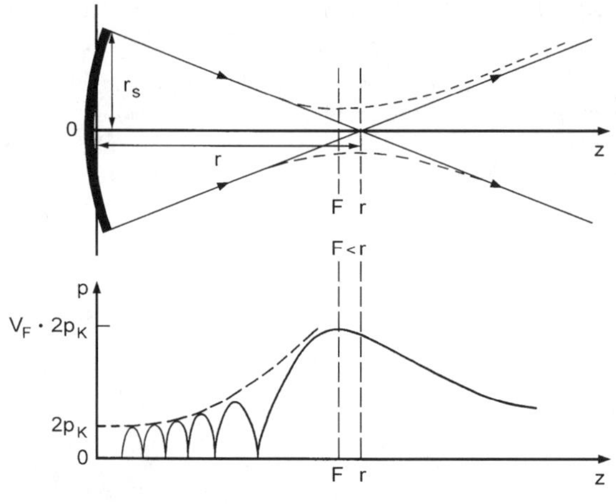

Bild 2-16 Zur Fokussierung mit gekrümmten Abstrahlflächen

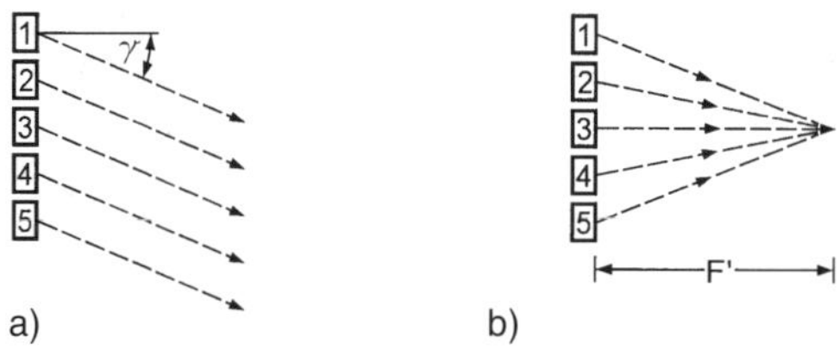

Bild 2-17 Prinzip der Phased Arrays oder Gruppenstrahler
a) Schwenken der Abstrahlung
b) Fokussierung

Die zugehörige Schalldruckerhöhung im Fokuspunkt gegenüber dem ebenen Schwinger kann näherungsweise [4] als Faktor V_F

$$V_F = \frac{\pi \cdot r_S^{\,2}}{\lambda \cdot F} \tag{2-19}$$

angegeben werden. Dieser Zusammenhang ist gültig, solange der Schwingerdurchmesser D_s nicht größer als $0{,}2 \cdot r$ ist. Genau genommen müßte in den Gleichungen (2-18) und (2-19) auch statt des Fokusabstandes F der Krümmungsradius r stehen. Der Einfachheit halber wird aber angenommen, daß r und F sich wenig unterscheiden. Tatsächlich rücken beide Werte umso näher zusammen, je höher die Frequenz ist [17].

Abschließend wird noch der Fall betrachtet, daß eine abstrahlende Schwingerfläche aus mehreren einzelnen Elementen zusammengefügt wird (Bild 2-17). Sind die Elemente hinreichend klein zur Wellenlänge, so bildet praktisch jedes für sich eine Punktschallquelle mit kugelförmiger Schallabstrahlung. Schwingen alle Elemente gleichzeitig und gleichförmig, so ist das Schallfeld identisch mit dem Schallfeld eines zusammenhängenden Schwingers derselben Gesamtfläche. Schließlich können die Elemente aber auch untereinander zeitverzögert Schwingungen ausführen. Diese Zeitverzögerung kann so gewählt werden, daß damit natürliche Laufzeitunterschiede im Übertragungsmedium kompensiert werden. Auf diese Weise ist es möglich, sogenannte synthetische Schallfelder zu erzeugen. Mit einer Schwingerzeile (Bild 2-17), kann z.B. durch geeignete Zeitverzögerungen entweder die gesamte Abstrahlrichtung geschwenkt (Bild 2-17 a), oder auf einen vorgebbaren Bereich mit Fokusabstand F´ fokussiert werden (Bild 2-17 b). Solche Anordnungen werden auch als *Phased Arrays* oder *Gruppenstrahler* bezeichnet.

Neuerdings werden auch Phased Arrays zur Fokussierung von Rayleigh- oder Lamb-Wellen eingesetzt, um oberflächennahe Fehler aufzuspüren [242]. Durch eine iterativen Rechenprozeß gelingt dabei sogar eine automatische Fokussierung der Schallenergie auf einen im Erfassungsbereich des Prüfkopfes liegenden Fehler. Dazu werden mit einem ersten Schallimpuls zunächst die unterschiedlichen Laufzeiten zwischen Fehler und den einzelnen Elementen des Phased Arrays ermittelt und in der unmittelbar danach folgenden eigentlichen Fehlerprüfung als Zeitverzögerung für die erneute Ansteuerung der einzelnen Sender und für die Empfangssignale verwendet, was die gewünschte Fokussierung auf den Fehler zur Folge hat.

2.3.3 Verhalten an Grenzflächen

Auch in einem gleichmäßigen (homogenen) Übertragungsmedium verliert eine Schallwelle mit zunehmender Wegstrecke an Energie. Der Schalldruck nimmt aber in stärkerem Maße ab, als es nach der natürlichen Divergenz des Schallfeldes zu erwarten wäre. Das liegt an einer werkstoffabhängigen Eigenschaft, der *Schallschwächung*, für die im wesentlichen zwei Werkstoffeigenschaften verantwortlich sind, nämlich *Absorption* (Umwandlung in Wärme) und *Streuung* am strukturellen Aufbau eines Werkstoffes, z.B. Korngrenzen in Metallen oder Fasern in Verbundstoffen (Bild 2-18). Dabei handelt es sich um Grenzflächen mit regelloser Orientierung. Das Verhältnis von Korngröße und Wellenlänge beeinflußt Art und Ausmaß der Streuung entscheidend. Die Schallschwächung ist daher grundsätzlich frequenzabhängig. Sie wird für feste Frequenzen oder Frequenzbereiche, in denen die Änderungen gering sind, in dB/m angegeben.

Am Rande von Hindernissen innerhalb des Übertragungsmediums findet *Beugung* statt (Bild 2-19). Die Beugung bewirkt, daß in einer gewissen Entfernung vom

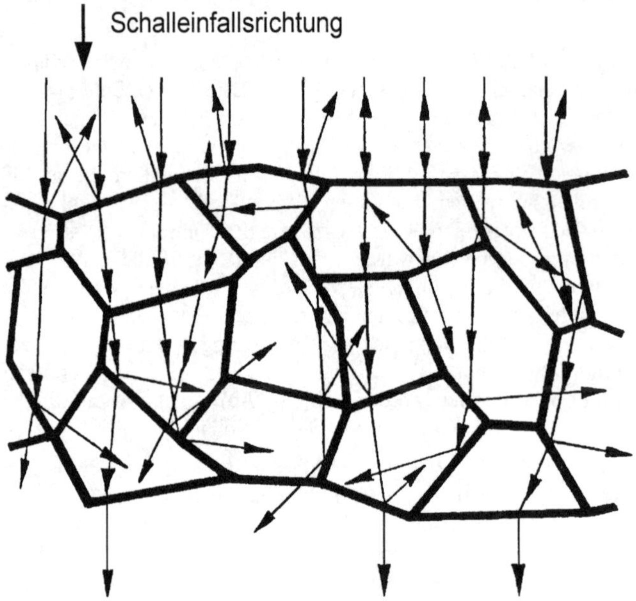

Bild 2-18 Streuung durch Reflektionen an den Korngrenzen (schematisch, vereinfacht)

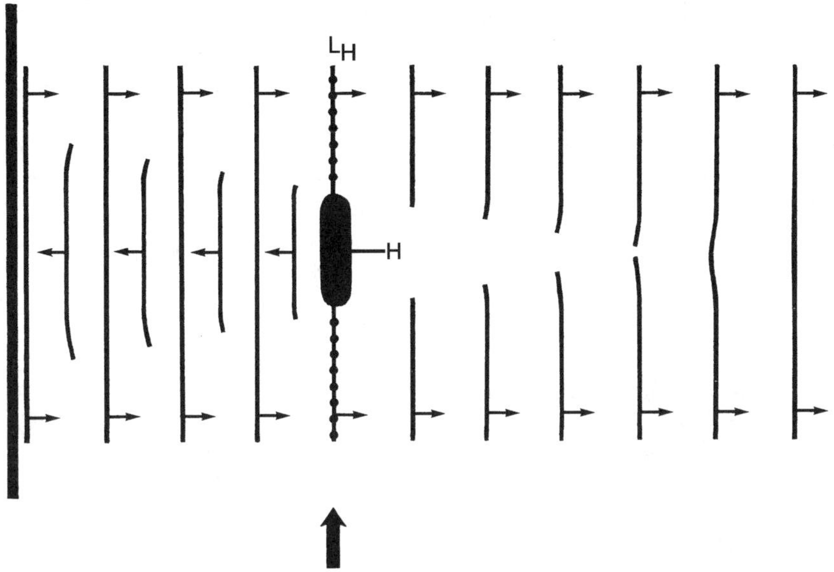

Bild 2-19 Reflexion und Beugung einer von links einfallenden Welle an einem Hindernis H.

Hindernis dessen abschattende Wirkung aufgehoben wird und der gesamte Bereich wieder gleichmäßig von Ultraschall erfüllt ist. Nimmt man die schallerfüllten Bereiche längs der Linie L_H oberhalb und unterhalb des Hindernisses H als Ausgangspunkte von Huygensschen Elementarwellen, in Bild 2-19 als Punkte gekennzeichnet, so heben sie sich unmittelbar hinter dem Hindernis gerade auf, da ihre Phasendifferenzen jeden Wert von 0 bis 360° und Vielfachen von 360° annehmen. Die Summe solcher Überlagerungen ergibt Null. Erst ab größeren Abständen hinter dem Hindernis sind die Phasendifferenzen aller zu überlagernden Wellen kleiner als 360°, so daß positive Interferenz eintritt. Der Bereich der Auslöschung hinter dem Hindernis ist umso kürzer, je größer die Wellenlänge ist.

Trifft eine Schallwelle mit dem Schalldruck p_E senkrecht auf die Grenzfläche zweier unterschiedlicher Medien (1) und (2) (Bild 2-20), so wird ein Teil des Schalldruckes senkrecht reflektiert ($R \cdot p_E$) und ein anderer ($T \cdot p_E$) hindurchgelassen. Entscheidend für den *Reflexionsfaktor* R und den *Transmissionsfaktor* T sind die jeweiligen Schallwellenwiderstände Z_i der benachbarten Medien:

$$R = \frac{Z_2 - Z_1}{Z_2 + Z_1} \tag{2-20}$$

$$T = \frac{2Z_2}{Z_2 + Z_1} \tag{2-21}$$

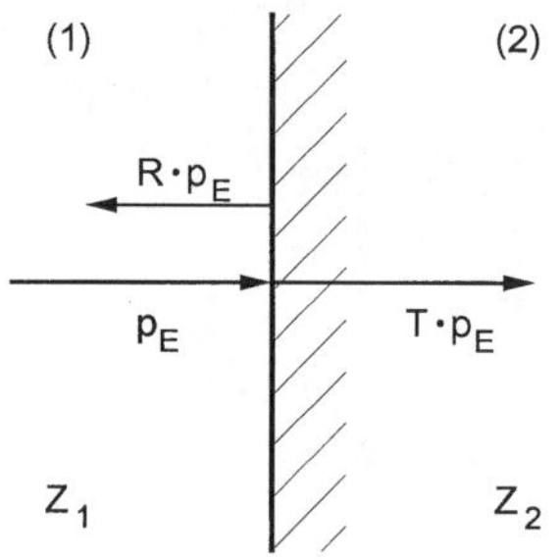

Bild 2-20 Senkrechtes Auftreffen einer Schallwelle auf eine Grenzfläche

Demnach ergibt sich dann eine nahezu vollständige Reflexion, wenn Z_2 sehr viel kleiner als Z_1 ist, z.B. an der Grenzfläche Stahl/Luft. Umgekehrt ist R nahezu Null, wenn Z_1 und Z_2 fast gleich sind. Ein negatives Vorzeichen bedeutet Phasenumkehr bei der Reflexion. Überdruck wird als Unterdruck reflektiert und umgekehrt.

Ist Z_2 größer als Z_1, z.B. beim Übergang von Wasser in Stahl, so ist der Schalldruck im Medium 2 höher. Dies widerspricht nicht dem Energieprinzip, da die Verhältnisse der Energien durch die zugehörigen Intensitäten nach (2-11) berechnet werden.

Beim Schalldurchgang durch eine planparallele Platte der Dicke d wird der Schall mehrfach hin und her reflektiert. Die reflektierten und durchgelassenen Anteile interferieren, so daß es bei ganz bestimmten Verhältnissen von Dicke und Wellenlänge zu Verstärkungen oder Auslöschungen des Schalldrucks kommt. Daher weisen die Reflexions- und Transmissionsfaktoren R_P und T_P einer solchen Platte charakteristische Minima und Maxima auf. Bild 2-21 zeigt dies für eine Plexiglasplatte und eine Aluminiumplatte in Wasser [14]. Die Höhe und Breite der Durchlässigkeitskurven hängt vom Verhältnis der Schallwellenwiderstände ab. Sind sie gleich, ist die Durchlässigkeit $T_p = 1$ und unabhängig von der Frequenz. Aus Bild 2-21 ist auch entnehmbar, daß eine Trennschicht zwischen zwei Medien sehr dünn sein muß, wenn Ultraschall hindurchtreten soll. Für 50 % Transmission dürfte eine Luftschicht in Stahl nur 10^{-6} mm, eine Wasserschicht dagegen 0,02 mm dick sein. Dies ist der Grund, warum zum Ankoppeln von Ultraschallwandlern Koppelschichten aus Öl oder Wasser benutzt werden und eine Trockenankopplung so schwierig ist. Das Maximum der Durchlässigkeit einer Platte bei $d = \lambda/2$ in Bild 2-21 erklärt im übrigen auch die gleichlautende Bedingung für die Resonanzfrequenzen von Piezoschwingern, s. Gleichung (2-2) in Abschnitt 2.1.2.

Aus anderem Grunde komplizierter wird es, wenn eine Welle schräg auf eine Grenzschicht auftrifft. In Bild 2-22 ist dargestellt, daß sich eine schräg einfallende Longitudinalwelle ebenfalls in einen reflektierten und einen durchgehenden Anteil aufspaltet. Im gleichen Medium (1) sind stets *Einfallswinkel* α_{L1} und *Reflexionswinkel* β_{L1} gleich. Der *Brechungswinkel* α_{L2}, unter dem die durchgehenden Longitudinalwellenanteile im Medium (2) weiterlaufen, hängt nur vom Verhältnis der jeweiligen Schallgeschwindigkeiten ab. Handelt es sich um Festkörper, so wird zusätzlich ein Teil der einfallenden Longitudinalwelle in Transversalwellen umgewandelt. Es entsteht sowohl eine reflektierte als auch eine durchgehende Transversalwelle unter den Winkeln β_{T1} und α_{T1}. Das Winkelverhältnis richtet sich immer nach dem Verhältnis der zugehörigen Schallgeschwindigkeiten c gemäß der Formel:

$$\frac{\sin\alpha_1}{\sin\alpha_2} = \frac{c_1}{c_2} \tag{2-22}$$

Dies ist das *Brechungsgesetz* nach SNELLIUS. Es besitzt Allgemeingültigkeit, d.h. es gilt für sämtliche vorkommenden Winkel (α, β) und sämtliche Wellenarten mit ihren zugehörigen Schallgeschwindigkeiten (c_{L1}, c_{T1}, c_{L2}, c_{T2}) in den betreffenden Materialien (1, 2). Alle Winkel werden stets vom Einfallslot gemessen. Das Reflexionsgesetz (2-20) ist nichts anderes als ein Sonderfall des Brechungsgesetzes. Bei Schrägeinfall sind allerdings die Zusammenhänge für die Berechnung des tatsächlichen Schalldrucks komplizierter als (2-20), da eine Winkelabhängigkeit hinzukommt. Näheres darüber findet sich in [14, 15].

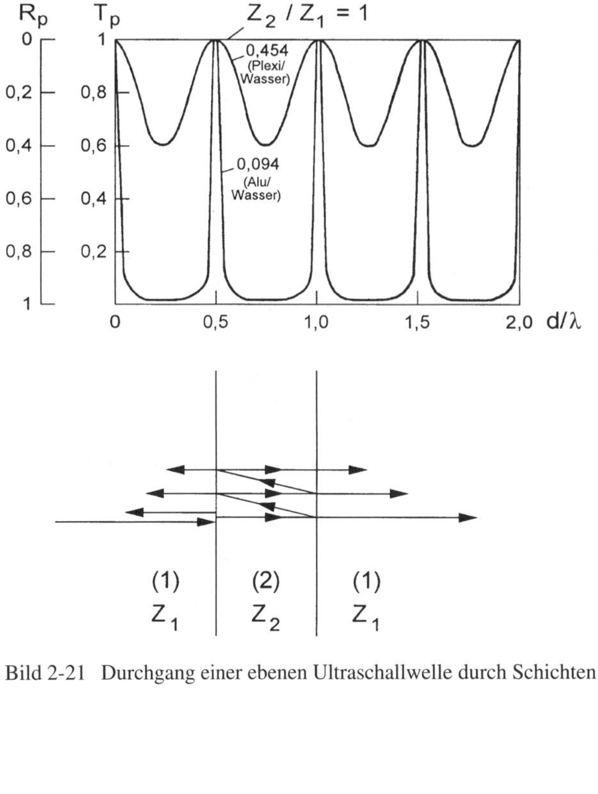

Bild 2-21 Durchgang einer ebenen Ultraschallwelle durch Schichten

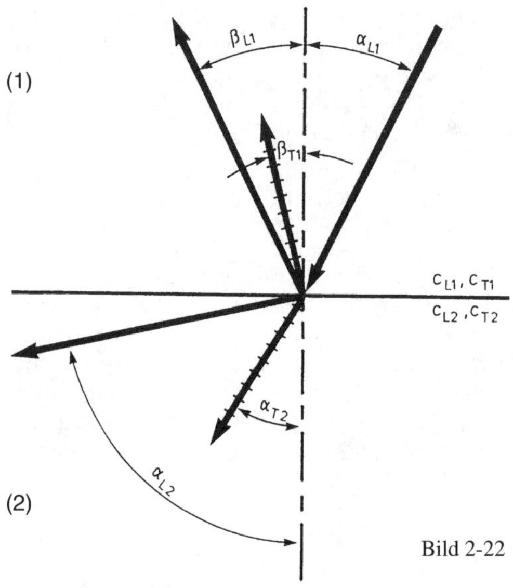

Bild 2-22 Schräges Auftreffen einer Schallwelle auf eine Grenzfläche

In Stahl ist die Transversalwellengeschwindigkeit nur etwa halb so groß wie die der Longitudinalwelle, entsprechend kleiner sind die Winkel β_{T1} und α_{T2} bei einfallender Longitudinalwelle. Wird der Winkel α_{L1} der ursprünglich einfallenden Welle so groß, daß nach (2-22) sin $\alpha_{L2} = 1$ und damit $\alpha_{L2} = 90°$ wird, so bedeutet dies den Grenzfall der Kriechwelle (s. Abschnitt 2.2). Wird sin α_{L2} rechnerisch größer als 1, so existiert im zweiten Medium nur noch die Transversalwelle unter dem Winkel α_{T2}. Wird sin $\alpha_{T2} = 1$, so reicht eine kleine Erhöhung des Einfallswinkels, um die Oberflächenwelle zu erzeugen.

Sinngemäß entsprechend verhält sich eine schräg auftreffende Transversalwelle. Es gilt die gleiche Formel (2-22). Statt des Begriffs Brechungswinkel wird in der Materialprüfung meist die gleichwertige Bezeichnung *Einschallwinkel* benutzt.

Bei der Wellenaufspaltung beim schrägen Auftreffen auf Grenzflächen sind die Amplituden der entstehenden reflektierten Long- und Transwellen winkelabhängig (Bild 2-23). Das hat z.B. bei der Schweißnahtprüfung Konsequenzen, s. Abschnitt 3.4.1. Auch die Amplituden durchgelassener Long- und Transwellen hängen von ihrer Richtung ab. Bild 2-24 zeigt dies für eine Longitudinalwelle, die aus dem Medium Wasser unter einem Winkel α_{L1} auf eine Stahloberfläche trifft. Über dem jeweiligen Einfallswinkel α_{L1} ist die Amplitude eines Echos nach zweimaligem Passieren (hin und zurück) der Grenzschicht aufgetragen. Die zugehörigen Brechungswinkel α_{L2} und α_{T2} sind der oberen Skalierung entnehmbar. Diese Winkelabhängigkeit muß bei schrägem Schalleinfall in Tauchtechnik berücksichtigt werden.

Nach dem Prinzip der Schallbrechung können Schallfelder fokussiert werden (Bild 2-25 a). Eine Piezoscheibe strahlt zunächst in ein Material (1) ab und trifft

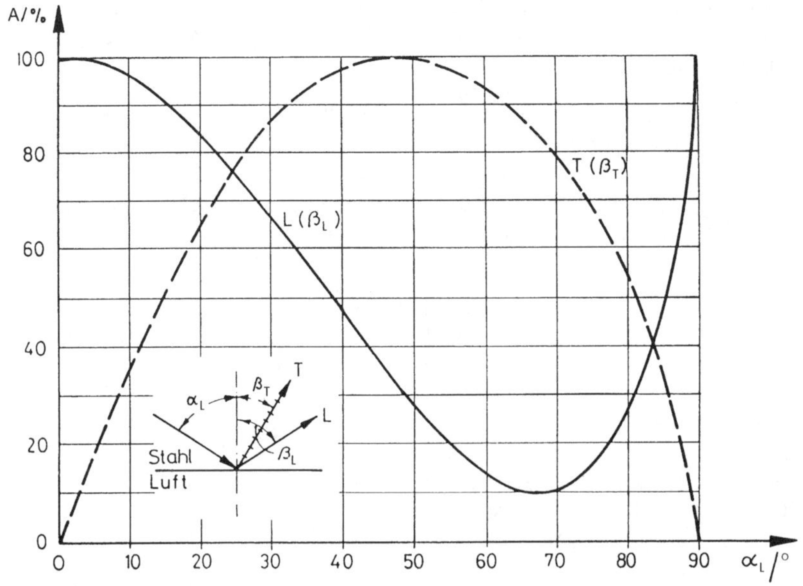

Bild 2-23 Schalldruckamplitude der reflektierten Longitudinal (L)- und Transversalwelle (T) in Abhängigkeit vom Einschallwinkel [19]. Das Maximum wurde jeweils = 100 % gesetzt.

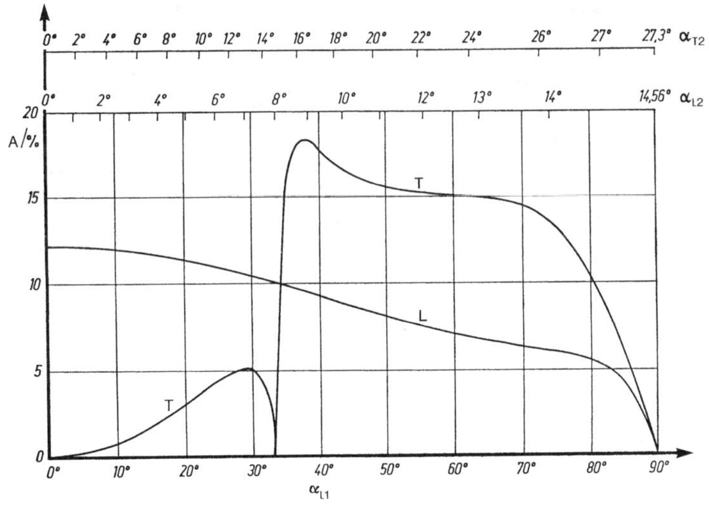

Bild 2-24 Schalldruckabnahme A eines im Werkstück (Stahl) senkrecht reflektierten Echos nach zweimaligem Passieren der Grenzschicht Wasser-Stahl [15]

auf die kugelförmig oder zylindrisch gekrümmte Grenzfläche zum Medium (2) mit Radius r. Ist $c_1 > c_2$, so wird der Schall zum Einfallslot hin gebrochen, so daß alle Schallanteile im Fokusabstand

$$F = \frac{r}{1 - \frac{c_2}{c_1}} \tag{2-23}$$

zusammentreffen. Die Zusammenhänge für den Fokusdurchmesser D_F und den Faktor V_F für die Schalldruckerhöhung in Gleichung (2-18) und (2-19) gelten näherungsweise auch hier.

Trifft die fokussierte Ultraschallwelle auf eine weitere Grenzfläche zu einem Medium (3) (Bild 2-25 b), so wird der ab Eintrittsfläche gedachte Fokusabstand F_3' näherungsweise im Verhältnis der Schallgeschwindigkeiten auf

$$F_3 = F_3' \cdot \frac{c_2}{c_3} \tag{2-24}$$

verkürzt oder verlängert. Dieser Zusammenhang ist in der später beschriebenen Prüfpraxis sehr wichtig.

Weitere Literatur: [6, 18 ,19].

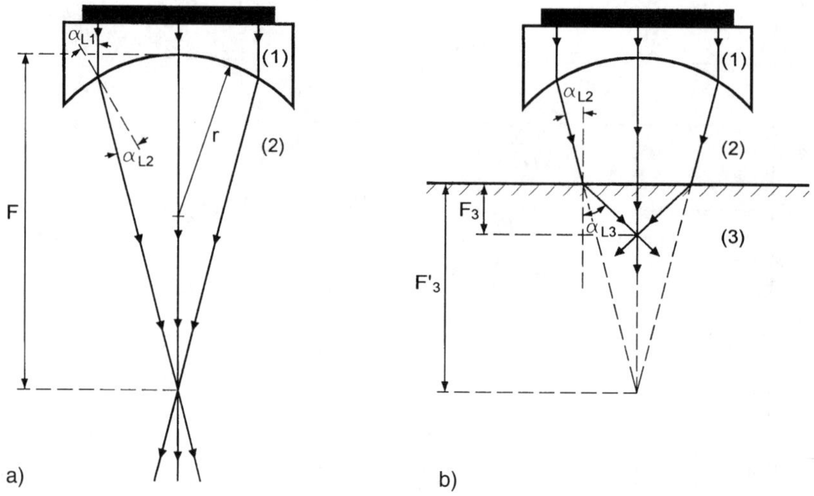

Bild 2-25 Fokusierung durch Schallbrechung
a) Wirkungsweise von Linsen
b) Wirkung eines schallbrechenden Werkstoffs (3)

3 Grundlagen der Ultraschallprüfung

3.1 Ultraschallprüfköpfe

3.1.1 Aufbau und Einsatz

Prüfköpfe nennt man die *Ultraschallwandler* oder *Sensoren*, die sowohl zum Erzeugen (Senden) als auch zum Aufnehmen (Empfangen) von Ultraschall-Impulsen geeignet sind. Sie bilden bei allen zerstörungsfreien Prüfverfahren mit Ultraschall den Schlüssel zur Lösung der Prüfaufgabe: Von der richtigen Auswahl hängt oft ab, ob ein Werkstück überhaupt geprüft werden kann. Besonders bei schwieriger Werkstückgeometrie oder sonst schwierigen Prüfbedingungen lassen sich viele Prüfaufgaben nur dadurch lösen, daß man die jeweiligen Prüfköpfe, d.h. deren akustisches Übertragungsverhalten, dem jeweiligen Werkstoff oder den Prüfbedingungen anpassen kann. In jedem Fall ist aber die Auswahl des richtigen Prüfkopfes entscheidend für die Qualität und die Zuverlässigkeit jeder Prüfaussage.

Die gebräuchlichen Ultraschall-Prüfköpfe arbeiten heute nahezu ausschließlich nach dem piezoelektrischen Effekt. Bild 3-1 zeigt den grundsätzlichen Aufbau der vier Grundtypen. Beim *Senkrecht-* oder *Normalprüfkopf* (Bild 3-1 a), tritt der Longitudinalwellen-Impuls senkrecht aus der auf den Prüfling aufzusetzenden Kontaktfläche aus. Das piezoelektrische Element, das elektrische in mechanische Energie umsetzt und umgekehrt, ist mit einem rückwärtigen möglichst angepaßten Dämpfungskörper verbunden, der sowohl die Schwingung des Piezoelements bedämpft als auch die vom Piezoelement nach hinten abgestrahlten Schallanteile absorbiert. Die vorderseitige Schutz- und Anpaßschicht sorgt einerseits dafür, daß möglichst viel der erzeugten Schallenergie in das Werkstück übertragen wird, und verhindert andererseits, daß der Prüfkopf beim Bewegen über das meist oberflächenrauhe Werkstück mechanisch beschädigt oder beim Kontakt mit aggressiven Koppelmitteln chemisch angegriffen wird. Sie besteht entweder aus keramischen oder metallkeramischen Hartstoffen (*harte Schutzschichten*) oder aus Kunststoffen (*weiche Schutzschichten*), die zur Erhöhung der Abriebfestigkeit meist mit Keramikpulver gefüllt sind. Prüfköpfe mit harten Schutzschichten eignen sich gut zur Ankopplung auf glatte Oberflächen. Prüfköpfe mit weichen Schutzschichten bieten eine bessere Schallübertragung in Werkstücke mit rauher Oberfläche. Um in diesem Fall die Prüfköpfe gegen zu rasche mechanische Beschädigung zu schützen, werden sie mit zusätzlichen auswechselbaren Verschleißschutzfolien aus Kunststoff ausgestattet. Der Grund für ihre bessere Schallübertragung bei rauher Werkstückoberfläche liegt in der guten Impedanzanpassung zwischen der Koppelflüssigkeit und der Kunststoffschutzschicht. Bei rauher Werkstückoberfläche ist der

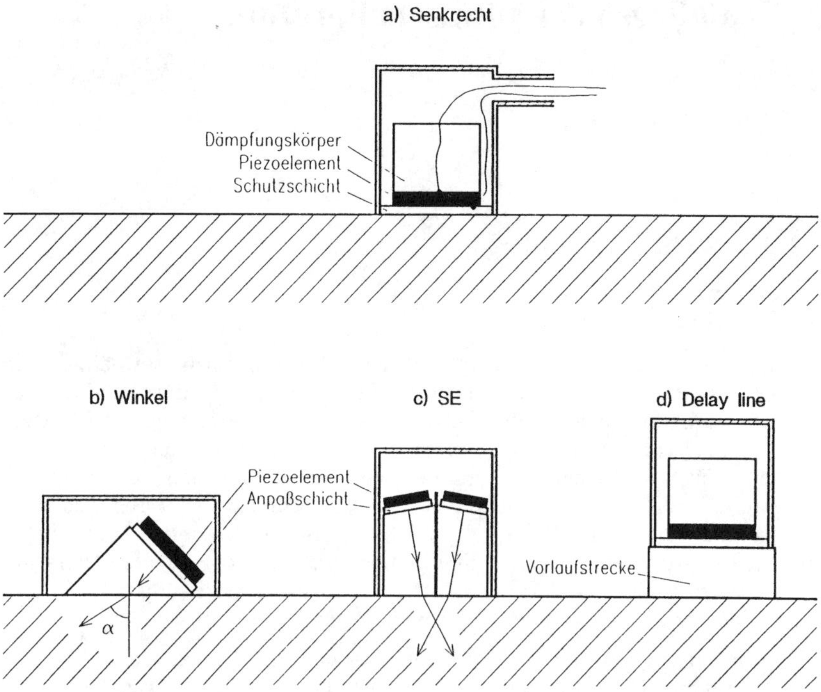

Bild 3-1 Aufbau von Ultraschallprüfköpfen

mit Flüssigkeit gefüllte Koppelspalt zwischen Prüfkopf und Werkstück stets größer als bei glatter Oberfläche. Im Gegensatz zu Prüfköpfen mit harter Schutzschicht treten aber bei weicher Schutzschicht an der Grenzfläche zwischen Schutzschicht und Ankoppelspalt keine nennenswerten Reflexionsverluste auf. Statt dessen wird das Ultraschallsignal in einer weichen Schutzschicht zwischen dem Schwinger und einem Werkstück mit hoher akustischer Impedanz mehrfach hin und her reflektiert. Schutz- und Verschleißfoliendicke bilden daher ein Frequenzfilter und müssen gut aufeinander abgestimmt sein, wenn man Frequenzverschiebungen gegenüber dem *Nennwert*, das ist die auf einem Prüfkopf angegebene Frequenz, vermeiden will.

Die Schwingungsform des Prüfkopfsignals hängt im wesentlichem vom Verhältnis der akustischen Impedanzen von Schwinger und Dämpfungskörper ab. Sind sie nahezu gleich, spricht man von einem stark bedämpften Prüfkopf. Seine Schwingungsform ist sehr kurz, oft nur wenige schnell abklingende Sinuswellenzüge. Bei extrem kurzen Impulsen, die nur aus einer oder anderthalb Sinusschwingungen bestehen, spricht man von *Stoßwellen*. Das zugehörige *Frequenzspektrum* ist um die Schwingergrundfrequenz herum breit ausgedehnt. Solche Prüfköpfe werden daher als *breitbandig* bezeichnet. Je weniger angepaßt der Dämpfungskörper ist, desto länger wird die Schwingungsform und desto schmaler das Frequenzspektrum. Bild 3-2 verdeutlicht die Zusammenhänge für stark, mittel und schwächer bedämpfte Prüfköpfe. Schwingungsform und Empfindlichkeit hängen auch davon ab, ob im Prüfkopfgehäuse eine elektrische Beschaltung des Schwingers vorgenommen wurde. Diese kann als elektrische Anpassung an die Auswerteelektronik und als Frequenzfilter wirken.

Als Bandbreite Δf wird die Differenz von oberer (f_o) und unterer (f_u) Grenzfrequenz angegeben. Damit meint man die Frequenzen, bei denen der Amplitudenbetrag des Spektrums um 6 dB abgefallen ist:

$$\Delta f = f_o - f_u \tag{3-1}$$

Zur Charakterisierung von mittel und schwächer bedämpften Prüfköpfen wird die Prüfkopfmittenfrequenz des tatsächlich gemessenen Spektrums gebildet:

$$f_m = \sqrt{f_u \cdot f_o} \tag{3-2}$$

Oft wird statt der Bandbreite in MHz auch die relative Bandbreite Δf_{rel} in % angegeben:

$$\Delta f_{rel} = \frac{f_o - f_u}{f_m} \tag{3-3}$$

Die Definitionen (3-1) bis (3-3) entsprechen dem Europäischen Normentwurf CEN/TC138/WG2N176 für Ultraschall-Prüfköpfe und der älteren DIN 25450, die beide Anforderungen und Meßverfahren für Eigenschaften von Ultraschall-Prüfköpfen enthalten. Untere und obere Grenzfrequenzen sind in DIN 25450 allerdings bei –3dB definiert.

Beim *Winkelprüfkopf* (Bild 3-1 b), bei dem der Schall unter einem vorgegebenen Winkel in das Werkstück eingekoppelt wird, und beim *SE-Prüfkopf* (Bild 3-1 c), der aus je einem getrennten Sender- und Empfängerelement besteht, deren akustische Sende- und Empfangscharakteristiken sich nur im Werkstück überlappen, sind die Piezoelemente im Prüfkopfgehäuse auf Vorsatzkeile aufgebracht, meist Plexiglas, Polystyrol oder andere gut schalleitfähige Kunststoffe. Zwischen Schwinger und Vorsatzkeil befindet sich hier eine akustische Anpaßschicht, deren akustische Impedanz zwischen der des Piezoelementes und des Vorsatzkeiles liegt, und deren Dicke einer Viertelwellenlänge *(λ/4-Schicht)* entspricht. Diese sorgt sowohl für eine gute Schallübertragung vom Piezoelement in den Vorsatzkeil, bewirkt aber andererseits auch eine hohe mechanische Bedämpfung des Schwingerelements, die eine kurze Schwingungsform und eine hohe Bandbreite des Prüfkopfes zur Folge hat. Daher kommt man bei Winkel- und SE-Prüfköpfen meist ohne einen rückseitigen Dämpfungskörper aus, sofern nicht stoßwellenähnliche Schwingungsformen benötigt werden. Solche werden aber im allgemeinen nur zur Wanddickenmessung benötigt und sind bei der Fehlersuche nur dann erforderlich, wenn das zu untersuchende Werkstück aus stark absorbierenden bzw. schallstreuenden Materialien besteht. Sowohl bei Winkel- als auch SE-Prüfköpfen sind besondere konstruktive Maßnahmen notwendig, um unerwünschte Ultraschallreflexionen im Prüfkopfgehäuse zu vermeiden. Bei SE-Prüfköpfen befindet sich zwischen der Sende- und der Empfangsseite eine akustisch möglichst undurchlässige Trennschicht, die auch als

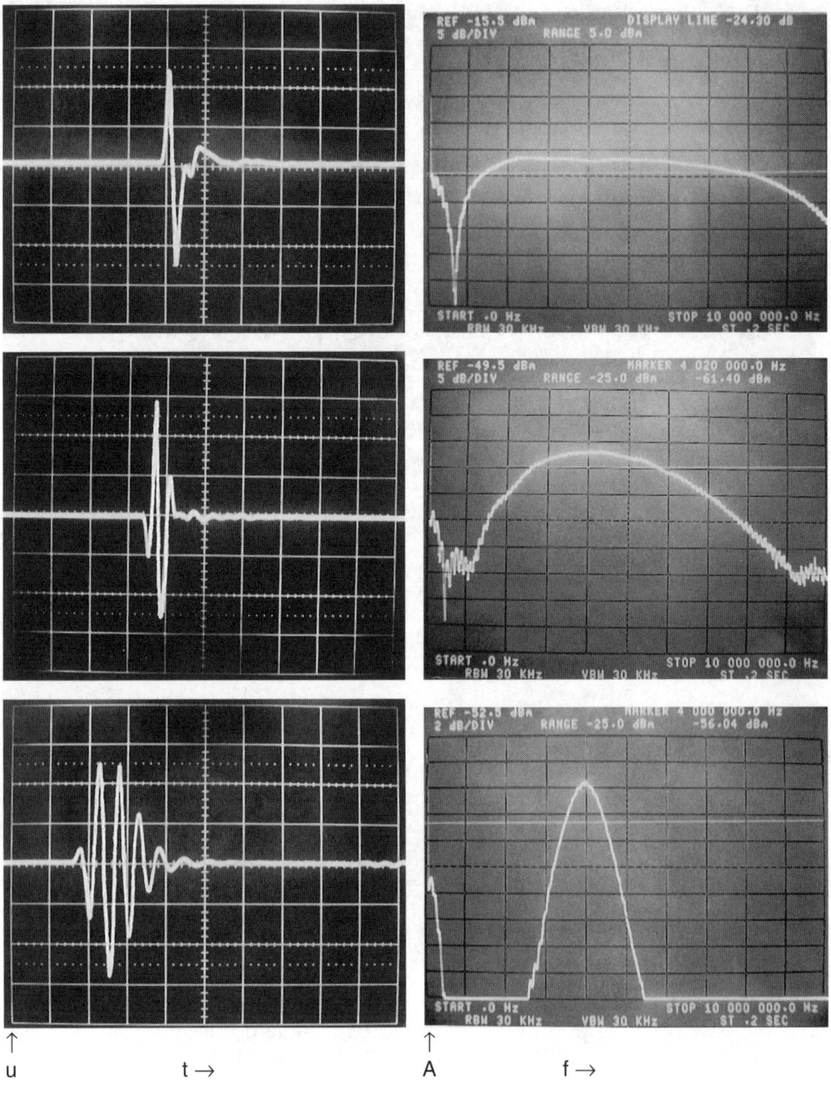

Bild 3-2 Zur Erläuterung von Schwingungsform (links), Spektrum und Bandbreite (rechts)
Oben: Stoßwelle, extrem große Bandbreite, starke Bedämpfung
Mitte: Kurze Impulsform, hohe Bandbreite, mittlere Bedämpfung
Unten: Breite Impulsform, geringe Bandbreite, schwache Bedämpfung

Schalldamm bezeichnet wird. Durch diesen Aufbau werden Sender und Empfänger sowohl elektrisch als auch akustisch unabhängig bzw. entkoppelt, d.h. sie beeinflussen sich gegenseitig nicht merklich.

Eine Mischform aus Winkel- und SE-Prüfköpfen sind sogenannte *Winkel-SE-Prüfköpfe*. Der Aufbau entspricht dem eines SE-Prüfkopfes. Zusätzlich werden aber die beiden Piezoelemente senkrecht zur Zeichenebene in Bild 3-1 c geneigt, so daß wie beim Winkelprüfkopf unter entsprechenden Einschallwinkeln in das Werkstück eingeschallt und empfangen werden kann.

Für Senkrechtprüfköpfe mit Vorlaufstrecke wird häufig auch der Begriff *Delay-Line-Prüfkopf* verwendet. Ihr Aufbau (Bild 3-1 d) entspricht dem des Senkrechtprüfkopfes. Hier wird der Schall lediglich über eine zusätzliche *Vorlaufstrecke* (Delay-Line), meist auch aus gut schalleitfähigen Kunststoffen, in das Werkstück eingekoppelt. Diese kann sowohl fest mit Schwinger und Anpaßschicht verbunden als auch aufschraubbar und damit auswechselbar sein. Die durch die Vorlaufstrecke herbeigeführte Zeitverzögerung bis zum Eintritt des Schalls in das Werkstück bewirkt, daß im Ultraschall-Prüfgerät alle Übersteuerungsvorgänge durch den elektrischen Zündimpuls des Senders abgeklungen sind. Man erhält so eine gute *Nahauflösung*. So bezeichnet man die Fähigkeit eines Prüfkopfes, Schallreflexionen aus Bereichen dicht unter der Oberfläche eines Werkstückes aufzulösen. Weit entfernte, aber zeitlich dicht zusammenliegende Schallreflexionen trennen zu können, wird dagegen als *Fernauflösung* bezeichnet.

Prüfköpfe unterscheiden sich je nach Anwendungsfall zusätzlich in Abmessungen, Frequenz, Bandbreite und Bauart. Bild 3-3 zeigt einige typische Ausführungsformen, links Senkrechtprüfköpfe für manuelle Prüfung, in der Mitte Winkelprüf-

Bild 3-3 Prüfköpfe für verschiedene Anwendungszwecke

köpfe, rechts wasserdichte Prüfköpfe für den Einsatz in *Tauchtechnik*. *Tauch-* oder *Pfützentechnik* bezeichnet das Verfahren, ein Werkstück ganz oder teilweise in eine Flüssigkeit einzutauchen, in der sich die Prüfköpfe befinden. Dabei müssen Gehäuse und Kabelanschluß wasserdicht ausgeführt werden. Da derartige Prüfköpfe nicht von Hand auf den Prüfling aufgesetzt werden, ist ihre äußere Form meist zylindrisch, damit sie leicht in Vorrichtungen befestigt werden können.

Der Aufbau von Prüfköpfen für Tauchtechnik ist dem der Senkrechtprüfköpfe ähnlich. Zur besseren Anpassung an Wasser besitzen sie Schutz- und Anpaßschichten aus Kunststoff. Sie werden auch häufig mit fokussierenden Vorsatzlinsen versehen. Tauchtechnik-Prüfköpfe lassen sich sowohl für Senkrecht- als auch für Winkel-Einschallung einsetzen.

Bild 3-4 zeigt schematisch die von den verschiedenen Prüfkopf-Typen in einem Werkstück erzeugten Schallfelder. Senkrechtprüfköpfe besitzen meist runde Schwinger. Ihr Schallfeld (Bild 3-4 a) wurde schon in Abschnitt 2.3.2 beschrieben. Winkelprüfköpfe sind meist mit Rechteckschwingern bestückt. Hier wird bereits ein Teil des Nahfeldes im Vorlaufkeil zurückgelegt. Bedingt durch den Brechungsvorgang sind bei größeren Einschall- und Öffnungswinkeln die Randstrahlen und dadurch die Winkel ϑ_+ und ϑ_- bezogen auf die Schallbündelachse nicht mehr ganz symmetrisch (Bild 3-4 b). Mit zunehmender Schwingergröße nimmt die Nahfeldlänge zu und der Öffnungswinkel ab. Dies macht generell große Prüfköpfe für große Prüfobjekte geeignet und umgekehrt.

Winkelprüfköpfe können im Werkstück Longitudinal- und Transversalwellen erzeugen. Meist wird der Einschallwinkel so gewählt, daß im Werkstück nur eine Transversalwelle entsteht. Üblich sind die Winkel 35°, 45°, 60°, 70° und 80°. Diese Winkel beziehen sich auf die Transversalwelle in Stahl mit der Schallgeschwindigkeit c_T = 3255 m/s. Bei Materialien anderer Schallgeschwindigkeit ist der Einschallwinkel nach dem Brechungsgesetz, s. Gleichung (2-22), umzurechnen bzw. nach Bild 3-129 zu bestimmen.

Der Arbeitsbereich von SE-Prüfköpfen liegt dort, wo sich die Schallfelder von Sender und Empfänger im Werkstück überlappen (Bild 3-4 c). Er läßt sich durch geeignete Wahl des Dachwinkels, das ist der Anstellwinkel der beiden Schwinger gegeneinander, des gegenseitigen Abstandes der Schwinger und der Länge des Vorlaufstreckenmaterials in weiten Grenzen variieren.

SE-Prüfköpfe werden daher immer neben ihrer Frequenz durch ein Abstand-Empfindlichkeits-Diagramm beschrieben, aus denen der Empfindlichkeitsverlauf auf der Achse hervorgeht (Bild 3-5). In der Praxis enthält das vollständige Diagramm Empfindlichkeitskurven für eine ebene Rückwand und eine Reihe kleinerer Kreisscheibenreflektoren, s. auch Abschnitt 3.4.3. Wegen der elektrischen Trennung von Sender und Empfänger besitzen SE-Prüfköpfe grundsätzlich eine hohe Nahauflösung, allerdings verursacht ein kleiner Dachwinkel eine mehr oder minder große tote Zone unmittelbar unter der Werkstückoberfläche, während ein größerer Dachwinkel einen größeren Umwegfehler, s. Abschnitt 3.4.2.1, bewirkt.

Für die richtige Wahl eines Prüfkopfes ist die folgende Vorgehensweise ratsam (s. Abschnitt 3.4.1 und [6, 15]): Die Prüffrequenz sollte zur Erzeugung möglichst

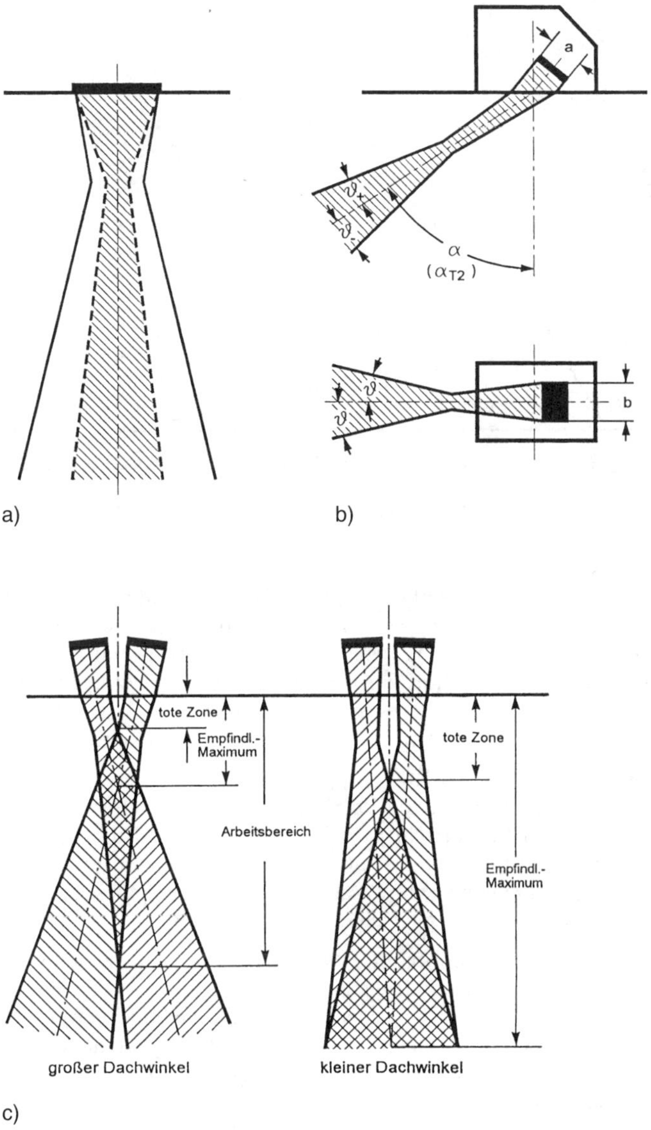

Bild 3-4 Schallfelder von Prüfköpfen (schematisch)
a) Senkrechtprüfkopf
b) Winkelprüfkopf
c) SE-Prüfkopf

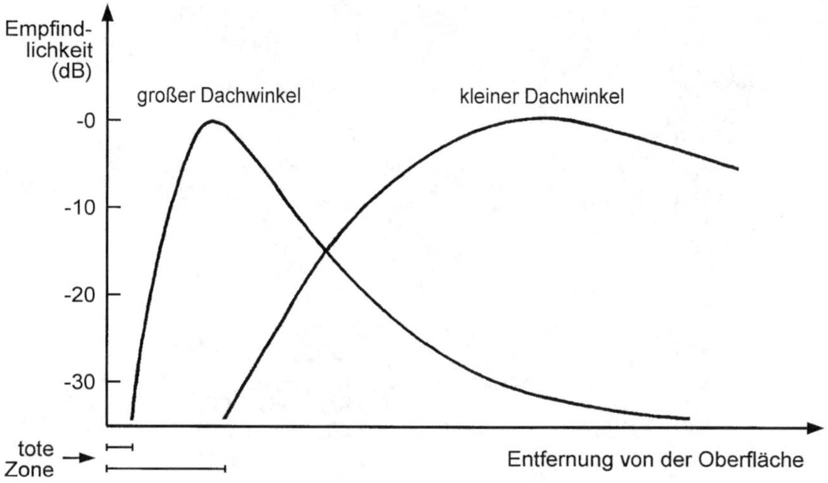

Bild 3-5 Empfindlichkeitsverlauf von SE-Prüfköpfen

hoher Nachweisempfindlichkeit für kleine Fehler so hoch wie möglich, wegen eines möglichst hohen Signal-Rausch-Abstands jedoch so niedrig, wie es der jeweilig zu prüfende Werkstoff zuläßt, gewählt werden. Im Zweifelsfall muß ein Teststück hinzugezogen werden, das mit einer Bohrung versehen wird, die dem gerade noch aufzufindenden Grenzfehler entspricht. Verschwindet dessen Reflexion bei einer bestimmten Prüffrequenz im Gefügerauschen, so muß ein Prüfkopf niedrigerer Prüffrequenz verwendet werden.

Die Schallrichtung ist so zu wählen, daß die Oberfläche des nachzuweisenden Fehlers möglichst senkrecht vom Schallstrahl getroffen wird, s. auch Bild 3-69. Es kann zweckmäßig sein, die Prüfungen nacheinander mit mehreren Einschallrichtungen zu wiederholen. Dabei muß bedacht werden, daß die Schallbündel abhängig von Wellenlänge und Schwingergröße unterschiedlich divergieren.

Trotz der Vielzahl unterschiedlicher Prüfköpfe, die auf dem Markt angeboten werden, sind manche Prüfaufgaben nur mit eigens dafür konstruierten *Sonderprüfköpfen* lösbar. Grund dafür sind oftmals besondere Umgebungsbedingungen, unter denen geprüft werden muß, wie z.B. ungünstige physikalische Eigenschaften des Werkstoffes, außergewöhnliche Prüfvorschriften, meist auch nur eine besonders komplizierte Geometrie oder eine erschwerte Zugänglichkeit des Prüfgegenstandes. Durch Anfertigung von Sonderprüfköpfen bieten sich oftmals technische Möglichkleiten an, selbst wenn eine Prüfaufgabe mit handelsüblichen Prüfköpfen zunächst nicht lösbar scheint.

Eine Entwicklung von Sonderprüfköpfen ist meist nur in enger Zusammenarbeit und im Dialog zwischen dem Anwender und dem Prüfkopfentwickler möglich. Der Anwender, der eng mit seiner Prüfaufgabe und den Randbedingungen vertraut ist, weiß einerseits, an welcher Stelle Kompromisse in der Anwendungstechnik möglich sind, während der Prüfkopfentwickler die gesamte Breite der technischen Möglichkeiten in der Prüfkopfherstelltechnik überblickt und oftmals auch auf Erfahrungen vielfältiger und ähnlicher Sonderanfertigungen und Anwendugen zurückgreifen kann.

3.1.2 Piezoelektrische Wandlermaterialien für Prüfköpfe

Zur Schallerzeugung in Ultraschall-Prüfköpfen stehen heute eine Reihe von leistungsfähigen piezoelektrischen Materialien zur Verfügung, die sich in ihren physikalischen Eigenschaften unterscheiden. Je nach Anwendungsfall und gewünschten Prüfkopf-Eigenschaften ist mal das eine, mal das andere Material aus akustischen oder technischen Gründen, mitunter auch aus Gründen der Verarbeitbarkeit oder aus wirtschaftlichen Gründen vorteilhafter. Kenntnisse über Stärken und Schwächen des verwendeten Schwingermaterials machen das Verhalten des Prüfkopfes unter bestimmten Einsatz- oder Ankopplungsbedingungen verständlich und erleichtern von vornherein die Auswahl des richtigen Prüfkopf-Typs.

Tabelle 3-1 Eigenschaften gebräuchlicher Schwingermaterialien

Eigenschaft	Bleizirkonat-titanat PZT-5	Bleititanat PT	Bleimetaniobat $PbNb_2O_6$	PVDF (Copolymere)	1-3 Composite
Akustische Impedanz Z [10^6 kg/m^{2}s]	33,7	33	20,5	3,9	9
Resonanz-frequenz f [MHz]	< 25	< 20	< 30	160 -10 (55 -2)	< 10
Kopplungfaktor für Dicken-schwingung k_t [%]	0,45	0,51	0,30	0,2 (0,3)	0,6
Kopplungs-faktor für Quer-schwingung k_p [%]	0,58	< 0,01	< 0,1	0,12 (k_{31})	≈ 0,1
Relative Dielektrizitäts-zahl ε	1700	215	300	10	450
Maximale Temperatur [°C]	365	350	570	80	100

Piezoelektrische Materialien aus den Anfängen der Ultraschallprüftechnik wie Quarz, Lithiumsulfat oder Bariumtitanat sind heutzutage praktisch vollständig durch leistungsfähigere ersetzt. Die für die Schallerzeugung wichtigsten physikalischen Eigenschaften der heutzutage verwendeten piezoelektrischen Materialien zeigt Tabelle 3-1. *Bleizirkonattitanat* (PZT) ist davon am bekanntesten. Es zählt zusammen mit *Bleititanat* (PT) und *Bleimetaniobat* ($PbNb_20_6$) zu den keramischen piezoelektrischen Materialien. Ihre akustische Impedanz ist durchweg hoch, aber unterschiedlich, was ebenso von technischer Bedeutung ist wie die Unterschiede in ihren relativen Dielektrizitätszahlen – sie beeinflussen die elektrische Kapazität der Prüfköpfe – und in den Kopplungsfaktoren k_p (s. Abschnitt 2.1.2) für (unerwünschte) Querschwingungen. Zu beachten ist der verschwindend kleine Wert bei Bleititanat.

Piezokeramiken werden eingesetzt bis maximal 30 MHz. Ihr elektromechanischer Kopplungsfaktor für Dickenschwingungen k_t ist durchweg hoch. Bei Schallabstrahlung in Flüssigkeiten oder Kunststoffe mit einer niedrigen akustischen Impedanz zwischen 1.5 und 3×10^6 kg/m^{2}s treten jedoch bereits an der Grenzfläche zum Übertragungsmedium beträchtliche Reflexionsverluste auf, so daß nur ein Bruchteil der erzeugten Schallenergie in das Prüfobjekt gelangt. Piezoelektrische Kunststoffe wie *PVDF* (Polyvinylidenfluorid) oder verwandte Copolymere sind aufgrund ihrer niedrigen akustischen Impedanzen in diesem Fall besser angepaßt. Sie sind außerdem mechanisch flexibel und können auch für hohe Frequenzen bis zu 160 MHz eingesetzt werden. Leider sind sie aber auch unempfindlicher als Keramiken, und nur bis maximal 80 °C einsetzbar. Darüber verlieren sie ihre Piezoelektrizität.

Zunehmend an Bedeutung gewinnen *1-3 Composite Materialien* [20, 21, 22]. Bei verhältnismäßig niedriger akustischer Impedanz besitzen sie einen außerordentlich hohen Wirkungsgrad k_t für Dickenschwingungen. Ansonsten bilden sie eine Zwischenstellung zwischen piezoelektrischen Keramiken und Polymeren. Es handelt es sich hier um parallel ausgerichtete Keramikstäbchen, meist hochverdichtetes

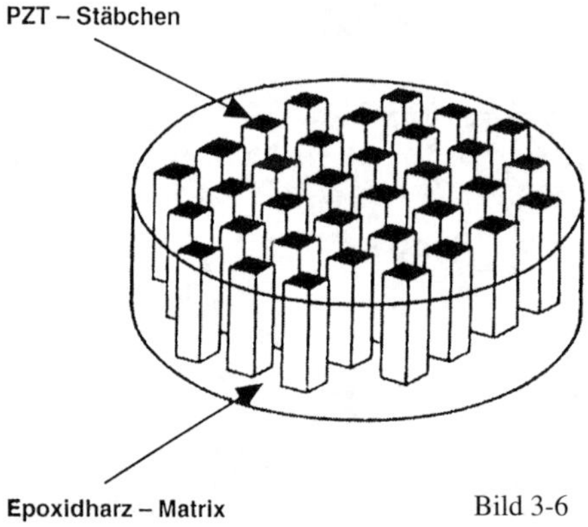

Bild 3-6 Aufbau von 1-3 Piezo-Composite Wandlern

PZT, die in eine Epoxidharz-Matrix eingebettet sind (Bild 3-6). Daraus resultiert eine niedrige Dichte und niedrige akustische Impedanz. 1-3 Piezo-Composite Elemente sind in begrenztem Umfang mechanisch flexibel. Der Temperaturbereich ist auch hier nach oben auf etwa 100 °C begrenzt. Darüber setzen Schrumpfungs- und Zersetzungsvorgänge im Epoxidharz ein, die Schwingerelemente verlieren dabei ihre mechanische Stabilität. Durch Wahl der Piezokeramik, des Gießharzes und der geometrischen Abmessungen der Stäbchen und der Zwischenräume können die Eigenschaften der Piezo-Composite in weiten Bereichen verändert werden. Wegen ihres aufwendigen Herstellverfahrens sind 1-3 Composite recht teuer. Ihr Einsatz kommt dort, wo herkömmliche keramische Prüfköpfe bereits völlig zufriedenstellende Ergebnisse liefern, aus wirtschaftlichen Gründen nicht in Frage.

3.1.3 Verwendung der piezoelektrischen Materialien in Prüfköpfen

Innerhalb der Piezokeramiken besitzt *Bleimetaniobat* die niedrigste akustische Impedanz (Tabelle 3-1). Bleimetaniobate lassen sich daher auch von allen Piezokeramiken am einfachsten mechanisch bedämpfen. Dämpfungskörper bestehen aus Gemischen von Schwermetallpulver und Kunststoffen. Je höher die akustische Impedanz des verwendeten Schwingermaterials liegt, desto höhere Schwermetall-Anteile muß der Dämpfungskörper enthalten. Um so schwieriger und aufwendiger wird auch seine Herstellung. Bleimetaniobat eignet sich daher besonders zum Bau von hochauflösenden Prüfköpfen mit extrem kurzen Impulsen, ähnlich wie das auch bei PVDF-Prüfköpfen möglich ist, bei denen der Dämpfungskörper lediglich aus absorbierendem Kunststoff besteht. Bild 3-7 zeigt die kurzen Impulse von hochbedämpftem Bleimetaniobat und PVDF-Tauchtechnik-Prüfköpfen. Bei gleicher Frequenz und Schwingerdurchmesser haben breitbandige (Stoßwellen-) Tauchtechnik-Prüfköpfe aus PVDF und Bleimetaniobat annähernd vergleichbare Empfindlichkeit.

Für Stoßwellen-Prüfköpfe zur Direktankopplung an Stahl und sonstige metallische oder keramische Werkstoffe kommt wegen der guten Impedanzanpassung an diese festen Werkstoffe nur Bleimetaniobat in Frage. Bild 3-8 zeigt die Schwingungsform eines 5 MHz Bleimetaniobat Prüfkopfes mit 6 mm Schwingerdurchmesser.

Die verhältnismäßig niedrige Impedanz von Bleimetaniobaten ist auch für Winkel- und SE-Prüfköpfe mit vergrößerter Bandbreite nützlich. Je dichter die akustische Impedanz des Schwingermaterials bei der Impedanz des Vorsatzkeils liegt, desto mehr wirkt der Vorsatzkeil selbst als mechanische Bedämpfung des Schwingerelements. Hinzu kommt die Wirkung der Anpaßschicht. Genügt ihre akustische Impedanz Z_A der Bedingung

$$Z_A = \sqrt{Z_S \cdot Z_V} \qquad (3\text{-}4)$$

wobei Z_S und Z_V die akustischen Impedanzen des Schwingermaterials und des Vorsatzkeils sind, so ist die Energieübertragung maximal. Bild 3-9 zeigt die Schwingungsform und das Spektrum eines 4 MHz-Winkelprüfkopfes. Ein ähnliches Verhalten zeigen heutzutage alle gebräuchlichen Winkel- und SE-Prüfköpfe.

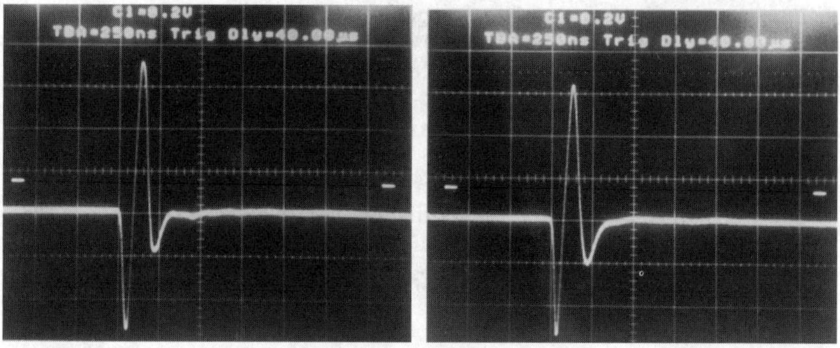

Bild 3-7 Vergleich der Pulsformen: Tauchtechnikprüfköpfe mit Stoßwellencharakteristik aus PVDF (links) und Bleimetaniobat (rechts)

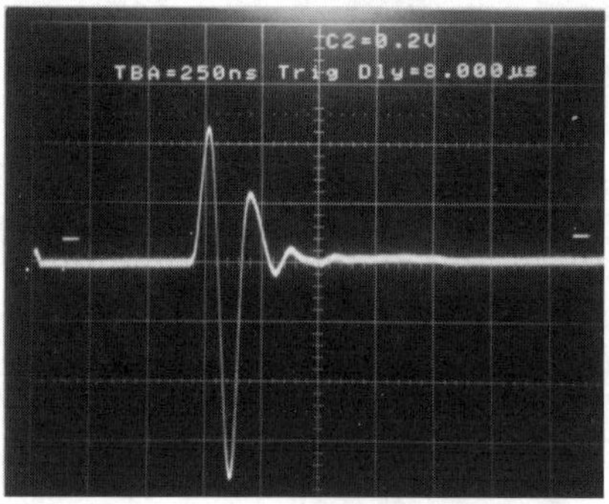

Bild 3-8 Pulsform eines Stoßwellenprüfkopfes für Direktkontakt (6 mm, 5 MHz)

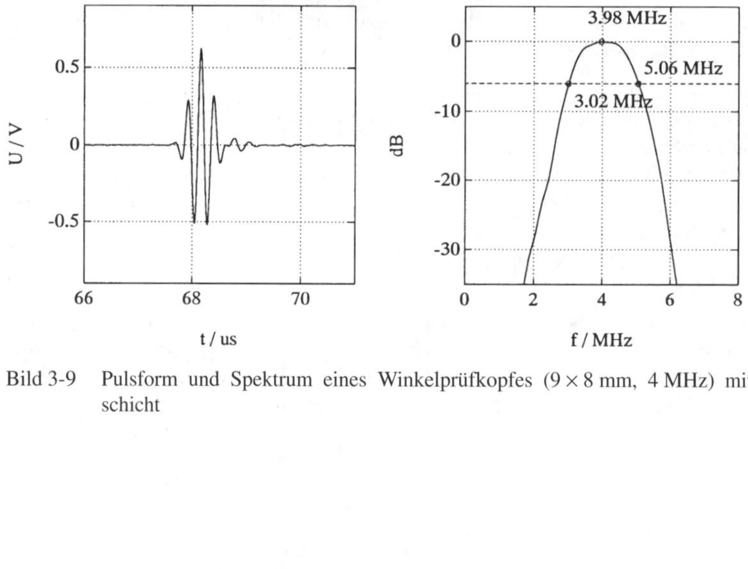

Bild 3-9 Pulsform und Spektrum eines Winkelprüfkopfes (9 × 8 mm, 4 MHz) mit Anpaßschicht

Bleititanat wird oft genutzt, wenn kleine Schwingerabmessungen benötigt werden, da parasitäre und störende Querschwingungen hier nicht auftreten. Sie hätten Verzerrungen der Signalform, Frequenzverschiebungen und störende niederfrequente Signalanteile zur Folge. Bei größeren Werkstückabmessungen dagegen kommt es meist auf eine möglichst hohe Schallintensität an. Hier wird noch *Bleizirkonattitanat (PZT)* eingesetzt. Für die Durchschallung von stark schallstreuenden Materialien wie Beton oder Graphit benötigt man Prüffrequenzen bis herab zu 40 kHz. Zur Erhöhung der Empfindlichkeit wird hier statt eines Schwingers der Gesamtdicke d oftmals ein Piezostapel aus n Elementen der Dicke d/n verwendet, die elektrisch parallel geschaltet werden (Bild 3-10). Bei gleicher Sendespannung ist der mit dem Piezostapel erzeugte Schalldruck n-fach höher.

Mit piezoelektrischen Kunststoffolien aus PVDF ist eine wirksame Schallabstrahlung nur in Wasser oder Kunststoffe möglich. PVDF eignet sich daher zum einen für hochfrequente Delay-Line- oder Tauchtechnik-Prüfköpfe. Zum anderen läßt sich auch bei niedrigeren Frequenzen die mechanische Flexibilität für linienfokussierte Tauchtechnik-Prüfköpfe [23, 24, 25] mit exakter zylindrischer Oberfläche ausnutzen (Bild 3-11).

1-3 Piezo-Composite eignen sich wegen ihrer akustischen Impedanz ebenfalls nur zur Schallabstrahlung in Flüssigkeiten und Kunststoffe. Die benötigten Dämpfungskörper müssen nur mäßig gefüllt sein. Daher lassen sich damit ebenfalls breitbandige Tauchtechnik-Prüfköpfe herstellen. Ihre Grundempfindlichkeit liegt höher als bei Piezokeramik-Prüfköpfen. Bei Winkel- und SE-Prüfköpfen reicht oftmals allein das Aufkleben von 1-3 Piezo-Compositen auf den Vorsatzkeil aus, um

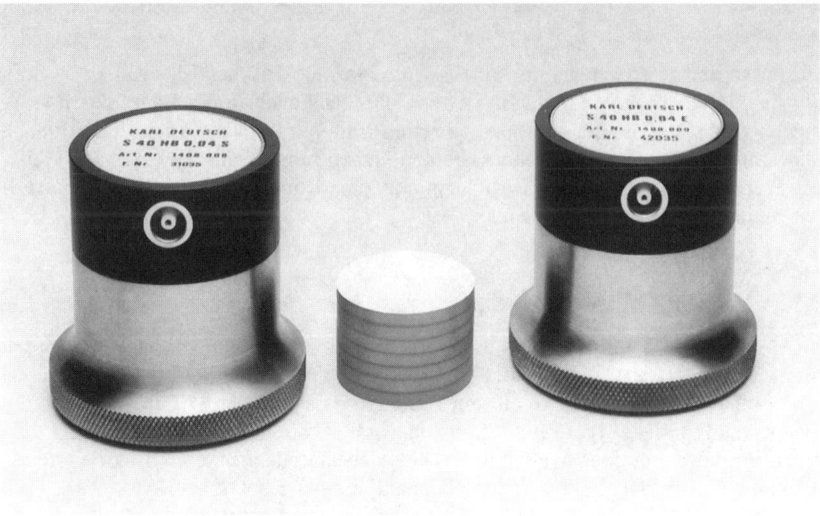

Bild 3-10 Niederfrequenz-Prüfköpfe (Sender/Empfänger) in Stapeltechnik

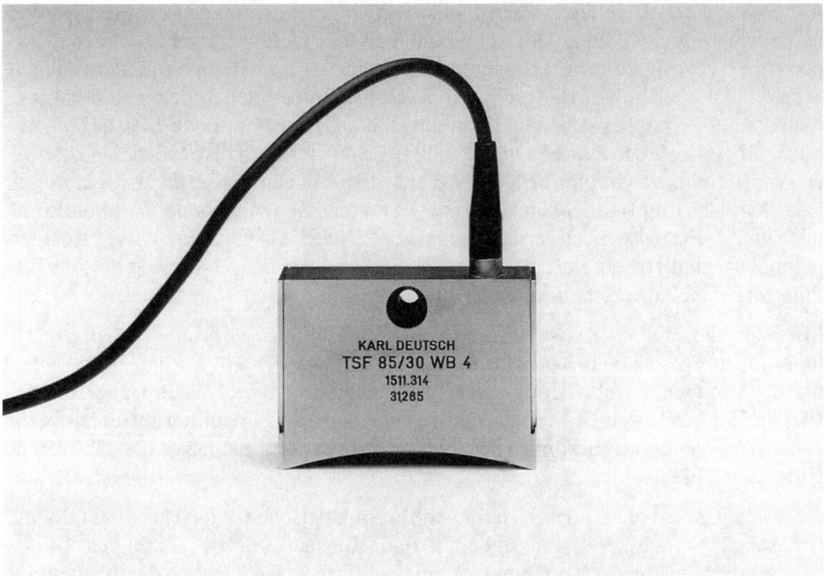

Bild 3-11 Linienfokussierter Tauchtechnik-Prüfkopf aus PVDF

bereits ein breitbandiges Übertragungsverhalten zu erreichen, ähnlich dem Piezokeramik-Prüfkopf mit Anpaßschicht aus Bild 3-9. Der Grund liegt wieder in der Ähnlichkeit der akustischen Impedanzen.

Grundsätzlich ergänzen sich die verfügbaren piezoelektrischen Materialien in ihren physikalischen Eigenschaften. So ist man durchaus auch in der Lage, durch Ausnutzen von Materialeigenschaften spezielle Prüfköpfe für schwierige Prüfaufgaben und Umgebungsbedingungen herzustellen. Neben rein technischen Aspekten spielen aber auch wirtschaftliche Gesichtspunkte eine Rolle, nicht nur für den Hersteller, sondern auch für den Anwender.

3.1.4 Ankopplung der Prüfköpfe

In Abschnitt 2.3.3 wurde bereits erläutert, warum zum Ankoppeln von Prüfköpfen im allgemeinen Flüssigkeiten verwendet werden. Der Grund liegt darin, daß selbst eine Luftschicht, deren Dicke nur ein Bruchteil eines µm beträgt, im Gegensatz zu einem mit Flüssigkeit gefüllten Spalt praktisch schallundurchlässig ist. Setzt man einen Prüfkopf auf einen Werkstoff, so läßt sich mit entsprechend großer Kraftaufwendung ein zur Schallübertragung genügend inniger Kontakt zwischen Werkstoff- und Prüfkopfoberfläche allenfalls dann erreichen, wenn entweder die Kontaktfläche des Prüfkopfes, das Werkstück selbst oder beides aus einem weichen Material besteht, das sich unter mechanischem Druck der Kontur der jeweils anderen Oberfläche anschmiegt. Dieser Sachverhalt wird in einigen Anwendungsfällen, z.B. wenn der zu prüfende Werkstoff durch eine Flüssigkeitsbenetzung seine Eigenschaften verändern würde, zur *Trockenankopplung* ausgenutzt. Für glatte Oberflächen sind auch spezielle Prüfköpfe zur Trockenankopplung erhältlich. Ihre Oberflächen bestehen aus dünnen und flexiblen, gummiartigen Folien (Bild 3-12 a). Mit ihnen läßt sich sowohl in Reflexions- als auch Durchschallungstechnik arbeiten. Zur Durchschallung von Holz mit Trockenankopplung haben sich Halbkugeln aus Gummi oder schalleitfähiger Silikonmasse bewährt, die vor den Prüfkopf geklebt oder auswechselbar befestigt werden (Bild 3-12 b). Da die Reflexion einer noch so dünnen Koppelschicht jedoch mit der Frequenz zunimmt, ist eine Trockenankopplung, sofern überhaupt möglich, meist nur bei Frequenzen unterhalb 1 MHz durchführbar. Aber auch dort ist die Ankopplung mit Flüssigkeiten wegen der grundsätzlich besseren Schallübertragung immer vorzuziehen.

Die einfachste Lösung, dazu Wasser zu verwenden, ist wohl bei automatischer Prüftechnik, s. Kapitel 5, nicht jedoch bei der Handprüfung praktikabel. Wasser läuft wegen seiner geringen Viskosität schnell von der Prüfoberfläche ab, verdunstet schnell und verursacht bei vielen Werkstoffen Korrosion. Dem ist vorzubeugen, indem man es mit geeigneten Substanzen, z.B. Tapetenkleister verrührt und außerdem Rostschutzmittel zusetzt.

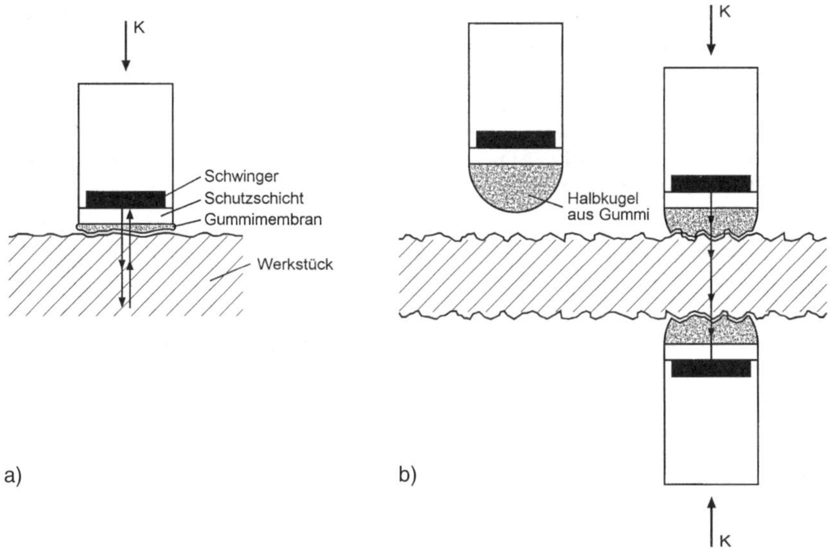

Bild 3-12 Prüfköpfe zur Trockenankopplung
a) für Reflexionstechnik
b) für Durchschallungstechnik
(K = Kraft zum Anpressen der Kontaktfläche)

Da vielerorts, wo Ultraschall-Prüfungen durchgeführt werden, Maschinenöl und Staufferfett ohnehin für andere Zwecke zur Verfügung stehen, werden diese auch zur Ankopplung benutzt. Die damit verbundenen Nachteile, Verschmutzungen der Prüfteile und des Prüfers, führten dazu, daß immer mehr spezielle Koppelmittel auf Wasserbasis eingesetzt werden, die zudem die an sich korrosive Wirkung von Wasser durch Beifügen entsprechender Inhibitoren minimieren. Ihre Viskosität wird so gewählt, daß die Oberfläche gut benetzt wird und eine sichere Haftung auch bei Anwendung an schrägliegenden Oberflächen bzw. über Kopf gegeben ist. Damit lassen sich gleichmäßigere Ankopplungsbedingungen auch über längere Prüfzeiten sicherstellen.

Derartige Koppelmittel können nur bis max. 80 °C verwendet werden. Müssen heißere Prüflinge geprüft werden, so sind dazu nicht nur spezielle Prüfköpfe mit temperaturfesten Vorlaufstrecken oder Schutzschichten einzusetzen, sondern auch Ankoppelmittel, die bei den gegebenen Temperaturen ein ähnliches Verhalten zeigen wie die üblichen Koppelmittel bei Raumtemperatur. Das sind abhängig von der tatsächlich vorliegenden Oberflächentemperatur dickflüssige Öle, Fette, Salze, Lötpasten oder Glaslote, die in pulverförmiger Form vorliegen und erst im Kontakt mit dem heißen Werkstoff je nach Konsistenz bei Temperaturen von 400 °C oder darüber aufschmelzen. Vorsicht ist bei solchen Anwendungen dennoch geboten, da viele Fette oder Öle bei zu hohen Temperaturen gesundheitsschädliche Substanzen freisetzen.

Bei der Prüfung heißer Prüfobjekte müssen die Prüfköpfe geschützt werden oder müssen in besonderer Weise konstruiert sein. Höheren Temperaturen halten die üblichen Klebe- und Lötverbindungen nicht stand. Insbesondere schockartige Temperaturänderungen oder ungleichmäßige Temperaturverteilungen führen aufgrund der sehr unterschiedlichen thermischen Ausdehnungskoeffizienten der in Prüfköpfen verwendeten Materialien (z.B. Piezokeramik und Kunststoff) rasch zu Delaminationen und machen den Prüfkopf unbrauchbar. Oberhalb des Temperaturbereichs von ca. 80 °C werden daher bereits spezielle *Hochtemperaturprüfköpfe* benötigt [26].

Bild 3-13 a zeigt den prinzipiellen Aufbau eines Prüfkopfes mit hochtemperaturfester Vorlaufstrecke zur kurzzeitigen Ankopplung an heiße Werkstücke. Während der eigentliche Prüfkopf in herkömmlicher Technik aufgebaut ist, hat die Vorlaufstrecke die Aufgabe, für eine gute Schallübertragung auf das Werkstück, aber eine geringe Wärmeübertragung auf den eigentlichen Prüfkopf zu sorgen. Sie verhindert zunächst eine sprunghafte Temperaturerhöhung des Prüfkopfes beim Kontakt mit dem heißen Werkstück. Die Kontaktzeit muß jedoch so bemessen sein, daß eine Erhitzung des gesamten Prüfkopfes ausgeschlossen wird. Bei richtiger Handhabung wird sie auf nur einige Sekunden beschränkt und die Vorlaufstrecke anschließend zur Kühlung in Wasser eingetaucht, bevor der Prüfkopf erneut auf das Werkstück aufgesetzt wird. Auf diese Art und Weise wird die Temperaturerhöhung der Vorlaufstrecke auf eine kleine Schicht nahe der Kontaktfläche beschränkt (Bild 3-13 b). Dadurch bleiben auch die Laufzeitverschiebungen, die sich aufgrund der Temperaturabhängigkeit der Schallgeschwindigkeit in der Vorlaufstrecke ergeben, erheblich geringer als bei längerer Ankopplungszeit, die eine Temperaturverteilung über die gesamte Vorlaufstreckenlänge zur Folge hätte. Bild 3-14 a und b verdeut-

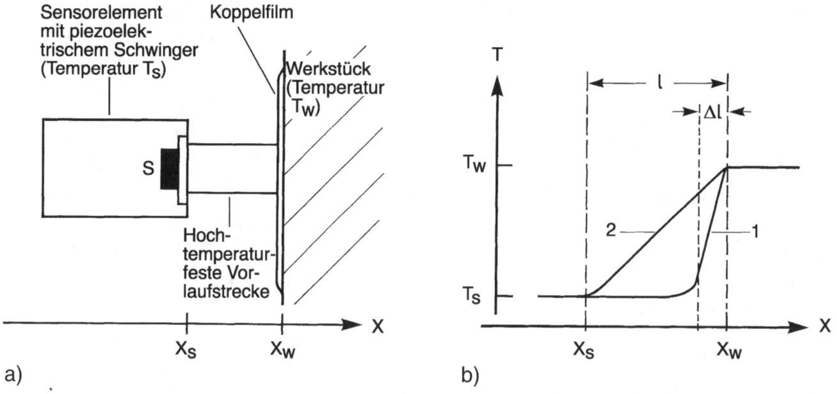

Bild 3-13 a) Prinzipieller Aufbau eines Hochtemperatur-Prüfkopfes mit akustischer Vorlaufstrecke
b) Temperaturverlauf bei Ankopplung an heiße Werkstücke (Temperatur T als Funktion des Ortes x in der Vorlaufstrecke).
Kurve 1: Kurzzeitige Ankopplung, Kurve 2: Lange Ankopplung

lichen diese Zusammenhänge für eine Vorlaufstrecke aus Polyimid, ein ursprünglich für die Raumfahrttechnik entwickelter Kunststoff, der bis 500 °C dauerhaft temperaturbeständig ist.

Häufig wird auch Glas, Keramik oder Glaskeramik eingesetzt. Ihre Schallgeschwindigkeit ist weit weniger von der Temperatur abhängig. Daher ist bei ihnen die Temperaturdrift bei Ankopplung auf ein heißes Werkstück praktisch vernachlässigbar. Wegen der höheren akustischen Impedanz sind sie aber gegenüber Po-

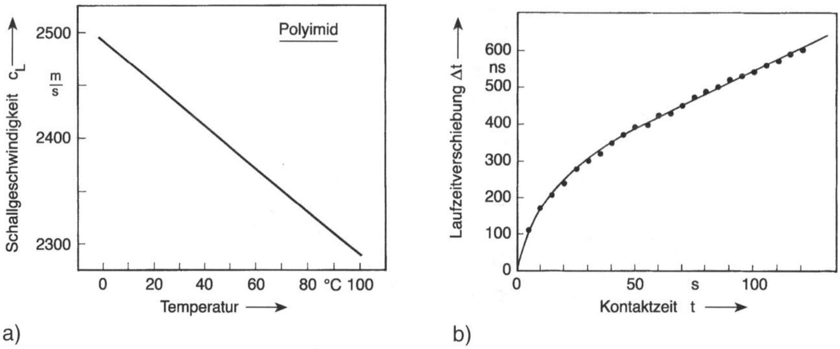

Bild 3-14 a) Schallgeschwindigkeit c_L (longitudinal) von Polyimid in Abhängigkeit von der Temperatur T
b) Laufzeitverschiebung Δt infolge Erwärmung bei verschiedenen Kontaktzeiten t. (Werkstücktemperatur 123 °C)

lyimid-Vorlaufstrecken viel schwieriger anzukoppeln, insbesondere bei rauher Werkstückoberfläche. Außerdem ist ihre Wärmeleitfähigkeit höher und demzufolge die zulässige Kontaktzeit mit dem Werkstück kürzer.

Bild 3-15 zeigt zwei typische Ausführungsformen von Prüfköpfen mit Vorlaufstrecken aus Polyimid. Prüfköpfe mit hochtemperaturfesten Vorlaufstrecken werden meist zur Wanddickenmessung in Verbindung mit digitalen Wanddickenmeßgeräten eingesetzt. Für längere Kontaktzeiten mit heißen Werkstücken werden auch Konstruktionen mit zusätzlicher Kühlung der Vorlaufstrecke verwendet. Müssen die Prüfköpfe in heißer Umgebung eingesetzt werden, d.h. ist ihre Kühlung nicht möglich, so müssen andere Klebe- und Verbindungstechniken als sonst üblich eingesetzt werden. Eine Lösung besteht darin, Piezoelement, Schutzschicht und Dämpfungskörper mit dazwischen befindlichem Hochtemperaturfett oder Glaslot im Prüfkopfgehäuse mittels einer Feder zusammenzupressen. Wegen seiner Temperaturstabilität wird oberhalb 500 °C Lithiumniobat als Wandlermaterial eingesetzt. Insbesondere zur automatischen Prüfung von heißen Brammen werden Sonderlösungen mit elektrodynamischen Ultraschallwandlern bevorzugt, s. Abschnitt 2.1.4.

Bild 3-15: Prüfköpfe mit Vorlaufstrecken aus Polyimid

3.2 Ultraschallprüfgeräte

In Bild 3-16 ist der Aufbau eines Ultraschall-Prüfgerätes schematisch dargestellt. Ein Impuls-Generator (Taktgeber) löst im Sender in schneller Folge kurze elektrische Impulse aus, die im Prüfkopf Schallimpulse erzeugen, deren Frequenz und Bandbreite von dessen akustischen Eigenschaften abhängen. Die aus dem Werkstück zurückkommenden Schallimpulse (*Echos*) werden vom gleichen Prüfkopf in elektrische Signale gewandelt und dem vertikalen Ablenkverstärker eines Kathodenstrahlrohres zugeführt. Dessen horizontale Ablenkung bildet wie bei einem Oszillographen die Zeitbasis. Die verschiedenen Impulse werden daher in ihrer zeitlichen Abfolge als vertikale Auslenkung gegenüber der *Basislinie* auf dem Bildschirm dargestellt. Dabei beginnt das Schirmbild links mit dem *Sendeimpuls* SI. Indem der Elektronenstrahl zeitproportional nach rechts ausgelenkt wird, erscheinen sowohl die Reflexion von der Fehleroberfläche als *Fehlerecho* FE als auch das *Rückwandecho* RE jeweils im richtigen Abstand zueinander und zum Sendeimpuls. Das wiederholt sich mit jedem folgenden Sendeimpuls. Wegen der kurzen Laufzeiten im Werkstück kann, abhängig von Schallgeschwindigkeiten und Prüfbereichen, mit 100 bis 1000 Impulsen pro Sekunde gearbeitet werden, so daß für das menschliche Auge ein stehendes Bild erscheint, bei dem den Laufzeiten auf der Zeitbasis die Tiefenlagen von Fehlstellen exakt zugeordnet werden können. Eine solche Darstellung der Echoamplituden über der Laufzeit bezeichnet man als *A-Bild.*

Die Anzahl der pro Sekunde erzeugten Sendeimpulse wird *Impulsfolgefrequenz* genannt. Sie ist bei üblichen Geräten vom Hersteller vorgegeben und wird mit der Prüfbereichseinstellung verändert. Je schneller die Impulse aufeinander folgen, desto heller erscheint die Anzeige auf dem Bildschirm und desto schneller kann ein Prüfling bei automatischer Prüfung von Puls zu Puls in die nächste Prüfposition gebracht werden. Allerdings ist die maximale Impuls-Folgefrequenz nach oben hin begrenzt: Der Abstand zweier aufeinander folgender Impulse muß so groß sein, daß die vom vorausgegangenen Impuls im Werkstück ausgelösten Reflexionen vollständig abgeklungen sind. Ist das nicht der Fall, so kann es bei gut schalleitfähigen Werkstoffen und hoher Verstärkung zu sog. „Phantom-Echos" kommen, die Fehler vortäuschen (Bild 3-17).

Zur Verdeutlichung der Prüfbefunde werden die vom Prüfkopf kommenden elektrischen Impulse in verschiedenster Art weiterverarbeitet. Neben der naturgetreuen Wiedergabe, der sog. *HF*-(Hochfrequenz)-*Darstellung*, können die Impulse gleichgerichtet und gefiltert werden, sowie nicht interessierende kleine Fehler durch einen Schwellwert ausgeblendet werden (Bild 3-18). Dabei unterscheidet man zwischen der *linearen Schwelle*, bei der einfach unterhalb des Schwellwertes keine Echos mehr angezeigt werden, und der *nichtlinearen Schwelle*, bei der das gesamte A-Bild um den Schwellwert abgesenkt wird. Zusätzlich erlauben manche Geräte auch eine phasengedrehte Impulsdarstellung (Bild 3-19).

Horizontal- und Vertikalablenkung müssen jeweils exakt proportional zur Laufzeit und Amplitude der Echoimpulse sein. Diese erforderliche *Linearität* läßt sich leicht kontrollieren: Die Mehrfachechos aus einem fehlerfreien Werkstück müssen alle

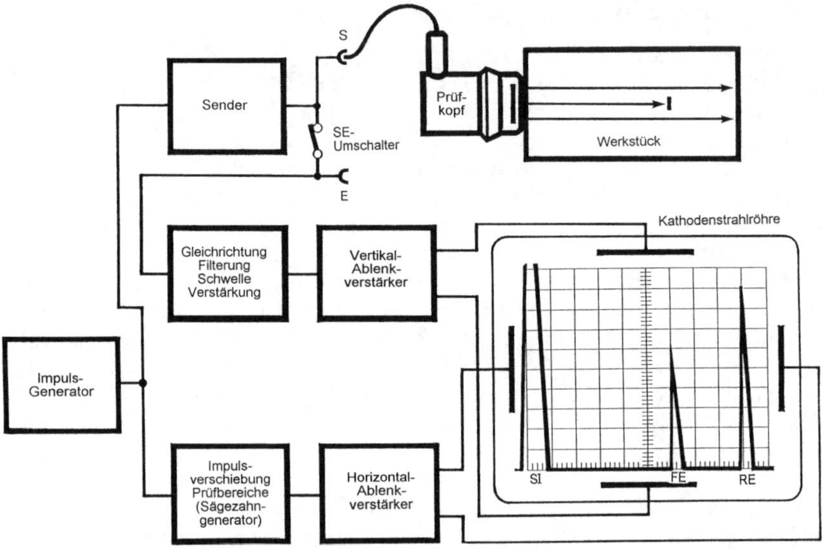

Bild 3-16 Prinzipieller Aufbau von Ultraschall-Prüfgeräten

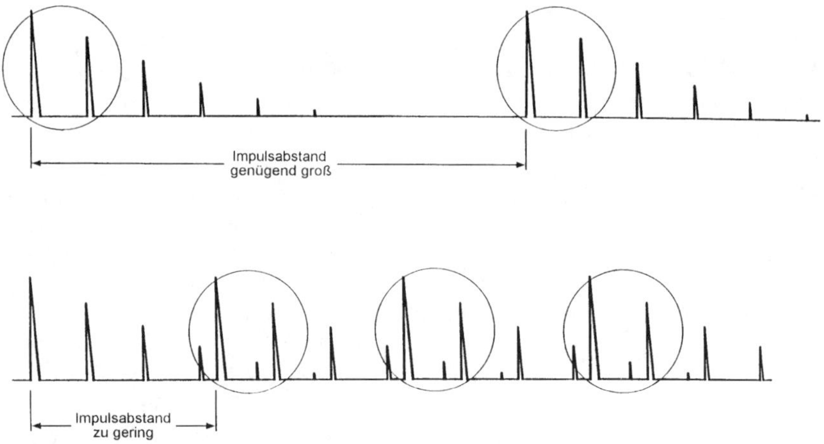

Bild 3-17 Entstehung von Phantomechos bei zu schneller Impulsfolge (unten)

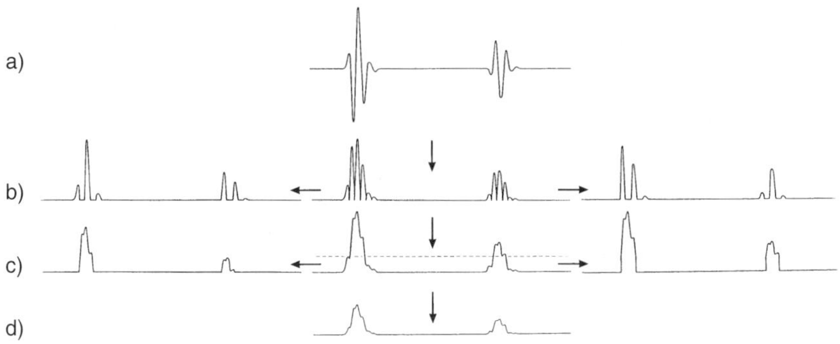

Bild 3-18 a) Nicht gleichgerichtete bzw. HF-Signale
b) Gleichgerichtete Signale: links: Einweggleichrichtung positiv, Mitte: Doppelweg- (Zweiweg-) Gleichrichtung, rechts: Einweggleichrichtung negativ
c) Gefilterte Signale, Schwellwert gestrichelt; links: Nichtlineare Schwelle, rechts: Lineare Schwelle
d) Verstärkung um 6 dB verringert

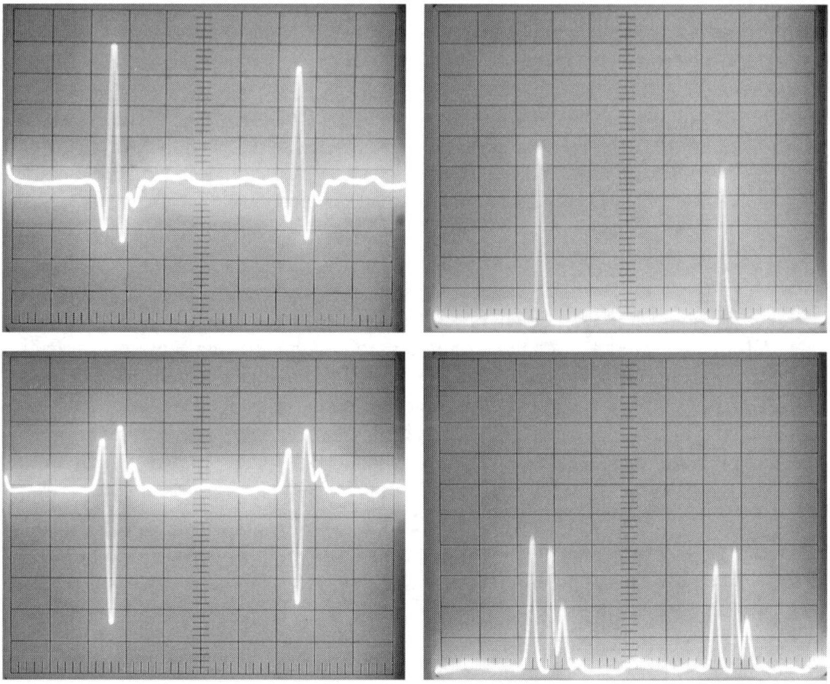

Bild 3-19 Impulsdarstellung bei Ultraschall-Geräten: Links: HF-Darstellung, rechts: gleichgerichtet
Obere Reihe normale Darstellung
Untere Reihe 180° phasengedreht

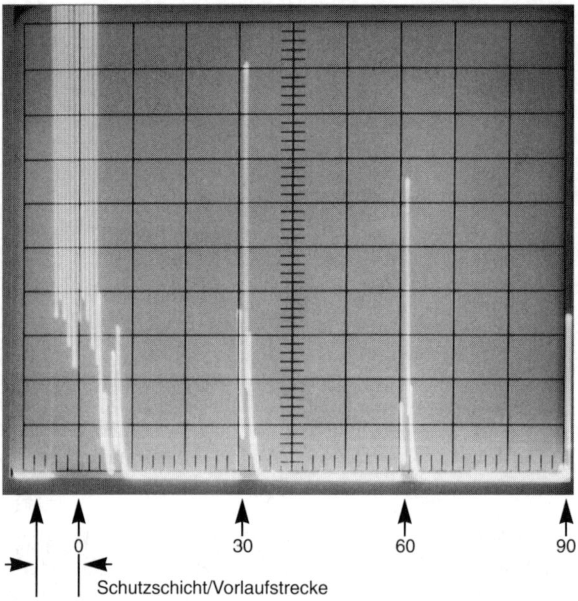

Bild 3-20 Einfluß von Schutzschicht oder Vorlaufstrecke: Zur Verdeutlichung wurden die Impulse nach rechts verschoben. RE-Folge aus 30 mm dickem Werkstück; Prüfbereich 100 mm. Verschiebung: 10 mm. Werkstückoberfläche: 1. Skalenstrich (Nullmarkierung). Bei korrekter Justierung stünde die Anstiegsflanke des SI einen halben Teilstrich links vom Skalenanfang außerhalb des sichtbaren Bereiches

gleichen Abstand voneinander haben. Bei genauem Messen stellt man dann auch fest, daß der Abstand zwischen Beginn des Sendeimpulses und dem ersten Rückwandecho geringfügig größer ist als der Abstand zwischen jeweils zwei Folgeechos. Das liegt an der zusätzlichen Laufzeit innerhalb der Schutzschicht bzw. Vorlaufstrecke und an einer geringfügigen Zeitverzögerung zwischen dem elektrischen Sendeimpuls und dem Schalleintritt in das Werkstück, dem akustischem Sendeimpuls. Bild 3-20 verdeutlicht diesen Sachverhalt.

Die auf dem Bildschirm sichtbaren *Echohöhen* werden mit einem in dB kalibrierten *Verstärkungssteller* am Gerät verändert. Zur Verdopplung bzw. Halbierung der Echohöhe ist jeweils eine Veränderung um plus oder minus 6 dB notwendig, s. Abschnitt 2.3.1, Formel (2-9). Das ist allerdings nur dann gültig, wenn kein Schwellwert zur Unterdrückung kleiner Impulse eingestellt ist (Bild 3-18). Bei konstanter und richtig eingestellter Schallgeschwindigkeit kann die Zeitablenkung in Werkstückdicke kalibriert werden. Dadurch wird die Fehlerlage besonders einfach ablesbar. Ultraschallgeräte sind meist in mm Stahl justiert und weisen dafür Prüfbereiche zwischen 5 mm und 10 m auf. Sie besitzen aber eine Einstellmöglichkeit für die Schallgeschwindigkeit, um auch bei anderen Materialien die Entfernungen auf dem Bildschirm ortsgetreu darstellen zu können.

Soll statt im Reflexionsverfahren in Durchschallung, s. Abschnitt 3.3, gearbeitet werden, wird dazu am Ultraschallgerät der Schalter zwischen Sender- und Empfänger-Anschluß (Bild 3-16) geöffnet (S/E statt S + E). An die Empfänger-Buchse E wird dann ein separater Prüfkopf für den Schallempfang angeschlossen. Dasselbe gilt auch für die Verwendung von SE-Prüfköpfen wegen ihrer getrennten Sender- und Empfängerschwinger. Die Ursache für vermeintliches Geräteversagen ist oftmals ein versehentlich falsch eingestellter *SE-Schalter*.

Ultraschall-Prüfgeräte müssen für den Frequenzbereich, in dem eine Prüfung durchgeführt werden soll, ausgelegt sein. Zum einen muß dazu der Frequenzgang des Verstärkers so beschaffen sein, daß er einen größeren Bereich abdeckt, als durch Mittenfrequenz und Bandbreite des benutzten Prüfkopfes vorgegeben ist. Bei Ultraschall-Prüfgeräten werden daher für den Frequenzgang der Verstärker meist die -3dB-Eckfrequenzen angegeben, innerhalb derer die Abweichungen im Frequenzgang kleiner als 3dB sind. Zum anderen muß auch das Frequenzspektrum des Sendeimpulses die Frequenzen enthalten, die im Prüfkopf angeregt werden sollen. Weit verbreitet sind dabei sogenannte *Impulssender*, die an ihrem Ausgang einen elektrischen Spannungsimpuls mit sehr kurzer Anstiegszeit und etwas langsamerem exponentiellen Abfall erzeugen (Bild 3-21). Typische Halbwertszeiten $\Delta t_{50\,\%}$, innerhalb der die Spannung auf 50 % abgefallen ist, liegen zwischen 30 und 100 ns (Bild 3-22). In grober Näherung vermag ein solcher Impulssender Prüfköpfe mit Frequenzen bis zu einer oberen Grenze von $f_o = 1/\Delta t_{50\,\%}$ anzuregen. Dort ist nämlich das Frequenzspektrum des Sendeimpulses auf einen Betrag von 10 % des maximalen Wertes abgesunken. Gebräuchlich sind auch *Rechtecksender* mit verän-

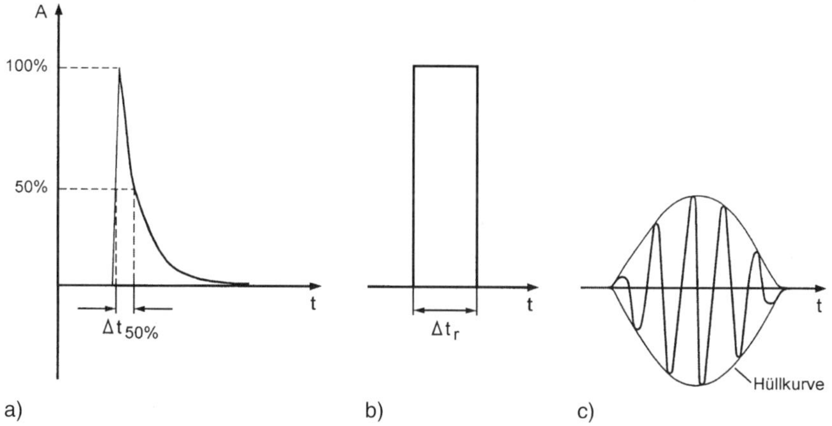

Bild 3-21 Sendeimpulse von Ultraschallgeräten
a) Impulssender
b) Rechtecksender
c) CS-Sender

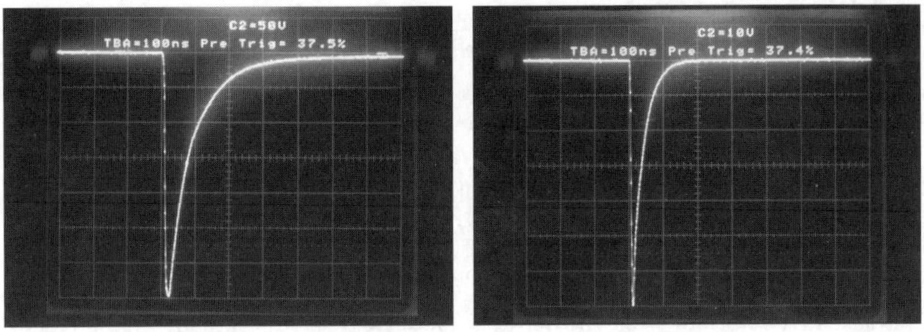

Bild 3-22 Impulssender unterschiedlicher Breite
a) Leistungssender, $\Delta t_{50\,\%} < 60$ ns
b) HF-Sender für höchste Auflösung, $\Delta t_{50\,\%} < 30$ ns

derlicher Rechteckbreite (Bild 3-21 b). Ihre Breite Δt_R wird vorzugsweise so eingestellt, daß sie die Schwingung des jeweiligen Prüfkopfes mit der Mittenfrequenz f_m bestmöglich anregt. Dies ist der Fall für:

$$\Delta t_R = \frac{1}{2 \cdot f_m} \tag{3-5}$$

Die sogenannten *CS-Sender* (Controlled Signals) [27, 28, 29] erzeugen als elektrisches Anregungssignal Sinuswellenzüge einstellbarer Frequenz, Dauer und Hüllkurve (Bild 3-21 c). Sie lassen sich ebenfalls für den jeweils benutzten Prüfkopf optimieren.

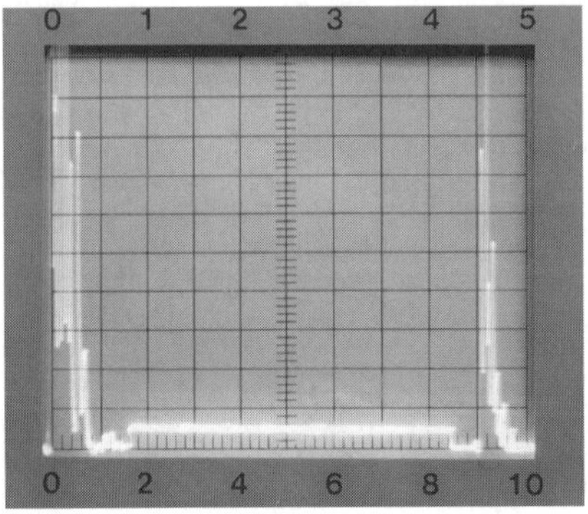

Bild 3-23 Auswahl des Prüfbereiches durch die Monitorblende

Zur Erleichterung der Fehlererkennung und Auswertung verfügen Ultraschall-Prüfgeräte meist auch über einen oder mehrere *Monitore*. Das sind zusätzliche elektronische Schaltungen im Gerät, die nur auf den Teil des A-Bildes wirken, der mit einer *Blende* zuvor ausgewählt wurde. Mit Blenden werden Prüfbereiche markiert, z.B. indem dort die Basisline des Kathodenstrahls deutlich sichtbar angehoben wird (Bild 3-23). Alle Ultraschallechos, die innerhalb der Blende auftreten, werden im Monitor einer automatischen Auswertung unterzogen. Meist interessiert nur, ob eine Echoamplitude eine einstellbare Signalschwelle (*Monitorschwelle*) über- oder unterschritten hat. In diesem Fall wird am Gerät ein akustisches Signal ausgelöst, eine Warnlampe eingeschaltet und/oder am Geräteausgang ein Schaltsignal erzeugt. Damit können weitere externe akustische oder optische Signale ausgelöst werden. Ist der Prüfer nicht in der Lage, dauernd den Bildschirm zu beobachten, z.B. bei komplizierten Prüflingen oder bei Offshore-Prüfungen, so kann er durch Ohrhörer oder am Prüfkopf angebrachte Leuchtdioden (Bild 3-24) auf das Vorhandensein von Anzeigen im Fehlererwartungsbereich aufmerksam gemacht werden. Meistens verfügen solche Monitore auch über eine sogenannte *statistische Entstörung*. Um zu verhindern, daß zufällige Überschreitungen der Monitorschwelle, z.B. ausgelöst durch induzierte elektrische Störungen, zu Fehlinterpretationen führen, wird vom Monitor nur dann ein Fehler angezeigt, wenn zuvor mindestens n-mal unmittelbar hintereinander die eingestellte Signalschwelle überschritten wurde. Die Zahl n ist meist zwischen 1 und 500 einstellbar. Sie wird als *Entstörrate* bezeichnet.

Monitore können aber auch in der Weise arbeiten, daß Amplitude und Laufzeiten der Echos innerhalb der Blende bestimmt und als analoge oder digitale elektrische Signale an den Ausgängen des Gerätes anliegen. Auch die Ausgangssignale der Monitore müssen exakt den Echoamplituden entsprechen. Man spricht hier von der *Linearität des Monitors*. Monitore werden je nach ihrer Funktion oder Aus-

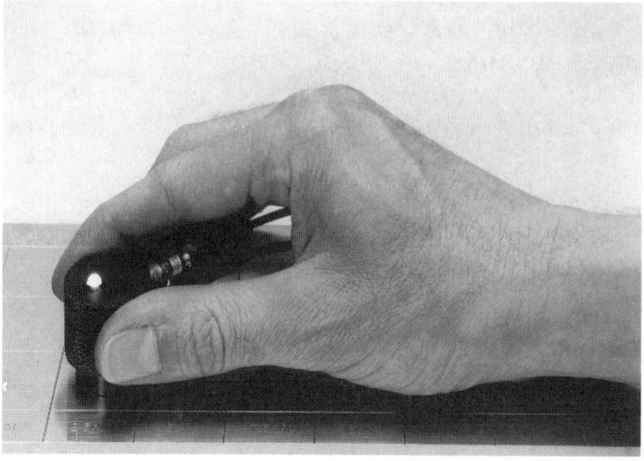

Bild 3-24: Prüfkopf mit Leuchtdiode zur Fehlersignalisierung

gangsgröße auch als *Signalmonitor* (Ja/Nein-Entscheidung bzw. -Ausgang), *Proportionalmonitor* (Ausgangsspannung proportional der Echohöhe), *Laufzeitmonitor* (Ausgangsspannung proportional der Echolaufzeit) oder *Integriermonitor* (Ausgangsspannung proportional dem Flächeninhalt unterhalb des bzw. der Echos) bezeichnet. Monitore ermöglichen eine automatische Ultraschallprüfung, s. Kapitel 5. Mit ihrer Hilfe lassen sich aber auch Fehlerbefunde auf andere Art als durch das bisher behandelte A-Bild darstellen.

Dabei werden mehrere oder viele A-Bilder zu sogenannten *B-* oder *C-Bildern* zusammengefaßt. Beim B-Bild liefert jedes einzelne A-Bild eine Zeile der flächigen Abbildung, jedes Echo darin einen Anzeigepunkt. Werden nur diejenigen Echos berücksichtigt, die eine eingestellte Schwelle übersteigen, so erhält man eine binäre, schwarz-weiß – d.h. ja oder nein – Darstellung. Werden hingegen die Echohöhen proportional nach ihrer Höhe in unterschiedlichen Grautönen oder Farben abgebildet, so ergeben sich analoge oder bewertete B- oder C-Bilder. Ein B-Bild entsteht als Schnitt durch das Werkstück entlang einer Linie L, auf der der Prüfkopf bewegt wird. Zwischen den linienförmigen Summierungen der Punkte aus Sendeimpulsen und Rückwandechos werden die Reflexionen aus dem Werkstückinnern sichtbar (Bild 3-25).

Beim C-Bild handelt es sich um eine Draufsicht auf das Prüfobjekt, wobei nur die Fehlerreflexion in die Ebene der Werkstück-Koordinaten projiziert sind (Bild 3-26).

Wird statt der Echoamplitude die Echolaufzeit zur Hell- oder Farbsteuerung des Bildpunktes benutzt, spricht man von einer *D-Bild*-Darstellung. Als weitere Hilfe bei der Auswertung verfügen manche Ultraschallgeräte über einen elektronischen *Tiefenausgleich*. Im Gegensatz zu der sonst über die gesamte eingestellte Meßlänge konstanten Verstärkung läßt sich damit die Verstärkung in Abhängigkeit von der Tiefenlage einstellen. Je nach Aufbau des Gerätes kann dies kontinuierlich oder in Stufen erfolgen. Mit dem Tiefenausgleich lassen sich z.B. alle Echos einer abnehmenden Echofolge auf dem Bildschirm des Gerätes auf gleiche Höhe einregeln (Bild 3-27).

Für alle Geräteeigenschaften einschließlich der verwendeten Prüfköpfe legt eine Norm (DIN 25450) Ausführungsvorschriften mit engen Toleranzen fest. Ähnliche Festlegungen sind in europäischen Normen in Vorbereitung. Darüber hinaus gibt es zur Zeit noch eine Fülle von länderspezifischen Normen (z.B. BS 4331 oder ESI 98-9).

Bild 3-28 zeigt ein typisches Handprüfgerät in heute üblicher Baugröße. Solche Geräte haben kleine Abmessungen und geringes Gewicht. Sie sind batteriebetrieben und mit Batterie für mindestens 8 Stunden ununterbrochenes Prüfen sowie durch robuste Gehäuse für den rauhen Betrieb ausgelegt.

Neben den analogen Geräten wird die Ultraschall-Gerätetechnik, ähnlich wie der Trend bei Oszilloskopen, heutzutage auch durch digitale Geräte geprägt. Bild 3-29 zeigt zwei heute übliche digitale Ultraschall-Prüfgeräte unterschiedlicher Baugröße. Solche Geräte sind ebenfalls für den mobilen Einsatz ausgelegt, daher batteriebetrieben und mit einem Spritzwasser-geschützten Gehäuse versehen. Neben der

Bild 3-25 B-Bild-Verfahren; der Prüfkopf wird entlang einer Linie (Pfeil) bewegt. Fehleranzeige durch Hellsteuerung (nach [6])

Client	:	XY-STAHL	Standoff	:	10/4M-54DB
Contract	:	5130780	Scan Type	:	Amplitude
Operator	:	NEU	Velocity	:	5930m/s
Area	:	470X340	Block Size	:	4
Item	:	221842K	Date	:	91-08-20

Bild 3-26 C-Bild-Darstellung eines Innenfehlers in einem Blech (Ausschnitt)

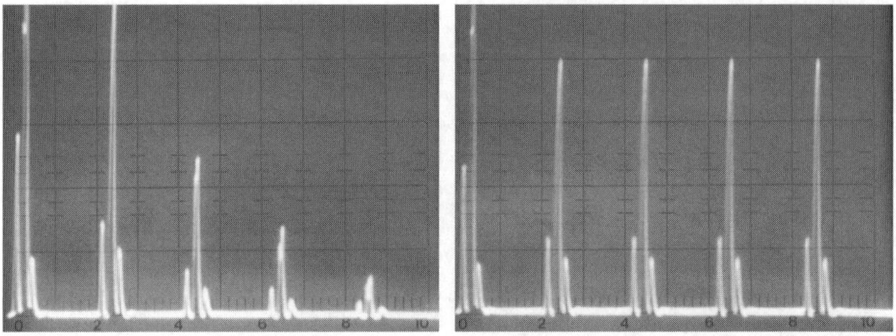

Bild 3-27 Schirmbild einer Echofolge ohne (oben) mit Tiefenausgleich (unten)

üblichen Echodarstellung wird dem Prüfer auf dem Bildschirm hier auch sofort Information über Amplitude, Tiefe und Lage eines Fehlerechos in der Blende in Klartext anzeigt. Zusätzlich kann vom Mikroprozessor des Gerätes die Ersatzreflektorgröße nach dem *AVG-Verfahren*, s. Abschnitt 3.4.3, berechnet und auf dem Bildschirm angezeigt werden. Auch physikalische Werkstoffkenngrößen, wie Schallgeschwindigkeit und Ultraschallabsorption, können von digitalen Geräten automatisch mitberücksichtigt werden.

Die Bedienung digitaler Geräte erfolgt über nur wenige Tastaturelemente, die ganze Vielfalt der Einstellmöglichkeiten eröffnet sich über ein Menü auf dem Bildschirm. Besonders benutzerfreundlich ist ein Scroll-Down-Menü, bei dem alle Gerätefunktionen in Klartext beschrieben sind. Sie können über einen Leuchtbalken (Bild 3-30 a), der bei den Geräten aus Bild 3-29 mit dem Handrad bewegt wird, ausgewählt werden. Digitale Geräte besitzen außerdem Speichermöglichkeiten für Meßwerte, Bildschirminhalte (A-Bilder) und mehrere Parametersätze (Bild 3-30 b). Damit sind die kompletten Einstellungen des Gerätes gemeint, die per Knopfdruck gespeichert oder zu einem späteren Zeitpunkt wieder aufgerufen werden können. Darüber hinaus können Momentaufnahmen der Echofolgen auf dem Bildschirm „eingefroren" werden, die dann in aller Ruhe vom Prüfer betrachtet werden können.

Sender und Empfangsverstärker digitaler Geräte entsprechen denen von analogen Geräten. Ihr Frequenzbereich geht heutzutage bis 40 MHz. Im Gegensatz zu analogen Geräten wird der Echoverlauf aber hinter dem Hauptverstärker digitalisiert (Bild 3-31), indem in vorgegebenen Zeitabständen Δt_A, sogenannten *Abtastschritten*, die momentane Amplitude bestimmt (abgetastet) und bis zum nächsten Abtastschritt gehalten wird [30]. Der Kehrwert $1/\Delta t_A$ hat die Einheit einer Frequenz und wird als *Abtastrate* oder *Digitalisierfrequenz* bezeichnet.

Die momentane Amplitude wird in Vielfachen von kleinsten Einheiten, sogenannten Quanten, angegeben. Je kleiner sie sind, desto höher ist die Auflösung. Erfolgt die Amplitudenabtastung zum Beispiel mit 8 Bit Analog-Digital (AD)-Wandlern, wird der zu betrachtende Amplitudenbereich in $2^8 = 256$ gleiche Quanten geteilt.

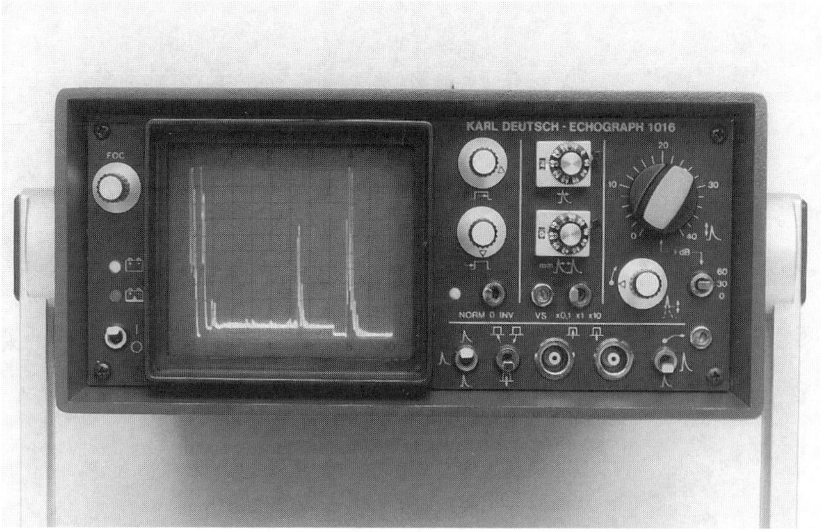

Bild 3-28 Analoges Ultraschallprüfgerät

Um eine Sinusschwingung naturgetreu wiederzugeben, werden mindestens 10 Abtastschritte benötigt. Daher sollte die Digitalisierfrequenz zehnfach höher als die obere Grenzfrequenz des Verstärkers sein. Zur Reduzierung des schaltungstechnischen Aufwandes werden für eine solch dichte Abtastung meist mehrere hintereinanderfolgende Impulszyklen des Ultraschallgerätes benötigt. In diesem Fall bezeichnet man die Abtastrate als *äquivalente Abtastrate*.

Indem die digitalen Werte Punkt für Punkt auf dem rasterförmigen Bildschirm des Gerätes abgebildet werden, erhält man ein digitales A-Bild (Bild 3-32). Die Bildschirmauflösung ist um so höher, je mehr Punkte (*Pixel*) er darstellen kann. Hochauflösend sind Monitorröhren mit 512×320 Pixel, wie im Gerät Bild 3-29 oben. Bei ihnen entsteht der Eindruck eines analogen Bildes, da die einzelnen Pixel mit dem bloßen Auge nicht mehr erkennbar sind. Geringere Auflösung (z.B. 320×256 Pixel, wie im Gerät Bild 3-29 unten), aber auch geringeren Stromverbrauch besitzen *Elektrolumineszenz-* und *Liquid Crystal Display* (Flüssigkristall)-Anzeigen.

Sie werden im Sprachgebrauch als *ELD* (Electroluminescent Display) und *LCD* (Liquid Crystal Display) abgekürzt und erlauben wegen ihrer flachen Bauform kleine Gerätegehäuse. Da LCDs keine eigene Lichtquelle beinhalten, sondern lediglich einfallendes oder durchgelassenes Licht modulieren, sind sie in der Dunkelheit nicht ablesbar, sofern sie nicht eigens mit einer zusätzlichen Hintergrundbeleuchtung ausgestattet sind. Diese haben jedoch meist einen hohen Stromverbrauch, so daß die Betriebsdauer mit Batterien deutlich herabgesetzt wird. Auch dann sind sie bei Tageslicht oder künstlicher Beleuchtung unter schrägen Blickwin-

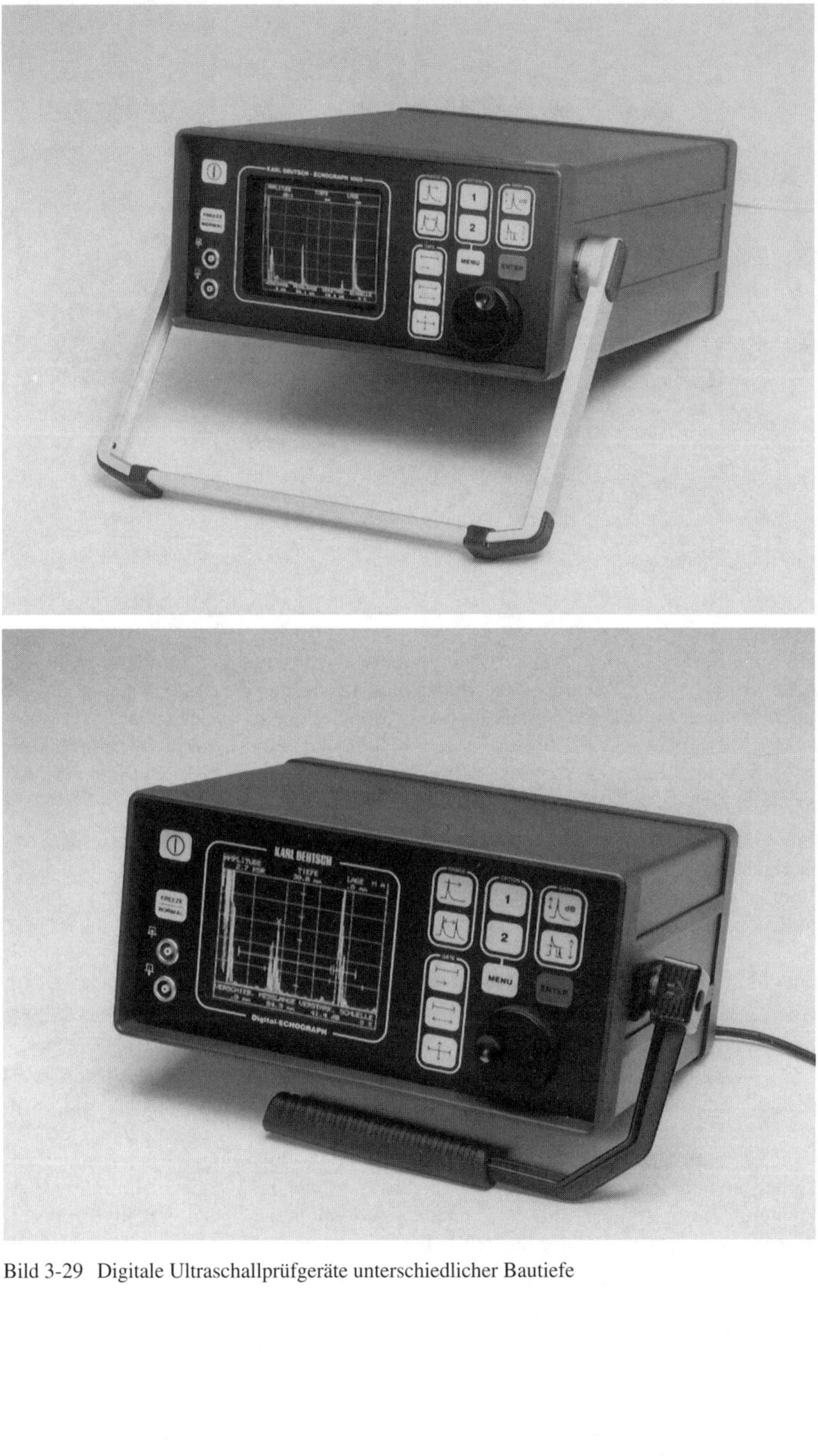

Bild 3-29 Digitale Ultraschallprüfgeräte unterschiedlicher Bautiefe

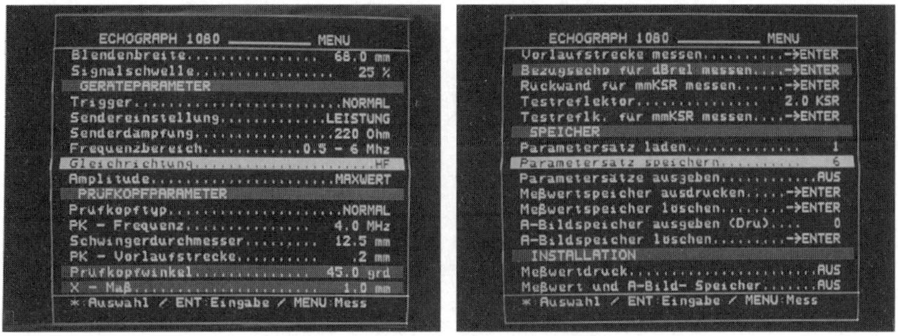

a) b)

Bild 3-30 Bildschirm digitaler Geräte;
a) Auswahl der Justierparameter
b) Anwahl der Speichermöglichkeit durch Leuchtbalken

keln nicht ablesbar. Diesen Nachteil haben ELD-Anzeigen nicht, da ihre einzelnen Bildpunkte ähnlich wie bei Fernsehmonitoren oder Kathodenstrahlröhren analoger Ultraschallgeräte selbst leuchten. In heller Umgebung, insbesondere bei Arbeiten im direkten Sonnenlicht, kann es bei den drei letztgenannten Anzeigearten dennoch erforderlich sein, den Bildschirmbereich durch aufsteckbare Sonnenblenden abzudunkeln.

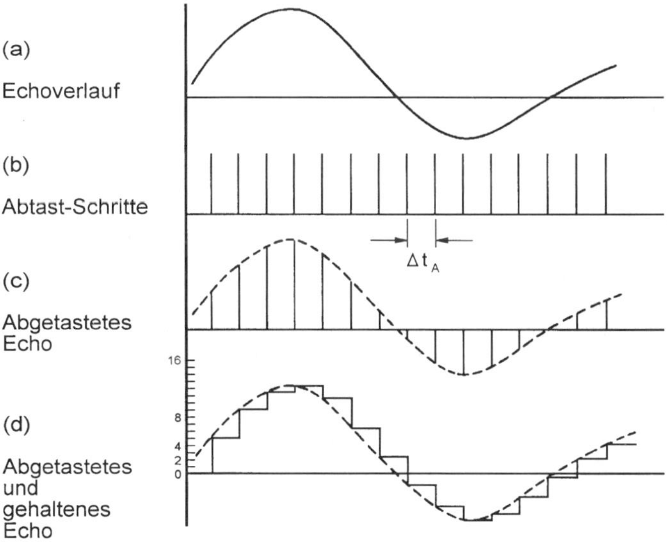

Bild 3-31 Prinzip der Digitalisierung

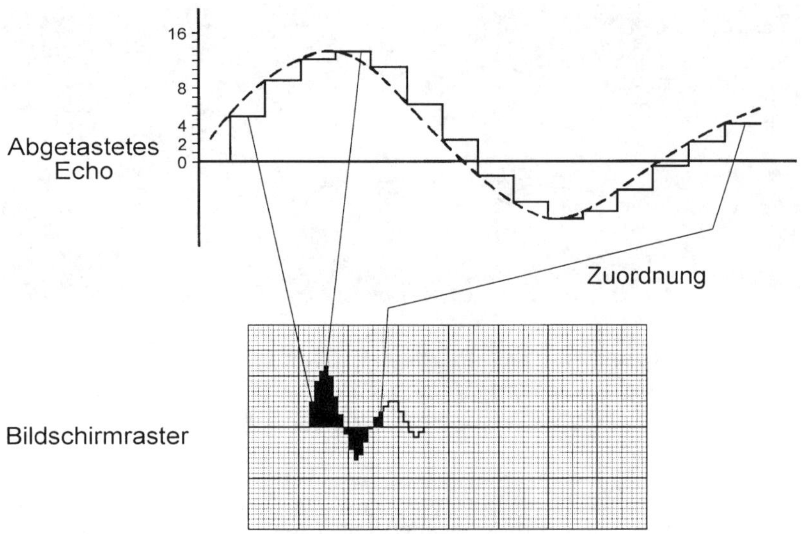

Bild 3-32 Pixeldarstellung digitalisierter Echos auf Bildschirmrastern

Bei Ultraschallgeräten müssen kurze *transiente* Signale – das sind Signale, die nur zu einem bestimmten Zeitpunkt vorhanden sind, z.B. ein nur kurzzeitig erscheinendes Echo, wenn ein Prüfkopf rasch über einen Fehler hinwegbewegt wird, also z.B. Echos von nur 100 Nanosekunden Dauer – auch noch bei Betrachtung einer großen Meßlänge auf dem Bildschirm dargestellt werden, z.B. bei einer Meßlänge von 1 m Stahl entsprechend einer Schallaufzeit von 0,3 ms. Dabei müssen sehr viele einzelne Abtastwerte schnell verarbeitet werden. Dazu ist einiger Aufwand an Signalverarbeitung und Datenreduzierung sowie Signalglättung und -aufbereitung notwendig.

Daher ist die *Bildauffrischfrequenz* digitaler Geräte – das ist die Frequenz, mit der neue A-Bilder auf den Bildschirm geschrieben werden – deutlich geringer als die Impulsfolgefrequenz der Sendeimpulse. Nur bei rein analogen Geräten sind beide Frequenzen identisch. Mit Werten zwischen 40 und 60 Hz ist die Bildauffrischfrequenz digitaler Geräte für Aufgaben der Handprüfung völlig ausreichend, nicht jedoch für schnelle automatische Prüfungen. Der entscheidende Vorteil digitaler Geräte liegt aber darin, daß die in digitaler Form vorliegenden Echos, Bildschirminhalte oder Meßwerte direkt auf einen Drucker ausgedruckt oder in einem Rechner einer weiteren Signalverarbeitung unterzogen werden können. Die Geräte besitzen dazu mindestens eine genormte – meist serielle (RS232C) – Schnittstelle, die oftmals auch bidirektional ausgelegt ist. In diesem Fall können die Geräte auch direkt vom PC aus bedient werden.

Digitale Ultraschallgeräte bieten auch die Möglichkeit von Zeitmessungen. Oft müssen die Schallaufzeiten zwischen sukzessiven Echos ermittelt werden, aus denen dann entweder die Dicke eines Materials oder umgekehrt bei bekannter Dicke

a)

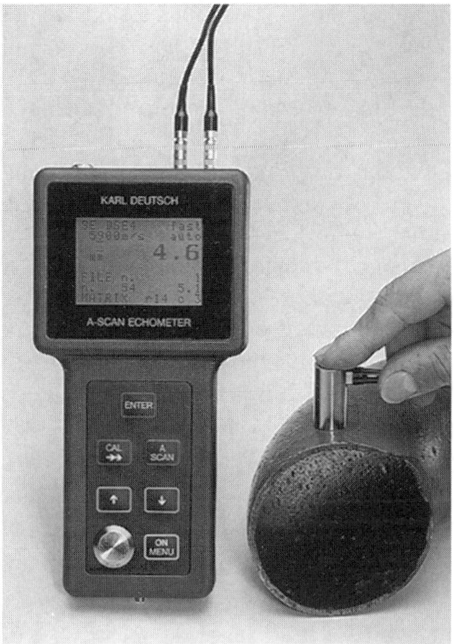

b)

Bild 3-33 Digitale Wanddickenmeßgeräte mit A-Bild-Anzeige
a) Meßwertaufnahme
b) Datenübertragung

die Schallgeschwindigkeit errechnet und angezeigt wird. Häufig interessiert bei der Materialprüfung aber tatsächlich nur die Dicke eines Prüflings. Das ist der Fall (Bild 3-33), wenn an korrodierten Werkstücken festgestellt werden soll, ob das verbliebene Material noch eine hinreichende Stärke besitzt, um einem weiteren Betrieb gefahrlos standzuhalten. Man denke z.B. an Rohrleitungen in der chemischen Industrie oder Pipelinerohre in der Ölindustrie. Für die manuelle Prüfung werden daher Ultraschallgeräte oft nur mit einer Funktion zur Wanddickenmessung ausgestattet. Der gesuchte Dickenwert wird dabei auf dem Bildschirm als Zahlenwert angegeben. Der zugehörige Echoverlauf an der Meßstelle wird nur noch zur Kontrolle mit dargestellt. Als Prüfköpfe werden meist SE-Prüfköpfe wegen ihrer guten Nahauflösung und mechanischen Abriebfestigkeit eingesetzt, s. Abschnitt 3.1. Mit ihnen liegt der Meßbereich zwischen 0,5 mm und 300 mm. Das Auflösungsvermögen der Geräte beträgt meist 1/100 mm. Derartige Geräte verfügen immer über einen großen Meßwertspeicher, um die vor Ort ermittelten Meßwerte später im Labor zu dokumentieren und auszuwerten (Bild 3-33 b).

Noch kleinere Wanddickenmeßgeräte (Bild 3-34) – sozusagen im Taschenformat – werden häufig für Dimensionsmessungen in der Qualitätskontrolle eingesetzt und dürften in einigen Jahren so verbreitet sein wie mechanische Schieblehren, s. Abschnitt 7.2.

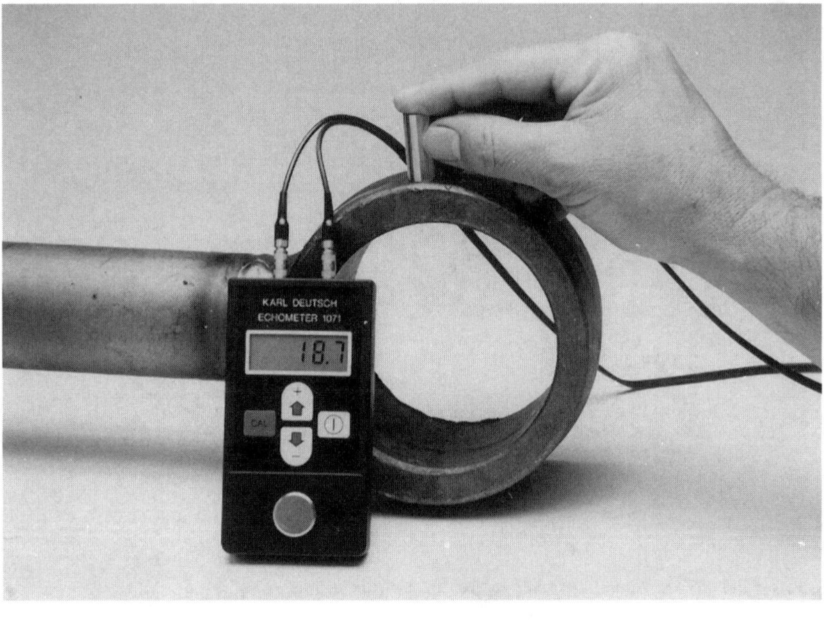

Bild 3-34 Digitales Wanddickenmeßgerät im Taschenformat

Bild 3-35 Ultraschallprüfkopf mit integrierter Elektronik

Mitunter kommt es vor, daß ein Ultraschallprüfgerät nicht in unmittelbarer Nähe des Prüfgegenstandes aufgestellt werden kann und der Prüfkopf mit verlängertem Prüfkabel angeschlossen werden muß. Mit zunehmender Frequenz und Kabellänge wird jedoch das Prüfergebnis beeinträchtigt, da das elektrische Signal durch die Kabeldämpfung geschwächt und im Kabel zwischen Prüfgerät und Prüfkopf wegen der unterschiedlichen elektrischen Impedanzen Z hin und her reflektiert wird. Bei einer Ausbreitungsgeschwindigkeit der elektromagnetischen Welle im Kabel von ca. $2 \cdot 10^8$ m/s beträgt die Laufzeit (hin und zurück) in einem 20 m langen Kabel immerhin 20 ns. Die Vielfachreflexionen können ähnlich wie bei Ultraschallimpulsen unerwünschte Interferenzen zur Folge haben und die auf dem Bildschirm des Ultraschallgerätes abzubildenden Ultraschallechos völlig verfälschen. Abhilfe schafft hier eine dicht am Prüfkopf angeordnete Elektronik, bestehend aus einem eigenen elektrischen Sender und einem Empfangsverstärker mit 50 Ohm Ausgangsimpedanz, die in miniaturisierter Form auch im Prüfkopf untergebracht werden kann (Bild 3-35). Der Prüfkopf wird über ein Doppelkabel mit Sende- und Empfangsbuchse des Ultraschallgerätes verbunden. Das Sendesignal des Ultraschallgerätes löst den im Prüfkopf integrierten eigenen elektrischen Sender aus, der mit dem Schwinger verbunden ist. Im Empfangsfall wird das vom Schwinger erzeugte elektrische Signal vorverstärkt und gelangt über ein Kabel mit 50 Ohm Impedanz reflexionsfrei zum Eingang des Ultraschallgerätes, der ebenfalls mit 50 Ohm abgeschlossen wird.

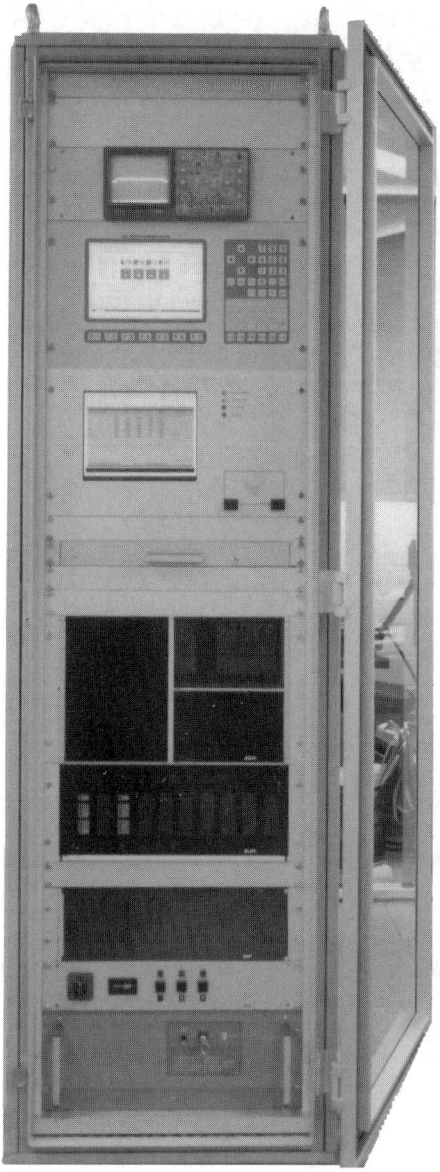

Bild 3-36 Prüfelektronik für automatische Prüfung mit vielen Kanälen

Hohe Prüfgeschwindigkeit erreicht man, indem man mit mehreren Prüfköpfen möglichst große Bereiche eines Prüfteils gleichzeitig erfaßt. Industrielle Ultraschall-Prüfelektroniken für automatische Prüfungen sind daher grundsätzlich für viele Prüfkanäle und Multiplexbetrieb ausgelegt. Bild 3-36 zeigt eine Elektronik, die für 16 Prüfkanäle bzw. Prüfköpfe oder Vielfache davon vorgesehen ist. Die Einstellung jedes Kanals erfolgt über ein Dialogmenü am Bildschirm. Das eingebaute Oszilloskop oben dient zur Darstellung der Ultraschallechos, wird jedoch nur noch zur Kontrolle beim Justieren der Prüfköpfe benötigt. Amplituden und Laufzeiten von Echos werden im Betrieb automatisch ermittelt und ausgewertet. Die Datenverwaltung erfolgt auf PC-Ebene. Ein PC ist in solchen Geräten daher meist eingebaut. Obligatorisch sind auch Schaltausgänge, um bei Fehlerbefunden Sortierweichen zu aktivieren oder Farbmarkierungen auf dem Werkstück auszulösen. Die eigentliche Ultraschallelektronik wird auch hier in unmittelbarer Nähe der Prüfköpfe, d.h. dicht am Werkstück, spritzwassergeschützt und erschütterungsfest untergebracht. Die in Bild 3-37 abgebildete robuste Sender-/Empfängereinheit enthält praktisch ein komplettes ferngesteuertes achtkanaliges Ultraschall-Prüfgerät, das unempfindlich gegen mechanische Erschütterungen und elektromagnetische Störungen – ausgelöst z.B. durch HF-Schweißanlagen – sein muß, mit denen in Werkshallen grundsätzlich zu rechnen ist. Näheres über die automatische Ultraschallprüfung findet sich in Kapitel 5.

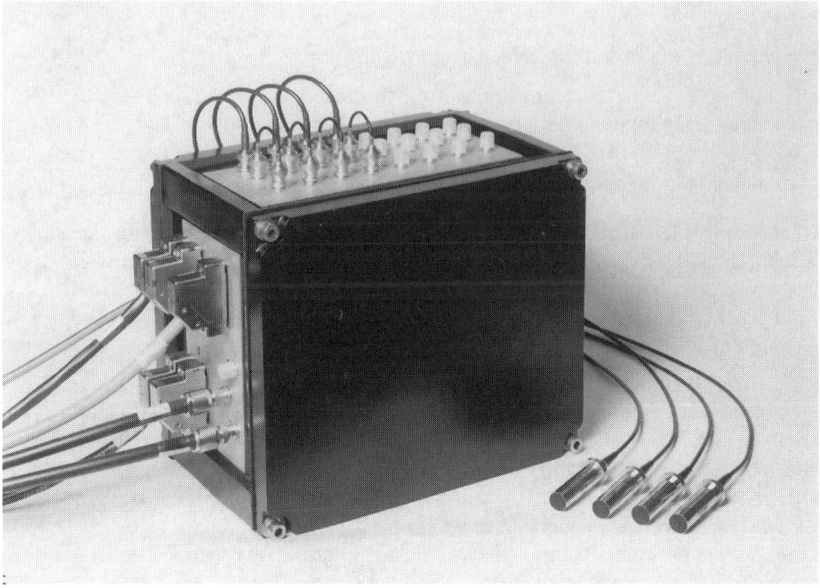

Bild 3-37 8-kanalige Sende- und Empfangseinheit zur Aufstellung unmittelbar am Prüfort

3.3 Ultraschallprüfverfahren

Wird bei der Ultraschall-Prüfung der an der Fehleroberfläche reflektierte Schallanteil zum Nachweis dieses Fehlers ausgenutzt, so spricht man von *Reflexions-* oder *Echo-Verfahren* (Bild 3-38). Der Zusatz Impuls-Reflexion oder Impuls-Echo ist zwar physikalisch korrekt, aber deshalb überflüssig, weil alle in der ZfP-Praxis üblichen Ultraschall-Prüfgeräte ausschließlich Impulse erzeugen. Zieht man hingegen den durch den Fehler hindurch- oder seitlich vorbeigelassenen Schallanteil zum Nachweis heran, so spricht man vom *Durchschallungsverfahren* (Bild 3-39). Normalerweise wird jedoch das Reflexions-Verfahren zum Fehlernachweis benutzt, da es bemerkenswerte Vorteile aufweist:

- Durch Laufzeitunterschiede ist die Entfernung eines Fehlers bestimmbar.
- Die Nachweisempfindlichkeit für kleine Fehlstellen ist wesentlich höher als bei der Durchschallung.
- Nur ein einziger Prüfkopf muß an der Oberfläche aufgesetzt und angekoppelt werden. Die Güte der Ankopplung ist bei Vorhandensein eines zum Vergleich dienenden Rückwand- oder Endechos unkritisch.

Demgegenüber bietet das Durchschallungsverfahren nur einen Vorteil: Die Tatsache, daß nur der einfache Schallweg zurückzulegen ist, ermöglicht u.U. ein Prüfen stark schallschwächender Werkstoffe.

Dem entgegen stehen gravierende Nachteile:

- Die Entfernung läßt sich nicht bestimmen.
- Kleine Fehler werden schlechter nachgewiesen.
- Sender und Empfänger-Prüfköpfe müssen exakt einander zugeordnet und sehr konstant angekoppelt werden.

Demzufolge gelangt in der Praxis fast ausschließlich das Reflexions-Verfahren zum Einsatz und die Durchschallung nur beim Versagen des Reflexionsverfahrens.

Unabhängig davon, ob der Schallimpuls senkrecht oder unter einem definierten Winkel schräg in die Prüflingsoberfläche eingeleitet wird, sind beim Reflexionsverfahren prinzipiell nur Einschwinger-Prüfköpfe erforderlich, s. Abschnitt 3.1.1. Zum Nachweis oberflächennaher Fehler gelangen jedoch auch SE-Prüfköpfe zur Anwendung.

Beim Prüfen eines Bleches mittels Senkrecht-Prüfkopf ergibt sich ein deutlicher Unterschied zwischen fehlerfreiem Blech, kleinem *Innenfehler* und großflächiger *Dopplung* (Bilder 3-38 a, b und c). In allen Fällen entstehen *Mehrfach-Echo-Folgen*, da nach Totalreflexion an der dem Prüfkopf gegenüberliegenden Blechseite nur ein Teil des Schallimpulses zum Schwinger zurückkommt, der größere hingegen zurückgeworfen im Werkstück verbleibt, dann erneut an der Gegenseite reflektiert wird und anschließend einen zweiten Teilimpuls mit genau doppelter Laufzeit am Schwinger ankommen läßt. Das setzt sich mit immer geringer werdender Schallenergie fort. Es entsteht eine Echofolge mit gleichen Abständen und geringer

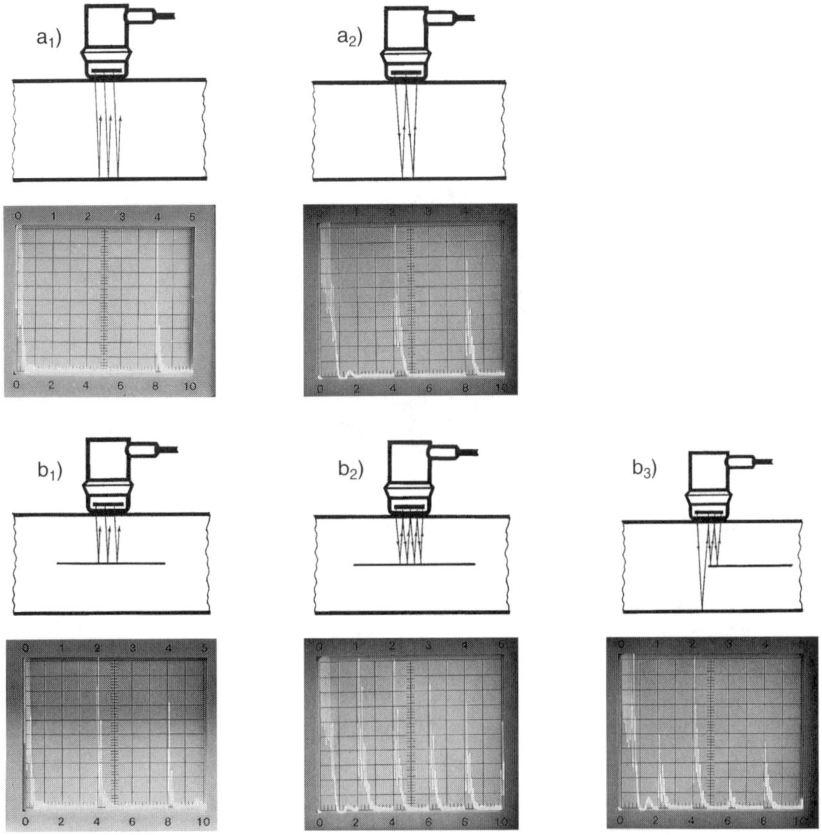

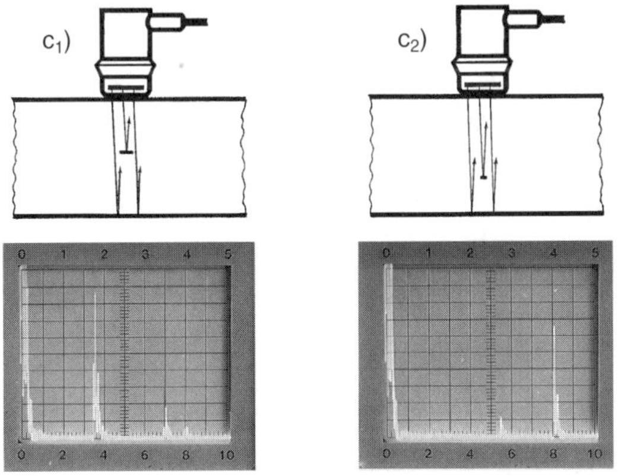

a_1: SI und 1. RE

a_2: Zeitmaßstab verdoppelt; SI, 1. RE, 2. RE

b_1: Dopplungsanzeige, Zeitmaßstab wie a_1

b_2: Dopplungsanzeige, Zeitmaßstab wie a_2

b_3: Dopplungsrand, 1. Dopplungsecho hat halbe Amplitude im Vergleich zu b_2

c_1: Fehleranzeige mit Wiederholungsecho; Zeitmaßstab wie a_1

c_2: Anzeige eines kleinen Fehlers; Zeitmaßstab wie a_1

Bild 3-38 Reflexions- oder Echoverfahren

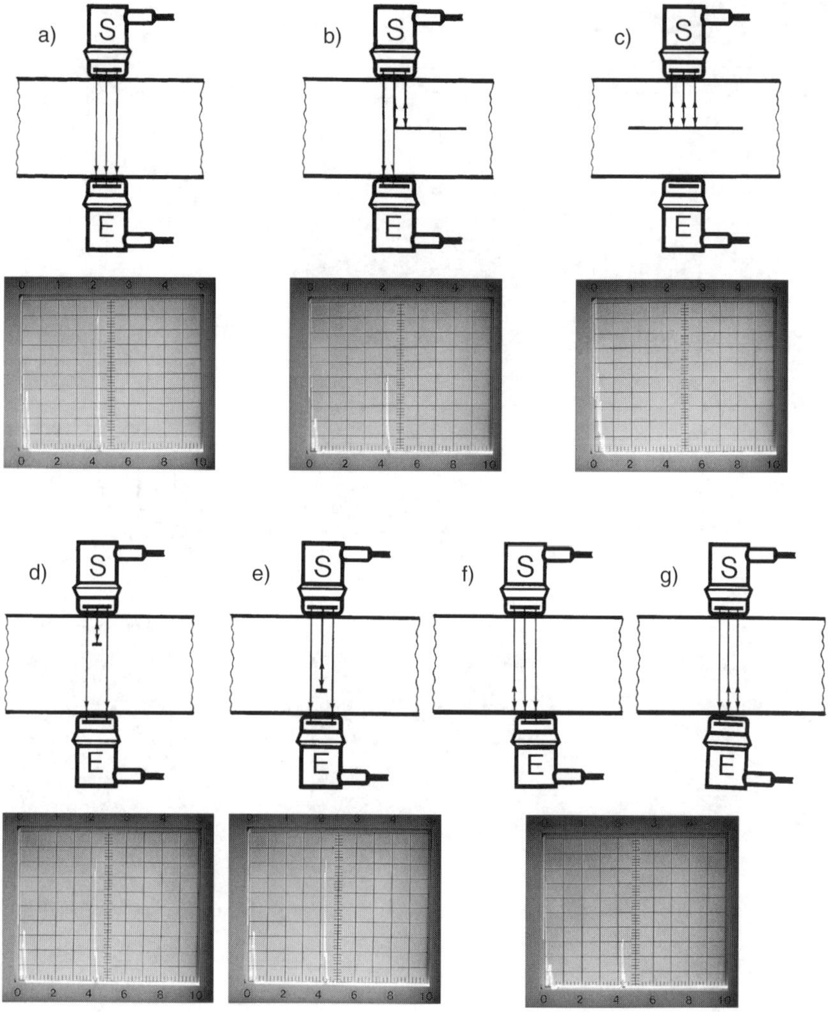

Bild 3-39 Durchschallungsverfahren

werdenden Amplituden. Befindet sich der Prüfkopf in ganzer Breite über der Dopplung, so entsteht ebenfalls eine Mehrfachecho-Folge, jedoch mit halbem Abstand (Bilder 3-38 b 1 und b 2). Im Grenzbereich der Dopplung überlagern sich beide Echofolgen (Bild 3-38 b 3). Der gleiche Fehler läßt sich auch im Durchschallungsverfahren nachweisen. Dazu sind zwei Schwinger erforderlich, einer als Sender, der andere als Empfänger. Konstante Ankopplung und fluchtende Anordnung vorausgesetzt, ergibt sich bei fehlerfreiem Werkstück eine gleichbleibende Durch-

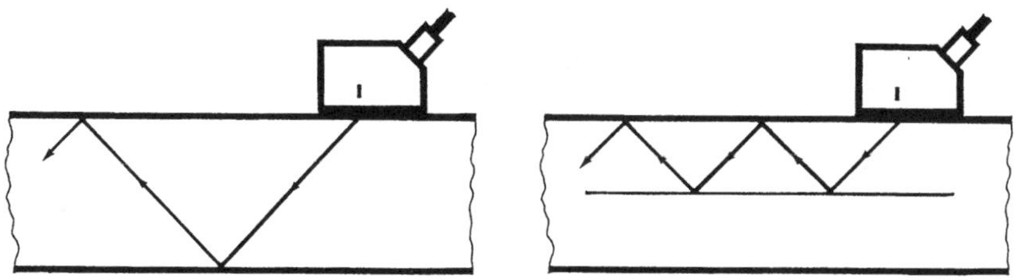

Bild 3-40 Schallverlauf bei normalem und gedoppeltem Blech bei Schrägeinschallung

schallungsamplitude (Bild 3-39 a). Diese verringert sich im Grenzbereich der Dopplung (Bild 3-39 b) und verschwindet gänzlich, wenn die Dopplung den Schallimpuls voll zurückwirft (Bild 3-39 c).

Als wesentlich ungünstiger erweist sich die Durchschallung beim Nachweis kleiner Innenfehler. Beim Reflexionsverfahren lassen sich auch Fehlstellen geringer Ausdehnung durch Erhöhung der Geräteverstärkung deutlich darstellen (Bild 3-38 c 1 und c 2). Beim Durchschallungsverfahren dagegen verringert sich bei kleinen Fehlern die Durchschallungsamplitude kaum bemerkbar (Bild 3-39 d, e). Hinzu kommen Beugungserscheinungen (Bild 2-19), und die Tatsache, daß durch die geometrische Zuordnung des zweiten Prüfkopfs und die zweite Ankoppelstelle weitere Unsicherheiten entstehen (Bild 3-39 f, g).

Der Nachweis von Dopplungen läßt sich bei Verwendung von Winkelprüfköpfen nicht mittels Reflexion, sondern nur in Durchschallung erzielen. Die Reflexionen an Rückwand oder Dopplungsoberfläche kommen nämlich nicht zum gleichen Prüfkopf zurück (Bild 3-40). Mit zwei Winkelprüfköpfen läßt sich jedoch dann ein Fehlernachweis führen, wenn wie bei der Durchschallung mittels Normalprüfköpfen durch festen Abstand beider Prüfköpfe zueinander eine konstante Zuordnung für die halbe Blechdicke (Dopplung) sichergestellt ist (Bild 3-41). Eine Zuordnung für die ganze Blechdicke ist für den Dopplungsnachweis wirkungslos, da in diesem Fall Schallwege und Reflexionsverhalten von Rückwand und Dopplung exakt gleich sind (Bild 3-42).

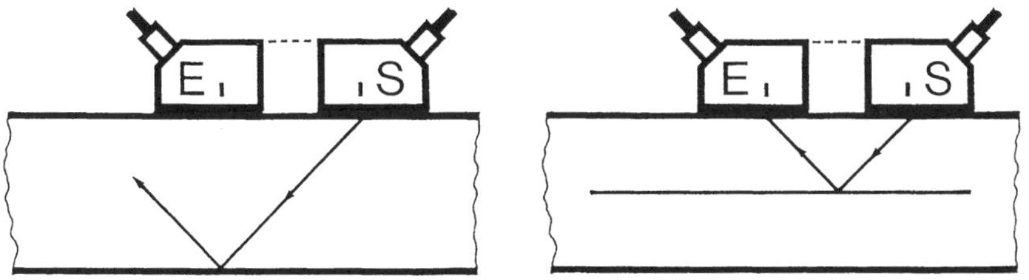

Bild 3-41 SE-Technik mit Winkelprüfköpfen zur Dopplungsprüfung bei Zuordnung für halbe Blechdicke

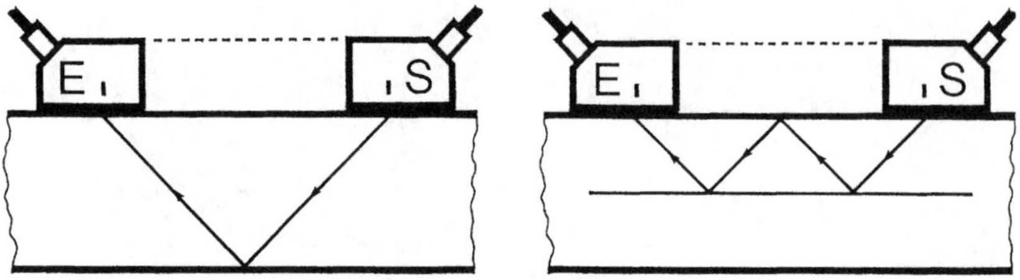

Bild 3-42 Schallverlauf bei Zuordnung für ganze Blechdicke: Keine Dopplungsprüfung möglich (außer Randzonen der Dopplung)

Auf ähnliche Art und Weise funktioniert die sogenannte *Tandem-Technik* zum Nachweis senkrecht liegender Fehler bei Wanddicken über ca. 100 mm mit zwei Winkel-Prüfköpfen (Bild 3-43). Der vom Fehler reflektierte Schallanteil gelangt nicht zum Ausgangsprüfkopf zurück, sondern wird von einem separaten Empfangsprüfkopf nachgewiesen. Eine konstante Zuordnung (Abstand) beider Prüfköpfe ist gleichfalls erforderlich. Sie muß für unterschiedliche Tiefenlagen unterschiedlich sein (Bild 3-43) und [31, 32]. Soll die gesamte Prüflingsdicke gleichzeitig erfaßt werden, so sind entweder mehrere Prüfkopfpaare anzuordnen (Bild 3-43) oder einem Sender mit entsprechend großem Öffnungswinkel des Schallbündels

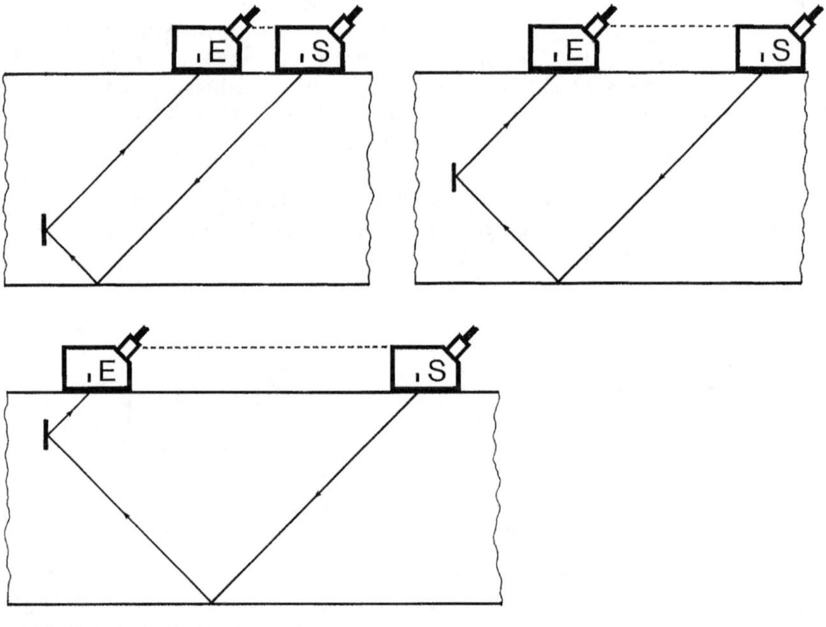

Bild 3-43 Prinzip der Tandemprüfung

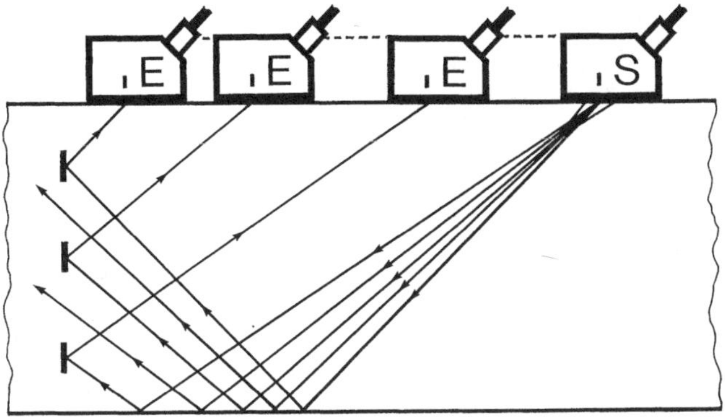

Bild 3-44 Tandemtechnik mit Breitstrahl-Sender

mehrere Empfänger zuzuordnen (Bild 3-44). Für die Prüfung von Hand wird normalerweise nur ein Prüfkopfpaar benutzt, welches in Abhängigkeit von der Tiefenzone verstellbar in einer Halterung angeordnet ist (Bild 3-45).

Der Vollständigkeit halber soll auch die sogenannte *Delta-Technik* erwähnt werden. Sie wurde in den USA zuerst angewendet und dort *„pitch and catch"* genannt [33].

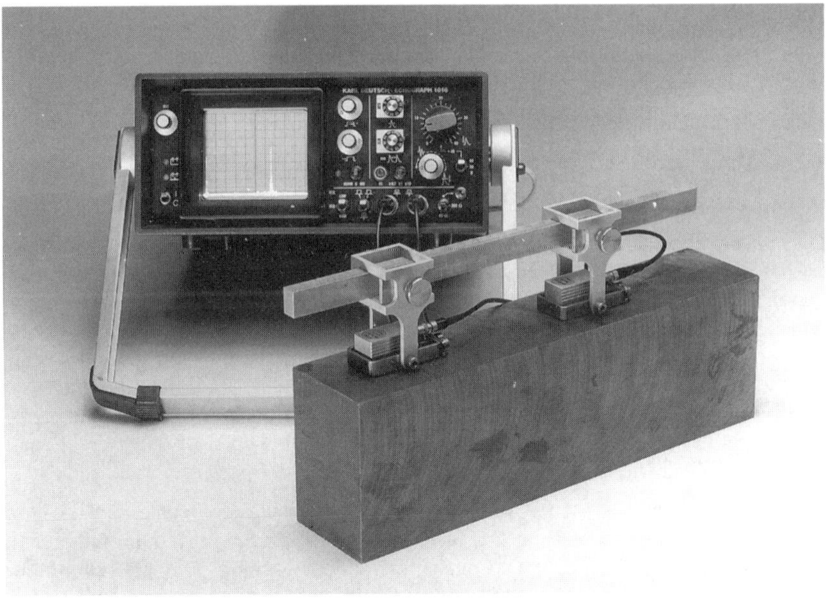

Bild 3-45 Verstellbare Tandemhalterung für die manuelle Prüfung

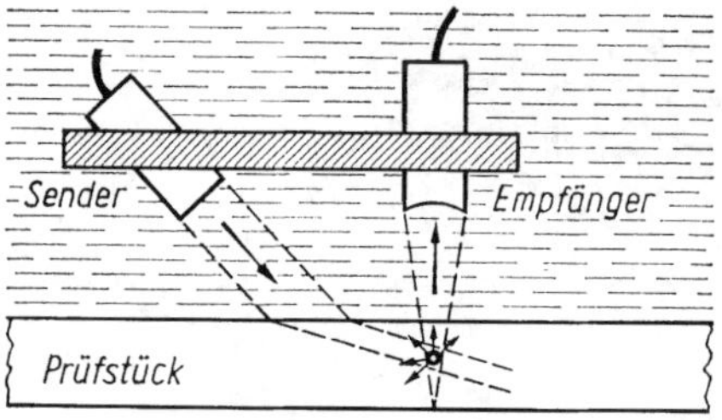

Bild 3-46 Delta-Technik, Prinzip [15]

Dabei wird in das Prüfobjekt, häufig eine schlecht schalleitfähige Schweißnaht, schräg eine Transwelle eingeschallt. Mit einem Empfänger-Prüfkopf senkrecht oberhalb des Werkstücks wird die am Rand von Fehlstellen entstehende Longwelle empfangen (Bild 3-46). Die notwendige gleichmäßige Ankopplung wird durch ein Wasserbad in sogenannter Tauchtechnik, s. Kapitel 5, sichergestellt.

Zusätzliche Literaturstellen sind u.a. [34, 35].

3.4 Fehlernachweis und Gerätejustierung

3.4.1 Voraussetzungen für den Fehlernachweis

Mehrere Bedingungen müssen erfüllt sein, um eine Inhomogenität innerhalb eines Werkstückes nachzuweisen. Sie muß

- sich vom fehlerfreien Werkstoff akustisch unterscheiden
- eine Mindestgröße im Verhältnis zur Wellenlänge haben
- genügend Schallenergie zum Prüfkopf reflektieren

Der akustische Unterschied liegt im Schallwellenwiderstand gemäß Formeln (2-20) und (2-21) und Bild 2-20. Er ist unabhängig von der Prüffrequenz immer gleich. Fehlstellen kleiner als 20 % der Wellenlänge ($0{,}2 \cdot \lambda$) sind auch unter sonst günstigen Bedingungen nicht nachweisbar. Der Mindestwert kann auch auf die halbe oder ganze Wellenlänge anwachsen. Sollen also kleine Fehler gefunden werden, so ist eine möglichst hohe Prüffrequenz anzuwenden. Eine hohe Frequenz ist auch günstiger in bezug auf bessere Schallbündelung im Fernfeld des Prüfkopfs, s. Formeln (2-13) bis (2-16); allerdings darf der Grundwerkstoff dabei den Schall nicht zu stark schwächen.

In den weitaus meisten Fällen wird der an der Oberfläche des Fehlers reflektierte Schallanteil zum Nachweis ausgenutzt. Das gilt für alle Prüfköpfe mit einem Schwinger, für SE-Prüfköpfe und auch für Tandem-Technik. Die Anordnung der Prüfköpfe und Wahl der Einschallrichtung muß sich nach dem nachzuweisenden Fehlertyp, der Form und der Größe des Werkstücks richten. Nur wenn der reflektierte Schallanteil sich mit hinreichender Amplitude aus störenden Reflexionen und dem elektronischen Rauschen abhebt, kann die Entfernung des Reflektors gemessen und seine Größe abgeschätzt werden, s. Abschnitt 3.4.3. Die reflektierende Fehlerfläche muß dabei immer möglichst senkrecht angeschallt werden.

Je nach Frequenz und Schwingerdurchmesser kann bereits eine Schräglage von Bruchteilen eines Winkelgrades eine beträchtliche Amplitudenabnahme zur Folge haben. Die Diagramme in Bild 3-47 zeigen das Ergebnis einer Untersuchung zur *Kippwinkel-Empfindlichkeit* [37] von schmalbandigen und breitbandigen Tauchtechnik-Prüfköpfen. Bei letzteren sind die unteren und oberen –6 dB Grenzfrequenzen in Bild 3-47 mit angegeben. Aufgetragen ist jeweils die Echoamplitude A von einem ebenen Reflektor in Wasser in Abhängigkeit vom Kippwinkel α_K des Prüfkopfes gegenüber der planparallelen Ausrichtung von Prüfkopf und Reflektor. Der jeweilige Abstand a zwischen Prüfkopf und Reflektor ist ebenfalls angegeben. Es zeigt sich, daß die Kippwinkelempfindlichkeit um so größer ist, d.h. der Signalabfall beim Verkippen um so größer ist,

- je höher die Frequenz bei gleichem Schwingerdurchmesser
- je größer der Schwingerdurchmesser bei gleicher Frequenz

gewählt wird. Zur physikalischen Erklärung dieses Zusammenhanges betrachte man die Schallanteile, die von den am weitesten auseinanderliegenden Punkten auf der Oberfläche des Schwingers ausgehen und nach Reflexion am Prüfteil dort wieder eintreffen: Je größer der Schwinger und je höher die Frequenz, desto größer ist ihre Phasendifferenz und desto mehr löschen sich die zugehörigen Empfangsspannungen am Piezoelement aus. Nur bei planparalleler Ausrichtung treffen alle Schallanteile konphas ein, ihre Empfangsspannungen verstärken sich.

Die geringste Kippempfindlichkeit wird im übrigen durch eine zusätzliche Punktfokussierung des Prüfkopfes erreicht. Diesen Effekt nutzt man zur Wanddickenmessung an stark korrodierten Blechen oder Rohren mit Lochfraß aus: Die Punktfokussierung verhindert, daß im Bereich einer schrägverlaufenden Vertiefung das Oberflächen- und Rückwandecho völlig zusammenbricht, da die Fokussierung das Schallbündel verkleinert. Dies wirkt sich ähnlich aus wie eine Verkleinerung des Schwingerdurchmessers. Bei Oberflächenkorrosion mit Porosität im Bereich der Wellenlänge hilft jedoch auch die Punktfokussierung nicht, sondern nur ein solches Herabsetzen der Prüffrequenz, daß die Wellenlänge größer als die Oberflächenstruktur ist.

Absorption und Streuung im Grundwerkstoff, s. Abschn. 3.5, vermindern den Fehlernachweis. Während Absorption (Bild 3-48) mehr oder weniger stark in jedem Werkstoff auftritt, findet man Streuung in kristallinen, z.B. metallischen, oder faserverstärkten Werkstoffen wie GFK. Beide Werte steigen in festen Körpern mit der Prüffrequenz an, die Absorption oftmals direkt proportional, die Streuung mit der vierten Potenz (f^4). Dazu kommt eine Abhängigkeit von der Temperatur, die bei Kunststoff sehr komplex sein kann. Die Ultraschallabsorption von Wasser wächst mit f^2 und dem statischen Druck an und fällt mit zunehmender Temperatur. Eine durch Absorption geschwächte Reflexion kann durch streubedingte Anzeigen

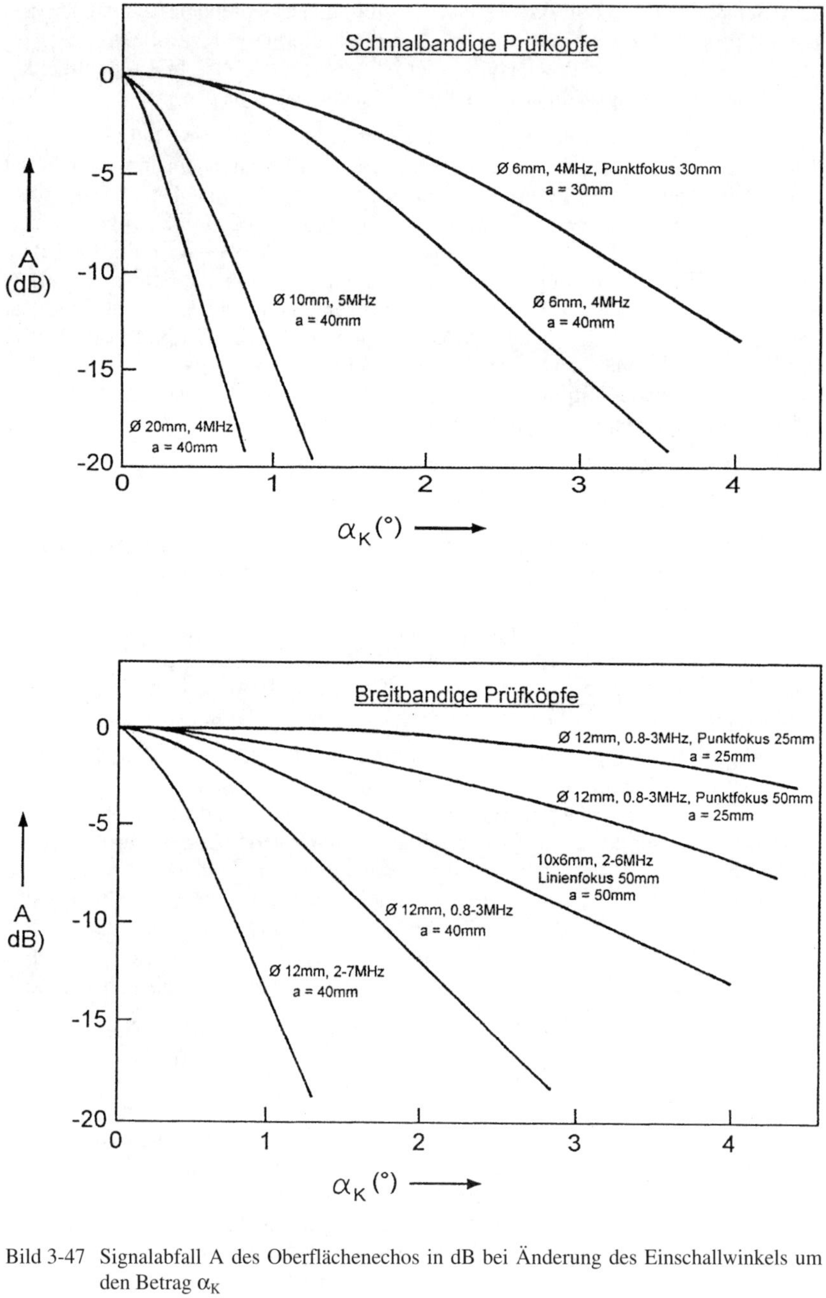

Bild 3-47 Signalabfall A des Oberflächenechos in dB bei Änderung des Einschallwinkels um den Betrag α_K

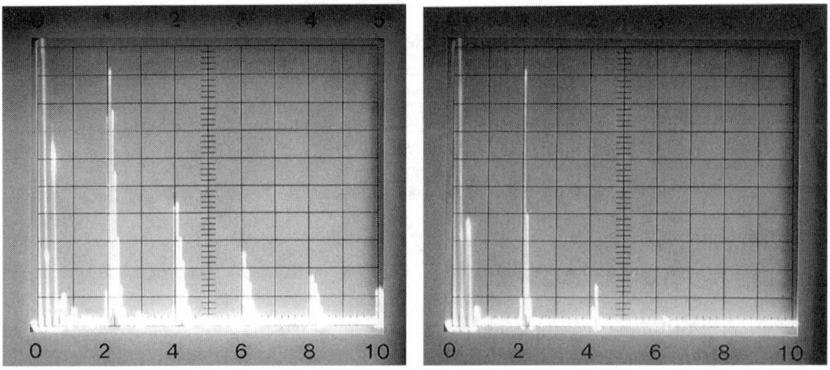

a) b)

Bild 3-48 Beispiele für unterschiedliche Absorption; a) geringe (25 mm Stahl), b) hohe (10 mm PVC) Absorption (schneller abklingende Echofolge)

(sog. *Gefügerauschen*) verschwinden (Bild 3-49). Zur sicheren Erkennung ist ein genügender Abstand des Signals vom Gefügerauschen erforderlich, in der Regel mindestens 6 dB.

Bei zu hohem Gefügerauschen ist eine Verminderung der Prüffrequenz unerläßlich. Dabei verringert sich jedoch auch die Nachweisempfindlichkeit für kleine Fehler. Die richtige Wahl der Frequenz ist also stets ein Kompromiß. Die ideale Prüffrequenz muß in der Regel durch Vorversuche ermittelt werden, s. Abschn. 3.1.1. Das elektronische Rauschen des verwendeten Prüfgerätes hat gegenüber dem Gefüge-

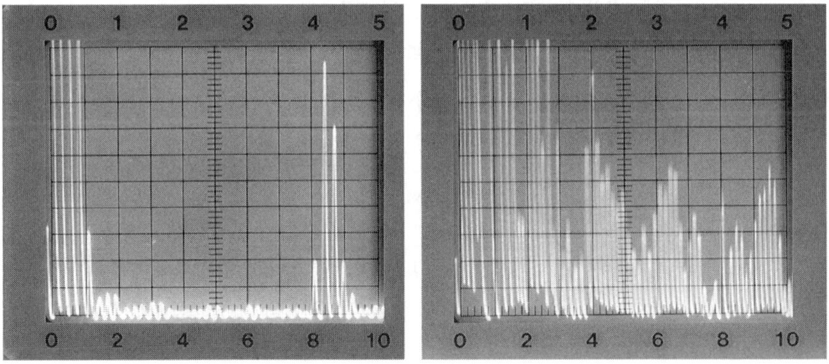

a) b)

Bild 3-49 Anzeigen von a) geringer und b) starker Korngrenzenstreuung („Gefügerauschen"). Messingknüppel (80 mm); a) stranggepreßt; b) gegossen rauschen meist einen sehr viel geringeren Störpegel. Es ist abhängig von der Konstruktion des Verstärkers, wächst jedoch aus physikalischen Gründen grundsätzlich mit der Verstärkung und der Bandbreite. Es ist im Anzeigebild durch statistische Unruhe und eine über alle Entfernungen gleichbleibende Amplitude erkennbar (Bild 3-50) und ist meist zwischen unterschiedlichen Gerätetypen verschieden.

Zu den Voraussetzungen für einen sicheren Fehlerbefund gehört auch, daß dieser nicht durch Anzeigen vorgetäuscht wird, die andere Ursachen haben. Dazu ist zunächst anhand der Werkstückzeichnungen zu prüfen, ob Anzeigen aus dem zu prüfenden Bereich außer von Fehlern auch durch geometrisch vorhandene Reflektoren am Prüfobjekt bewirkt werden können. Derartige *Formechos* entstehen z.B. an Kanten, Nuten, Gewinden, Innenbohrungen o.ä. Durch Einzeichnen der anzuwendenden Einschallrichtung kann ggfs. eine bessere Prüftechnik ermittelt werden. Dabei ist nicht nur der Mittelstrahl des Schallbündels zu berücksichtigen, sondern auch seine Aufweitung.

Muß direkt parallel zu einer Werkstückkante oder in ein schlankes Werkstück, wie z.B. in axialer Richtung in eine Stange eingeschallt werden, so werden die oberflächennahen, leicht schräg einfallenden Seitenstrahlen unter dem gleichen Winkel wieder reflektiert. Gleichzeitig wird aber unter einem zum Lot kleineren Winkel gem. Formel 2-22 eine Transversalwelle abgespalten. Abspaltung und Rückumwandlung können an jeder beliebigen Stelle auf Hin- und Rückweg, d.h. sehr oft, geschehen. Daher ist die Laufzeit dieser abgespaltenen Wellen stets höher als die der axial durchlaufenden und reflektierten Longwelle. Deshalb dürfen zusätzliche Anzeigen zwischen erstem Rückwandecho und dessen Folgeechos (Bild 3-51) nicht falsch interpretiert werden. Auf dem Bildschirm zeigen sich derartige *Nebenechos* in genau definiertem Abstand hinter dem Rückwandecho. Dieser hängt von dem Stangendurchmesser ab und davon, wie oft die Transversalwellen-Abspaltung innerhalb des Laufwegs erfolgt.

Das ist auch zu beachten, wenn ein Prüfkopf auf eine gekrümmte Oberfläche eines Werkstücks aufgesetzt wird, z.B. bei der radialen Einschallung in eine Stange (Bild 3-52). Das Schallbündel wird vergrößert und es entstehen Dreiecksreflexionen,

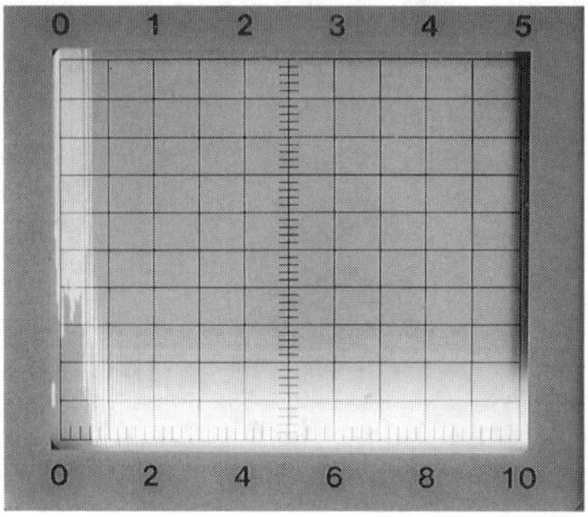

Bild 3-50 Elektronisches Rauschen bei hoher Verstärkung

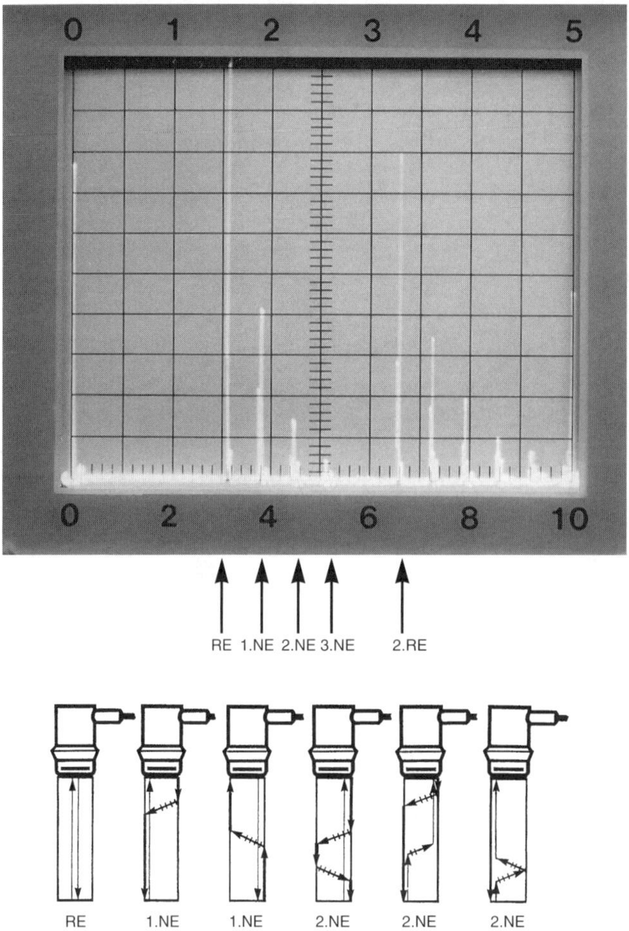

Bild 3-51 Entstehung der Nebenechos (NE) durch Wellenabspaltung. RE: Rückwandecho

sowohl solche ohne als auch mit Wellenumwandlung. Derartige Neben- oder *Zusatzechos* lassen sich übrigens auch meßtechnisch auswerten, sowohl zu Geometriemessungen als auch – bei bekannter Geometrie – zur Messung der Geschwindigkeiten der Longitudinal – und Transversalwellen, s. Abschnitt 7.3.

Durch die in Abschnitt 2.3.3 erwähnte Winkelabhängigkeit der reflektierten und abgespaltenen Schallanteile, s. Bild 2-23, können bei Winkelprüfköpfen mit unterschiedlichen Einschallwinkeln starke Amplitudenunterschiede auftreten. Das ist in der Praxis insbesondere bei Transversalwellen mit einem Einschallwinkel von 60° in Stahl der Fall. Die bei *Winkelspiegel*-Reflexion an der senkrechten Kante zusätz-

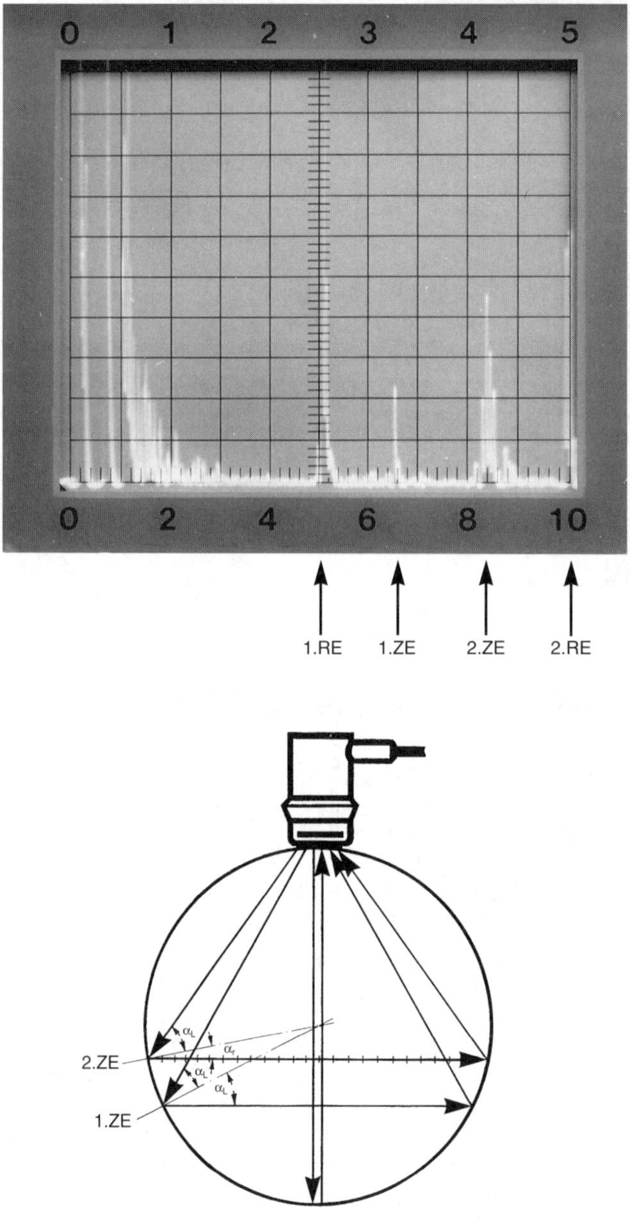

Bild 3-52: Entstehung der Zusatzechos (ZE) ohne (1. ZE) und mit (2. ZE) Wellenumwandlung. RE: Rückwandecho. Die Winkel α_L, α_T ergeben sich aus dem Brechungsgesetz

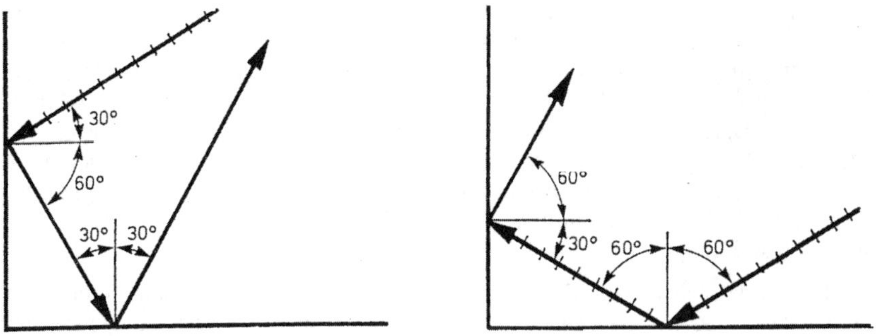

Bild 3-53 Starke Wellenumwandlung bei 60°-Winkelprüfköpfen an Blechkanten (61°/29°. Wellenumwandlung, ca. ± 4°)

lich entstehende Longwelle hat maximale Amplitude (Bild 3-53). Sie entzieht der Transwelle Energie, so daß die Prüfempfindlichkeit verringert ist und kann außerdem durch Fehlanzeigen Falschdeutungen ergeben. Bei der Schweißnahtprüfung in unbegrenzten Blechen kann das zwar nicht eintreten, wohl aber bei geometrisch anders geformten Prüflingen.

Der Vollständigkeit halber sei auch an dieser Stelle darauf hingewiesen, daß die in den Abschnitten 3.2 und 5 genauer erläuterten Phantomechos Fehlerbefunde vortäuschen können.

3.4.2 Entfernungsjustierung

3.4.2.1 Allgemeines

Ein wesentlicher Vorteil der Ultraschall-Prüfung gerade im Vergleich mit den Durchstrahlungsverfahren liegt in der Möglichkeit der sogenannten „Fehlerortung“. Darunter ist dic Fähigkeit zu verstehen, feststellen zu können, wo sich die Oberfläche eines Reflektors innerhalb der durchschallten Werkstückdicke befindet. Dazu ist eine präzise Justierung des Ultraschall-Prüfgerätes notwendig. Der Sendeimpuls sollte wegen der zusätzlichen Laufzeiten (Bild 3-20) in Schutzschichten, Vorlaufstrecken und wegen des Anschwingverhaltens der Prüfköpfe nicht als Bezug verwendet werden, obwohl der dadurch entstehende Fehler mit zunehmender Prüflänge kleiner wird und z.B. bei Senkrechteinschallung mit Normalprüfkopf oberhalb ca. 100 mm Stahl vernachlässigt werden kann. Zur genauen Justierung können Echos aus unterschiedlichen Entfernungen in einem fehlerfreien Werkstück, z.B. Vielfachechos, benutzt werden. Sie müssen mit *Verschiebungs-* (Justierecho aus geringerem Abstand) und *Prüfbereichsteller* (Echo aus größerer Entfernung) auf die zugehörigen Skalenteile des gewählten Prüfbereichs eingeregelt werden. Danach steht dann die Anstiegsflanke des Sendeimpulses entsprechend der zusätzlichen Laufzeit links von Null und die Skalierung des Bildschirms gibt exakt die Entfernung im Prüfobjekt wieder. Die Entfernung eines Fehlerechos wird dann als entsprechender Bruchteil der Gesamtdicke sichtbar. Zweckmäßigerweise werden glattzahlige Prüfbereiche, z.B. 10, 100 oder 1000 mm, gewählt bzw. Bruchteile davon, die einfach und ohne Rechenhilfe bestimmt werden können. In der Praxis haben sich Bereiche der Abstufung 5–10–20–50–100 usf. bewährt. Bei bekannter Materialdicke läßt sich an der Position des Rückwandechos auch kontrollieren, ob die Schallgeschwindigkeit dem vorgegebenen Wert entspricht. Üblicherweise wird – zumindest bei Senkrechteinschallung – die Entfernungsjustierung am Prüfgegenstand selbst durchgeführt.

Bei SE-Prüfköpfen verläuft der Schall konstruktionsbedingt leicht schräg, und dies um so stärker, je größer der Dachwinkel und je geringer der Abstand des Reflektors von der Oberfläche ist (Bild 3-54). Der dadurch verursachte *Umwegfehler* läßt sich nicht vermeiden, kann aber durch spezielle Justierung so auf dem Bildschirm verteilt werden, daß er praktisch vernachlässigbar ist. Bewährt hat sich in der Praxis eine iterative (abwechselnde) Justierung mit je einem ersten Bezugsecho aus ca. 10–20 % und 80–100 % des vorgesehenen Prüfbereiches.

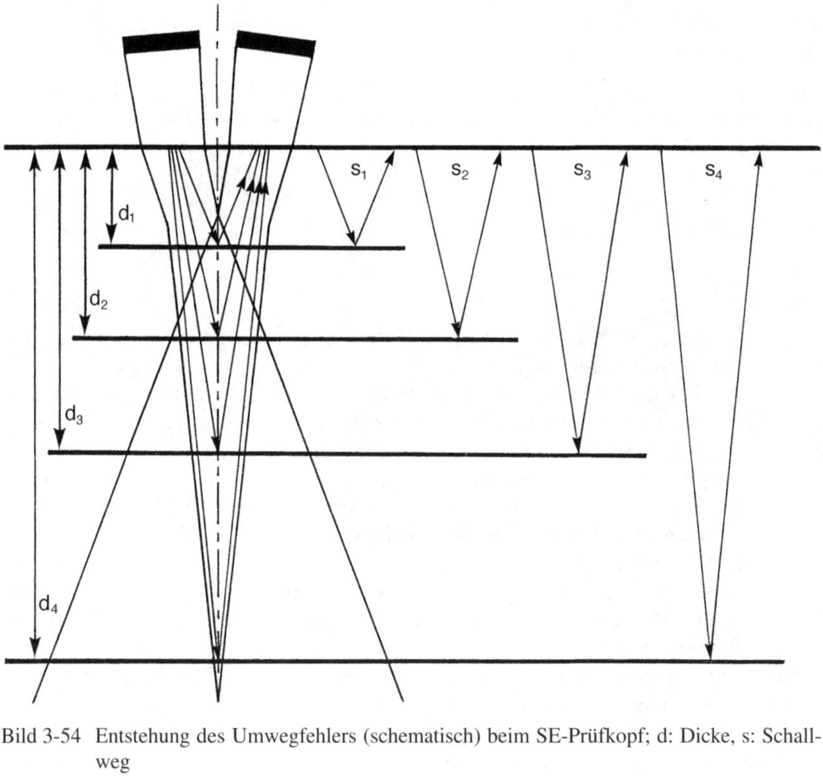

Bild 3-54 Entstehung des Umwegfehlers (schematisch) beim SE-Prüfkopf; d: Dicke, s: Schallweg

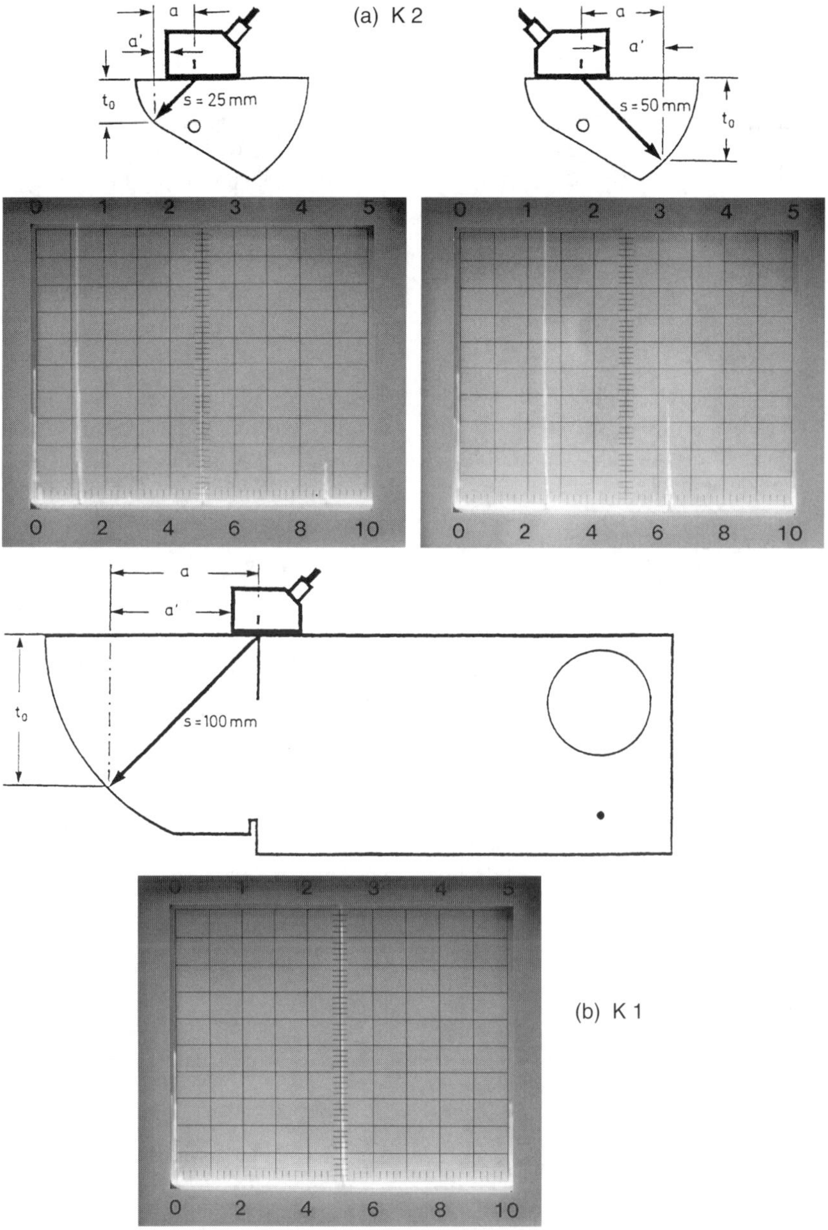

Bild 3-55 Genormte Kontrollkörper K2, K1 und entstehende Echofolgen. Entfernungsbereich: 200 mm Transversalwellen; (a) K 2; (b) K 1

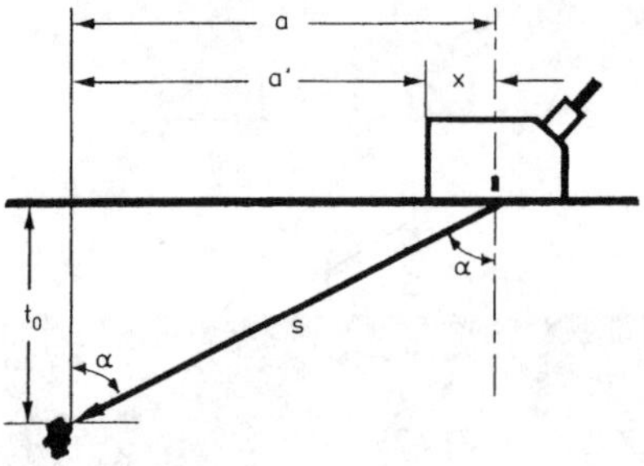

Bild 3-56 Winkelprüfkopf auf ebener Oberfläche, ohne Schallumlenkung
a : Projektionsabstand
a´: Verkürzter Projektionsabstand
s : Schallweg
t_0 : Tiefenmaß
x : X-Maß

Beim Einsatz von Winkelprüfköpfen, z.B. bei der Schweißnahtprüfung, werden üblicherweise die international genormten (s. auch Abschn. 3.7.2) Kontrollkörper K 1 und K 2 verwendet (Bild 3-55). Bei richtiger Prüfkopfposition ergeben sich Reflexionen aus feststehenden Entfernungen, die zur Justierung der Bildschirmanzeige verwendet werden können. Zur Sicherheit ist, z.B. an einer Werkstückkante, zu kontrollieren, ob die Schallgeschwindigkeit im Werkstück mit der des Kontrollkörpers übereinstimmt. Sind sie unterschiedlich, so muß berücksichtigt werden, daß sich nach dem Brechungsgesetz, s. Formel (2-22), mit der Schallgeschwindigkeit auch der Einschallwinkel ändert.

In der Praxis wird bei der Prüfung mit Winkelprüfköpfen allerdings weniger in *Schallweg* als im ganzen oder aber verkürzten *Projektionsabstand*, hin und wieder auch in *Tiefenlage* justiert (Bild 3-56). Diese Maße stehen bei konstanter Schallgeschwindigkeit in linearem Zusammenhang mit dem Schallweg und lassen sich rechnerisch, zeichnerisch oder durch Ausmessen daraus ermitteln.

Mit ihrer Kenntnis läßt sich leichter entscheiden, wo z.B. eine Nacharbeit zur Entfernung der Fehlstelle anzusetzen hat. Der Wert a heißt Projektionsabstand; a' ist der von der Vorderseite des Prüfkopfs meßbare *verkürzte Projektionsabstand.* Deren Differenz, *das X-Maß*, beschreibt den Abstand des *Schallaustrittspunktes* von der Prüfkopf-Vorderseite.

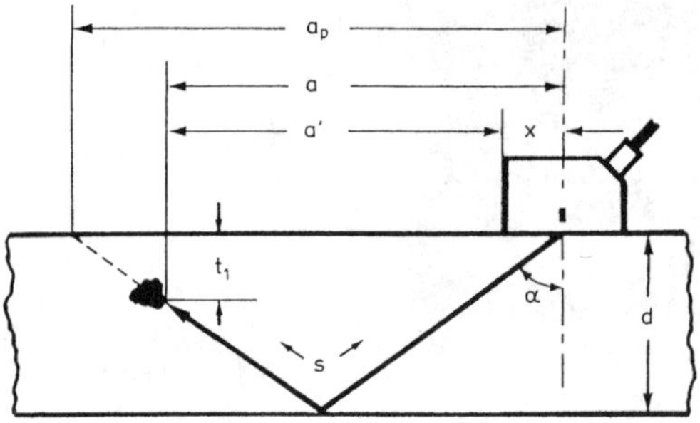

Bild 3-57 Winkelprüfkopf auf ebenem Blech, mit Schallumlenkung an der Unterseite
t_1 : Tiefenmaß
d : Blechdicke

Schallwege, Projektionsabstände und Tiefenlagen lassen sich über mathematische Winkelfunktionen ineinander umrechnen. Es gilt, s. Bild 3-56:

$$a = s \cdot \sin \alpha \quad (3\text{-}6)$$

$$a' = a - X \quad (3\text{-}7)$$

$$t_0 = s \cdot \cos \alpha \quad (3\text{-}8)$$

mit a: Projektionsabstand, a': verkürzter Projektionsabstand, s: Schallweg, t_0: Tiefenmaß (ohne Schallumlenkung), α: Einschallwinkel, X : X-Maß.

Beim ebenen Blech (Bild 3-57) gelten die gleichen Formeln (3-6) und (3-7); wegen der Schallumlenkung an der Unterseite des Bleches berechnet sich die Tiefenlage zu

$$t_1 = 2d - s \cdot \cos \alpha \quad (3\text{-}9)$$

wobei d die Blechdicke und t_1 das Tiefenmaß mit 1 × Schallumlenkung ist. Wird der Fehler direkt, d.h. ohne Schallumlenkung an der Blechunterseite, angeschallt (Bild 3-56), so ergibt sich eine Tiefenlage gem. Formel (3-8). Die grundlegenden Umrechnungen (3-6) bis (3-9) werden von digitalen Ultraschall-Prüfgeräten meist direkt ausgeführt: Nach Eingabe des Einschallwinkels und der Werkstückdicke erscheinen die zu einem Echo gehörige Tiefenlage und Projektionsabstand als Zahlenwert auf dem Bildschirm. Durch diese Auswertehilfe kann sich der Prüfer auf die eigentliche Arbeit, das Suchen und Auffinden von Fehlern, konzentrieren.

3.4.2.2 Bestimmung der Fehlerlage am Beispiel der Schweißnahtprüfung

Die folgenden Ausführungen sind auf die Praxis der Schweißnahtprüfung bezogen, gelten jedoch sinngemäß für alle blechartigen Prüfgegenstände. In einem fehlerfrei verschweißten Blech läuft der Schall zickzackförmig weiter und bewirkt keinerlei Echos auf dem Bildschirm (Bild 3-58). Hierbei wird der *Sprungabstand* a_p als derjenige Projektionsabstand definiert, in dem der Schall zum ersten Male wieder die Oberfläche erreicht, auf die der Prüfkopf aufgesetzt wurde (Bild 3-57). Er berechnet sich zu:

$$a_p = 2 \cdot d \cdot \tan \alpha \quad (3\text{-}10)$$

Zur Entfernungsjustierung in der Praxis verwendet man, sofern nichts anderes vorgeschrieben ist, zweckmäßigerweise eine senkrechte Blechkante, wobei Echos von

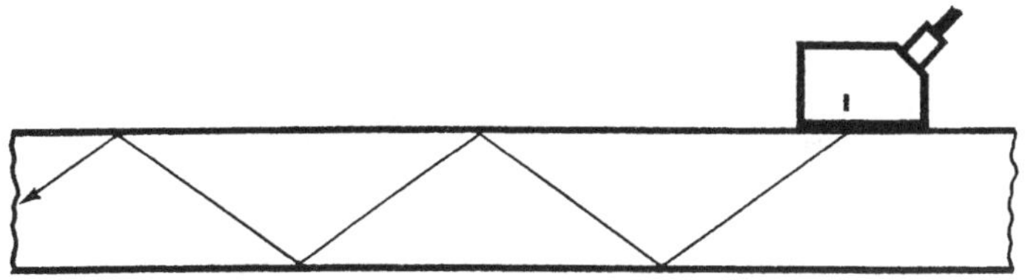

Bild 3-58 Zickzackförmiger Schallverlauf im fehlerfreien Blech

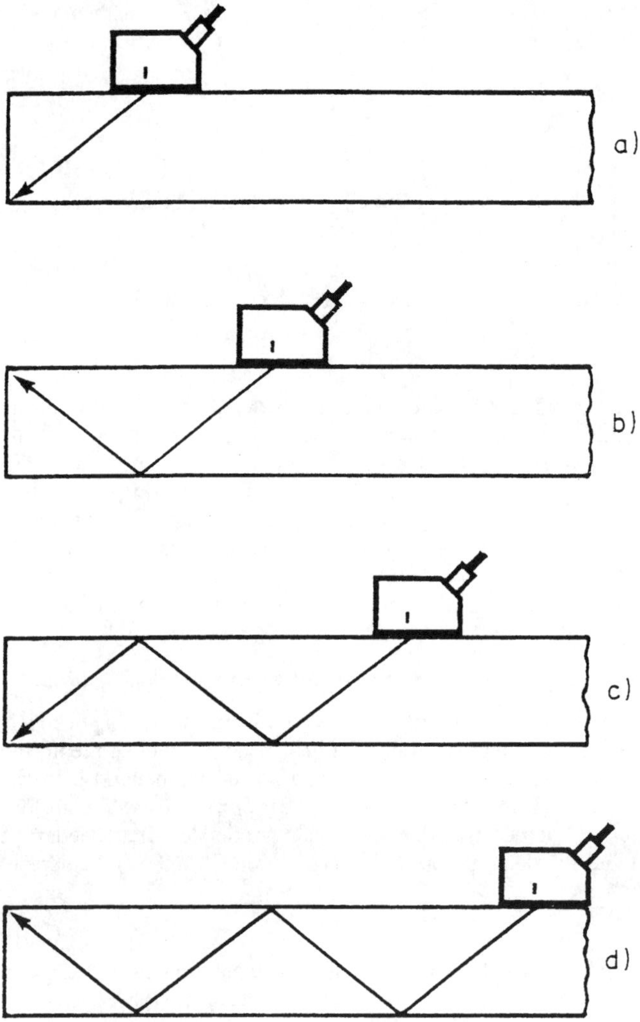

Bild 3-59 Zustandekommen von Echos aus Blechkanten:
a), c) Unterkante: 0,5; 1,5; 2,5; ...· a_p
b), d) Oberkante 1; 2; 3; ...· a_p

der Unterkante bei 0,5 a_p; 1,5 a_p; 2,5 a_p usw., Echos von der Oberkante bei a_p; 2 a_p; 3 a_p usw. erscheinen (Bild 3-59). Das Zustandekommen dieser Echos beruht auf dem *Winkelspiegeleffekt* und ist in (Bild 3-60) erläutert. Eine Ausnahme bilden hierbei 60°-Winkelprüfköpfe, bei denen an der Kante in stärkerem Maße als bei anderen Einschallwinkeln Wellenumwandlungen auftreten (Bilder 2-23 und 3-53)

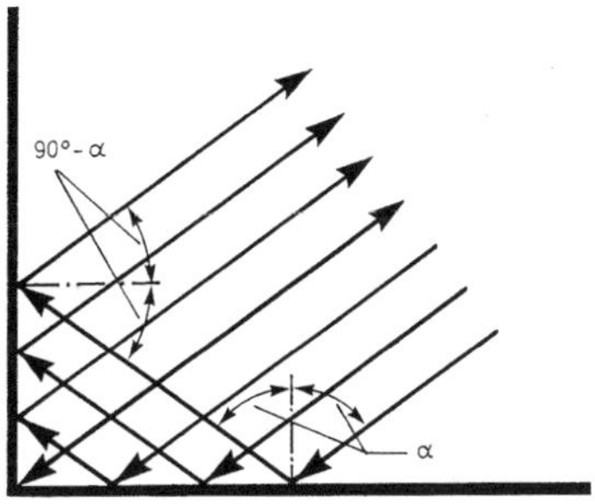

Bild 3-60 Reflexion von einer Blechkante (Kanten- oder Winkelspiegeleffekt)

so daß eine Zuordnung der Echos schwieriger wird. Hier führt man die Entfernungsjustierung zweckmäßigerweise mit den Radien der Kontrollkörper 1 oder 2 (Bild 3-55) oder mit Querbohrungen gemäß Bild 3-103 durch.

Bei gekrümmten Blechen (Bild 3-61) spielt der Krümmungsradius eine zusätzliche Rolle. Da die Berechnung von a_p kompliziert ist, verwendet man in der Praxis einen Korrekturfaktor k_c, der aus Bild 3-62 zu entnehmen ist. Der Sprungabstand berechnet sich hiermit zu:

$$a_p = 2d \cdot \tan\alpha \cdot k_c \qquad (3\text{-}11)$$

Zu beachten ist ferner, daß bei größeren Winkeln bzw. größeren Wanddicken keine Reflexion mehr an der Innenwandung auftritt (Bild 3-61 b). Der Grenzfall (Berührung der Innenwand durch den Hauptstrahl des Schallbündels (Bild 3-61 c) berechnet sich zu:

$$\frac{d}{r} = 1 - \sin\alpha \qquad (3\text{-}12)$$

mit r: Krümmungsradius des Bleches bzw. Rohres. Bei dickwandigen Rohren ist daher zu untersuchen, ob evtl. eine Prüfung von der Innenoberfläche (Bild 3-63) erfolgen kann oder Sonder-Winkelprüfköpfe mit kleineren Einschallwinkeln als 35° und mit zusätzlichem Longitudinalwellenanteil einsetzbar sind.

Um eine Schweißnaht in ihrer gesamten Dicke zu erfassen, muß ein Winkelprüfkopf zwischen ganzem und halbem Sprungabstand hin- und hergeführt werden. Dies ist der Regelfall; Ausnahmen davon gelten bei dünnen Blechen (ca. 8–15 mm): Hierbei liegt der Verschiebeweg zwischen ganzem und 1,5-fachem oder 1,5- und 2-fachem Sprungabstand, da man sonst u.U. mit dem Prüfkopf an die Schweißraupe stößt (Bild 3-64). Während für a und a' weiterhin die Beziehungen (3-6) und (3-7) Gültigkeit besitzen, gilt für die Berechnung der Tiefenlage:

$$t_2 = s \cdot \cos\alpha - 2d \qquad (3\text{-}13)$$

für einen Verschiebeweg zwischen 1- und 1,5-fachem,

$$t_3 = 4d - s \cdot \cos\alpha \qquad (3\text{-}14)$$

für einen Verschiebeweg zwischen 1,5- und 2-fachem Sprungabstand.

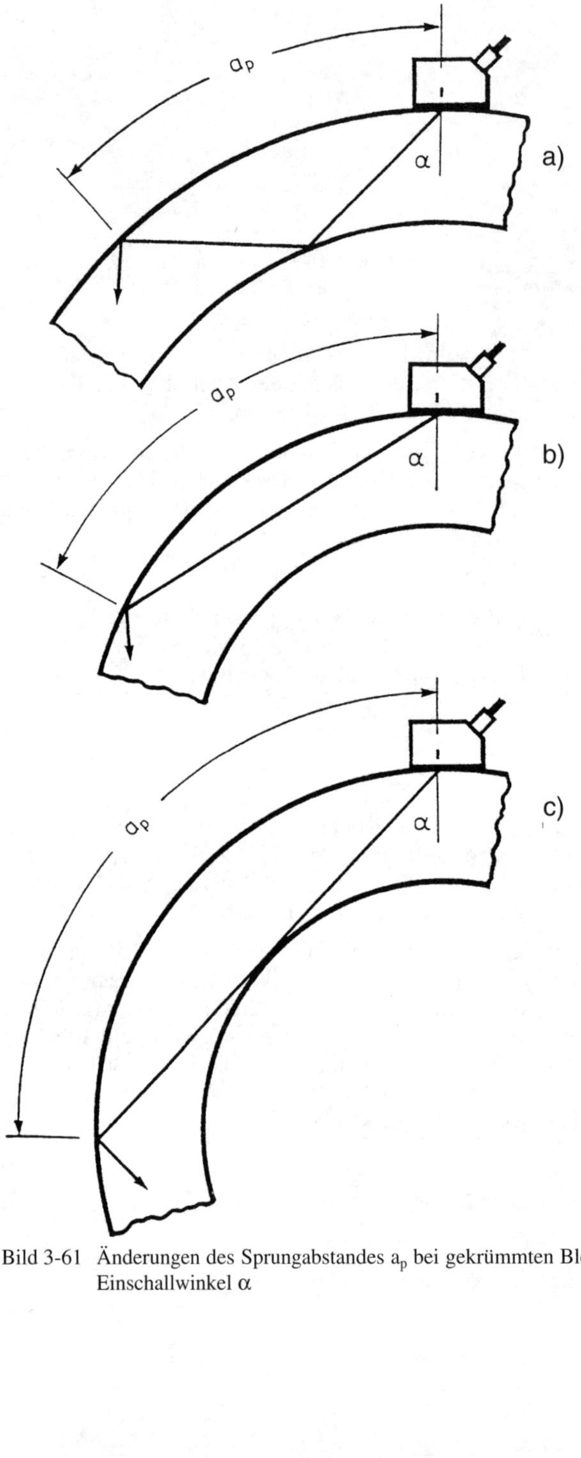

Bild 3-61 Änderungen des Sprungabstandes a_p bei gekrümmten Blechen, in Abhängigkeit vom Einschallwinkel α

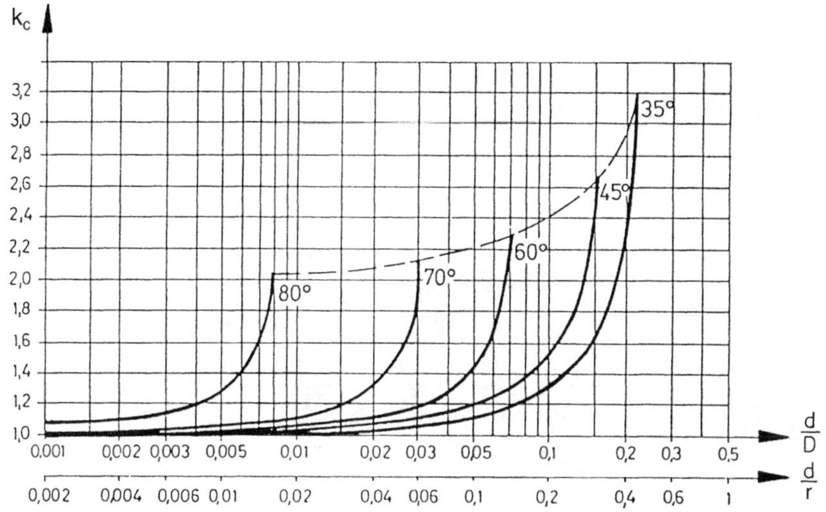

Bild 3-62 Korrekturfaktor k_c zur Bestimmung des Sprungabstandes als Funktion des Verhältnisses Wanddicke d: Krümmungsdurchmesser D bzw. Wanddicke d: Krümmungsradius r

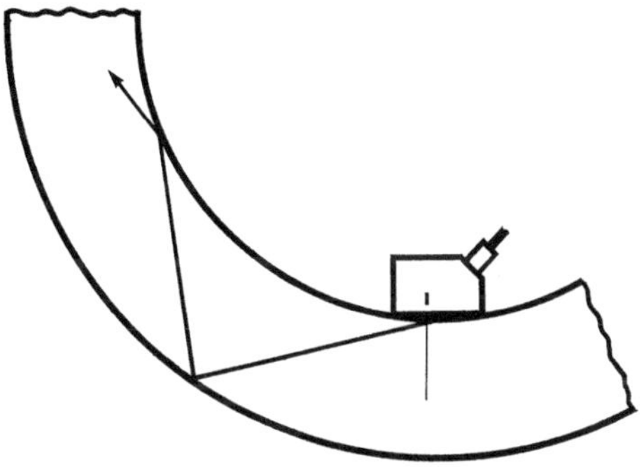

Bild 3-63 Prüfung von der Innenseite eines gekrümmten Bleches (Rohres) her

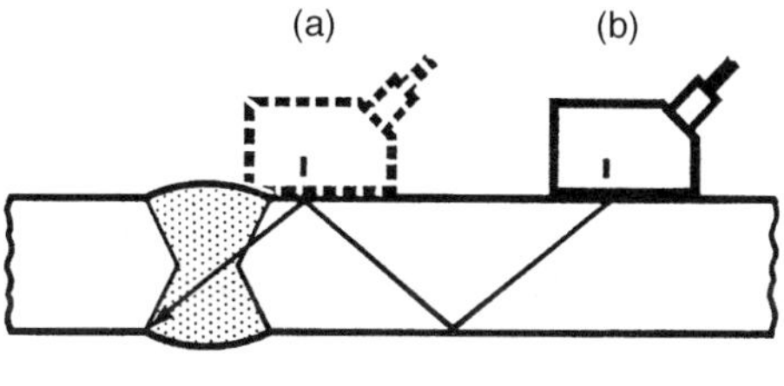

Bild 3-64 Schweißnahtprüfung bei dünnen Blechen
a) Kollision mit der Schweißnaht bei Prüfung aus 0,5 a_p
b) Prüfung zwischen ganzem und 1,5-fachem Sprungabstand

Bild 3-65 SE-Winkelprüfkopf

Bei dickwandigeren Prüfobjekten bzw. Materialien mit höherer Schallschwächung wird zweckmäßigerweise zwischen 0 und halbem Sprungabstand geprüft. In diesem Fall wird die oberflächen- und prüfkopfnahe Zone in gleicher Anordnung von der Gegenseite oder aber mit SE-Winkelprüfköpfen mit großem Einschallwinkel inspiziert (Bild 3-65).

Tritt nun gemäß Bild 3-66 c eine Reflexion dann auf, wenn der Abstand des Winkelprüfkopfs zur Schweißnahtmitte dem halbem Sprungabstand 0,5 a_p entspricht, so kommt die Reflexion von der Unterseite der Naht. Erscheint die Anzeige bei einem Prüfkopfabstand entsprechend dem ganzen Sprungabstand a_p, so befindet sich der Reflektor an der Oberseite der Naht (Bild 3-66 a). Fehler in Nahtmitte werden entsprechend in einem Abstand von 0,75 a_p aufgefunden (Bild 3-66 b). Zur vollständigen Schweißnahtprüfung wird der Prüfkopf daher an jeder Stelle der Naht zwischen $a_p/2$ und a_p hin- und hergeführt, bevor er um die Schallbündelbreite in Nahtrichtung weitergeführt wird. Entsprechendes gilt für dünne Bleche gemäß den Beziehungen (3-13) oder (3-14).

Sicherheitshalber muß der Pendelbereich um jeweils mindestens zweimal die halbe Nahtbreite vergrößert werden, damit auch außermittig liegende Reflektoren erfaßt und zugeordnet werden können (Bild 3-67) bzw. die Wärmeeinflußzone mit erfaßt wird (Bild 3-68). Ferner empfiehlt sich, den Prüfkopf nicht nur senkrecht zur

(a)

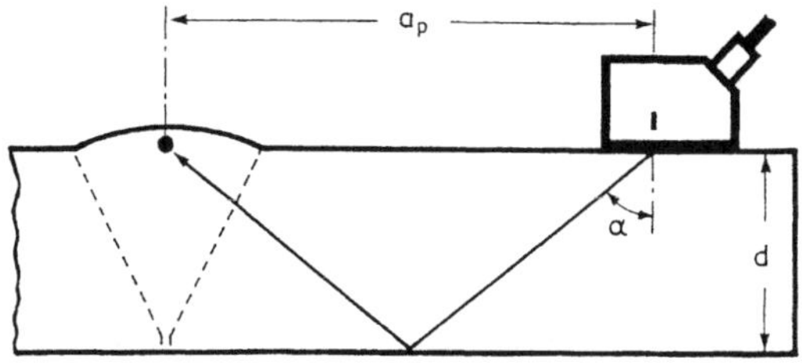

(b)

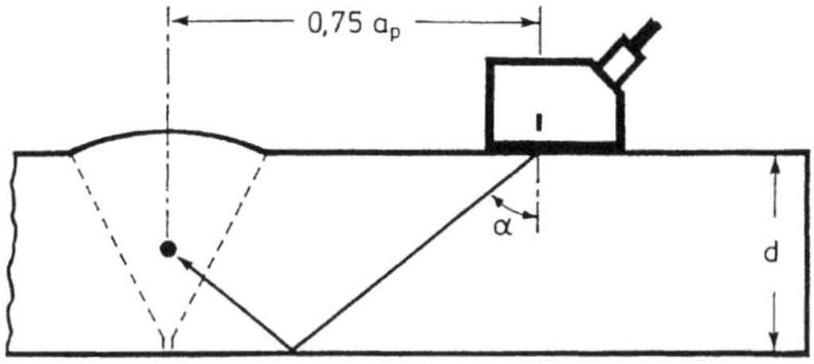

(c)

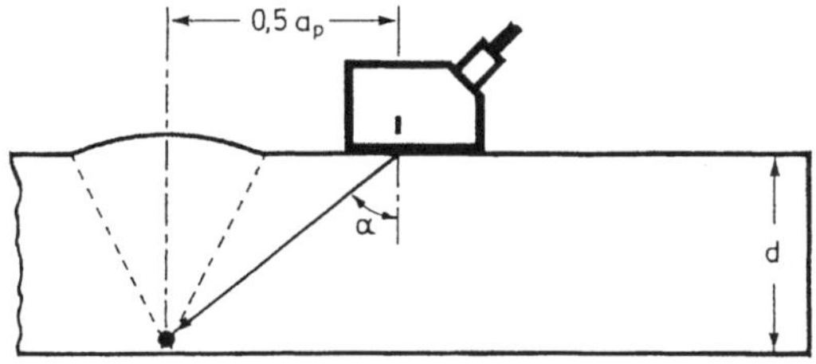

Bild 3-66 Auffinden eines Fehlers: An der Oberseite aus ganzem Sprungabstand (a); in der Mitte aus 0,75-fachem Sprungabstand (b); an der Unterseite aus halbem Sprungabstand (c)

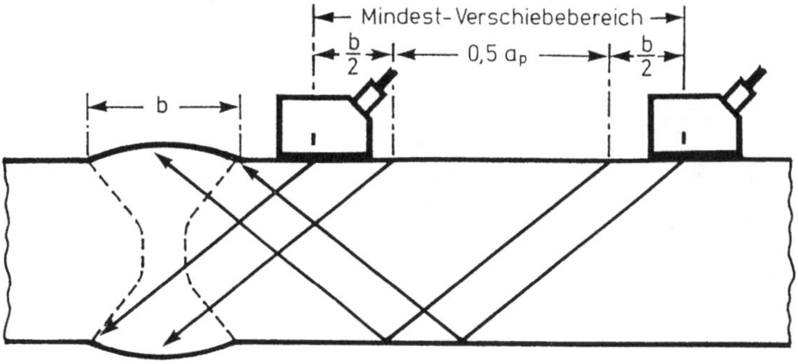

Bild 3-67 Verschiebebereich bei einer *Doppel-V-Naht* (früher *X-Naht*)

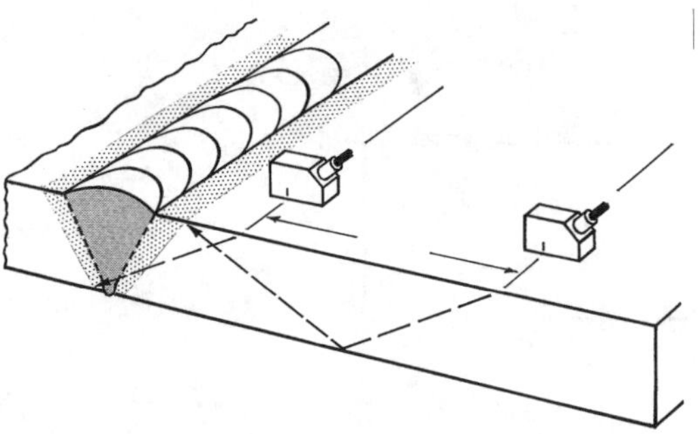

Bild 3-68 Maximaler Verschiebebereich bei einer V-Naht, wenn die Wärmeeinflußzone mit zu erfassen ist

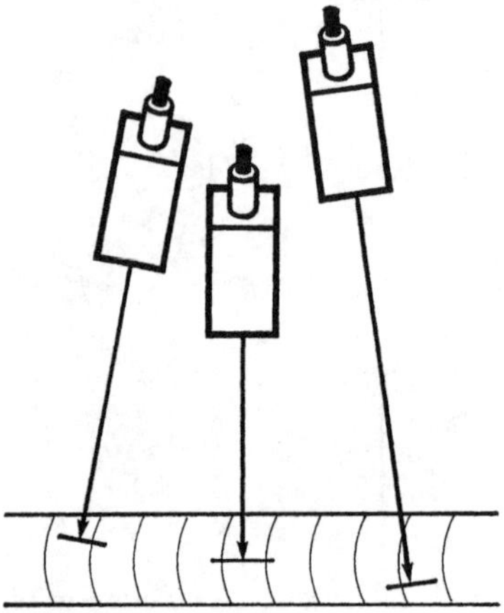

Bild 3-69 Schwenkbewegungen des Prüfkopfes zum optimalen Nachweis flächiger Fehler

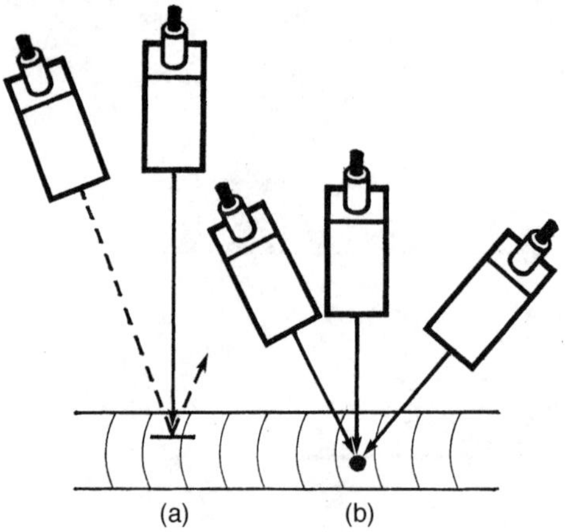

Bild 3-70 Schwenkbewegungen des Prüfkopfes zur Unterscheidung zwischen
a) flächigen Fehlern
b) voluminösen Fehlern

Nahtrichtung, sondern auch schräg dazu einschallen zu lassen. So können schräg liegende Fehler besser aufgefunden werden (Bild 3-69). Außerdem lassen sich auf diese Weise voluminöse von rißartigen Fehlern unterscheiden. So ergibt sich bei flächigem Fehler eine Anzeige nur dann, wenn der Schall senkrecht auftrifft (Bild 3-70 a). Dagegen werden bei einem voluminösen Fehler Anzeigen aus allen Richtungen erhalten (Bild 3-70 b). In der Praxis hat es sich bewährt, ständig leichte Schwenkbewegungen durchzuführen (Bild 3-71).

Es ist sinnvoll und zeitsparend, die mit dem Prüfkopf abzufahrenden Bereiche auf der Prüflingsoberfläche zu kennzeichnen oder Ortungshilfen am Prüfkopf zu befestigen (Bild 3-72) [38]. Dabei ist zu beachten, daß sich der Sprungabstand nicht nur mit dem Einschallwinkel des Prüfkopfs ändert, sondern auch mit der Blechdicke d und dem Krümmungsradius r des Prüflings. Bild 3-73 stellt die Einflüsse in Ergänzung zu Bild 3-61 nochmals einander gegenüber.

Die Fehlerortung wird um so schwieriger, je geringer die zu prüfende Wanddicke ist, je mehr das Schallbündel des benutzten Prüfkopfs divergiert (Bild 3-74) und je stärker die Nahtgeometrie von der des Blechs abweicht. Daher kann es sinnvoll sein, nach Auffinden eines Reflektors zur genauen Fehlerortung eine andere Einschallrichtung und/oder einen anderen Prüfkopf mit schmalerem Schallbündel zu wählen. Zur genauen Klärung, ob die Nahtgeometrie die fraglichen Anzeigen liefert (Bild 3-75), sind Überhöhungen und/oder Einbrandkerben ggfs. abzuschleifen. Durch die genaue Fehlerortung kann die Entscheidung getroffen werden, von welcher Seite die fehlerhafte Naht geöffnet werden soll, um die notwendige Nacharbeit so klein wie möglich zu halten. Das ist um so wichtiger, je größer die Schweißnahtdicke ist. Bezieht man sich auf die Schweißnahtmitte, so lassen sich durch deren Vergleich mit ganzem und halbem Sprungabstand praktisch alle Geometrieeinflüsse und Formfehler feststellen und von oberflächennahen Fehlern unterscheiden (Bild 3-75).

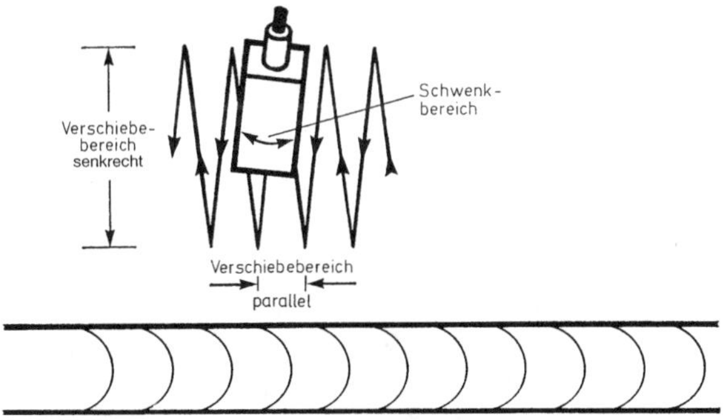

Bild 3-71 Gesamtbewegung des Prüfkopfes zum vollständigen Prüfen der Schweißnaht: Verschiebung senkrecht: s. Bilder 3-67 und 3-68; Verschiebung parallel: ca. halbe bis ganze Schwingerbreite; Schwenkbereich: s. Bilder 3-69 und 3-70

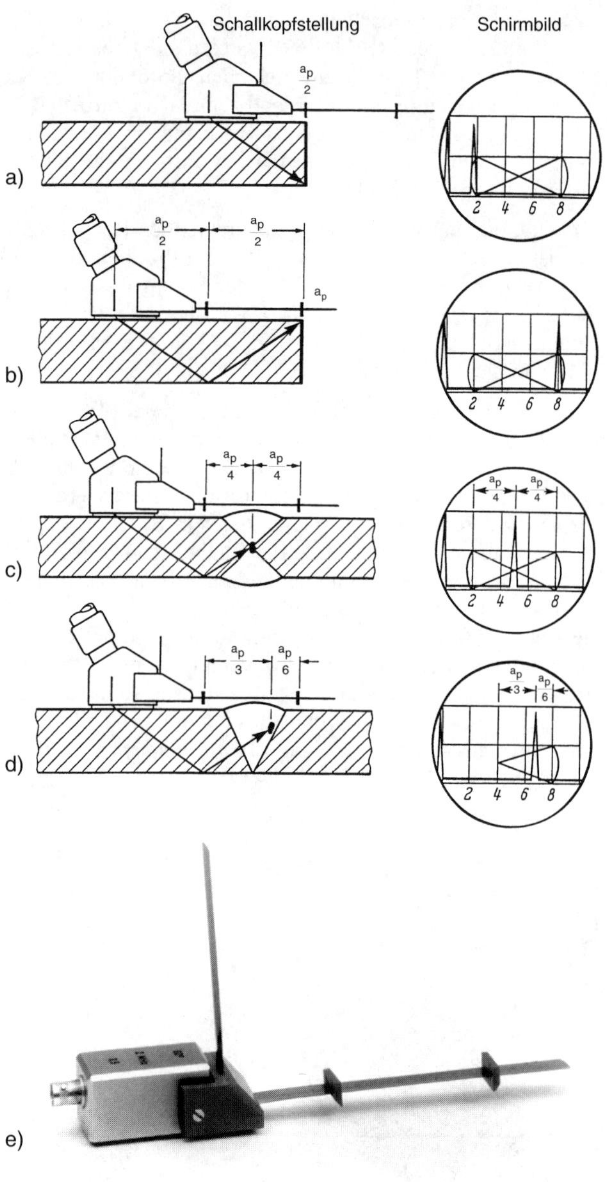

Bild 3-72 Winkelprüfkopf mit verstellbarem Ortungsmaßstab [38]:
a), b) Justierung auf halben und ganzen Sprungabstand
c), d) Beispiele für Fehlerortung bei Doppel-V- und V-Naht
e) Praktische Ausführung des Ortungsmaßstabes mit verstellbaren Reitern

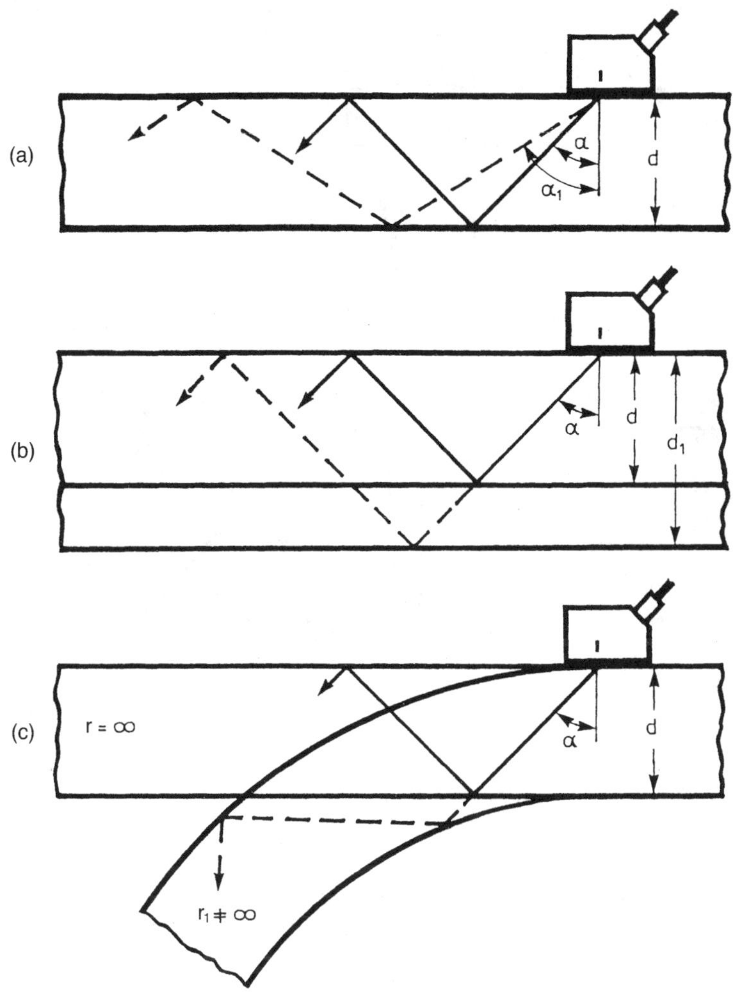

Bild 3-73 Abhängigkeit des Sprungabstands a_p von:
a) Einschallwinkel α
b) Blechdicke d
c) Krümmungsradius r, r_1

Ein Winkelprüfkopf unterliegt durch die Reibung auf den oftmals nicht glatten Oberflächen des Werkstücks zwangsläufig einem Verschleiß. Durch Verwendung geeigneter auswechselbarer Vorsatzstücke, die zudem der Oberflächenkrümmung angepaßt werden können, kann der Prüfkopf geschützt werden (Bild 3-76). Der Hauptvorteil liegt darin, daß ein einziger Prüfkopf für sämtliche Oberflächenfor-

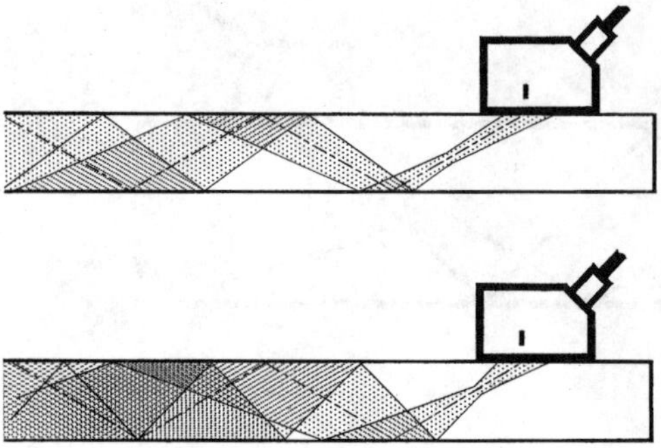

Bild 3-74 Schallausbreitung bei geringer (oben) und starker Bündelöffnung (unten)

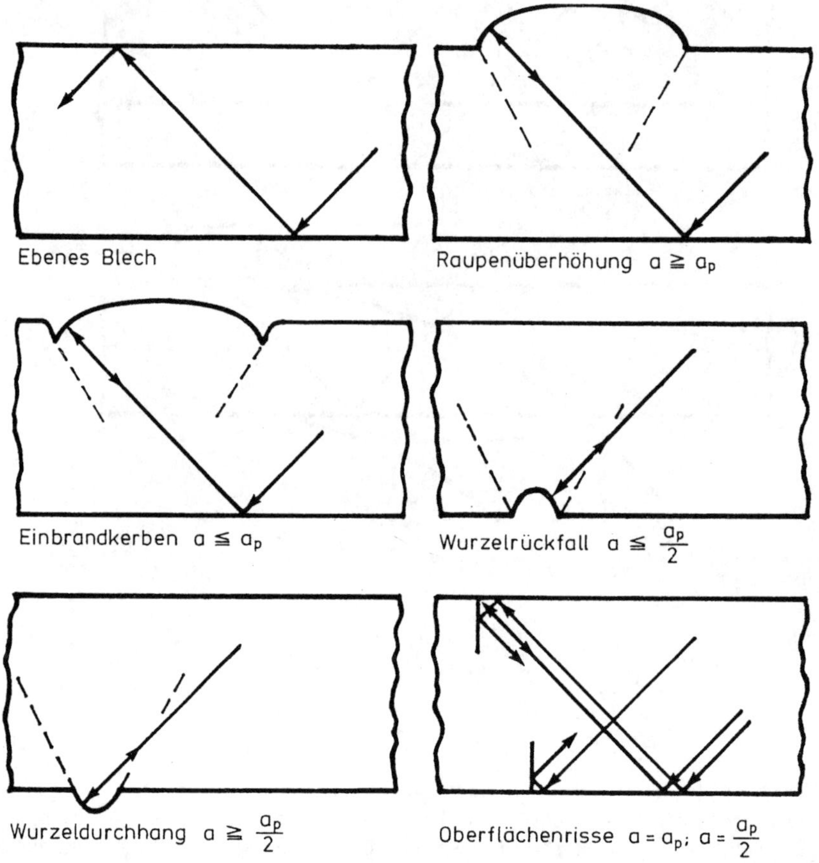

Bild 3-75 Möglichkeiten zur Bewertung von Schweißnahtgeometrien und oberflächennahen Fehlern

Bild 3-76 Winkelprüfkopf mit Klemmfeder und (unbearbeiteter) Plexiglassohle; rechts: Schlauchanschluß für Koppelmittelzufuhr

men verwendet werden kann. Vor jeder Prüfung muß jedoch kontrolliert werden, ob der Schallaustrittspunkt und der Einschallwinkel und damit der Sprungabstand noch stimmen. Das kann mit Hilfe eines Teststücks oder der genormten Kontrollkörper K 1 oder K 2 geschehen oder aber, wie bereits ausgeführt, durch Anschallen einer Werkstückkante. Die jeweils sorgfältig auf maximale Höhe gebrachten *(„gezüchteten")* Anzeigen aus den beiden Kanten beschreiben die Schweißnahtdicke und lassen sich entsprechend mit einem Filzschreiber auf dem Kathodenstrahlrohr des Prüfgeräts markieren (Bild 3-77). Bei Geräten mit Monitor kann der

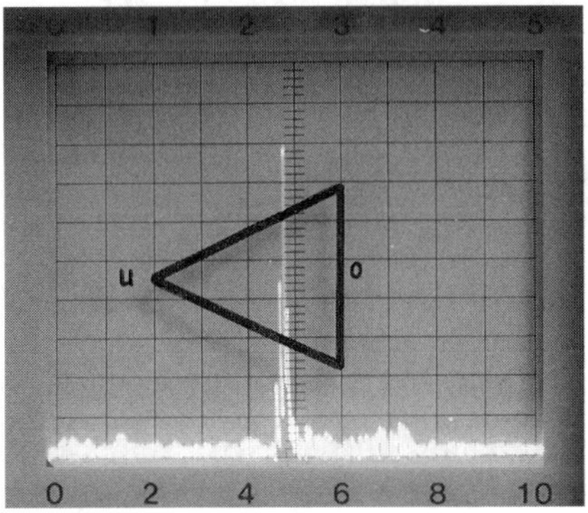

Bild 3-77 Schweißnahtsymbol (V-Naht) vor dem Bildschirm des Ultraschallgerätes

Bereich der Schweißnahtdicke auch einfach durch Setzen einer Monitorblende markiert werden. Eine Ausnahme bilden, wie bereits erwähnt, 60°-Winkelprüfköpfe.

Ergänzende Literatur findet sich in [39, 40].

3.4.3 Empfindlichkeitsjustierung und Fehlerbeschreibung

3.4.3.1 Allgemeines

Fehler, deren Ausdehnung größer ist als die des Schallfeldes, sind relativ einfach zu beschreiben. Durch lückenloses Abtasten beispielsweise einer gewalzten Blechtafel läßt sich eine großflächige Dopplung im Innern leicht in ihren Abmessungen ermitteln und z.B. durch Markierungen auf der Oberfläche wie ein C-Bild verdeutlichen.

Der Rand des Fehlers ist wie folgt zu bestimmen: Bewegt man den Prüfkopf vom Fehler aus, so fällt die Fehleranzeige dann ab, wenn ein Teil des Schallbündels bereits wieder fehlerfreies Material durchläuft und ein Rückwandecho angezeigt wird, das zunehmend größer wird als das Fehlerecho, je mehr der Prüfkopf den Bereich der Dopplung verläßt. Dort wo der Abfall des Fehlerechos 6 dB erreicht, wird der Fehler nur noch von der Hälfte des Schallbündels getroffen, während sich die andere Hälfte bereits im fehlerfreien Material ausbreiten kann. In diesem Fall befindet sich der Mittelpunkt des Schwingers recht genau oberhalb des Fehlerrandes (Bild 3-78).

Bei stärker zerklüfteten, unregelmäßigen Fehlern in wechselnden Abständen ist es hingegen günstiger, das Rückwandecho zu beobachten. Befindet sich die Mitte des Schallbündels auf dem Fehlerrand, so erreicht ebenfalls die Hälfte des Schallbündels die Rückwand, während die andere Hälfte von der unregelmäßigen Fehleroberfläche in irgendwelche Richtungen reflektiert wird. In diesem Falle wird das Rückwandecho auf den halben Wert zusammenbrechen, verglichen mit der Anzeige bei fehlerfreiem Querschnitt (Bild 3-79). Diese Methode ist für die Dopplungsprüfung weniger geeignet, da das Rückwandecho mit dem zweiten Echo der Dopplung zusammenfällt.

Schwieriger ist die Beurteilung von Reflektoren, die kleiner sind als das Schallbündel. Erste Regel vor deren Beurteilung ist es, durch feinfühliges Verschieben des Prüfkopfes die maximale Anzeige zu ermitteln. Man nennt das „die Anzeige züchten“. Erst danach ist es sinnvoll, die Möglichkeiten der Größenabschätzung anzuwenden. Bevor dies erläutert wird, sind jedoch noch einige Vorbemerkungen unerläßlich.

Bei der Reflexion des Ultraschall-Impulses an der Fehleroberfläche gelten die gleichen Gesetze wie bei ebenen oder gekrümmten Spiegeln in der Optik. Ein ebener Reflektor ergibt bei senkrechter Anschallung eine stärkere Anzeige als ein eindimensional gekrümmter, z.B. eine Zylinderbohrung, wenn sie senkrecht zur Achsrichtung angeschallt wird. Ein mehrfach gekrümmter Reflektor, z.B. ein kugelförmiger, bietet eine noch geringere Reflexionsfläche.

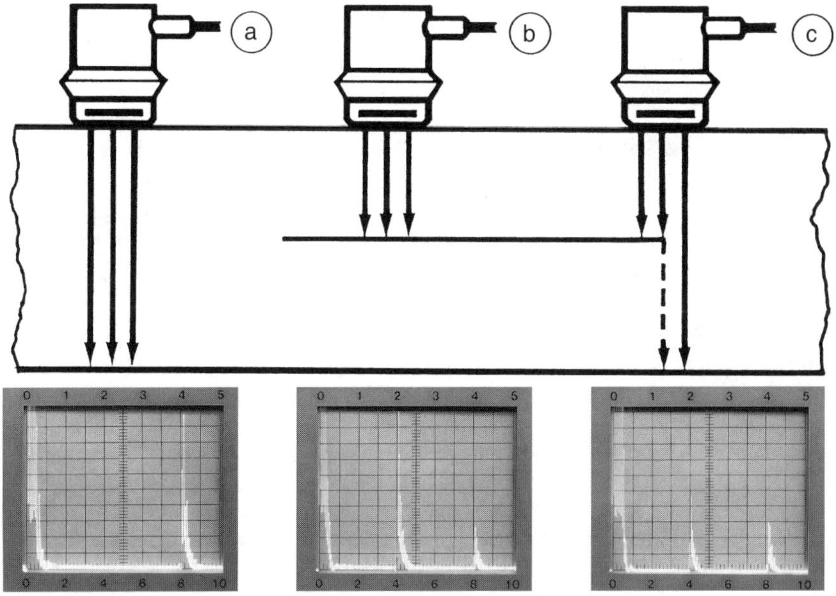

Bild 3-78 Randabtastung über Fehlerecho; a: fehlerfrei, b: Dopplung, c: Dopplungsrand

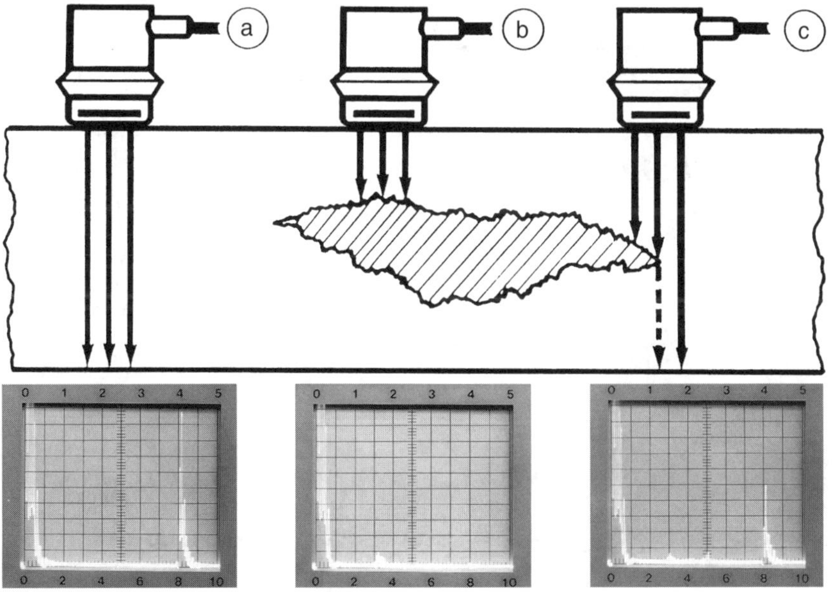

Bild 3-79 Randabtastung über Rückwandecho; a: fehlerfrei, b: stark zerklüfteter Fehler, c: Fehlerrand

Umgekehrt verhält sich die richtungsabhängige Auffindwahrscheinlichkeit. Während sich der ebene Fehler mit einfacher Prüftechnik nur von zwei Richtungen senkrecht zur Fehlerfläche optimal auffinden läßt (Bild 3-70 a), kann der zylindrische Reflektor aus allen radialen Richtungen (Bild 3-70 b) nachgewiesen werden. Kugelförmige Fehler wiederum können aus sämtlichen Richtungen des Volumens aufgefunden werden. Zwar wächst bei jedem dieser Reflektoren die Anzeige mit der Fehlergröße, aber bei allen unterschiedlich. Ein Vergleich ist daher schwierig.

Die Anzeigegröße ist ferner abhängig von der Rauhigkeit der Oberfläche bzw. dem Verhältnis von *Rauhtiefe* zur Wellenlänge (sog. *Transferverluste,* Bild 3-80), den Prüfkopfeigenschaften (Frequenz und Schwingergröße), vom Laufweg des Schalls im Prüfling und von den akustischen Eigenschaften des durchschallten Werkstoffs sowie von Sendeleistung und Empfindlichkeit des Ultraschall-Gerätes.

Die Prüfpraxis verlangt jedoch eine Aussage darüber, was belassen werden kann und wo nachgearbeitet werden muß, sowie darüber, wie die so definierten Grenzwerte reproduzierbar ermittelt werden können. Diese Aufgabe läßt sich auf zweierlei Weise lösen: Einmal aus dem Vergleich mit theoretisch gedachten, aber berechenbaren sog. *„Ersatzfehlern“* (*AVG-Verfahren*) und zum anderen, indem die Reflexionen natürlicher Fehler mit denen künstlich angebrachter *Bezugsreflektoren* (Testfehler) verglichen werden. In beiden Fällen läßt sich keineswegs die tatsäch-

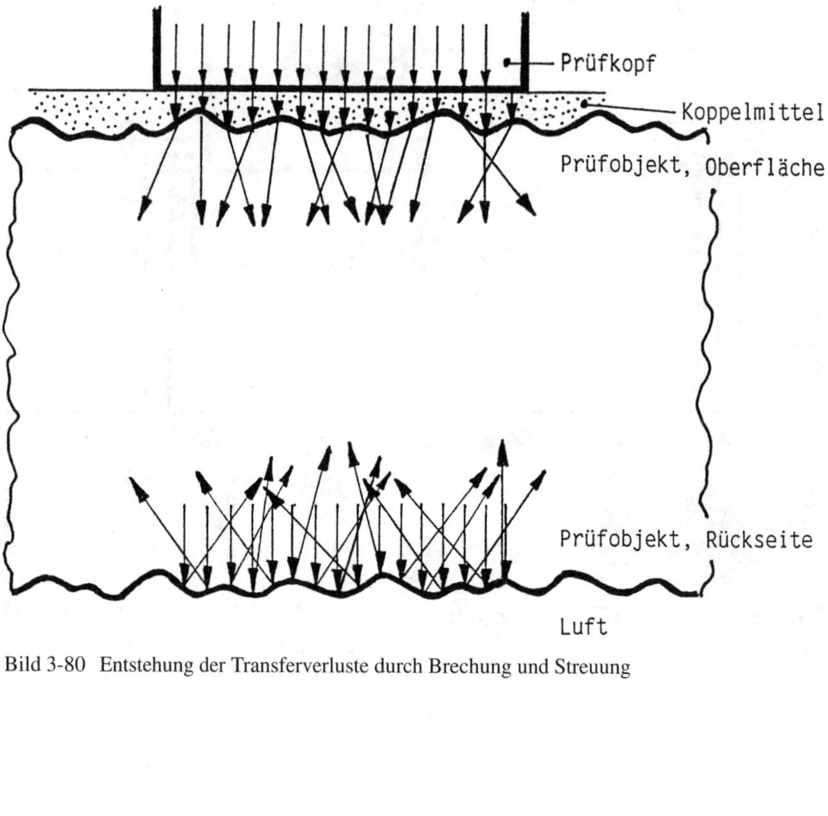

Bild 3-80 Entstehung der Transferverluste durch Brechung und Streuung

liche Größe des natürlichen Fehlers ermitteln, sondern lediglich ein Vergleichswert.

Der Hauptunterschied der beiden im folgenden beschriebenen Bewertungsverfahren besteht darin, daß beim AVG-Verfahren bei der Grundjustierung auf international genormte Kontrollkörper (K 1 und K 2) zurückgegriffen wird, für die Berücksichtigung der Einflüsse von Material- und oft Oberflächeneigenschaften des Prüfobjekts jedoch erheblicher Aufwand getrieben werden muß, der auch ein gewisses Maß an Unsicherheit hinterläßt.

Derartige Unsicherheiten vermeidet die *Bezugs-* oder *Vergleichslinienmethode.* Dabei werden Bohrungen in einem Teststück aus gleichem Werkstoff und gleicher Oberflächenqualität wie der Prüfling angebracht. Entsprechend den unterschiedlichen praktischen Anwendungsfällen wird hier eine Vielfalt von Teststücken benötigt. Unsicherheiten bleiben auf Maßtoleranzen und Lagefehler der Bohrungen beschränkt.

Auch zu diesem Abschnitt gibt es zahlreiche Fachaufsätze; u.a. sind dies [40–52].

3.4.3.2 AVG-Justierung mit Hilfe von Rückwandechos

Zur Erläuterung des dem *AVG-Verfahren* zugrunde liegenden Denkmodells ist in Bild 3-81 eine Versuchsreihe beschrieben:

Ein Senkrecht-Prüfkopf ist an einen Stahlklotz angekoppelt und schallt dessen Rückseite senkrecht an. Auf dem Kathodenstrahlrohr des angeschlossenen Ultraschall-Geräts erscheint außer dem Sendeimpuls SI das Rückwandecho RE_1. Zum Einstellen dieser Anzeige auf eine gut sichtbare Höhe, z.B. 80 % Bildschirmhöhe (BSH) ist die Verstärkung mit Hilfe des dB-kalibrierten Reglers auf einen bestimmten Wert, z.B. V_1 zu stellen. Hat der Stahlklotz die doppelte Dicke, so ist bei verlustfreiem Material das Rückwandecho RE_2 bei gleicher Verstärkung nur noch halb so groß bzw. die Verstärkung ist um 6 dB auf V_2 anzuheben, um die ursprüngliche Echohöhe von 80 % BSH wieder zu erreichen.

Liegt ein kreisscheibenförmiger Reflektor mit einem Durchmesser G_1 so in der Mitte des Schallbündels, daß die Scheibenfläche senkrecht zur Schallbündelachse steht, so ergibt sich eine Anzeige in entsprechend geringerem Abstand A mit einer Echohöhe FE_1, die normalerweise wiederum von 80 % BSH abweicht. Durch Erhöhung der Verstärkung auf V_3 läßt sie sich wieder auf diese Bezugshöhe einstellen. Verdoppelt man nunmehr den Abstand A des Kreisscheiben-Reflektors, so muß die Verstärkung um 12 dB, d.h. um Faktor 4 auf V_4 angehoben werden, um die Bezugshöhe von 80 % BSH zu erreichen. Wird der Durchmesser des Kreisscheiben-Reflektors halbiert (auf $0{,}5 \times G_1$), so ist die reflektierende Fläche nur noch ein Viertel so groß. Die Echohöhe sinkt wiederum um 12 dB (= Faktor 4) bzw. die Verstärkung ist um diesen Betrag auf V_3 anzuheben, um die Bezugsechohöhe wieder zu erreichen. Das Diagramm in Bild 3-82 zeigt die Verhältnisse. Die Beziehungen aller denkbaren *Abstände A, Verstärkungen V* und *Reflektorgrößen G* sind in diesem sog. *AVG-Diagramm* enthalten.

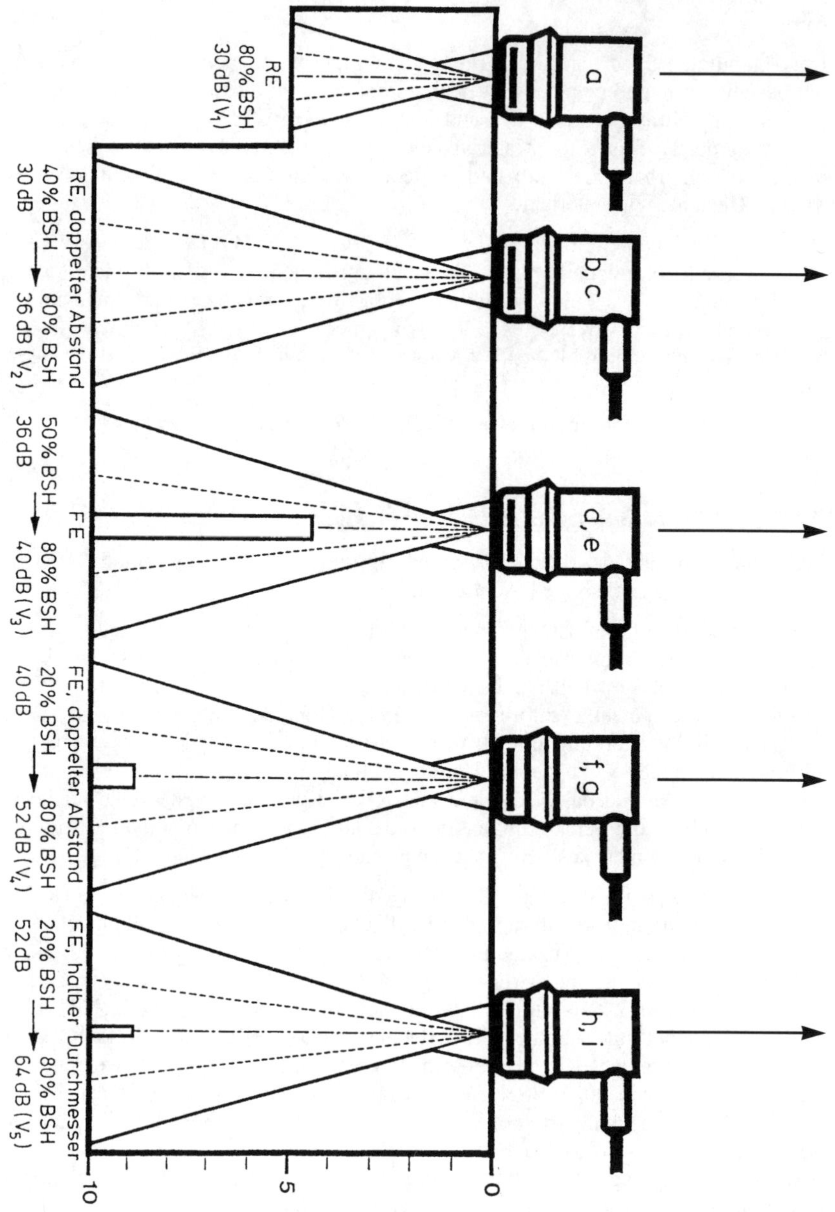
a
b,c
d,e
f,g
h,i
RE
80% BSH
30 dB (V_1)
RE, doppelter Abstand
40% BSH → 80% BSH
30 dB → 36 dB (V_2)
FE
50% BSH → 80% BSH
36 dB → 40 dB (V_3)
FE, doppelter Abstand
20% BSH → 80% BSH
40 dB → 52 dB (V_4)
FE, halber Durchmesser
20% BSH → 80% BSH
52 dB → 64 dB (V_5)
0
5
10

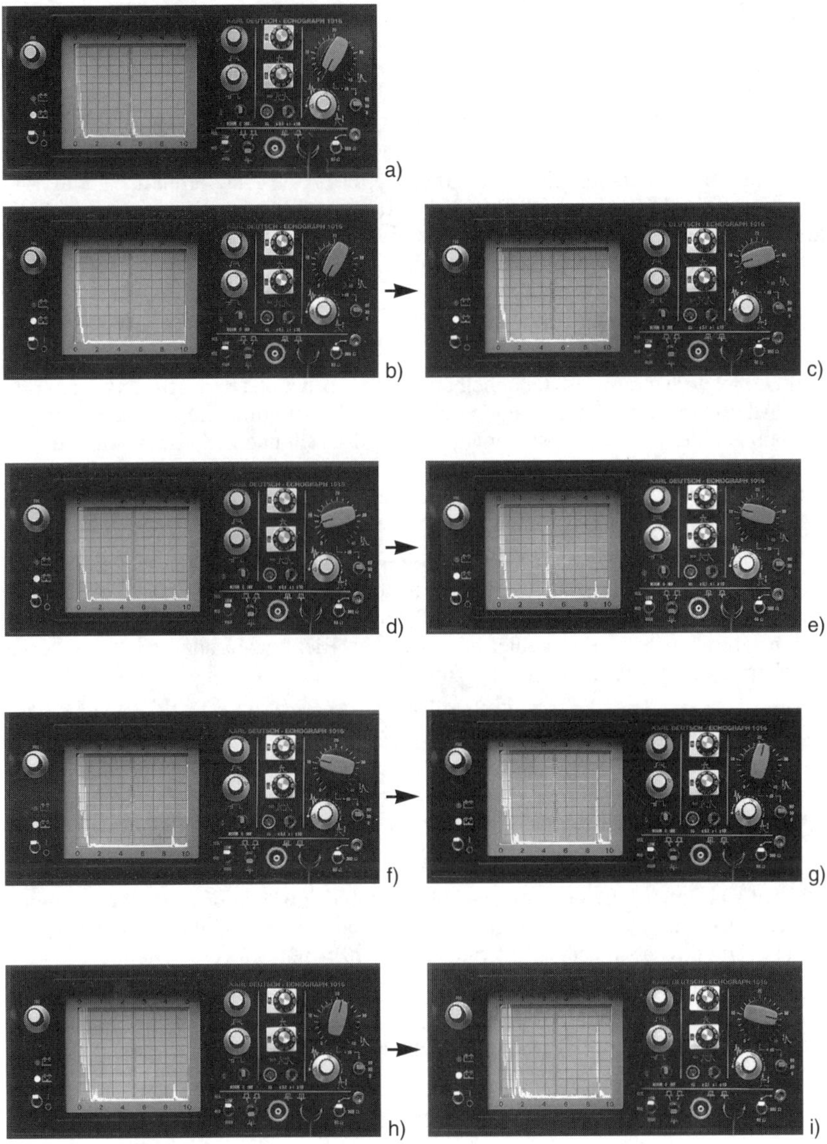

Bild 3-81 Modell zum AVG-Bewertungsverfahren; weitere Erläuterungen im Text

Bei größeren Kreisscheiben-Durchmessern gehen deren Kurven in die Rückwandechokurve über. Dies ist der Fall, wenn die Kreisscheibe gerade den Durchmesser des Schallbündels erreicht. Die Kurvenzüge ergeben sich aus der Summe derartiger Prüffälle bei weiterer Variation von Abständen, Verstärkung und Größe der Reflektoren. Solange Abstand A und Reflektorgröße G in absoluten Zahlenwerten, z.B. in mm, angegeben werden, ergibt sich für jeden Prüfkopftyp ein anderes Diagramm. Diese gehen alle in dem universellen (normierten) AVG-Diagramm nach Bild 3-83 auf, wenn die Abstände A als Vielfaches der Nahfeldlänge des jeweiligen Prüfkopfs und die Reflektorgrößen G als das Verhältnis von dessen Durchmesser zum effektiven Schwinger-Durchmesser definiert sind.

Ersetzt man in Bild 3-81 die Kreisscheibe durch eine zylindrische Querbohrung, so ergeben sich senkrecht zur Prüflings-Oberfläche in den Kurvenzügen andere Neigungen (Bild 3-84) [53]. Kugelige Reflektoren zeigen gleichartiges Entfernungs- und Größenverhalten wie Kreisscheiben, allerdings bei anderen Absolutwerten [44, 54]. Alle unterschiedlich geneigten Kurven sind im Fernfeldbereich übrigens nur deshalb gerade, weil das Abstandmaß A logarithmisch und nicht linear aufgetragen ist. Obgleich sich für alle Reflektorformen universelle AVG-Diagramme definieren lassen, wird bei der praktischen Ultraschallprüfung nach dem AVG-Verfahren ausschließlich das auf der Basis der Kreisscheiben-Reflektoren benutzt.

Die nach dem AVG-Verfahren ermittelte Größe eines natürlichen Reflektors entspricht nicht dessen tatsächlicher Größe. Schon bei geringer Schräglage der Fehleroberfläche zum Schalleinfall sinkt die Echoamplitude (s. Abschnitt 3.4.1). Es ist daher wünschenswert, den Fehler aus mehreren Richtungen anzuschallen und die dabei ermittelte höchste Anzeige auszuwerten.

Ergibt die Vermessung eines natürlichen Fehlers nach AVG eine *Ersatzfehlergröße* (EFG) – so nennt man die Größe des entsprechenden Kreisscheibenreflektors – von z.B. 5 mm, so ist folgende Aussage korrekt:

> Der Fehler ist <u>mindestens</u> so groß wie eine Kreisscheibe mit 5 mm Durchmesser.

Die prüftechnische Unsicherheit wird bei kugelförmigen Reflektoren geringer. Es ergeben sich immer gleiche Anzeigehöhen unabhängig von der Einschallrichtung. Allerdings ist deren Auffinden nur mit höheren Prüfempfindlichkeiten möglich. Unabhängig davon sind sie als Testfehler nicht bzw. nur schwer herstellbar.

Der Hauptvorteil des AVG-Verfahrens liegt darin, daß sich reproduzierbar gleiche Beschreibungen der Fehlerbefunde erreichen lassen. Dabei lassen sich generell für den geradlinigen Teil (ca. doppelte Nahfeldlänge) des AVG-Diagramms die folgenden festen Beziehungen anwenden:

RE-Abfall: 6 dB bei Entfernungsverdopplung

FE-Abfall: 12 dB bei Entfernungsverdopplung (bezogen auf gleichen KSR-Durchmesser)

FE-Abfall: 12 dB bei Halbierung des Durchmessers (entspricht Viertelung der Kreisfläche, bezogen auf gleiche Entfernung)

In Bild 3-83 läßt sich das gut kontrollieren.

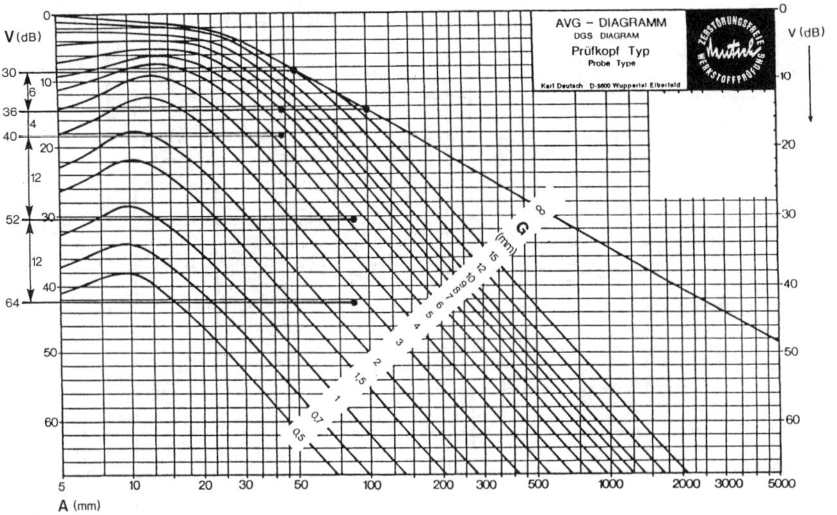

Bild 3-82 AVG-Diagramm zum Modell von Bild 3-81; großer Reflektor entspricht etwa 5,4 mm KSR, kleiner Fehler entspricht etwa 2,7 mm KSR

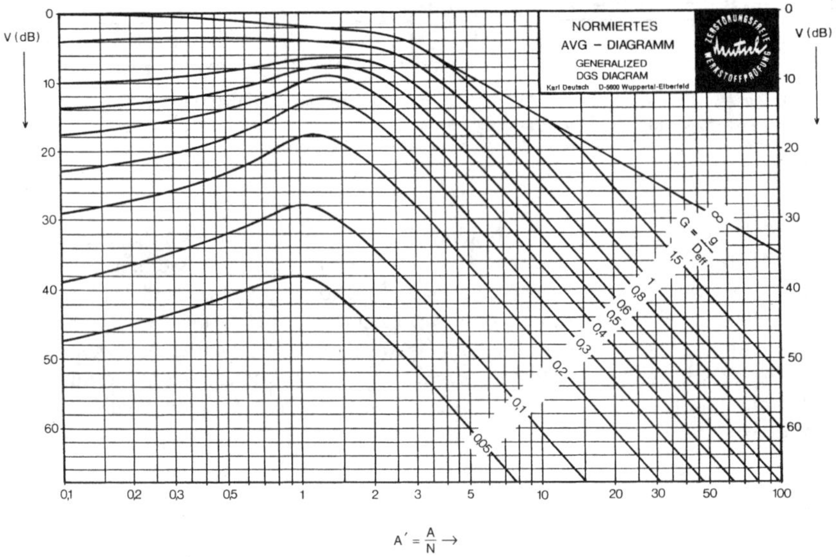

Bild 3-83 Normiertes AVG-Diagramm

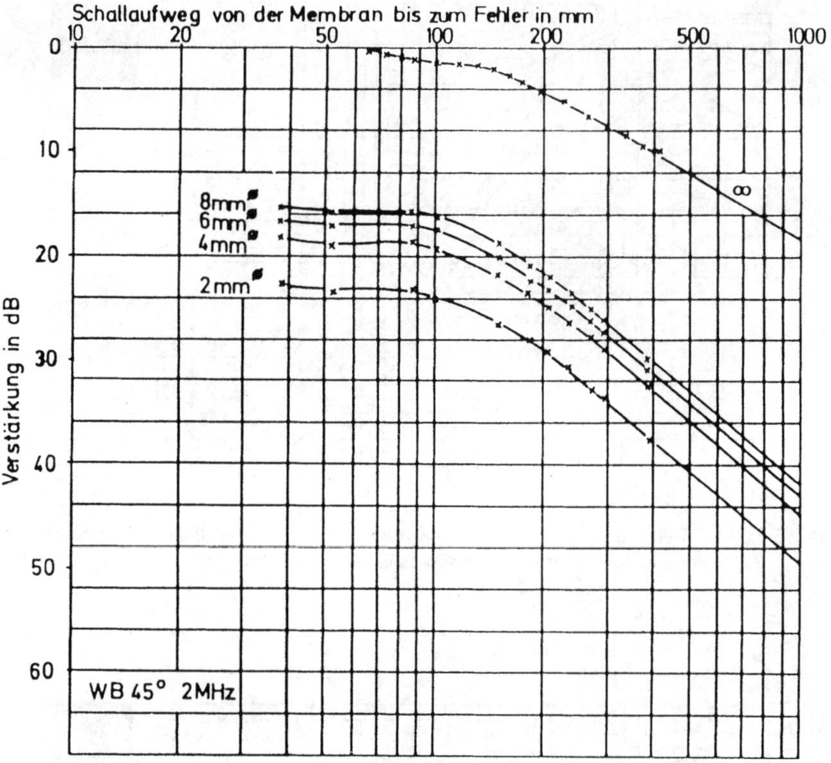

Bild 3-84 Beispiel eines gemessenen AVG-Diagrammes für Zylinderbohrungen in Stahl (gemessen mit Winkelprüfkopf, [53])

Die AVG-Methode wurde in Deutschland entwickelt und hat sich daher überwiegend dort eingeführt, wo deutsche Ultraschallgeräte verwendet werden. Die deutschen Gerätehersteller haben praktikables Zubehör dafür entwickelt. Es gibt für alle Prüfköpfe AVG-Diagramme und Vorsatzscheiben, bei denen die tatsächlichen Prüfkopfdaten berücksichtigt sind. AVG-Vorsatzscheiben werden vor dem Bildschirm des Ultraschallgerätes angebracht. Echohöhen können durch sie hindurch betrachtet und die Ersatzfehlergrößen direkt aus den Kurvenzügen abgelesen werden (s. Bild 3-89 bis 3-102).

Die AVG-Methode läßt sich relativ problemlos anwenden, wenn zum Vergleich mit Fehlerechos das Echo von der ebenen Rückwand in einem fehlerfreien Werkstückabschnitt zur Verfügung steht. Bei gekrümmten Prüfobjekten, z.B. zylindrischen Schmiedestücken, kann erfahrungsgemäß das Rückwandecho in gleicher Weise herangezogen werden, wenn der Krümmungsdurchmesser größer ist als 100 mm.

Die Anzeige des Rückwandechos wird auf maximale Höhe „gezüchtet" und mit der Spitze auf eine gut sichtbare Höhe auf dem Bildschirm, z.B. 80 % oder 100 % eingestellt. Die zugehörige Verstärkung V_1 ist festzuhalten. Zur Fehlersuche ist die Verstärkung danach zu erhöhen. Ein Maß dafür läßt sich aus dem AVG-Diagramm entnehmen, indem man den Unterschied zwischen der Linie des kleinsten aufzufindenen Fehlers in größtmöglicher Entfernung und der Rückwandecho-Kurve abliest. In der Praxis wird aber die Empfindlichkeit in der Regel eher noch höher eingestellt, damit Anzeigen nicht übersehen werden. Das Einschalten des Signalmonitors, s. Abschnitt 3.2, ist zweckmäßig, damit der Prüfer sich ganz auf das Führen des Prüfkopfes konzentrieren kann und erst dann das Schirmbild betrachtet, wenn ihn ein Signal auf das Erscheinen einer Anzeige aufmerksam gemacht hat. Diese Anzeige ist nun wiederum sorgfältig auf Maximalwert zu bringen und wie vorher das Rückwandecho auf 80 oder 100 % Bildschirmhöhe einzustellen. Der sich dann ergebende Verstärkungswert V_2 ist abzulesen. Unter Berücksichtigung der unterschiedlichen Schallaufwege läßt sich nun aufgrund der Differenz (V_2–V_1) die Ersatzfehlergröße ablesen, ggfs. ist der Einfluß der Schallschwächung zu berücksichtigen. Er ist dann nicht mehr zu vernachlässigen, wenn er die normalerweise menschlich bedingte *Meßunsicherheit* von ca. 2–3 dB übersteigt. Die AVG-Diagramme enthalten keine *Schallschwächungs*werte.

Generell empfiehlt sich folgende Vorgehensweise: Von zwei Rückwandechos aus unterschiedlichen Entfernungen oder – bei weicher Schutzschicht des Prüfkopfes auch von zwei Folge-Rückwandechos – wird der dB-Unterschied festgestellt und mit dem des AVG-Diagramms verglichen. Die dB-Differenz ΔV zwischen AVG und gemessenem größerem Wert ist auf Schallschwächungseinfluß zurückzuführen. Daraus berechnet sich der *Schallschwächungskoeffizient* α zu:

$$\alpha = \frac{\Delta V}{2A} \qquad (3\text{-}15)$$

mit A: einfacher Schallweg im Werkstück.

Bei Anzeigen aus geringerer Entfernung als 1. RE ergeben sich bei hohen Schwächungswerten zu große Ersatzfehler, es ist also abschließend eine Verstärkungskorrektur wie folgt durchzuführen:

1) Bestimmung der Ersatzfehlergröße nach AVG ohne Berücksichtigung der Schallschwächung

2) Korrektur mit

$$\Delta V = 2\alpha \cdot \Delta A \qquad (3\text{-}16)$$

mit ΔV: Verstärkungszugabe; ΔA: Entfernungsunterschied RE–FE.

Dieser Wert ist dem gemessenen dB-Unterschied von 1) hinzuzufügen und führt im AVG-Diagramm zu korrekten Ersatzfehlern [55]. Hierzu zwei Beispiele:

Beispiel 1: Ein gewalzter feinkörniger Vierkant-Stahlknüppel von 250 mm Kantenlänge werde mit einem Prüfkopf von 2 MHz/24 mm Schwingerdurchmesser auf Innenfehler untersucht. Beim Ankoppeln des Prüfkopfes an eine fehlerfreie Stelle sei das 2. RE um ca. 6–7 dB schwächer als das erste; nach AVG ist der Unterschied 6 dB. Die Differenz von weniger als 1 dB ist auf Schwächungseinfluß zurückzuführen, der jedoch hier vernachlässigbar ist. Der Schallschwächungskoeffizient berechnet sich nach Formel (3-15) zu:

$$\alpha = 1 \text{ dB}/(2 \cdot 250) \text{ mm} = 2 \text{ dB/m}$$

Das erste Rückwandecho wird z.B. auf 80 % BSH eingestellt und die zugehörige Geräteverstärkung V_1 (z.B. 22 dB) festgehalten. Zum sicheren Auffinden von Fehlstellen sollte die Verstärkung weiter erhöht werden. Erfolgt nun beispielsweise eine Reflexion von der Mitte des Knüppels (125 mm), so ist deren BSH durch Änderung der Geräteverstärkung wiederum auf die vorher gewählten 80 % einzustellen (V_2, z.B. 46 dB). Die Differenz von 24 dB und die Entfernungen werden in das AVG-Diagramm übertragen; es ergibt sich eine Ersatzreflektorgröße von 3 mm (Bild 3-85).

Beispiel 2: Ein stranggegossener Knüppel gleicher Abmessungen und Schallgeschwindigkeit, aber mit höherer, nicht mehr vernachlässigbarer Schallschwächung sei mit dem gleichen Prüfkopf wie oben zu untersuchen. Das erste RE einer fehlerfreien Stelle erfordert nun eine höhere Geräteverstärkung V_1 (z.B. 36 dB) für die Bezugshöhe von 80 % als im Beispiel 1; das 2. RE sei bei dieser Qualität um 16 dB schwächer als das erste. In diesem Falle sind also 10 dB auf Schwächungseinfluß zurückzuführen; der Schallschwächungskoeffizient beträgt hier, wieder nach (3-15):

$$\alpha = 10 \text{ dB}/2 \cdot 250 \text{ mm} = 20 \text{ dB/m}$$

Bedingt durch den entfernungslinearen Schwächungseinfluß verlaufen die RE- und FE-Kurven im AVG-Diagramm nunmehr gekrümmt (Bilder 3-86 und 3-87). Wird das 1. RE, wie im Beispiel 1, wieder als Bezugsgröße genommen, so würden die gleichen Fehler aus der Mitte des Werkstücks – entsprechend dem halben Schallweg und damit nur der Hälfte der Schallschwächung – bereits bei geringerer Verstärkungszugabe (hier: 19 dB) angezeigt und somit größere Fehler vortäuschen (Bild 3-88). Es ist also noch eine Korrektur um den Differenzbetrag der Weg- und damit Schallschwächungsunterschiede durchzuführen; sie ergibt nach (3-16):

$$\Delta V = 2 \cdot 0{,}125 \text{ m} \cdot 20 \text{ dB/m} = 5 \text{ dB}$$

und somit den korrekten Wert von 3 mm, Bild 3-88.

Die Anwendung des AVG-Diagramms wird begrenzt durch die Sendeimpuls-Einflußzone, den minimal auszuwertenden Fehler im Vergleich zur Wellenlänge, die Schallstreuung und Absorption im Werkstoff sowie durch den elektronischen Rauschpegel.

Auf AVG-Vorsatzscheiben für Analoggeräte ist die Schallschwächung gängiger Stahlsorten mit einem mittleren Erfahrungswert berücksichtigt, bei modernen Digitalgeräten lassen sich dagegen die genauen Schallschwächungswerte neben den Prüfkopfdaten einprogrammieren (s. Abschn. 3.4.3.3).

3.4.3.3 AVG-Justierung mit Hilfe von Kontrollkörpern

Die Justierung nach AVG wird erheblich schwieriger und in der Prüfaussage unsicherer, wenn kein Rückwandecho zum Vergleich zur Verfügung steht. Das ist so bei der Prüfung von Stumpfschweißnähten mit Winkelprüfköpfen. Dann müssen

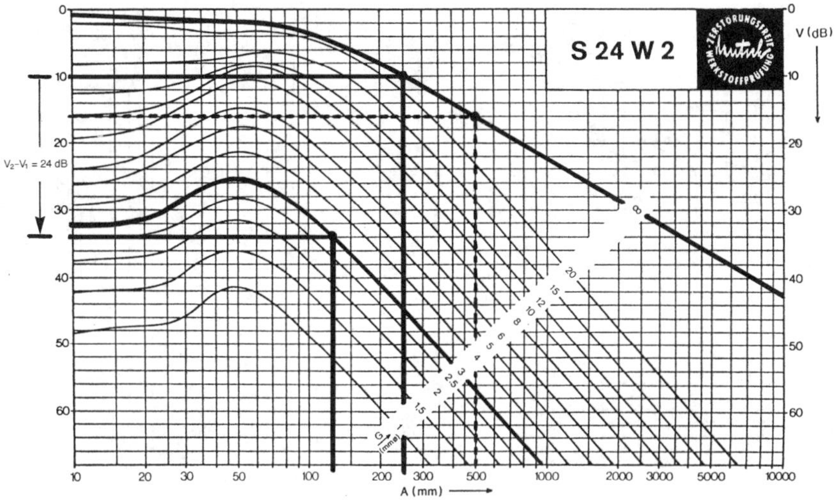

Bild 3-85 Benutzung des AVG-Diagramms (Prüfkopf 24 mm, 2 MHz); weitere Erläuterungen im Text

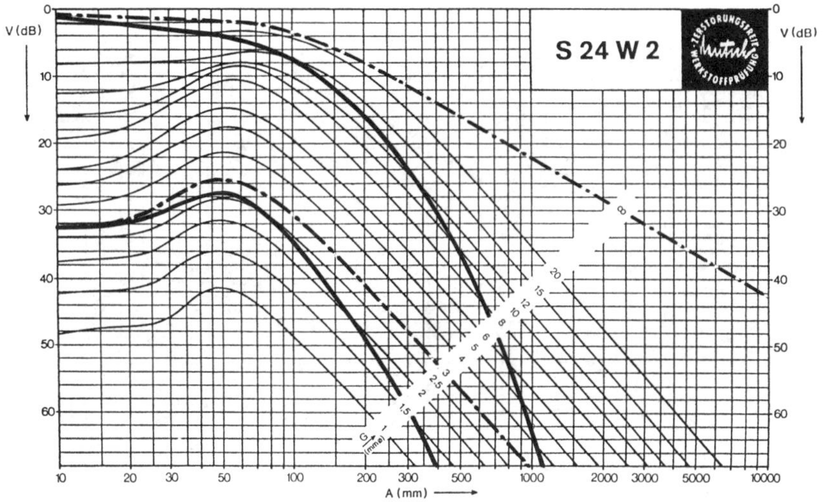

Bild 3-86 Tatsächliche RE-Kurve und FE-Kurve 3 mm bei Schallschwächung 20 dB/m (strichpunktiert: ohne Schallschwächung)

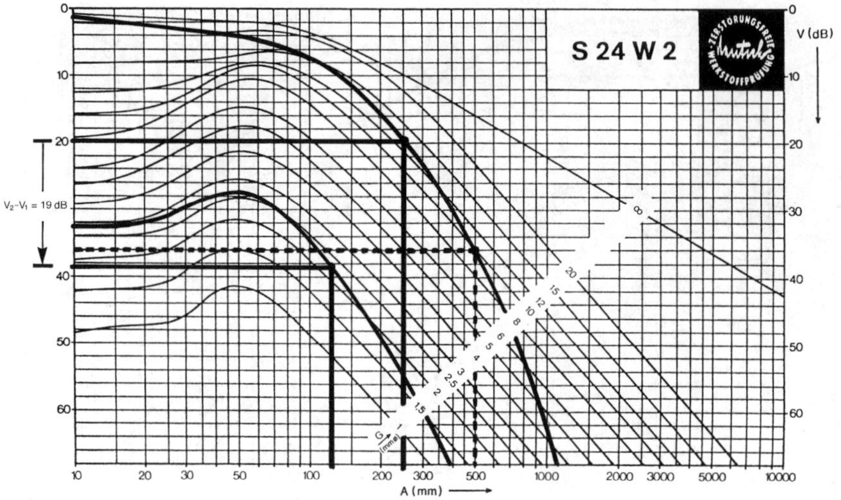

Bild 3-87 Geringere Echohöhendifferenz durch Schallschwächung im Vergleich zu Bild 3-85. Erläuterungen im Text

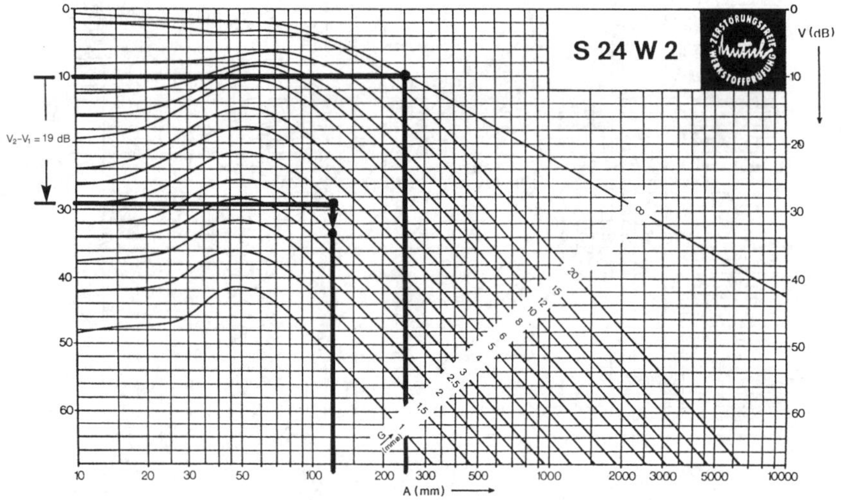

Bild 3-88 Korrektur des Schwächungseinflusses; Erläuterungen im Text

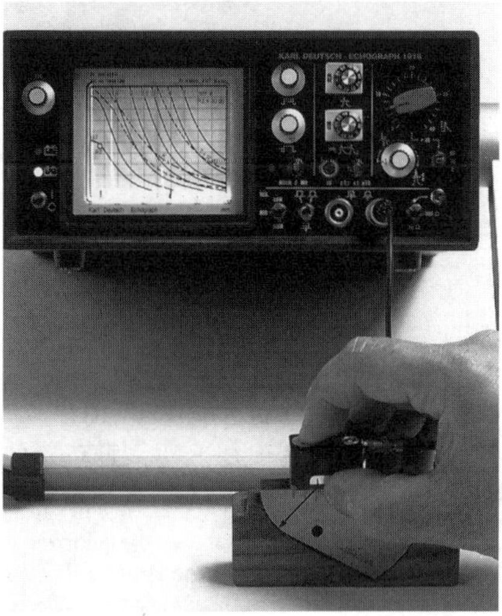

Bild 3-89 Sendeimpuls und Echofolge aus dem Kontrollkörper 2 (25 mm Radius)

zum Vergleich die international genormten Kontrollkörper K 1 und K 2 herangezogen werden. Die Reflexionen der verschiedenen Radien der Kontrollkörper können in die AVG-Diagramme der Winkelprüfköpfe eingetragen werden und ebenfalls als Bezugsmarkierungen auf den daraus abgeleiteten AVG-Vorsatzscheiben. Bei 2 MHz-Prüfköpfen ist mit dem K 1, bei 4 MHz-Prüfköpfen mit dem kleineren K 2 zu arbeiten.

An einem Beispiel soll die Vorgehensweise genau beschrieben werden. Bei einer Blechdicke von 25 mm wird ein 4 MHz-Winkelprüfkopf mit 45° Einschallwinkel benutzt. Die Vorsatzscheibe, die den Bereich der Schweißnahtdicke vollständig und am weitesten gespreizt enthält, hat einen Meßbereich bis 100 mm, angegeben in verkürztem Projektionsabstand (vPA). Beim Anschallen des 25 mm-Radius des Kontrollkörpers 2 (Bild 3-89) müssen die sich ergebenden Anzeigen auf entsprechende Justiermarken der Scheibe eingestellt werden (Bild 3-90). Dieser Vorgang ist durch Verstellen von Meßlänge (Prüfbereich) und Nullpunkt (Verschiebung) zu bewirken. Danach werden die *Transferverluste* festgestellt. Die fast immer vorhandenen Unterschiede zwischen den Oberflächenstrukturen des Kontrollkörpers und des meist rauheren Werkstücks müssen durch die sog. *Transferkorrektur* ausgeglichen werden. Dazu ist ein zweiter Prüfkopf gleichen Typs notwendig, der zunächst auf dem Kontrollkörper in *V- oder W-Anordnung* dem anderen Prüfkopf gegenüber anzuordnen ist (Bild 3-91). Der sorgfältig eingestellte Maximalwert des Durchschallungsimpulses wird auf die dafür vorgesehene strichpunktierte obere Linie obere Linie „K“ der Vorsatzscheibe eingestellt (Bild 3-92). Setzt man dann die beiden Prüfköpfe wiederum in V- oder W-Anordnung auf das Werkstück (Bild 3-93) – wegen der veränderten Dicke ergibt sich ein anderer Abstand – so stünde deren maximaler Durchschallungsimpuls nur dann auf der für das Werkstück gültigen

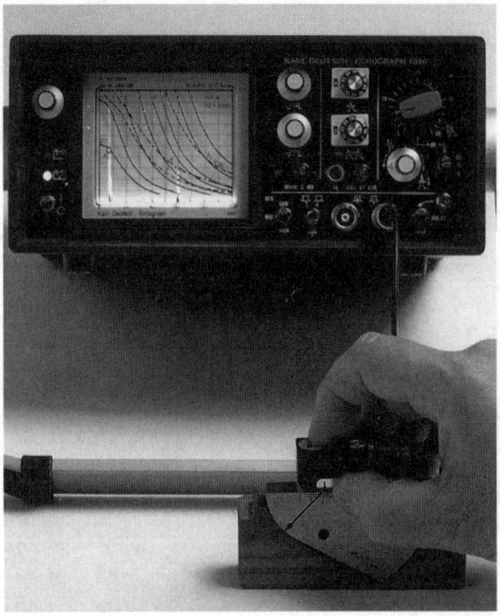

Bild 3-90 Entfernungsjustierung: Einstellen des 1. und 2. Echos aus dem Kontrollkörper 2 auf die Justiermarken der Vorsatzscheibe (1. Echo mit Verschiebung, 2. Echo mit Prüfbereichseinstellung; diese Prozedur ist so lange zu wiederholen, bis das gezeigte Bild stimmt)

gestrichelten Linie „T" der Vorsatzscheibe, wenn die gleiche Oberflächengüte vorhanden wäre wie am Kontrollkörper. Diese beiden Justierlinien sind um so unterschiedlicher, je größer die Unterschiede der Schallschwächungskoeffizienten in Werkstück und Kontrollkörper sind. Diese Unterschiede sind bei 2 MHz-Prüffrequenz im allgemeinen vernachlässigbar, so daß in diesem Falle nur eine einzige Justierlinie vorhanden ist. Im vorliegenden Fall ist eine Korrektur jedoch notwen-

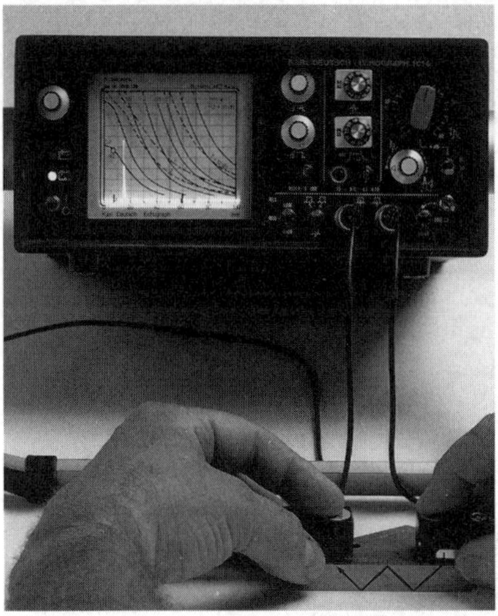

Bild 3-91 W-Durchschallung des Kontrollkörpers 2 zur Feststellung der Transferverluste

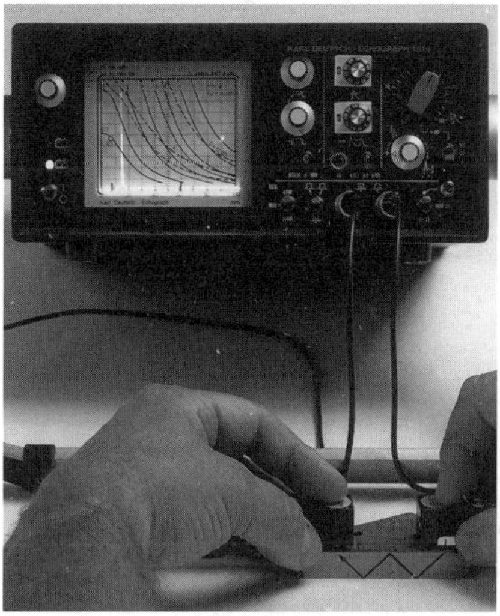

Bild 3-92 Einstellen des Durchschallungsimpulses auf die obere (strichpunktierte) Transferkorrekturkurve. Geräteverstärkung: 24 dB

dig: Das Echo wird auf die gestrichelte untere Linie einjustiert (Bild 3-94) und die dazu erforderliche Verstärkungserhöhung abgelesen. Sie ist identisch mit den Transferverlusten, in diesem Fall 2 dB (Bilder 3-92). Um diesen Wert ist die Geräteverstärkung zum Abschluß der Empfindlichkeitsjustierung noch zu erhöhen.

Die Transferverluste sind nicht ganz so einfach festzustellen, wie das in dieser Erklärung erscheinen mag. Beim Gegenüberstellen der beiden Prüfköpfe ist sehr

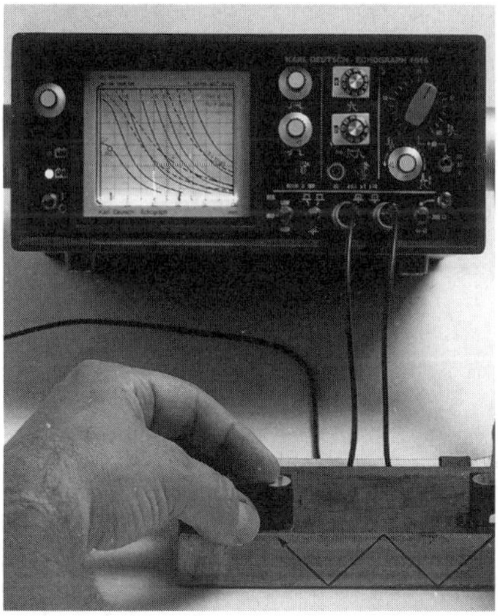

Bild 3-93 W-Durchschallung des Prüfgegenstandes

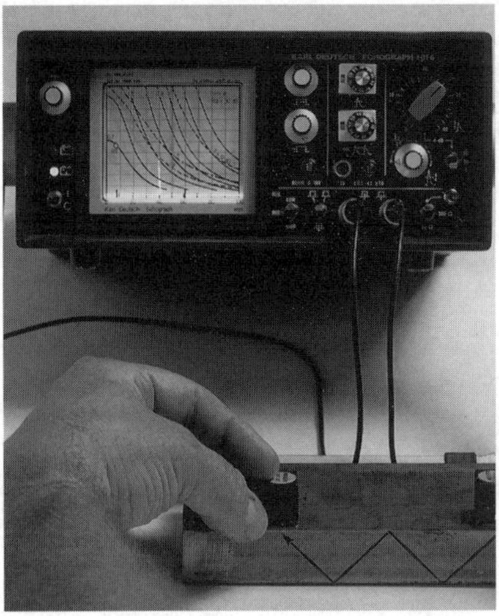

Bild 3-94 Einstellen des Durchschallungsimpulses auf die untere (gestrichelte) Transferkorrekturkurve. Geräteverstärkung: 26 dB; Transferverluste: 26 dB – 24 dB (Bild 3-92) = 2 dB

sorgfältig die maximale Durchschallungsamplitude zu „züchten". Das notwendige Nachstellen des Verstärkungsschalters sollte zweckmäßigerweise von einem zweiten Bediener ausgeführt werden.

Ohne Berechnungen läßt sich mit einem einfachen weiteren Justiervorgang am Werkstück selbst ermitteln, in welchem Bereich des Schirmbildes nunmehr die Schweißnaht abgebildet ist. Zu diesem Zweck wird eine Werkstückkante angeschallt.

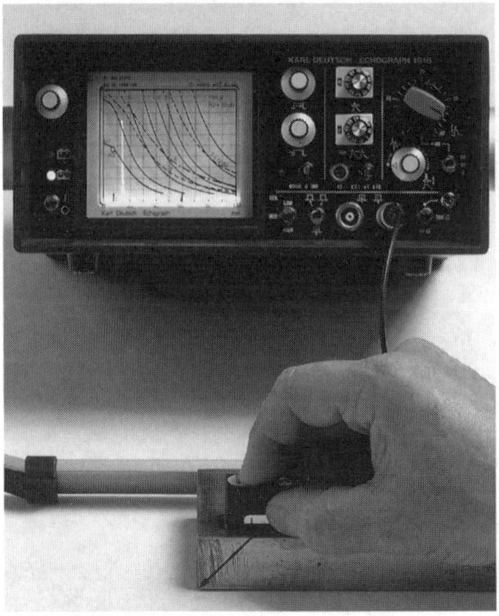

Bild 3-95 Anschallen der Unterkante des Prüfgegenstandes aus halbem Sprungabstand

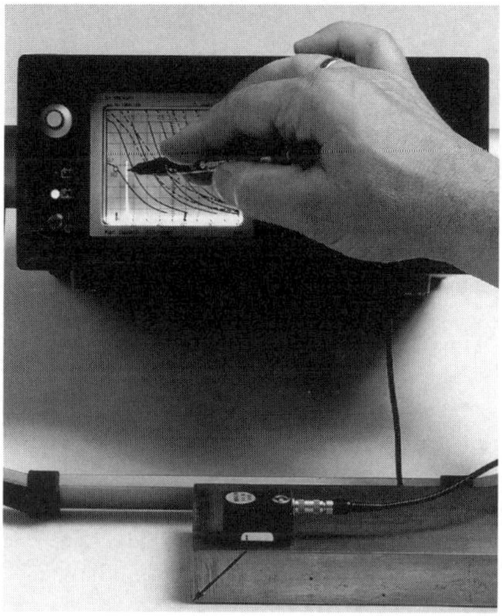

Bild 3-96 Markierung der Echoposition aus halbem Sprungabstand auf der AVG-Vorsatzscheibe mit einem Filzstift

Befindet sich der Prüfkopf im halben Sprungabstand, so ergibt sich eine deutliche Reflexion aus der unteren Ecke der Werkstückbegrenzung (Bild 3-95); bei ganzem Sprungabstand aus der oberen Ecke (Bild 3-98). Der zwischen diesen beiden Anzeigen liegende Bereich kann z.B. mit Hilfe eines Filzschreibers mit dem Schweißnahtsymbol und damit mit dem zu überwachenden Bereich sinnvoll gekennzeichnet werden (Bild 3-96 bis 3-99). Auf diese Weise läßt sich die Tiefenlage eines Reflektors von der Vorsatzscheibe ablesen, s. auch Abschnitt 3.4.2.2.

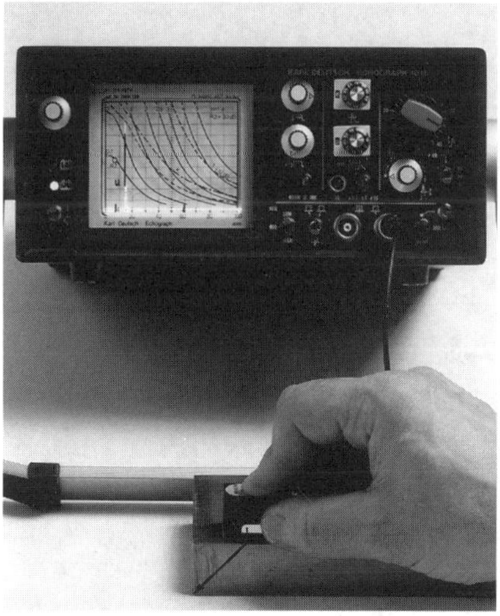

Bild 3-97 Die Echoposition aus halbem Sprungabstand (entspricht Schweißnaht-Unterseite) ist markiert

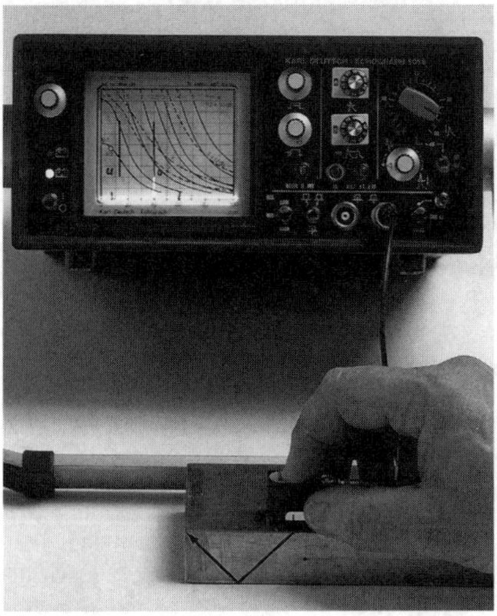

Bild 3-98 Die gleiche Prozedur wird durchgeführt mit dem Echo von der Oberkante aus ganzem Sprungabstand

Die Geräteempfindlichkeit ist wieder mit Hilfe des 25 mm-Radiusechos des Kontrollkörpers 2 einzustellen. Bei der im Beispiel benutzten Vorsatzscheibe muß die erste Reflexion des Radius des Kontrollkörpers die Höhe der entsprechenden Markierung (R 2) erreichen (Bild 3-99). Danach ist die Empfindlichkeit um einen Wert zu erhöhen, der auf der Vorsatzscheibe angegeben ist, im vorliegenden Beispiel 30 dB (Bild 3-100). Anschließend erfolgt die Transferkorrektur (Bild 3-101).

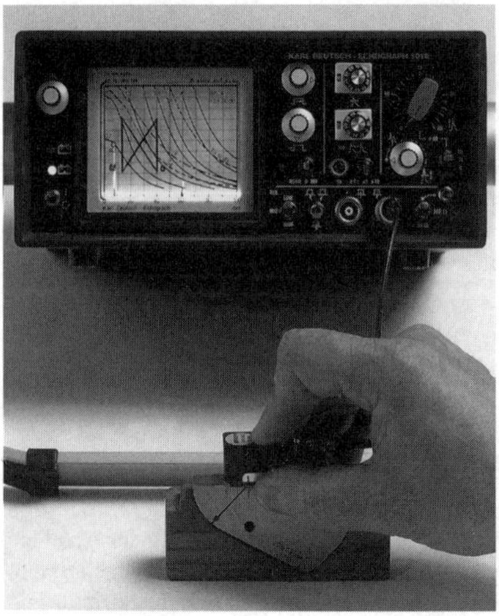

Bild 3-99 Schweißnahtsymbol auf der Vorsatzscheibe; Anschallen des 25-mm-Radius des Kontrollkörpers 2 zur Empfindlichkeitsjustierung: Das maximierte 1. Echo muß mit der Spitze in der Kreismarkierung „R 2" der Vorsatzscheibe stehen. Geräteverstärkung 30 dB (Grobumschalter)

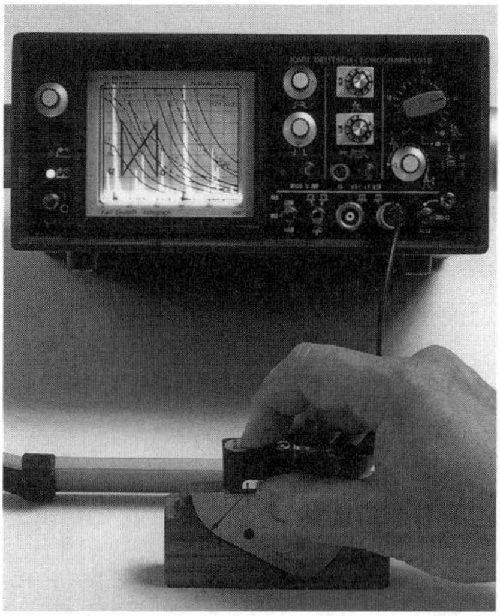

Bild 3-100 Erhöhung der Geräteverstärkung gemäß Justiervorschrifrt auf der AVG-Vorsatzscheibe (oben rechts) um 30 dB. Gesamte Verstärkung: 60 dB (30 dB Grobumschalter + 30 dB Stufenschalter)

Damit ist die Justierung vollendet. Der Prüfkopf ist nun gemäß Bild 3-71 etwa senkrecht zur Schweißnaht und mit leichten Schwenkbewegungen hin- und herzuführen, so daß der Schallstrahl hintereinander die gesamte Nahtdicke erfaßt. Bei Auftreten von Anzeigen ist sorgfältig deren Maximum zu suchen. Auf der Vorsatzscheibe läßt sich dann ablesen, welchem kreisscheibenförmigen Ersatzfehler die jeweilige Reflexion entspricht. Wurde zuvor eine *Bewertungsgrenze* bzw. eine

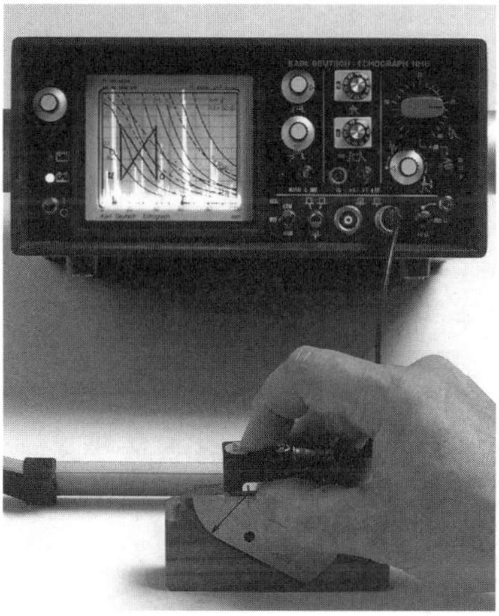

Bild 3-101 Weitere Erhöhung der Geräteverstärkung um die Transferverluste (2 dB, s. Bild 3-94). Gesamte Verstärkung = Prüfempfindlichkeit: 62 dB (30 dB Grobumschalter + 32 dB Stufenschalter)

Registriergrenze definiert, so sind die notwendigen Folgerungen zwangsläufig vorgeschrieben. Die Anzeige in Bild 3-102 entspricht einer Ersatzfehlergröße 2.

Sollte die Fehleranzeige über den Bildschirmbereich hinausgehen, so empfiehlt sich eine Verstärkungsreduzierung um 12 dB. Die dann abzulesende Ersatzfehlergröße ist zu verdoppeln, s. Abschnitt 3.4.3.2.

Bei digitalen Prüfgeräten sind zumeist AVG-Diagramme für ausgewählte Prüfköpfe mit häufig vorkommenden Frequenzen und Schwingerdurchmessern oder ein universelles AVG-Diagramm mit völlig freier Wahl der jeweiligen Prüfkopfparameter im Auswertespeicher abgelegt. Mit ihnen läßt sich die Empfindlichkeitsjustierung und die Fehlerbewertung erheblich einfacher durchführen. Sie ermitteln die Echohöhe eines in der Monitorblende befindlichen Echos automatisch und zeigen die daraus berechnete Ersatzfehlergröße als Zahlenwert in mm Kreisscheibe auf dem Bildschirm an. Manche Geräte bieten auch die Möglichkeit, zusätzlich zu den Transferverlusten eine materialbedingte Schallschwächung durch Ultraschallabsorption oder -streuung zu berücksichtigen. Die Schallschwächung, die natürlich bekannt sein muß und gegebenenfalls zuvor zu ermitteln ist, wird in dB/m eingegeben. Bei der Empfindlichkeitsjustierung und Bestimmung der Ersatzfehlergröße wird der vom zurückgelegten Schallweg im Material abhängige dB-Wert der Schallschwächung automatisch ermittelt und zu der gemessenen Echohöhe hinzugerechnet.

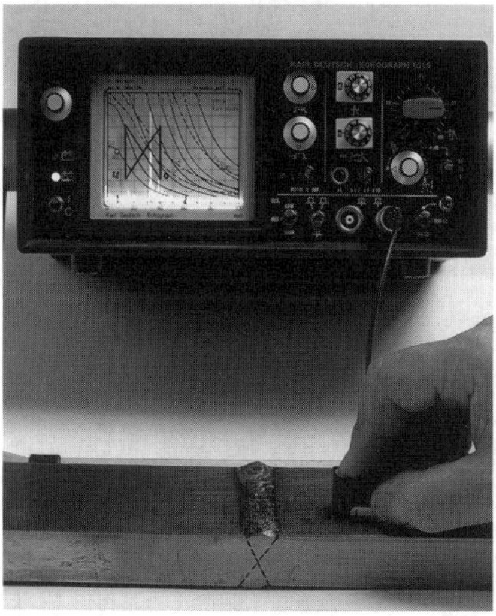

Bild 3-102 Nachweis einer Reflexionsstelle; Daten: 32 mm vor Prüfkopf-Vorderkante (vPA) gem. Skala der Vorsatzscheibe; ca. 0,25 der gesamten Blechdicke (ca. 6 mm) von Oberseite (Schweißnahtsymbol) und Ersatzreflektorgröße 2 mm KSR

3.4.3.4 Die Bezugslinien-Methode

Diese Bewertungsmethode wird auch DAK-(Distanz-Amplituden-Korrektur, engl. DAC), Referenz- oder Vergleichslinienmethode genannt. Gegenüber der AVG-Methode hat sie den Vorteil, daß alle dabei notwendigen Korrekturen aufgrund von Abschätzungen, Annahmen und Erfahrungswerten entfallen, wenn ein Werkstück aus gleichem Material und Oberflächenzustand wie das Prüfobjekt als Bewertungsgrundlage verwendet wird. Auf diese Weise werden Schallschwächungs- und Transferverluste fehlerfrei berücksichtigt. So hat sich – weltweit gesehen – diese Methode speziell für die Schrägeinschallung wesentlich stärker durchgesetzt als die AVG-Methode. In der Schweiz wurde sie von HORNUNG [56], in Deutschland von TRUMPFHELLER [57] vorgeschlagen. In den USA ist sie Bestandteil der ASTM- und ASME-Regelwerke. Auch in den neuesten Entwürfen der Europäischen Normen kommt sie für die Anwendung bei der Schweißnahtprüfung vor.

In Abhängigkeit von der Materialdicke werden seitlich eine oder mehrere Querbohrungen in unterschiedlicher Tiefenlage eingebracht und von verschiedenen Positionen her angeschallt (Bild 3-103). Es ergibt sich so eine Vielzahl von Echopositionen und -höhen, wobei die Echomaxima auf einer Vorsatzscheibe vor dem Bildschirm des Ultraschallgerätes durch eine Kurve, die *Bezugslinie* bzw. DAK, verbunden werden (Bild 3-104). Grundvoraussetzung ist dabei, daß die Bohrungstiefe größer ist als die Breite des Schallbündels. Als zweckmäßig haben sich Bohrungsdurchmesser von 2 oder 3 mm erwiesen, deren Echoamplituden häufig ohne weitere Verstärkungsänderungen als Bewertungsmaßstab verwendet werden; in einigen Fällen ist – abhängig von der späteren Beanspruchung der Schweißnaht – ein Verstärkungszu- oder -abschlag um einen bestimmten dB-Wert zu berücksichtigen. Weiterhin dient i.a. eine Bezugslinie – 6 dB (halber Wert) als „Registriergrenze“; d.h. Anzeigen, die diese Kurve überschreiten, sind im Bericht anzugeben.

Die Bewertungskurven sind für alle Winkel gleich bzw. mit vernachlässigbarem Fehler zu mitteln.

Das hat zur Entwicklung einer Universal-Vorsatzscheibe [58] geführt: Da im Normalfalle unabhängig von der Blechdicke stets im gleichen Entfernungsverhältnis (z.B. halber bis ganzer Sprungabstand plus Schweißnahtbreite) geprüft wird, bedeutet dies auch ein gleichbleibendes Echohöhenverhältnis; selbst bei Berücksichtigung gewisser Schallschwächungswerte läßt sich zeigen, daß der Fehler weit unter dem „menschlichen“ Fehler [50] liegt und somit vernachlässigbar ist. Bei einer Darstellung zwischen 0,25- und 1,25-fachem Sprungabstand lassen sich die Wärmeeinflußzonen mit prüfen. Die einzige Voraussetzung ist, daß die zu prüfenden Abschnitte der Naht im Fernfeld des Prüfkopfes liegen. Bild 3-105 zeigt eine solche Universal-Vorsatzscheibe, die Bilder 3-106 bis 3-111 zeigen die Vorgehensweise.

Der bereits erwähnte neueste europäische Normentwurf verwendet u.a. ebenfalls DAK-Kurven, darüber hinaus jedoch auch alle anderen aussagekräftigen Kriterien zur Fehlerbeurteilung, wie winkelabhängige Echohöhenunterschiede, Echoimpulsform, Echodynamik und ggfs. ergänzende Prüfungen. Alle diese Kriterien sind in einem Ablaufschema zusammengefaßt, bei dessen Befolgung sich der Gesamtaufwand minimieren läßt.

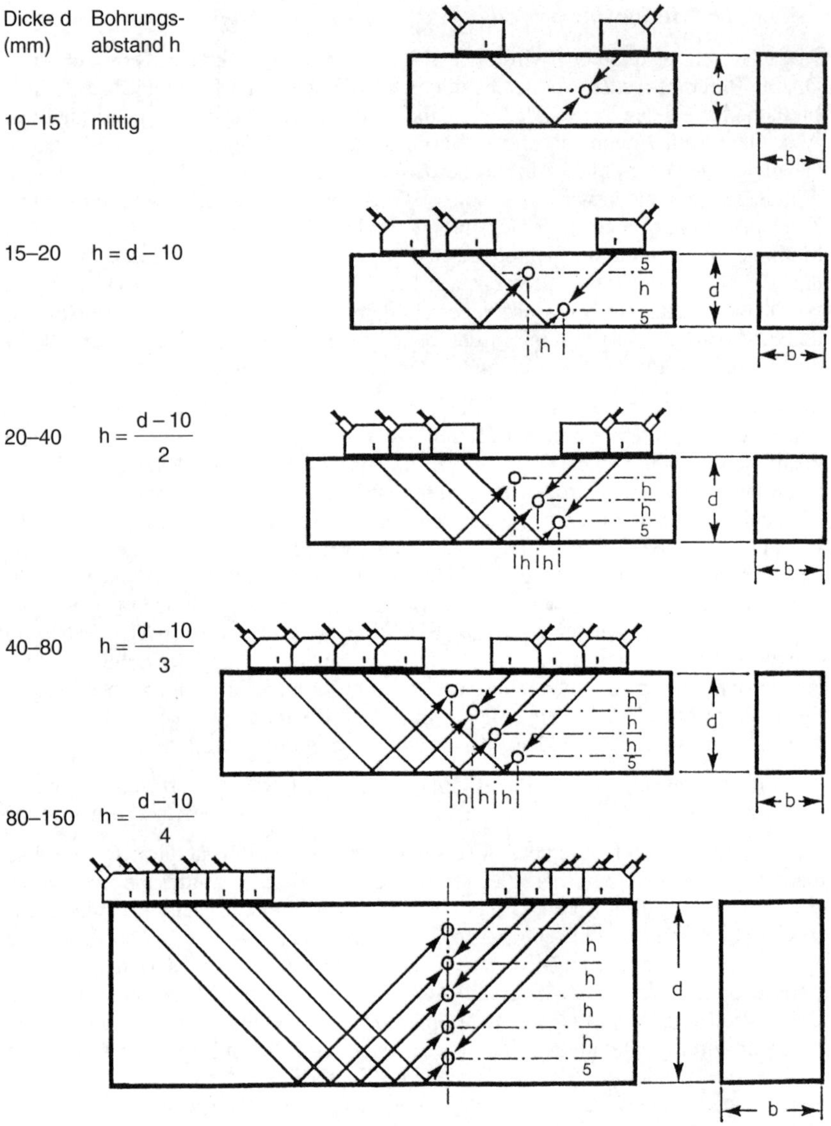

Bild 3-103 Bezugskörper für die DAK-Methode in Abhängigkeit von der Materialdicke. Bohrungsdurchmesser: 3 mm; Bohrungsabstand: h; Breite $b \geq \frac{2 \cdot \lambda \cdot s}{D_s}$, bei rechteckigen Schwingern läßt sich N und damit D_s aus den Formeln (2-12) und (2-17) berechnen

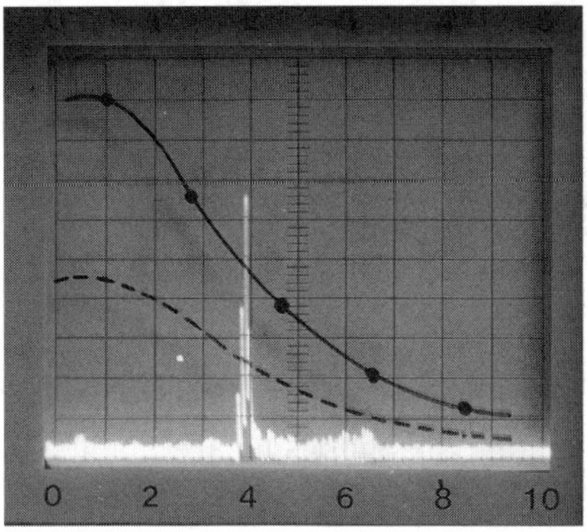

Bild 3-104 DAK-Kurve und Registriergrenze (–6 dB, gestrichelt) vor dem Bildschirm des Ultraschallgerätes

Die erreichbare Prüfsicherheit hängt entscheidend von der Präzision ab, mit der die Testbohrungen hergestellt werden. Die Justierung mit Querbohrungen läßt sich auch dann durchführen, wenn nach der AVG-Methode gearbeitet werden soll. Zylinderbohrungen und Kreisscheiben lassen sich nach einer von WÜSTENBERG angegebenen Formel [53] ineinander umrechnen:

$$D_K = \sqrt{\frac{\sqrt{2}}{\pi} \cdot \lambda \cdot \sqrt{D_Z \cdot s}} = 0{,}67 \cdot \sqrt{\frac{c}{f} \sqrt{D_Z \cdot s}} \tag{3-17}$$

bzw.

$$D_Z = \frac{{D_K}^4}{2 \cdot s} \cdot \frac{\pi^2}{\lambda^2} = 4{,}93 \cdot \frac{{D_K}^4 \cdot f^2}{s \cdot c^2} \tag{3-18}$$

mit D_K: Durchmesser der Kreisscheibe, D_Z: Durchmesser der Zylinderbohrung, c: Schallgeschwindigkeit, f: Frequenz, s: Schallweg, λ: Wellenlänge.

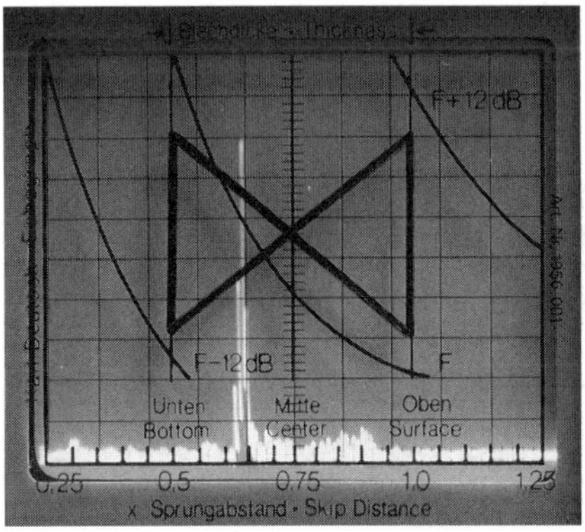

Bild 3-105 Universal-Vorsatzscheibe mit eingezeichnetem Schweißnaht-Symbol [58]

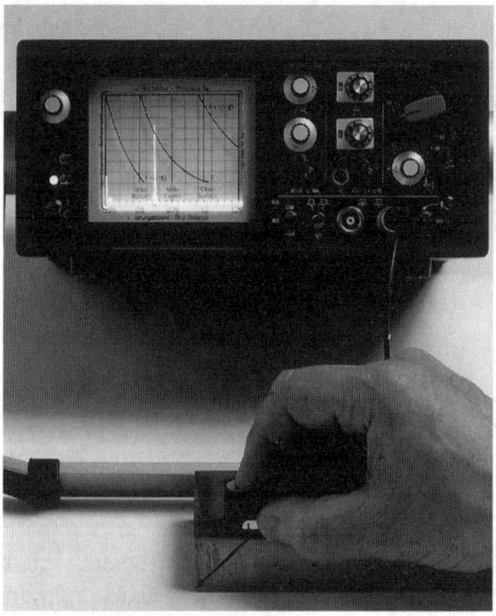

Bild 3-106 Anschallen der Unterkante des Prüfgegenstands

Bei dünnen Blechen kann auch die *Bezugsechomethode* [59] angewendet werden. Hierbei wird wegunabhängig ein Vergleich mit einem Testfehler (Oberflächennut oder mittige Zylinderbohrung) durchgeführt.

Die Bezugslinien-Methode läßt sich ebenfalls mit Digitalgeräten erheblich einfacher ausführen. Die experimentell ermittelten DAK-Kurven werden direkt auf dem Bildschirm dargestellt und im Gerät gespeichert (Bild 3-112).

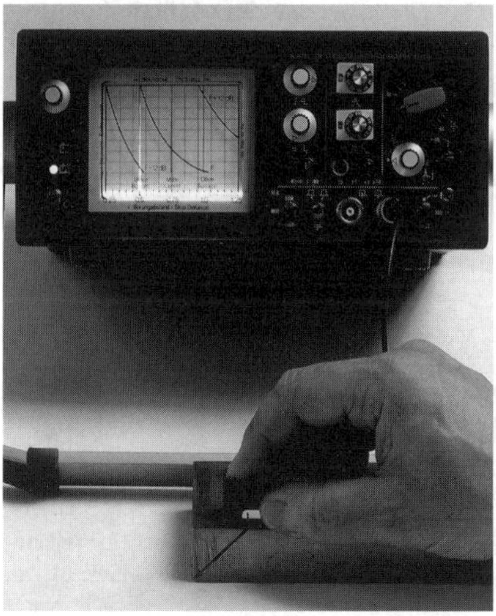

Bild 3-107 Verschieben der Echoposition auf die entsprechende Strichmarkierung (0,5) der Vorsatzscheibe (s. auch Bild 3-105)

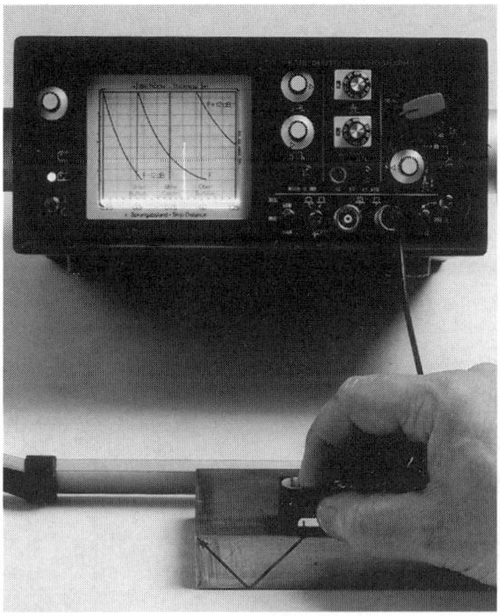

Bild 3-108 Anschallen der Oberkante des Prüfgegenstands

Die Bezugslinien-Bewertung läßt sich auch mit Hilfe von Teststücken mit entsprechend angebrachten Bohrungen ausführen. Das ist in zahlreichen Regelwerken vorgesehen, z.B. in den USA (ASTM) und der Schweiz (SVDB). Das hat den Vorteil, daß die Testbohrungen im Laborbetrieb mit höherer Präzision eingebracht und vermessen werden können als vor Ort. Andererseits müssen jedoch ähnlich wie bei Verwendung der Kontrollkörper K 1 und K 2 bei der AVG-Methode Unterschiede

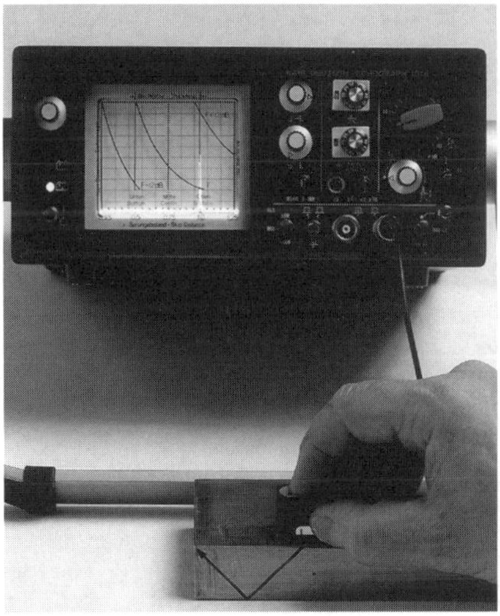

Bild 3-109 Spreizen der Echoposition auf die entsprechende Strichmarkierung (1,0) der Vorsatzscheibe. Diese Schritte (Bilder 3-106 bis 3-109) sind so lange zu wiederholen, bis beide Echoanzeigen korrekt sind. **Hinweis**: Alternativ kann auch (besonders bei 60°-Winkelprüfköpfen) anstelle der Werkstückkante die Bezugsbohrung in Blechmitte verwendet werden; sie ist aus dem Viertel- bzw. Eineinviertel-Sprungabstand anzuschallen und ihr Echo auf Teilstrich 0,25 und 1,25 der Vorsatzscheibe einzujustieren

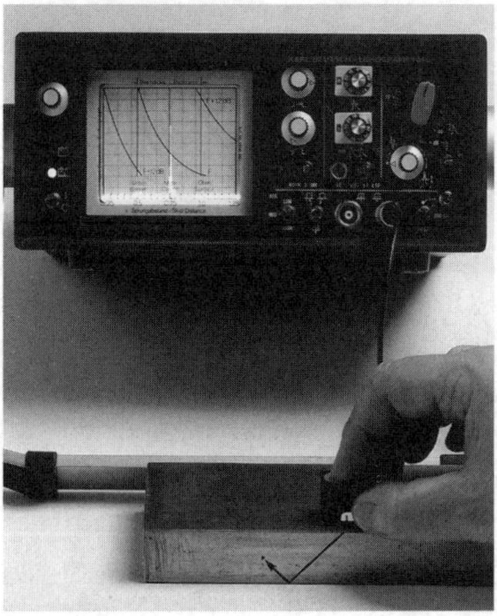

Bild 3-110 Testbohrung aus Dreiviertel-Sprungabstand anschallen; Echospitze auf Bewertungskurve einstellen und (je nach Prüfspezifikation) bestimmten dB-Zu- oder Abschlag geben (hier: Zuschlag 4 dB). Geräteverstärkung = Prüfempfindlichkeit: 52 dB (30 dB Grobumschalter +22 dB Stufenschalter)

zwischen Teststück und Prüfobjekt in bezug auf Oberflächenzustand, Schallschwächung und -geschwindigkeit berücksichtigt bzw. korrigiert werden.

3.4.3.5 Weitere Möglichkeiten der Fehlerbeschreibung

Wie bereits ausgeführt, läßt sich aus der Echolaufzeit die Entfernung a_l (Bild 3-113) zwischen Ankoppelfläche und reflektierender Oberfläche eines Fehlers

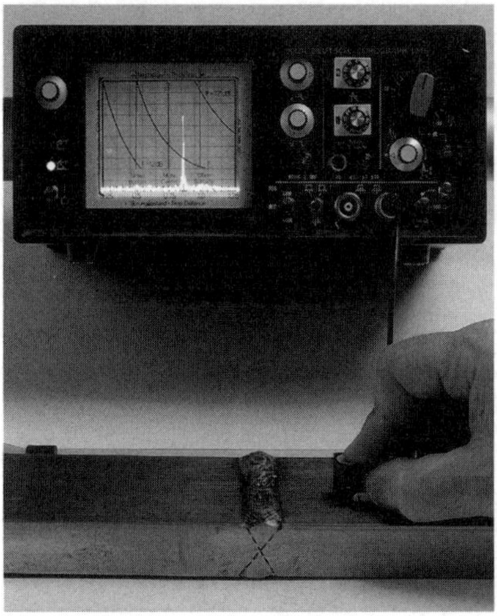

Bild 3-111 Nachweis einer Reflexionsstelle in einem geschweißten 25 mm-Blech; Daten: Entfernung: $0{,}85 \cdot a_p$ vor dem Schallaustrittspunkt (= 42,5 mm) gemäß Skalierung der Vorsatzscheibe; Tiefenlage: $0{,}3 \cdot d$ (= 7,5 mm) gemäß Skalierung der Vorsatzscheibe; Größe: 6 dB über Bezugslinie

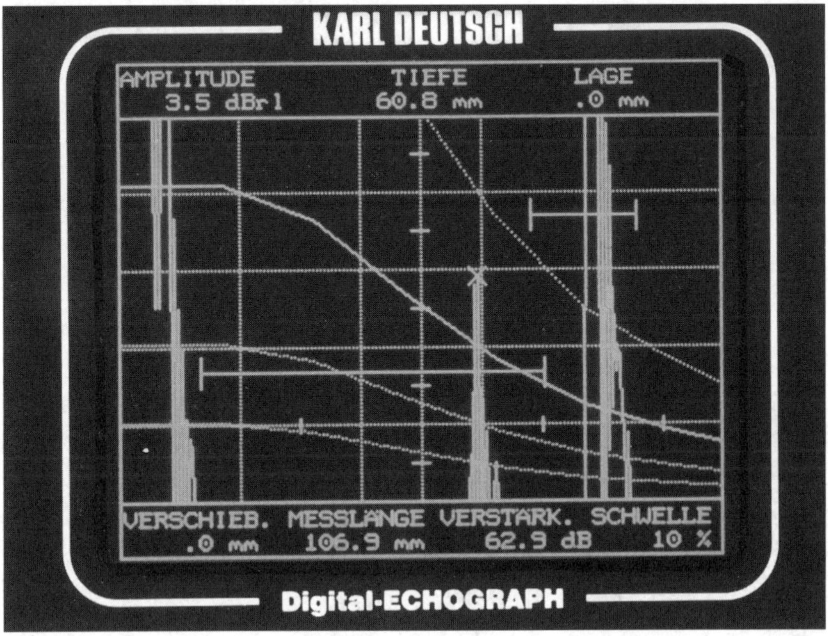

Bild 3-112 DAK-Kurven und Monitorblenden auf dem Bildschirm eines digitalen Ultraschallgerätes

ohne Schwierigkeiten bestimmen, während dessen Rückseite in der Regel nicht zur Anzeige gelangt. Daher ist es nicht möglich, die Ausdehnung des Fehlers in Schallrichtung mit einer einzigen Messung zu ermitteln. Durch eine zweite Messung aus der gegenüberliegenden Richtung läßt sich diese Frage jedoch ohne Schwierigkeiten rasch beantworten (Bild 3-114). Ist die Summe der Entfernungen a_1 und a_2 gleich der Materialdicke d in Schallrichtung, so besitzt die Fehlstelle praktisch keine Ausdehnung. Ist die Entfernungssumme geringer, so ist deren Differenz gleich der Ausdehnung x_F des Fehlers:

$$x_F = d - (a_1 + a_2) \qquad (3\text{-}19)$$

Weitere Messungen aus unterschiedlichen Richtungen können zusätzlichen Aufschluß über Lage, Größe und Gestalt der Fehlstelle geben.

Die *Form* des Fehlerechos läßt weitere Rückschlüsse vor allem auf die Oberflächengestalt der aufgefundenen Inhomogenitäten zu. Während ein glattrandiger Fehler auch ein deutlich definiertes, relativ schmales Echo hervorruft, bewirkt ein stark zerklüfteter Fehler mit unterschiedlichen Tiefen oder z.T. schräg reflektierenden Oberflächenanteilen auch ein entsprechend „zerrissenes", verbreitertes und in der Amplitude reduziertes Echo (Bild 3-115), das sich bereits bei leichter Bewegung des Prüfkopfes stark in seiner Form ändert.

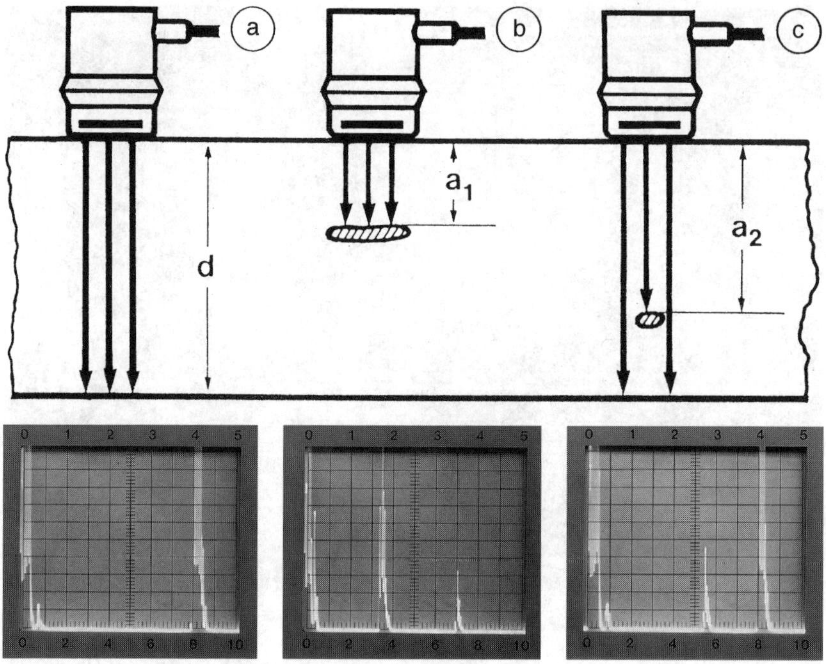

Bild 3-113 Entfernungsbestimmung von Fehlstellen: a: fehlerfrei, b: großer Fehler, mit Wiederholungsecho; c: kleinerer Fehler in größerem Abstand

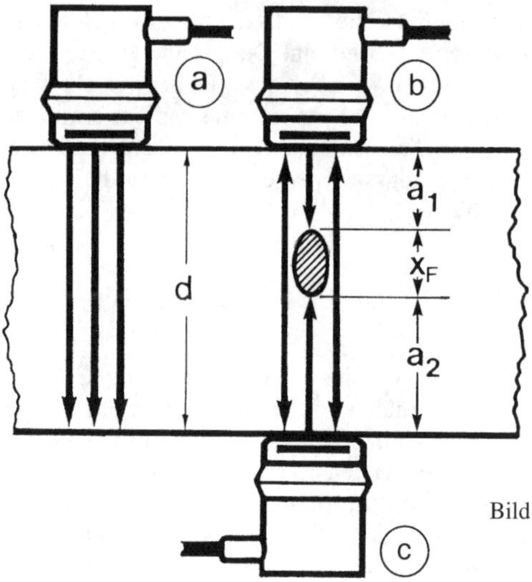

Bild 3-114 Bestimmung der Fehlerausdehnung durch Messen von zwei Seiten. Erläuterungen im Text

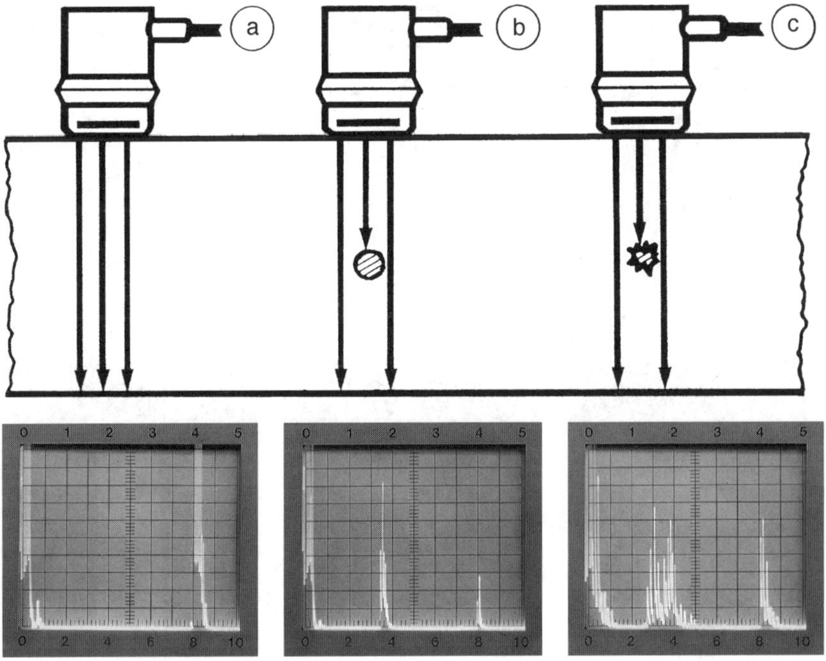

Bild 3-115 Bestimmung der Oberflächengestalt eines Fehlers: a: fehlerfrei; b: glattrandiger Fehler; c: zerklüfteter Fehler (gegenüber a) und b) erhöhte Verstärkung)

Unter *Echodynamik* versteht man das Verhalten von Echolaufzeit und/oder Amplitude in Abhängigkeit von der Relativbewegung zwischen Prüfkopf und Prüfobjekt. Bild 3-116 zeigt dies an einfachen Beispielen: Der flächige, nicht-voluminöse, mittige Innenfehler (a) erscheint nur von zwei gegenüberliegenden Prüfkopfpositionen aus mit konstanter Echoentfernung und stark schwankender Amplitude; der mittig liegende zylindrische Innenfehler (b) zeigt keinerlei Dynamik, d.h. er stellt sich aus sämtlichen Prüfkopfpositionen mit stets gleicher Amplitude und Laufzeit dar. Ein exzentrisch liegender Fehler würde mit variabler Laufzeit und entsprechend geringer Amplitudenschwankung erscheinen, während der Oberflächen-Längsriß (c) stark ausgeprägte Amplituden- und Laufzeitänderungen aufweist.

3.4.3.6 Rechnergestützte Fehlerbeschreibung

Seit jeher besteht in der zerstörungsfreien Materialprüfung der Wunsch, sich möglichst rasch ein umfassendes Abbild über die innere Struktur eines Werkstücks verschaffen zu können, aus dem inbesondere die Lage und die genaue Kontur aller vorkommenden Inhomogenitäten hervorgehen. Im folgenden sollen einige der

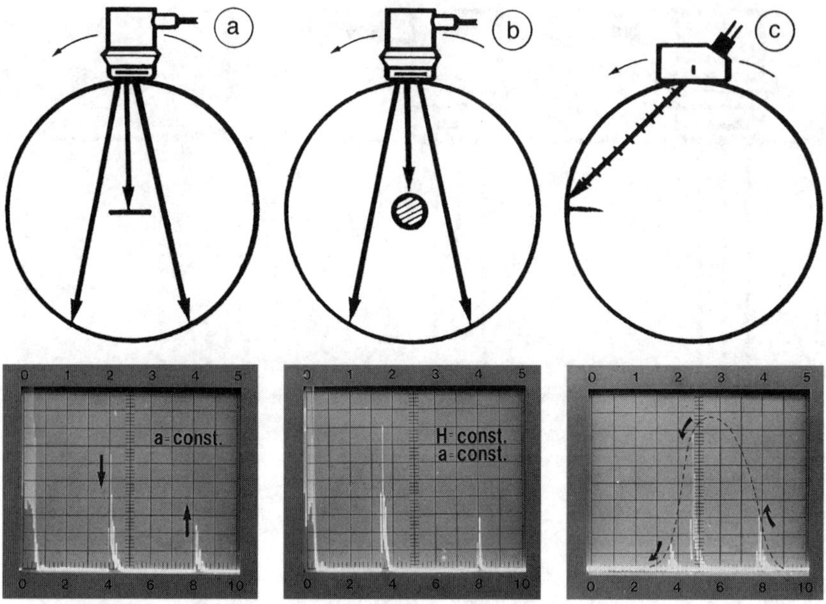

Bild 3-116 Echodynamik bei der Relativbewegung von Prüfkopf bzw. Prüfgegenstand. Einfache Beispiele; Erläuterungen im Text
a = Echolaufzeit bzw. -Entfernung
H = Echohöhe

wichtigsten bildgebenden Verfahren der zerstörungsfreien Materialprüfung kurz beschrieben werden. Für ein vertieftes Eindringen wird auf weiterführende Literatur verwiesen.

Unter dem Begriff *Mehrfrequenzprüfung* sind alle Versuche zu verstehen, durch Anwendung mehrerer Prüffrequenzen mehr Information über die Größe und Form eines Reflektors zu erhalten, als die AVG-Methode bei fester Frequenz liefert. Dabei soll ausgenutzt werden, daß sich die Reflexionseigenschaften eines Fehlers mit Änderung der Prüffrequenz ändern. Dies ist um so mehr der Fall, je mehr der Fehler eine flächenhafte Kontur besitzt, während ein kleiner kugelförmiger Reflektor innerhalb eines Frequenzbereiches, in dem sein Durchmessser kleiner als die Wellenlänge ist, praktisch gleichmäßig in alle Richtungen reflektiert. Mehrfrequenzprüfungen lassen sich beispielsweise mit breitbandigen Prüfköpfen und Ultraschallgeräten durchführen, deren Sender sogenannte CS-Signale erzeugen (Bild 3-21 c). Wegen der in der Praxis schwer überschaubaren Einflüsse der vielfältigen Fehlergeometrien lassen sich mit dieser Technik aber nur in wenigen Sonderfällen befriedigende Prüfaussagen treffen, s. z.B. [60, 61]. Dasselbe trifft auch auf die Methoden der *Frequenzanalyse* zu, bei der aus dem Verlauf des Echospektrums auf die Reflektorgeometrie geschlossen werden soll (Bild 3-117).

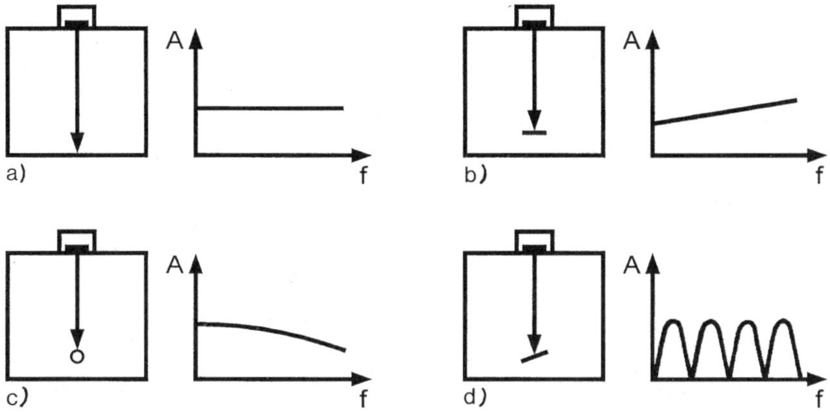

Bild 3-117 Frequenzanalyse [6]:
a) Rückwandecho: Frequenzanteile konstant
b) kleine ebene Ungänze: Steigende Frequenzanteile
c) zylindriche Ungänze: Fallende Frequenzanteile
d) schrägliegende kleine ebene Ungänze: Periodische Frequenzanteile

Bei der *Ultraschalltomografie* werden die ursprünglich für die *Röntgentomografie* der Medizintechnik entwickelten numerischen Verfahren der Bildkonstruktion angewendet: Bei der Röntgentomografie befindet sich der zu prüfende Gegenstand zwischen der Röntgenstrahlenquelle S_R und dem Detektor E. Während der Prüfung wird der Gegenstand oder die Sender/Empfänger Anordnung gedreht, so daß eine beliebige Anzahl von Prüfspuren im Werkstück erhalten wird. Denkt man sich das Werkstück in viele einzelne Segmente aufgeteilt, so wird die ursprüngliche Intensität der Röntgenstrahlung I_o in jedem durchlaufenen Segment exponentiell geschwächt. Die vom Detektor in der Spur 1 empfangene Intensität I_1 ist der Summe der *Absorptionskoeffizienten* α_{1v} jedes durchlaufenen Segmentes multipliziert mit der jeweiligen Länge x_{1v} des Segmentes proportional:

$$\ln\frac{I_o}{I_1} = \Sigma x_{1v} \cdot \alpha_{1v} \tag{3-20}$$

Für n Prüfspuren erhält man auf diese Weise n lineare Gleichungssysteme, die sich mit Computerprogrammen numerisch lösen lassen. Die so ermittelten Absorptionskoeffizienten $\alpha_{\mu v}$ aller Segmente werden farbig oder in Graustufen dargestellt und ergeben ein Schnittbild der Materieverteilung des Werkstücks.

Bei der Ultraschalltomografie (Bild 3-118) werden die Strahlenquelle und der Detektor durch Sender- und Empfänger-Ultraschall-Prüfköpfe ersetzt. Am Empfänger mißt man dann die Durchschallungsamplitude. Gleichung (3-20) gilt entsprechend für die *Ultraschallabsorptionskoeffizienten* α_{1v}. Man erhält mit dieser *Durchschallungstomografie* eine Verteilung der Ultraschallabsorptionskoeffizien-

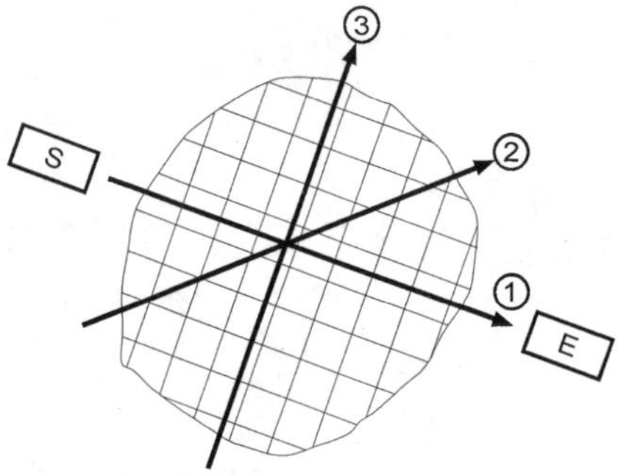

Bild 3-118 Prinzip der Ultraschalltomografie beim Drehen des Werkstücks; S: Sender, E: Empfänger

ten des Werkstücks. Mißt man statt der Intensität die Laufzeit t der Durchschallungssignale in jeder Prüfspur, so läßt sich daraus die Laufzeit in den einzelnen Segmenten berechnen. Man erhält nach entsprechender Rechnung die Verteilung der Ultraschallgeschwindigkeit im Werkstück. Die *Ultraschallaufzeit-* und *Durchschallungstomografie* haben in der Werkstoffprüfung weniger Bedeutung, da die aufzufindenden Fehlstellen meist so beschaffen sind, daß sie den Schall vollständig reflektieren. Statt dessen wird hier die *Ultraschall-Echotomografie* angewendet. Bild 3-119 zeigt das Prinzip am Beispiel der Prüfung eines zylindrischen Schmiedeteils [62]. Jede Prüfspur liefert hier ein A-Bild, aus dem entsprechend der jeweiligen Schallaufzeit jedem Segment eine zugehörige Echohöhe zugeordnet wird. Werden beim Drehen des Prüfteils Segmente mehrfach getroffen, kann die höchste Echoamplitude oder die Summe der Echoamplituden diesem Segment

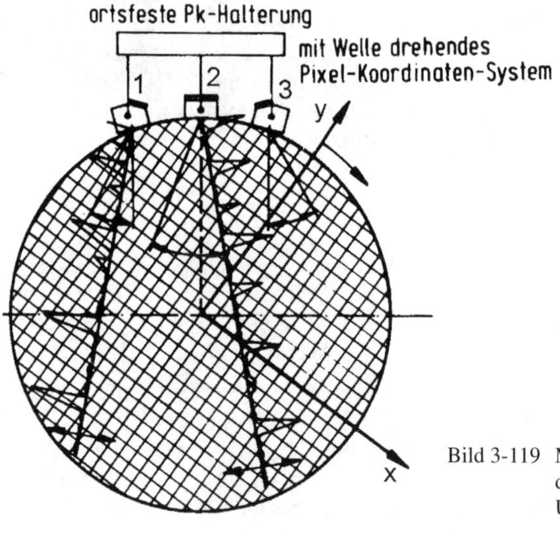

Bild 3-119 Meßanordnung bei Anwendung der Computertomografie mit Ultraschall (nach [62])

zugeordnet werden. Zur besseren *Auflösung* und höheren Geschwindigkeit lassen sich grundsätzlich auch mehrere Prüfköpfe gleichzeitig einsetzen (Bild 3-119) oder die Schallkeulen gleichzeitig elektronisch schwenken, indem Gruppenstrahlerprüfköpfe, s. Abschnitt 2.3.2 und Bild 2-17, eingesetzt werden. Nach jeder vollständigen Querschnittserfassung wird der Prüfkopf in axialer Richtung weiterbewegt. Bild 3-120 zeigt die echotomografischen Ergebnisse nach [62] an einer Welle mit 800 mm Durchmesser in zwei unterschiedlichen Schichten, die mit natürlichen Fehlern behaftet sind. Zwischen der mitabgebildeten äußeren Ringstruktur, die die Werkstückberandung darstellt, und der inneren Ringstruktur befindet sich der nicht zur Fehlerbewertung verwendbare Eintrittsechobereich. Die Summe aller Schichtaufnahmen erlaubt schließlich auch eine dreidimensionale Darstellung des gesamten Werkstückvolumens.

Für weitere Literatur s. [4, 62, 63].

Das *ALOK-Verfahren* (Amplituden-Laufzeit-Orts-Kurven) wurde ursprünglich zur automatisierten Prüfung von Druckbehältern im Kernkraftwerksbereich entwickelt. Es bietet neben einer grundsätzlichen Verbesserung des Signal-Rausch-Verhältnisses die Möglichkeit, Fehlstellen nach Ort, Abmessung und Orientierung zu beschreiben [64]. Bild 3-121 zeigt zunächst das Prinzip der Datengewinnung beim ALOK-Verfahren am Beispiel einer Zylinderbohrung in einem Werkstück: Der Prüfkopf wird dabei in einer automatischen Vorrichtung über das Werkstück geführt (Bild 3-121 a). In dichter Folge werden aus den jeweiligen A-Bildern die Laufzeiten t_i und Amplituden A_i der Ultraschallechos ermittelt. Bild 3-121 b zeigt dies für die Positionen 1 bis 5 auf dem Werkstück. Trägt man die Laufzeit und zugehörige Amplitude des jeweiligen Fehlers – hier der Zylinderbohrung – jeweils für sich über der zugehörigen Position x des Prüfkopfes auf, so erhält man die *Laufzeit-Ortskurve* und die *Amplituden-Ortskurve* (Bild 3-121 c, d). Sporadische Echos E_S, z.B. von Kornstrukturen, lassen sich in der Laufzeit-Ortskurve von dem linienhaften Verlauf der Zylinderbohrung unterscheiden. Sie können durch geeignete Rechenalgorithmen erkannt und bei der weiteren Auswertung unterdrückt werden. Dasselbe gilt für Echos von den Werkstückberandungen, z.B. von der Blechunterseite in Bild 3-121 a, die sich in der Laufzeit-Ortskurve als konstante waagerechte Linie E_R präsentiert. Ihre zugehörigen Amplituden-Werte bleiben bei der weiteren Auswertung unberücksichtigt. So erhält man die von Rauschen und

Bild 3-120 Computertomografische Ultraschallaufnahme eines Schmiedeteils (nach [62])

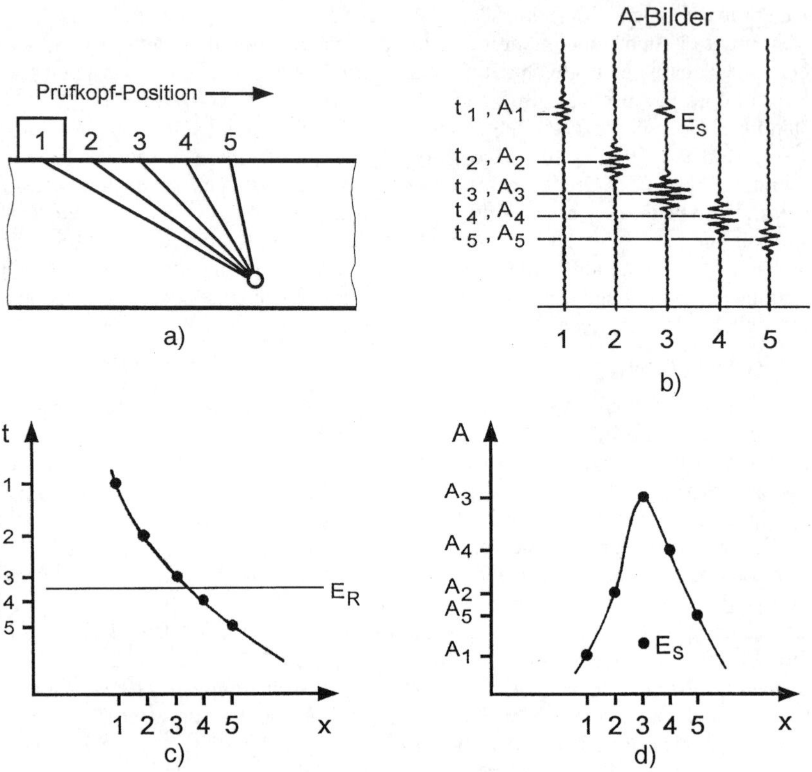

Bild 3-121 Prinzip der Datengewinnung beim ALOK-Verfahren (nach [64])
a) Abtastung des Werkstücks
b) A-Bilder
c) Laufzeit Ortskurve
d) Amplituden-Ortskurve

unerwünschten Formechos befreite Amplituden-Ortskurve (Bild 3-121 d). Zur Rekonstruktion der Fehlerberandung wird praktisch nur die entsprechend bereinigte Laufzeit-Ortskurve benötigt. Bild 3-122 veranschaulicht die Rekonstruktion: Von einer festen Position auf dem Werkstück aus liegen die möglichen Reflektororte auf einem Kreis mit einem der Echolaufzeit im Werkstück entsprechenden Radius r, r´ (Bild 3-122 b). Die so gebildeten Kreise von verschiedenen Prüfkopfpositionen schneiden sich. Die Verbindung aller Schnittpunkte miteinander führt zu einer Nachbildung der Reflektorberandung. Um auch die unteren Reflektorberandungen in Bild 3-122 a darstellen zu können, müssen auch die zwischen dem halben und ganzen Sprungabstand auftretenden Echos mitbewertet werden (Schallwege 3 und 4). Grundsätzlich können nur die Reflektorberandungen rekonstruiert werden, bei denen auch eine direkte oder indirekte Anschallung gelingt. In der Pra-

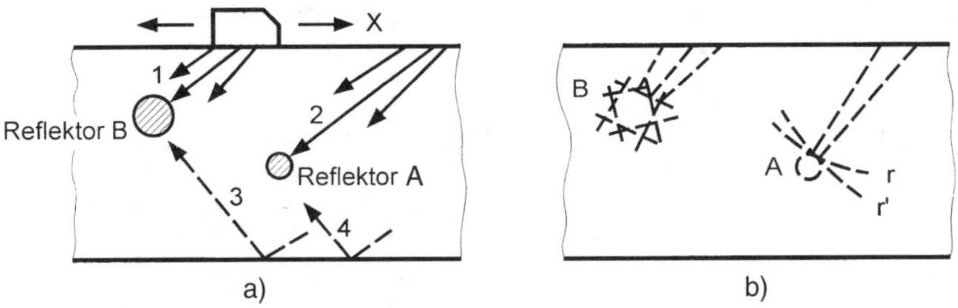

Bild 3-122 Reflektorrand-Rekonstruktion beim ALOK-Verfahren (nach [6])
a) Abtastung des Werkstücks
b) Bildrekonstruktion

xis werden daher häufig mehrere Prüfköpfe verwendet und die Rekonstruktionen aus verschiedenen Einfallswinkeln und Einschallrichtungen – sofern mehrere Werkstückkanten zugänglich sind – überlagert. Auch die Tandem-Technik findet Anwendung. Grundsätzlich gelingt die Rekonstruktion um so besser, je gleichmäßiger ein Fehler von allen Seiten beschallt werden kann.

Mehr noch als das Rekonstruktionsverfahren an sich ist auch heute noch die beim ALOK-Verfahren eingeführte Methode der Signalerkennung und Datenreduzierung von technischer Bedeutung. Geht man davon aus, daß die gleichgerichteten Halbwellen eines Ultraschallsignals als digitalisierte Amplitudenwerte vorliegen (Bild 3-123), so wird innerhalb eines Echogebirges nur dann ein Amplitudenwert als *lokales* Maximum erkannt bzw. als Fehlerecho interpretiert und gespeichert, wenn er der folgenden Bedingung genügt: i Halbwellen davor und k Halbwellen dahinter müssen die Amplitudenwerte um einen bestimmten Betrag kleiner sein. Damit wird zum einen eine gewisse Ähnlichkeit zwischen der Einhüllenden der an sich bekannten Echoform des Prüfkopfes und der Einhüllenden des zu bewertenden Fehlerechos gewährleistet, so daß lokale Maxima durch zufällige Interferenzen ebenso unberücksichtigt bleiben wie Gefügerauschen. Zum anderen wird die Menge der weiterzuverarbeitenden Daten drastisch reduziert. Dies erhöht in automatischen Prüfan-

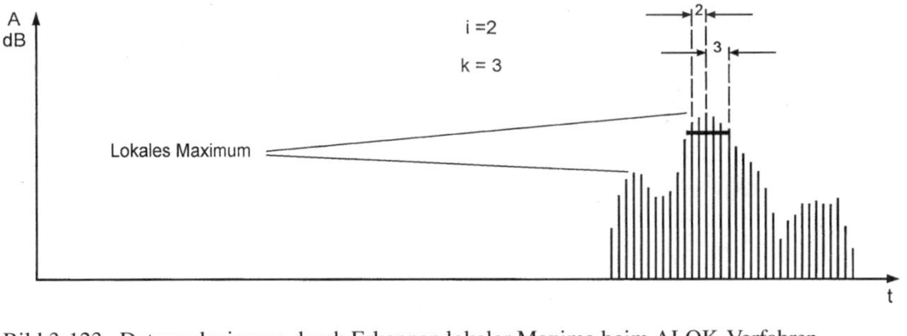

Bild 3-123 Datenreduzierung durch Erkennen lokaler Maxima beim ALOK-Verfahren

lagen die Verarbeitungsgeschwindigkeit und führt in mobilen Prüfeinrichtungen zu einer erheblichen Verminderung der benötigten Speicherkapazität.

Weitere Literatur in [65, 66].

Als *SAFT* (Synthetic Aperture Focusing Technique) bezeichnet man ein Verfahren, bei dem ein B-Bild aus den zuvor aufgenommenen, digitalisierten und gespeicherten A-Bildern rechnerisch erhalten wird. Wegen der durch Rechenzeit verursachten Zeitverzögerung zwischen Datenaufnahme und Bildaufbau ist SAFT kein On-Line-Verfahren, obwohl die heutzutage benötigten Rechenzeiten sehr kurz sind. Es wird auch bereits in Verbindung mit digitalen Handprüfgeräten auf Personal-Computern durchgeführt [67, 68]. Bild 3-124 zeigt das Prinzip des SAFT-Verfahrens: Ein Prüfkopf mit möglichst großem Öffnungswinkel wird längs einer Linie L, der Aperturlänge, bewegt. Dabei werden in dichten Abständen A-Bilder digitalisiert und im Rechner gespeichert. Die Echos eines Fehlers treten an den drei in Bild 3-124 eingezeichneten Prüfkopfpositionen mit entsprechenden Laufzeitunterschieden auf. Zu jedem Volumenelement V_i des Werkstücks werden für jede Prüfkopfposition die zu erwartenden Schallaufzeiten t_i berechnet und in den gespeicherten A-Bildern die diesen Laufzeiten entsprechenden Echoamplituden A_i aufgesucht und addiert. Dies hat eine exakte Laufzeitkompensation am Orte eines Fehlers zur Folge, so daß dort die Fehlerechos aus allen Prüfkopfpositionen phasenrichtig überlagert werden und zu einer rechnerisch entsprechend hohen Amplitude führen. Damit wird nachträglich und auf rechnerischem Wege dieselbe Wirkung erzielt, die ein Ultraschall-Gruppenstrahlerprüfkopf durch entsprechende zeitverzögerte Ansteuerung der Einzelelemente hätte: Die Schallintensität wird auf das jeweils betrachtete Volumenelement fokussiert. Gleiche Wirkung hätte auch ein entsprechend gekrümmter Schwinger, dessen Abstrahlfläche (*Apertur*) so groß ist wie die bei der SAFT-Datenaufnahme abgetastete Fläche, genau genommen derjenigen Fläche, aus der schließlich die A-Bilder rechnerisch überlagert werden. Man spricht daher hier von einer synthetischen Fokussierung und einer synthetischen Prüfkopf-Apertur. Ordnet man jedem Volumenelement V_i den auf diese Weise gewonnenen Amplitudenwert zu, erhält man ein qualitativ hochwertiges B-Bild. Die Addition der Amplitudenwerte aus vielen Prüfkopfpositionen hat zur Folge, daß sich an fehlerfreien Stellen des Werkstücks sporadische Anzeigen, z.B. durch Gefüge, wegmitteln und ein insgesamt stark verbessertes Signal-Rausch-Verhältnis erhalten wird. Bei Abtastung des Werkstücks längs einer Linie und Rekonstruktion des Werkstücks in der B-Bild-Ebene (Bild 3-124) spricht man von *LSAFT*. Allgemein ist bei flächenhafter Bewegung des Prüfkopfes auf dem Werkstück mit entsprechend höherem Rechenaufwand auch eine dreidimensionale Abbildung des Werkstücks möglich. Das *Auflösungsvermögen* von SAFT – Verfahren ist physikalisch grundsätzlich durch die Wellenlänge begrenzt. In der Praxis entspricht es in lateraler Richtung etwa dem halben Prüfkopfdurchmesser, in axialer Richtung der Länge der verwendeten Ultraschallimpulse.

Weitere Literatur in [69-72].

Mit *Hologrammen* werden in der Optik Gegenstände dreidimensional abgebildet. Das Verfahren beruht auf der Ausnutzung von Interferenzen zwischen der von einer

Laserlichtquelle erzeugten ebenen *Referenzwelle* und der *Objektwelle*, die vom abzubildenden Gegenstand reflektiert wird. Das z.B. auf photographischem Film aufgezeichnete Interferenzbild wird als Hologramm bezeichnet. Beleuchtet man das Hologramm mit derselben Laserlichtquelle, so erscheint der Gegenstand vor dem Auge des Betrachters als dreidimensionales virtuelles Bild *rekonstruiert*. Die Grundprinzipien optischer Hologramme lassen sich zwar grundsätzlich auch auf Ultraschallwellen anwenden, unterliegen hier jedoch Einschränkungen wegen des ungünstigeren Verhältnis von Wellenlänge zu Größe des abzubildenden Gegenstands und wegen der Begrenzung des Werkstücks und seiner zugänglichen Oberfläche. Dennoch sind die heutigen Verfahren der akustischen Holografie, mit denen Fehlstellen im Prüfobjekt meist ein- oder zweidimensional abgebildet werden, eine

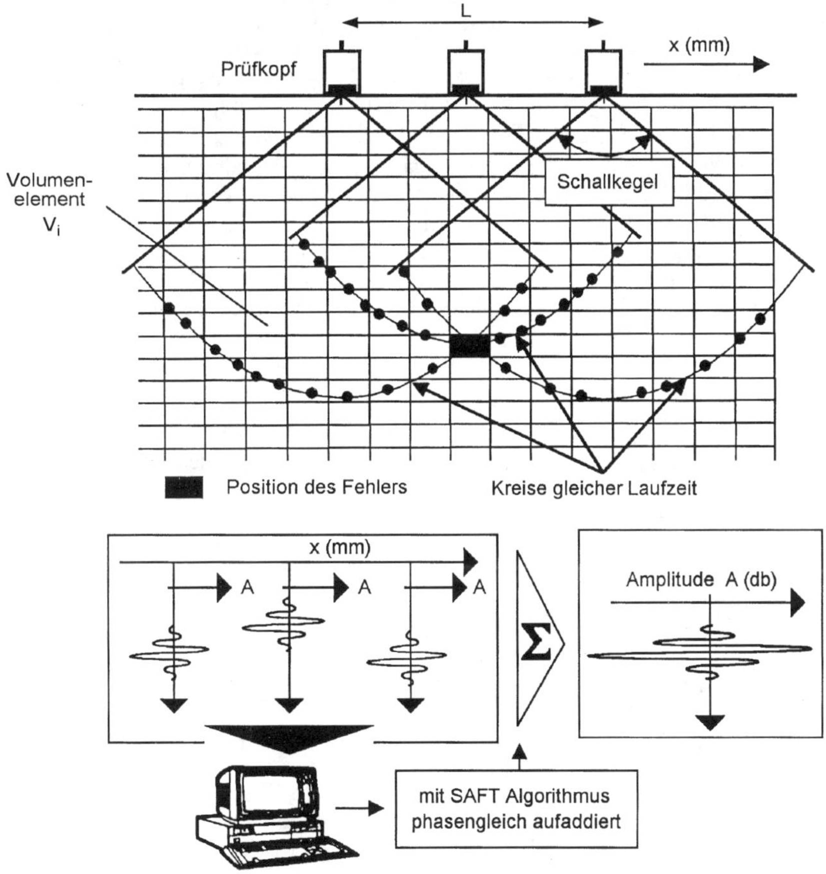

Bild 3-124 Zur Wirkungsweise des Synthetischen Aperturverfahrens „SAFT" (nach [68])

wichtige und vielfach angewendete Methode, um in einem Werkstück Lage, Größe und Geometrie von Fehlstellen genau zu beschreiben. Bild 3-125 zeigt das Prinzip. Das zu untersuchende Fehlergebiet wird mit einem feststehenden schmalbandigen Senderprüfkopf „beleuchtet". Mit einem mechanischen *Scanner* wird der Empfangs-Prüfkopf innerhalb der Apertur über das Werkstück bewegt. Dabei werden Punkt für Punkt Amplitude und Phasenlage des Empfangssignal registriert. Zum Verständnis der Bildrekonstruktion dient die Tasache, daß Schallwege grundsätzlich umkehrbar sind. Betrachtet man nämlich umgekehrt die Oberfläche des Werkstücks als Ausgangspunkte HUYGENSscher Elementarwellen, s. Abschnitt 2.3.3, derselben Amplituden und Phasen, wie am jeweiligen Punkt der Oberfläche zuvor empfangen, und überlagert diese im Werkstück, so entsteht nur an den ursprünglichen Reflektororten positive Interferenz, d.h. eine erhöhte Schalldruckamplitude. Dieses Prinzip wird ausgenutzt, um mit einem Rechner numerisch den ursprünglichen Schalldruck am Reflektorort zu bestimmen und die Lage des Fehlers im Werkstück zu rekonstruieren. In der Praxis benötigt man zur Abtastung des Werkstücks Prüfköpfe mit großem Öffnungswinkel. Das laterale und axiale Auflösungsvermögen hängt entscheidend davon ab, ist jedoch auf die Größe der Wellenlänge begrenzt. Daher hat es auch keinen Sinn, den Abstand der Rekonstruktionsebenen kleiner zu machen. Bild 3-126 zeigt die holografische Rekonstruktion einer Fehlstelle in einer Schweißnaht. Die Summe der Rekonstruktionen der Schalldruckamplituden in der y-Ebene (Bild 3-126 b) liefert eine gute Darstellung der Fehlerberandung (Bild 3-126 a). Weitere Information, nämlich über die Schräglage des Fehlers zur Rekonstruktionsebene, liefert die *akustische Konturholografie*. Hier wird zusätzlich zur Amplitude die Phasenlage der Schallwelle an jedem Punkt in der Rekonstruktionsebene berechnet. Unterschiedliche Phasenlagen entsprechen unterschiedlichen Abständen zur Rekonstruktionsebene. Daraus läßt sich eine topografische oder

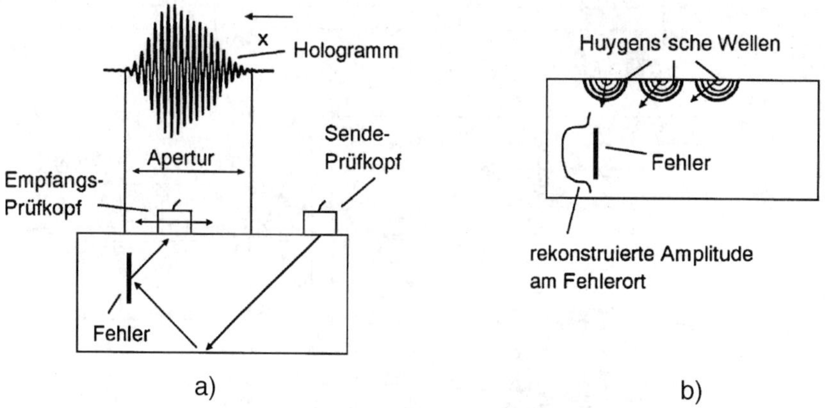

Bild 3-125 Prinzip der akustischen Holografie (nach [73]):
a) Abtastung von Amplitude und Phase des Schallfeldes
b) Numerische Rekonstruktion

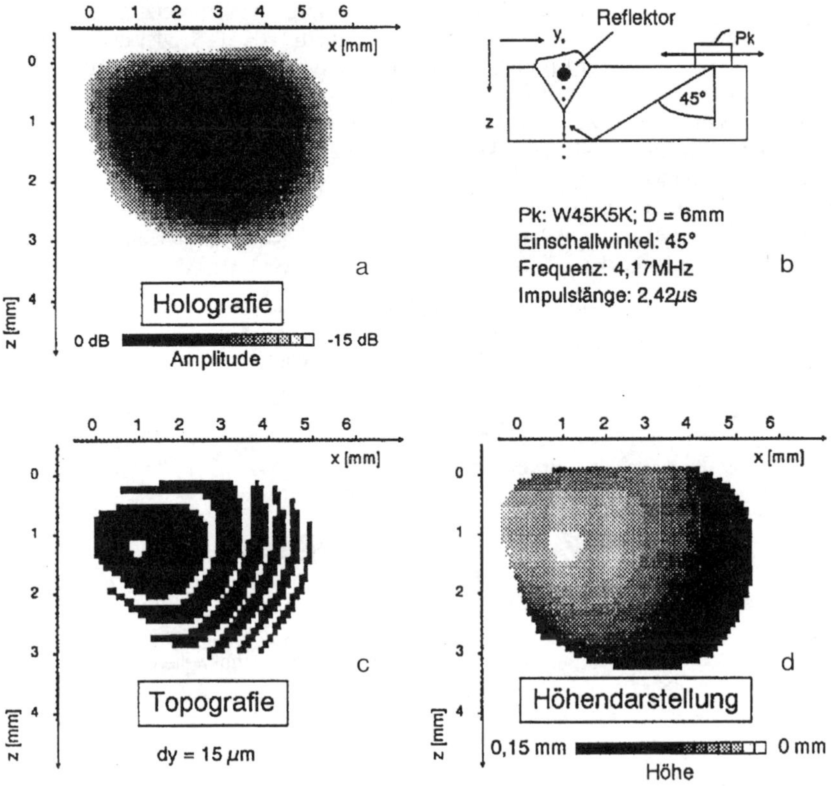

Bild 3-126 Unterschiedliche holografische Darstellung (nach [73])

Höhendarstellung des Reflektors bezogen auf die Rekonstruktionsebene ableiten (Bild 3-126 c und d). Die Auflösung entspricht hier der Genauigkeit, mit der die Phase bestimmt wird, und beträgt meist nur noch ein Bruchteil der Wellenlänge.

Mit der Auswertung mehrerer Prüffrequenzen oder der Verwendung breitbandiger Ultraschallsignale läßt sich das Auflösungsvermögen bei der Holografie verbessern. Holografische Verfahren haben gegenüber SAFT, das eine höhere Ortsauflösung liefert, den Vorteil, mit einer geringeren Datenmenge auszukommen, da statt kompletter A-Bilder nur ein Datenpaar (Amplitude und Phase) an jedem Abtastort gespeichert wird.

Weitere Literatur in [4, 73–76].

Ein durch die Möglichkeiten der digitalen Ultraschallgeräte und der PC-Technik praktikabel gewordenes Verfahren ist eine Beugungslaufzeittechnik, die eher unter dem Begriff *TOFD* (Time-Of-Flight-Diffraction) – *Methode* bekannt ist [77]. Sie wird überwiegend zur automatisierten Schweißnahtprüfung eingesetzt (Bild 3-127). Zwei Winkelprüfköpfe stehen sich dabei in festem Abstand als Sender und Empfänger gegenüber und werden mit einem Schrittmotor in x-Richtung entlang der Schweißnaht geführt. Die Öffnungswinkel sind so groß, daß bei hinreichender Verstärkung Schallanteile aus dem gesamten Querschnitt empfangen werden. Die zuerst eintreffenden Schallanteile kommen aus dem oberen Querschnitt nahe der Oberfläche, die zuletzt eintreffenden Schallanteile von der Rückseite. Sie markieren in einem herkömmlichen A-Bild Ober- und Unterseite der Schweißnaht. Dazwischenliegende Echos können aufgrund ihrer Laufzeit den entsprechenden Materialtiefen zugeordnet werden.

Der gesamte Echoverlauf im Erwartungsbereich zwischen Ober- und Unterseite wird digitalisiert und die Echohöhen auf einem Bildschirm vertikal von oben nach unten in Graustufen dargestellt. Die A-Bilder der nächstfolgenden Prüfkopfposi-

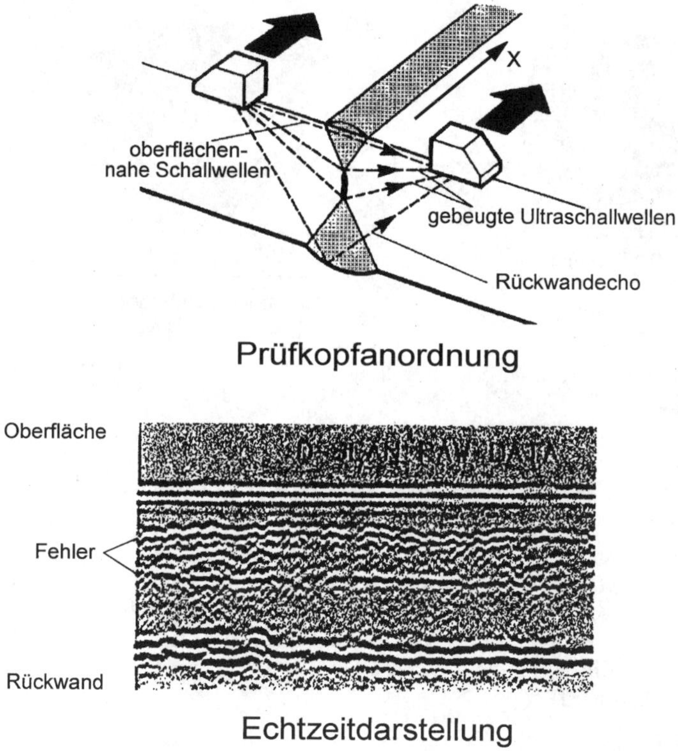

Bild 3-127 TOFD Methode (nach [77]):
a) Prüfaufbau an einem geschweißten Blech
b) Bilddarstellung

tionen werden jeweils danebengeschrieben. Die horizontale Achse entspricht daher der Koordinate längs der Schweißnaht. Ein deutliches Abbild des abgetasteten Nahtquerschnitts (Bild 3-127 b) entsteht dadurch, daß von einem Fehler durch Beugungseffekte Kantenechos ausgehen, die wegen ihrer entsprechend unterschiedlichen Laufzeiten auf dem Bildschirm dargestellt werden und der Größe nach beurteilt werden können [78].

Der Vollständigkeit halber seien an dieser Stelle auch die *akustischen Mikroskope* genannt (Bild 3-128). Bei ihnen wird der Schall in eine Ebene dicht unter der Oberfläche der zu untersuchenden Probe fokussiert. Bei der rasterförmigen Abtastung wird die Echoamplitude als Grauwert oder farbig kodiert entsprechend der jeweiligen Position des Prüfkopfes als C-Bild, s. Abschnitt 3.2, aufgezeichnet. Ultraschallmikroskope wurden ursprünglich für Frequenzen zwischen 1 und 3 GHz ausgelegt. Ihre Auflösung ist bei diesen Frequenzen der von Lichtmikroskopen ähnlich. Im Gegensatz zu ihnen liefern sie Informationen der elastischen Eigenschaften aus bestimmten Tiefenlagen. Die Proben müssen nicht transparent sein. Mit Ultraschallmikroskopen lassen sich metallographische Untersuchungen durchführen, z.B. Kornstrukturen in Metallen sichtbar machen oder Mikrorisse in keramischen Werkstoffen nachweisen. Das Reflexionsecho ist meist eine Interferenz zwischen dem im Brennpunkt der Linse reflektierten Schall und einer durch den Schallkegel des Prüfkopfes angeregten Oberflächenwelle auf dem Werkstück. Das Zusammenspiel dieser beiden Schallanteile bewirkt oftmals eine Kontrastverstärkung des Bildes. Heutzutage werden Ultraschallmikroskope auch für weitaus tiefere Ultraschallfrequenzen hergestellt. Mit ihnen werden mechanische Fehler in elektronischen Bauelementen aufgefunden und sichtbar gemacht. Bei Frequenzen unterhalb 100 MHz sollte man für eine Anordnung nach Bild 3-128 jedoch eher die Bezeichnung „hochauflösendes C-Bild-Verfahren“ wählen.

Weitere Literatur in [79–82].

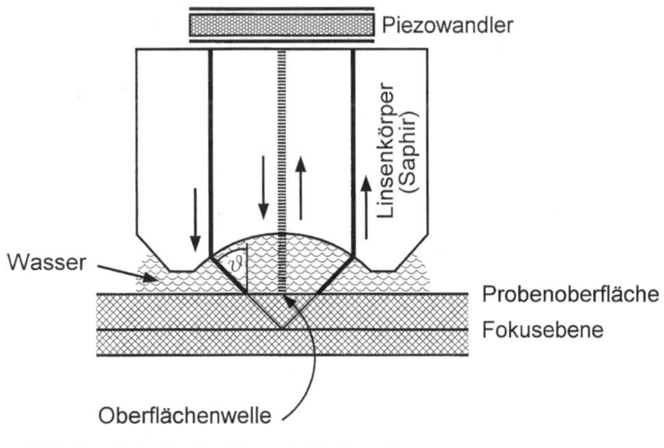

Bild 3-128 Prinzip des Ultraschallmikroskops

Die beschriebenen bildgebenden Verfahren zur Fehlerbeschreibung sind apparativ mehr oder minder aufwendig. Sie kommen daher bislang industriell nur in Einzelfällen zum Einsatz. Zur Darstellung von Fehlergrößen und deren Lage im Werkstück bedient man sich bei unkomplizierter Werkstückgeometrie daher meist des einfacheren Rasterverfahrens, bei dem das Werkstück in einer entsprechenden Vorrichtung automatisch Punkt für Punkt mit einem Prüfkopf abgetastet und ein *C-Bild* gewonnen wird, s. Abschnitt 3.2. Die bildgebenden Ultraschallgeräte der Medizintechnik hingegen arbeiten entweder mit sogenannten *Sektorscannern*, das sind Prüfköpfe, die in einer mit Flüssigkeit gefüllten Kapsel um einen festen Winkel, z.B. 60°, hin und her schwenken und im eigentlichen Übertragungsmedium alle Inhomogenitäten innerhalb dieses Winkelbereichs oder *Sektors* erfassen, oder mit den *Phased Arrays*, s. Abschnitt 2.3.2 und Bild 2-17, bei denen die Schallrichtung in beliebige Raumrichtungen elektronisch geschwenkt werden kann. Im Gegensatz zu den winkelförmigen Bildausschnitten beim Sektorscan liefern sie rechteckförmige Bildausschnitte. Die bildgebenden Geräte der Medizintechnik sind in der Werkstoffprüfung nicht ohne weiteres einsetzbar, da man bei der Einkopplung des Ultraschalls in einen Festkörper eine starke Schallbrechung berücksichtigen müßte. Überhaupt ist die Schalleinkopplung in Festkörper schwieriger als in menschliches oder tierisches Gewebe, da dessen akustische Impedanz dicht bei der von Wasser oder Gel liegt, das zur Ankopplung verwendet wird. Außerdem treten in Festkörpern bei jeder Schallreflexion *Modenumwandlungen* mit unterschiedlichen Wellenarten (z.B. Longitudinal und Transversal) auf, s. Abschnitt 2.3.3. Diese Probleme kennt die medizinische Ultraschalldiagnostik nicht.

3.5 Werkstoffeinflüsse

Als wichtigste Voraussetzung für eine erfolgreiche Ultraschallprüfung muß der Prüfgegenstand durchschallbar sein. Seine Schalleitfähigkeit ändert sich aber mit den Prüfbedingungen. Die Variationsmöglichkeiten, die Ultraschallgeräte heute bieten sowie die Prüfkopf-Vielfalt sind entstanden, um möglichst viele Prüfprobleme zu lösen. Prüfbarkeit ist dann gegeben, wenn die kleinste zur Anzeige zu bringende Inhomogenität – z.B. dargestellt durch einen künstlich angebrachten Testfehler mit gleichen akustischen Eigenschaften – eine Anzeige ergibt, die mindestens 6 dB über anderen störenden Anzeigen liegt, die durch das Gefüge des Prüflings oder das elektronische Rauschen des Ultraschall-Prüfgeräts entstehen können, s. Abschnitt 3.4.1.

Ist die so definierte Prüfbarkeit mit dem zunächst gewählten Prüfsystem nicht zu erreichen, so hilft in der Regel eine niedrigere Prüffrequenz und/oder ein Prüfkopf mit niedrigerem oder anderem Frequenzspektrum. Steht eine Auswahl verschiedener Prüfköpfe zur Verfügung, so läßt sich die Frage, ob Ultraschall überhaupt das Prüfproblem lösen kann, rasch durch Ausprobieren klären. Für grundlegende Untersuchungen hilft auch ein CS-Gerät mit einem in der Mittenfrequenz und Bandbreite stufenlos veränderlichen Sender, s. Kapitel 3.2. Dabei müssen geeignete breitbandige Prüfköpfe verwendet werden. Nachdem die optimalen Bedingungen damit ermittelt sind, kann auch wieder ein Prüfkopf mit entsprechendem Frequenzspektrum verwendet werden, der durch einen üblichen Impulssender angeregt wird. Beide Ergebnisse stimmen dann überein, wenn das Quadrat des CS-Senderspektrums dem Prüfkopfspektrum entspricht, da das Prüfkopfspektrum das Produkt aus Sende- und Empfangscharakteristik ist – beide sind annähernd gleich – während das CS-Spektrum nur den Sendefall betrifft.

Gußgefüge sind relativ grob, ergeben dadurch Reflexionen an den Korngrenzen und einen mehr oder minder störenden akustischen Rauschpegel. Der wird noch stärker, wenn Porositäten vorliegen.

Schweißverbindungen werden überwiegend mit Winkel-Prüfköpfen geprüft. Deren angegebener Einschallwinkel gilt nur für ferritischen Stahl. Er ändert sich mit der Schallgeschwindigkeit im Prüfling, s. Abschnitt 3.1.1 bzw. Formel 2-22. Bei höherer Schallgeschwindigkeit als Stahl werden sie größer, bei niedrigerer Schallgeschwindigkeit, z.B. Blei, Kupfer oder Kunststoff, kleiner (Tabelle 3-2). Praktische Anwendungshilfe bietet das Diagramm nach Bild 3-129. Durch keilförmige Vorsatzstücke oder entsprechende Bearbeitung der Vorsatzkeile läßt sich das ausgleichen. Zur Überprüfung von Einschallwinkel und Geräteeinstellung empfiehlt es sich, Kontrollkörper wie K 1 und K 2 aus den entsprechenden Werkstoffen herzustellen. In den meisten Fällen, z.B. Aluminium, Magnesium oder Titan läßt sich die Prüfung dann analog der Vorgehensweise bei ferritischen Stählen problemlos durchführen [83].

Werkstoffbedingte Prüfprobleme treten auch bei Schweißverbindungen auf. Die Prüfbarkeit eines Werkstoffs wird durch das zum Verschweißen notwendige Aufschmelzen i.a. verschlechtert. Wenn also schon der zu verschweißende Grundwerkstoff nicht mit Ultraschall prüfbar ist, so gilt das um so mehr für die Schweißverbindung. Testkörper aus dem Grundwerkstoff und/oder der Schweißverbindung mit künstlichen Testfehlern sind geeignet, die Prüfbarkeit und die mögliche Prüfempfindlichkeit festzustellen. Dazu dienen zumeist Zylinderbohrungen quer zum Schallstrahl, breiter als die Schallbündelbreite, parallel zur Werkstückoberfläche und in verschiedenen Tiefenlagen. Alternativ lassen sich auch Nuten an den Werkstoffoberflächen anbringen.

Von besonderer technischer Bedeutung sind Schweißverbindungen *austenitischer Stähle*. Diese mit Chrom und Nickel legierten Stähle besitzen hohe Korrosionsbeständigkeit und werden daher in chemischen Anlagen und Reaktor-Druckbehältern verwendet. Während man sich früher notgedrungen mit Prüfungen im Durchstrahlungsverfahren bzw. Oberflächen-Rißprüfungen begnügen mußte, steht heutzutage ein Ultraschall-Instrumentarium zur Verfügung, das auf die meisten austenitischen Schweißverbindungen angewendet werden kann. Allerdings ist immer noch nicht in allen Fällen Prüfbarkeit sichergestellt. Sie ist häufig gegenüber ferritischen Stählen eingeschränkt. Das liegt daran, daß sich in einer austenitischen Schweißnaht ein grobkörniges Gefüge bildet, dessen Schallgeschwindigkeit sich von der des Grundmaterials unterscheidet und außerdem in den verschiedenen Kristallrichtungen unterschiedlich ist.

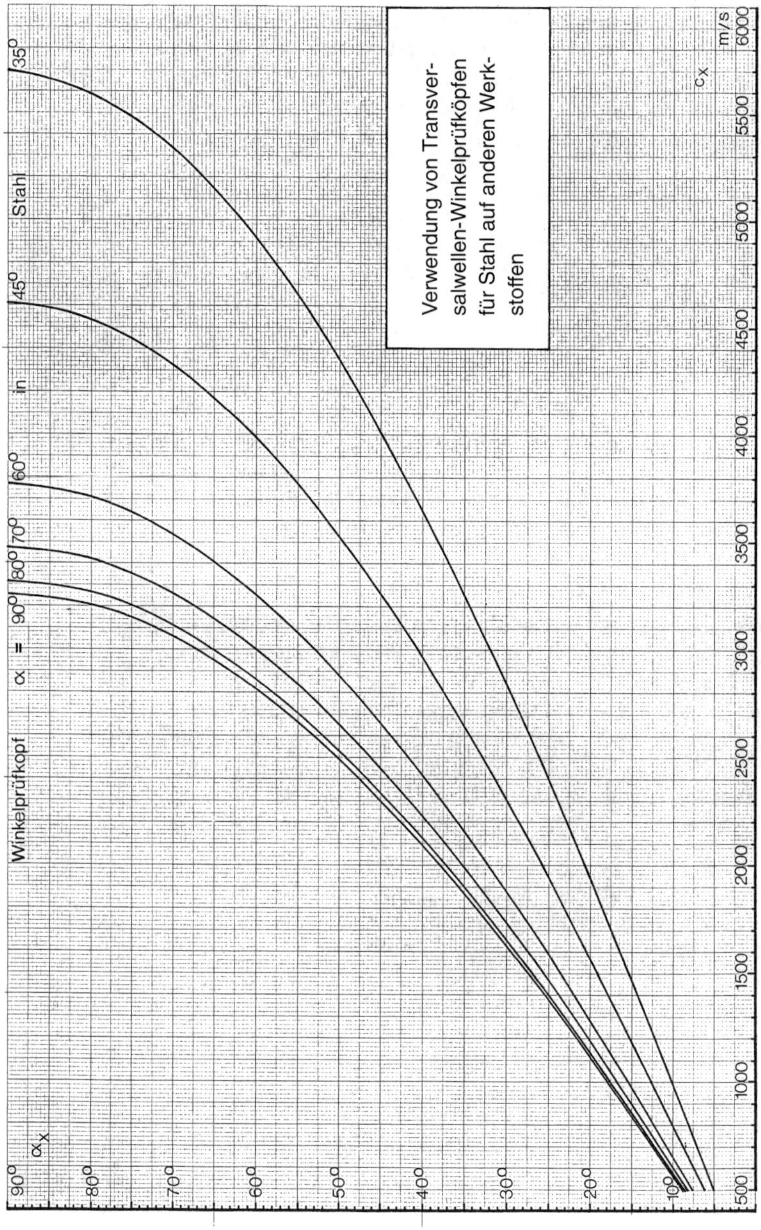

Bild 3-129 Einschallwinkel α_x in Materialien der Schallgeschwindigkeiten c_x (gültig für Long- und Transwellen) bei der Verwendung üblicher Transversalwellen-Winkelprüfköpfe für Stahl

Verwendet man zur Prüfung einen üblichen 4- oder 2-MHz-Winkel-Prüfkopf, so wird der Schall, wenn er denn überhaupt bis zur Schweißnaht und wieder zurück gelangen kann, an der Vorderflanke der grobkörnigen Schweißnaht reflektiert. Häufig ist durch Wahl einer niedrigeren Frequenz zwar das Einschallen in die Schweißverbindung möglich. Dessen Grobkorn ergibt jedoch u.U. so viele Gefügeanzeigen, daß sich auch relativ große Testfehler nur ungenügend vom „Gefügerauschen" abheben.

Verbesserungen werden auf verschiedene Weise erreicht. Vom IIW (International Institute of Welding) [84, 85] empfohlen wird die Verwendung von Winkel-Prüfköpfen mit Longitudinalwellen (Bild 3-130). Diese ergeben ein wesentlich besseres Signal-Rausch-Verhältnis schon allein deshalb, weil bei gleicher Frequenz die Wellenlänge größer ist als bei Transversalwellen und ein günstigeres Verhältnis zur Korngröße hat.

Selbstverständlich entsteht bei einem Einschallwinkel der Longwelle zwischen 60° und 90° (Kriechwelle an der Oberfläche) unter kleinerem Winkel zusätzlich eine Transversalwelle. Diese wird zwar stärker absorbiert, kann aber zu Fehldeutungen führen.

Da auch die Longwelle bis zur Reflexion an der gegenüberliegenden Werkstoffseite stark an Energie verliert, kann meist nur bis zum halben Sprungabstand geprüft werden. Bei der hier benötigten hohen Verstärkung lassen Winkel-Prüfköpfe mit einem Schwinger die Prüfung der unmittelbaren Oberflächenbereiche

Bild 3-130 Longitudinalwellen-Winkelprüfkopf für austenitischen Stahl

nicht zu, da die Reflexionen aus dem Vorsatzkeil dominieren. Daher wurden SE-Longwellen-Winkel-Prüfköpfe *(SEL-Prüfköpfe)* entwickelt (Bild 3-65). Da sie auch noch den Schall gewissermaßen fokussieren (Bild 3-4 c), ist eine erhöhte Prüfempfindlichkeit, allerdings nur in ihrem relativ kleinen Arbeitsbereich, zu beobachten. Daher sind zum vollständigen Prüfen dickwandiger austenitischer Schweißungen mehrere SEL-Prüfköpfe nacheinander einzusetzen. Die gültige Bezuglinie für die Fehlergrößen-Abschätzung muß dabei für jeden Prüfkopf gesondert mit den erwähnten Teststücken ermittelt werden.

Weitere Optimierungsmöglichkeiten liegen in der Vergrößerung spektraler Bandbreiten, indem hochbedämpfte Prüfköpfe eingesetzt werden.

Der Vollständigkeit halber sei erwähnt, daß das Signal-Rausch-Verhältnis auch mit Hilfe spezieller Methoden der Signalverarbeitung erhöht werden kann. Der Aufwand dafür ist beträchtlich und daher bisher ohne große praktische Bedeutung geblieben. Das dürfte sich mit der Weiterentwicklung digitaler Prüfgeräte und dem Einsatz digitaler Signalprozessoren jedoch ändern. Aus der vielfältigen Literatur zu diesem Thema seien [86–97] genannt.

Ähnliche Schwierigkeiten wie bei austenitischen Schweißnähten können sich auch bei der Prüfung anderer, schlecht schalleitfähiger Werkstoffe, wie z.B. Blei ergeben.

Auch *thermoplastische Kunststoffe*, die zu Leitungen verschweißt werden, werfen prüftechnische Probleme auf. Durch das Schweißen verändern sich die akustischen Eigenschaften. Totalreflexion an den Schweißflanken und hohe Absorption im

Bild 3-131 Longitudinalwellen-Winkelprüfkopf (Senkrechtprüfkopf und Vorsatzkeile) für Polyäthylen (PE)

Schweißgut können die Folge sein. Auch hier läßt sich mit Hilfe von Teststücken mit künstlichen Reflektoren und speziellen Winkelprüfköpfen (Bild 3-131) die Prüfbarkeit erproben. Es kann vorkommen, daß eine Prüfung in Reflexionstechnik unmöglich ist. Dann bleibt die Anwendung der allerdings meist unempfindlicheren und schwieriger anzuwendenden Durchschallung als einzige Alternative.

Ist eine Prüfung vorgeschrieben oder aus Gründen der Produkthaftung unerläßlich, so muß ggfs. ein anderer, nämlich prüfbarer Werkstoff eingesetzt werden, auch wenn der prüfbare Werkstoff von seinen Eigenschaften her eigentlich ungeeigneter ist. Bei richtiger Dimensionierung kann eine geprüfte Schweißverbindung aus dem „schlechteren" Werkstoff besser sein als die möglicherweise fehlerhafte aus dem besseren Material.

In den folgenden Tabellen 3-2 bis 3-5 sind die akustischen Eigenschaften von verschiedenen festen Stoffen, Stählen, Flüssigkeiten und gasförmigen Stoffen angegeben. Alle Werkstoffe ändern ihre akustischen Eigenschaften und damit ihre Prüfbarkeit mit der Temperatur. Die Tabelle 3-6 zeigt die aus verschiedenen Quellen die zusammengestellte Veränderung der Ultraschall-Absorption einiger Stoffe in Abhängigkeit von Werkstücktemperatur und Prüffrequenz.

Die Materialeigenschaften schwanken außerdem oftmals in Abhängigkeit vom Herstellprozeß, der chemischen Zusammensetzung und den Verunreinigungen. Bei Angabe eines festen Materialwertes lag nur ein Meßwert vor. Die jeweilige Quelle, der er entnommen wurde, ist angegeben. Ein angegebener Wertebereich umfaßt unterschiedliche Angaben aus mehreren Quellen.

Tabelle 3-2: Akustische Kenngrößen fester Stoffe (bei Raumtemperatur, 20–23 °C)

Werkstoff	Schallgeschwindigkeit c_L [m/s]	c_T [m/s]	Dichte ρ [10^3 kg/m^3]	Akust. Impedanz Z_L [10^6 kg/m^{2}s]	Quelle
ABS (Acryl-Butadin-Styrol)	2020	813	1,06	2140	107
Acetal	2353	1041	–	–	107
Aluminium	6200–6360	3100–3130	2,7	16,7–17,2	6, 18, 19 98, 99
" , Dural	6320	3130	2,8	17,7	6
" , gewalzt	6420	3040	2,7	17,3	104
Aluminiumoxid	9000–11000	5500–6500	3,6–3,95	32,4–43,5	15
Aluminiumoxid, gesintert	9900	5900	3,66	36,2	108
Antimon	3140–3400	1800	6,7	21,0–22,8	18, 102
Araldit F	2530	1100	1,18	3,0	6
Barium	2080	1160	3,74	7,8	110
Bariumtitanat	5200–5400	–	5,3–5,7	27,6–30,8	37, 103
Basalt	5930	3140	–	–	19, 99
Baumwollschnur (mit mech. Vorspannung 1 kp)	1250–1425	–	–	–	99, 102
Beryllium	12720–12890	8330–8880	1,82–1,87	23,2–24,1	6
Beton	3000–4830	2000–2400	1,8–2,5	5,4–12,1	6
Biologisches Gewebe (Mensch, Tier)	1478–1750	–	0,92–1,08	1,36–1,65	104
Blei	2050–2400	700–710	11,3–11,7	23,2–28,1	6, 18, 19 98, 99 102
Blei + 6 % Al	2160	810	10,9	23,5	6
Bleimetaniobat	2600–5330	–	5,0–7,72	13,0–41,1	37, 103
Bleititanat	4160–4270		7,5–7,65	31,0–33,0	37, 103
Bleizirkonattitanat	3940–4820	2260–2630	7,3–7,9	28,8–36,5	37, 103
Bronze, 5 % P	3530	2230	8,9	31,3	6
Buna N (SBR, Styrol-Butadien-Kautschuk)	2000	–	0,94	1,88	109
Bunamischung	1260	–	–	–	109
CA (Celluloseacetat)	2260	1063	–	–	107
CAB (Cellulose-Aceto-Butyrat)	1966	927	–	–	107
Caesium	1090	590	1,9	2,1	110

Tabelle 3-2 (Fortsetzung): Akustische Kenngrößen fester Stoffe (bei Raumtemperatur, 20–23 °C)

Werkstoff	Schallgeschwindigkeit c_L [m/s]	c_T [m/s]	Dichte ρ [10^3 kg/m^3]	Akust. Impedanz Z_L [10^6 kg/m^{2}s]	Quelle
Celluloid (Zellulosenitrat)	2210	–	1,4	3,1	–
Cer	2300	1330	6,80	15,6	110
Chrom	6845	3975	7,14	48,9	6
CR (Cloropren-Polymerisate)	1767	–	–	–	107
Degussit	9600–10550	6200	3,8–3,9	36,5–41,1	18, 99
Delrin	2400	–	1,42	3,4	37
Diamant (100 Richtung)	17500	12800	3,51	61,3	14
Dysprosium	2960	1720	–	–	110
Ebonit	1560–1566	–	–	–	102
Eis (H_2O bei –4° C)	3232–3980	1990	0,9	2,9–3,6	100, 102
Eisen	5950	3220–3240	7,9	47,0	18, 99
" , Armco	5950–5960	3240	7,85	46,7–46,8	6
" , Guß-	3500–5600	2200–3200	7,2	25,2–40,3	6, 98
" , gesintert	3500	2200	7,2	25,2	6
" , roh	3500–5600	2200–3200	7,2	25,2–40,3	6, 102
Elfenbein	3010–3061	–	1,8	5,4	18, 99 102
Epoxidharz	2400–2900	1100	1,1–1,25	2,64–3,63	19
EVA (Äthylen-Vinylacetat-Cop.)	1977	–	–	–	107
Fused Silica	5968	3764	2,2	13,1	108
Gadolinium	2950	1680	–	–	110
Gallium	3030	750	5,9	17,9	110
Germanium	4580	2420	5,35	24,5	110
GFK (64 % Glas)	2750	–	–	–	6
Gips	2310	–	1,14	2,63	6, 19 102
Glas, Fensterglas	5770	3430	2,51	14,5	6
" , Flintglas	4200–4260	2560	3,6	15,1–15,3	6, 99
" , Kronglas	5225–5660	3420	2,5	13,1–14,2	6, 18, 99
" , Pyrex-Flintglas	5610	3250	2,32	13,0	108
" , Quarzglas	5570–5930	3515–3750	2,6	14,5–15,4	–
Glaskeramik (Macor)	5630	–	2,52	14,2	37

Tabelle 3-2 (Fortsetzung): Akustische Kenngrößen fester Stoffe (bei Raumtemperatur, 20–23 °C)

Werkstoff	Schallgeschwindigkeit c_L [m/s]	c_T [m/s]	Dichte ρ [10^3 kg/m^3]	Akust. Impedanz Z_L [10^6 kg/m^{2}s]	Quelle
Gneis	4700	–	–	–	–
Gold	3240	1200	19,7	63,8	18, 19 99, 102
Granit	3950–6500	–	2,8–4,1	11–26,5	99, 102 105
Graphit, gepreßt	1600–2500	1200–1500	1,7–2,3	2,72–5,8	6
Grauguß	3500–5600	2200–3200	7,2	25,2–40,3	6
Gummi, hart	1570–2300	–	1,2	1,88–2,76	6, 18, 99 102
" , weich	1480–1550	–	0,90–0,95	1,33–1,47	–
Gußeisen	3500–5800	2200–3200	6,9–7,3	24,2–42,3	6, 98, 99
Hafnium	3670	2000	13,3	48,8	110
Hartmetall	6800–7300	4000–4700	11,0–15,0	74,8–109,5	98
Hartparaffin	2200	–	0,83	1,83	15
Harz	1600	–	1,07	1,71	102
HDPE (Polyäthylen hoher Dichte)	2404	1035	0,94–0,96	2,26–2,31	107
Holz, Ahorn, Faserrichtung	4110	–	–	–	–
" , Buche, Faserrichtung	4100	–	0,69	2,82	6, 99
" , Buche, quer zur Faser	1500	–	0,69	1,04	6, 99
" , Eiche, Faserrichtung	4310	–	0,65	2,80	6, 99
" , Eiche, quer zur Faser	1470	–	0,65	0,96	6, 99
" , Esche, Faserrichtung	4670	–	–	–	–
" , Esche, quer zur Faser	1390	–	–	–	–
" , Fichte, Faserrichtung	5380	–	0,62	3,34	6
" , Fichte, quer zur Faser	1630	–	0,62	1,01	6
" , Kiefer, Faserrichtung	5380	–	0,62	3,34	6
" , Kiefer, quer zur Faser	1630	–	0,63	1,03	6
" , Kirsche, Faserrichtung	4400	–	–	–	–
" , Nußbaum, Faserrichtung	4700	–	–	–	99
" , Tanne, Faserrichtung	5260	–	–	–	99
" , Ulme, Faserrichtung	4120	–	–	–	–
Inconel, geschmiedet	7820	3020	8,3	64,52	6
Indium	2460	710	7,3	18,0	110
Iridium	4800–5380	3050	22,4	107,5–120,5	110

Tabelle 3-2 (Fortsetzung): Akustische Kenngrößen fester Stoffe (bei Raumtemperatur, 20–23 °C)

Werkstoff	Schallgeschwindigkeit c_L [m/s]	c_T [m/s]	Dichte ρ [10^3 kg/m^3]	Akust. Impedanz Z_L [10^6 kg/m^{2}s]	Quelle
Kadmium	2665–3300	1500–1810	8,6–8,7	22,9–28,5	18, 19 102
Kalzium	4180	2210	1,54	6,4	110
Knochen	3445	–	1,82	6,3	104
Kobalt	4720–5830	3000–3050	8,8	41,5–51,3	102
Konstantan	5240	2640	8,8	46,1	18, 102
Kork	500–535	–	0,21	0,11–0,11	18, 99 102
Korkgummi	1100	–	0,92	1,00	37
Korund (Schleifstein)	3700	2713	3,9–4,1	14,4–15,2	37
Kreide	480	–	–	–	109
Kupfer	3666–4760	2260–2320	8,9	32,6–42,4	6, 18, 19 98, 99 102
Lanthan	2770	1540	6,15	17,0	110
LDPE (Polyäthylen niedriger Dichte)	2087	–	0,92–0,94	1,92–1,96	107
Leguval (ungesättigtes Polyesterharz)	2650	–	1,24	3,3	6
Lehm	1659	–	2,2	3,7	102
Leinenschnur (mit mech. Vorspannung 1kp)	1815	–	–	–	102
Lithium	6030	2820	0,53	3,2	110
Lithiumniobat	7320	–	4,64	34,0	108
Lithiumsulfat	4720–5460	–	2,06	9,7–11,2	108
Lucit (PMMA Fa. DuPont)	2680	1260	1,18	3,2	108
Magnesium	4602–5900	3050–3280	1,70–1,75	7,8–10,3	6, 99 102
Mangan	4660–5560	2350–3280	8,4	39,1–46,7	6, 18 102
Marmor	3810–6500	3260	2,5–2,8	9,5–18,2	19, 99
Messing, Ms 58	3830–4250	2050–2200	8,1	31,0–34,4	18, 99 102
" , Ms 63	4400–4440	2118–2120	8,24	36,3–36,6	6,19,98
" , Ms 72	4700	2110	8,6	40,4	6
Molybdän	6250–6650	3350–3510	10,1–10,2	63,1–67,8	6, 102

Tabelle 3-2 (Fortsetzung): Akustische Kenngrößen fester Stoffe (bei Raumtemperatur, 20–23 °C)

Werkstoff	Schallgeschwindigkeit c_L [m/s]	c_T [m/s]	Dichte ρ [10^3 kg/m^3]	Akust. Impedanz Z_L [10^6 kg/m^{2}s]	Quelle
Monel	5350–6020	2720	8,8–8,9	47,1–53,6	6
Natrium	3310	1620	0,97	3,2	110
Naturgummi	1523	–	–	–	–
NBR (Nitrilkautschuk)	1933	–	1,00	1,52	107
Neodym	2720	1440	7,0	19,0	110
Neopren	1600	–	1,33	2,1	6
Neusilber	3600–4760	2160	8,4	30,2–40,0	18, 19 99
Nickel	4973–6040	2960–3219	8,8–8,9	43,8–53,8	6, 18, 19 99, 102
Niobium	4100–5100	1700–2090	8,6	35,3–43,9	6
Nylon	2600	1100	1,12	2,90	105
Osmium	5480	3140	22,48	123,2	110
Palladium	4510–4620	1900–1990	11,5	51,9–53,1	110
Papier, Pergament	2000	–	–	–	109
" , Schreibpapier	2107	–	–	–	109
" , Seidenpapier	1989	–	–	–	109
Paraffin, hart	1390–1400	–	0,88–0,90	1,22–1,26	99,102
PC (Polycarbonat)	2001	1060	1,20	2400	–
Pech	1310	–	1,11	1,45	102
Perbunan	1700–1750	–	1,0	1,70–1,75	–
PETP (Polyäthylenglykol-terephtalat, Polyester)	2710	–	1,40	3,8	37
Phenolharz	2800	–	1,25	3,5	–
Polyimid (Vespel)	2433	–	1,43	3,5	37
Platin	3960–4080	1670–1730	21,4	84,7–87,3	6, 18, 19 99, 102
Plexiglas (Warenbez. PMMA der Fa. Röhm)	2670–2760	1120–1430	1,18	3,2–3,3	6, 19, 99
PMMA (Polymethyl-methacrylat)	2660–2740	1378	1,18–1,20	3,1–3,3	107
PA (Polyamid)	1800–2600	1100–1200	1,1–1,2	1,98–3,12	18, 19, 37, 108
PAI (Polyamidimid)	2685	–	1,40	3,8	37
PE (Polyäthylen)	1950–2000	540	0,9	1,76–1,80	6

Tabelle 3-2 (Fortsetzung): Akustische Kenngrößen fester Stoffe (bei Raumtemperatur, 20–23 °C)

Werkstoff	Schallgeschwindigkeit c_L [m/s]	c_T [m/s]	Dichte ρ [10^3 kg/m^3]	Akust. Impedanz Z_L [10^6 kg/m^{2}s]	Quelle
Polyesterharz	2650	–	1,22–1,27	3,2–3,4	6
Porzellan	5600–6200	3500–3700	2,4–2,5	13,4–15,5	6, 19, 99
PP (Polypropylen)	2404	1035	0,9	2,16	37
Praseodym	2660	1410	6,5	17,3	110
PS (Polystyrol)	2337–2350	1020–1150	1,05–1,06	2,45–2,49	19, 99
PTFE (Polytetrafluoräthylen)	1350	550	2,20	3,0	6, 19
PUR, PU (Polyurethan)	1815	–	1,21	2,20	107
PVC (Polyvinylchlorid)	2180–2260	948	1,38–1,40	3,0–3,2	101
PVDF (Polyvinylidenfluorid)	2200	775	1,78	3,9	37, 106
Quarz	5740–5760	–	2,65	15,2–15,3	19
Quarzkristall	5760	3840	2,65	15,2	100, 108
Quecksilber, –50°C	2673	–	13,6	36,4	102
Rhenium	5360	2930	20,5	110,0	110
Rhodium	6190	3470	12,5	75,5	110
Rubidium	1430	770	1,53	2,19	110
Ruthenium	6530	3740	12,43	81,2	110
Samarium	2700	1290	7,7	20,80	110
Sandboden	270–2000	–	–	–	99, 102
Saphir	10870	–	3,97	43,2	37
Schafleder	471	–	–	–	102, 109
Schellack	985	–	–	–	109
Schokolade (45° C)	1603	–	–	–	37
Siegellack	1345	–	1,6	2,15	99, 102
Silber	3600–3790	1590–1690	10,4	37,4–39,4	18, 19, 99, 102
Silizium	8945	5341	2,3	20,6	6
Siliziumnitrid-Keramik	11000	6250	3,27	36,0	105
Stearin	1380	–	–	–	99, 102
Steatit	6400	3725	2,7	17,3	6, 19
Steine, feuerfest	2000–4800	–	1,5–4,0	3,0–19,2	6
Steinsalz	2720–4400	–	–	–	109
Strontium	2780	1520	2,67	7,4	110

Tabelle 3-2 (Fortsetzung): Akustische Kenngrößen fester Stoffe (bei Raumtemperatur, 20–23 °C)

Werkstoff	Schallgeschwindigkeit c_L [m/s]	c_T [m/s]	Dichte ρ [10^3 kg/m^3]	Akust. Impedanz Z_L [10^6 kg/m^{2}s]	Quelle
Talg	390	–	–	–	99, 102
Tantal	4100–4240	2030–2900	16,6	68,1–70,4	6, 99
102					
Teflon (PTFE)	1350	550	2,2	2,97	6, 19
Terbium	2920	1660	–	–	110
Textolit	2920	–	1,28	3,7	6
Thallium	1630	480	11,85	19,3	110
Thorium	2850–2940	1560–1630	11,7	33,3–34,4	110
Titan	5823–6260	2920–3215	4,5	26,2–28,2	6
Titankarbid	8270	5160	5,15	42,6	108
Ton, gebrannt	3652	–	–	–	99, 102
Trolitul	2330	1116	1,05	2,45	6
Turmalin	7540	–	3,15	23,8	102
Uran	3200–3440	2780–2860	18,1	59,8–64,3	6, 19
Vanadium	5230–6000	2780–2860	5,8	30,3–34,8	6
Vulcollan	1540	–	1,20	1,85	37
Wachs	840–863	–	–	–	99, 102
Wachstuch (mit mech. Vorspannung 1 kp)	559	–	–	–	109
Weißmetall	6800–7300	4000–4700	11,0–15,0	74,8–109,5	6
Wismut	1810–2270	1100–1130	9,8	17,7–22,2	6, 99, 102
Wolfram	5180–5460	2620–2870	19,1–19,3	98,9–105,4	6, 18, 19 102
Wolframkarbid	6800–7300	4000–4700	11,0–15,0	74,8–109,5	6
Ytterbium	1820	1000	–	–	110
Yttrium	4280	2420	4,34	7,9	110
Zink	3890–4210	2290–2440	7,1	27,6–29,9	6, 18, 19 99, 102
Zink/Zinn-Legierung	2710–3330	–	7,14–7,22	20,4–23,8	102
Zinn	3210–3320	1530–1670	7,3	23,4–24,2	6, 18, 19 99, 102
Zircaloy	4620	2340	–	–	6
Zirkon	3160–4650	1950–2590	6,5	20,5–30,2	6, 111
" , isopressed	7620	4280	–	–	111

Tabelle 3-3: Akustische Kenngrößen von Stählen (bei Raumtemperatur, 20–23°C)

Werkstoff	Schallgeschwindigkeit		Dichte ρ	Akust. Impedanz	Quelle
	c_L [m/s]	c_T [m/s]	[10^3 kg/m^3]	Z_L [10^6 kg/m^{2}s]	
Baustahl, unlegiert bis 0,2 % C, z.B. St 52-3 n. DIN 54120 geglüht	5890–5950	3240–3270	7,85	46,2–46,7	98
bis 0,5 % C geglüht	5940–5960	3230–3245	7,8–7,85	46,3–46,8	6
Baustahl legiert (0,35 % C, 0,6 % Mn, 1 % Cr, 0,2 % Mo) geglüht	5950	3260	7,84	46,6	6, 98
vergütet	5930	3240	7,84	46,5	6, 98
gehärtet	5900	3230	7,84	46,3	6, 98
(0,3 % C, 0,4 % Mn, 2 % Cr, 2 % Ni, 0,2 % Mo) geglüht	5930	3220	7,85	46,6	6, 98
vergütet	5870–5880	3210	7,85	46,1–46,2	6, 98
gehärtet	5890	3210	7,85	46,2	98
Kugellagerstahl (1 % C, 1,5 % Cr)	5990	3270	7,8	46,7	–
Rostfreier Stahl, austenitisch (X 10 Cr Ni 18 8) geglüht	5530	2983	7,9	43,7	6
(X 10 Cr Ni Nb 18 9)	5790	3100	7,8–7,9	45,2–45,7	–
(X 12 Cr Ni 18 8)	5660	3120	7,8	44,1	–
Rostfreier Stahl, ferritisch (0,15 % C, 17 % Cr) geglüht	6010	3360	7,7–7,9	46,3–47,5	6, 98
Schnellstahl (0,9 % C, 4 % Cr, 2,5 % Mo, 2,5 % V, 3 % W) geglüht	6060	3350	–	–	98
gehärtet	5880	3190	–	–	98
Werkzeugstahl (1 % C) geglüht	5940–5960	3220–3245	7,8–7,84	46,3–46,7	6
gehärtet	5854	3150	7,84	45,9	–
Werkzeugstahl (2 % C, 12 % Cr, 0,6 % W) geglüht	6140	3310	7,75–7,8	47,6–47,9	6, 98
gehärtet	6010	3220	7,75	46,6	6, 98

Tabelle 3-4: Akustische Kenngrößen von Flüssigkeiten bei der Temperatur T

Flüssigkeit	Schallgeschwindigkeit c_L [m/s]	Dichte ρ [10^3 kg/m^3]	Akustische Impedanz Z_L [10^6 kg/m^{2}s]	Temperatur T [°C]	$-\Delta c_L/\Delta T$ [m/s °C]
Aceton	1190	0,790	0,93	20	4,5
Äthyläther	1006	0,714	0,72	20	5,7
Äthylalkohol (Äthanol)	1207	0,790	0,95	25	4,0
Äthylenglykol	1667	1,113	1,85	25	2,1
Ameisensäure (HCOOH)	1287	1,216	1,56	20	–
Ammoniak	1663	0,880	1,46	16	–
Benzin	1166	0,700	0,82	17	–
Benzol	1295	0,870	1,13	25	4,65
Butan/Propan Gemisch (2 bar) [37]	870	0,580	0,50	20	–
Chloroform	1001	1,487	1,49	23,5	3,5
Dieselöl	1250	0,800	1,00	20	–
Dioxan (Diäthylendioxid)	1380	1,030	1,42	20	–
Freon	973	1,580	1,54	20	4,3
Glyzerin	1923	1,261	2,42	20	1,8
Heptan (n)	1165	0,681	0,79	23	4,2
Hexan	1113	0,658	0,73	23	–
Kerosin	1295	0,825	1,07	34	–
Kochsalzlösung 1 %	1487	1,020	1,52	25	–
Kochsalzlösung 25 %	1770	1,190	2,10	25	–
Methanol (Methylalkohol)	1121	0,791	0,88	20	3,3
Methylenchlorid	1109	1,336	1,48	20	–
Methylenjodid	977	3,323	3,25	24	–
Motoröl (SAE 20 und 30)	1740	0,870	1,51	20	–
Nitrobenzol	1477	1,203	1,78	20	3,7
Oktan	1192	0,702	0,84	20	4,2
Olivenöl	1381	0,904	1,25	32	–
Paraffinöl (Vaselinöl)	1420	0,840	1,19	33,5	–
Paraldehyd	1186	0,994	1,18	20	–
Pentan	1020	0,622	0,64	20	–
Per-Chloräthylen	1070	1,610	1,72	20	–
Petroleum	1395	0,820	1,14	15	–
Propanol (Propylalkohol, n)	1234	0,801	0,99	24	–

Tabelle 3-4: (Fortsetzung): Akustische Kenngrößen von Flüssigkeiten bei der Temperatur T

Flüssigkeit	Schallgeschwindigkeit c_L [m/s]	Dichte ρ [10^3 kg/m^3]	Akustische Impedanz Z_L [10^6 kg/m^{2}s]	Temperatur T [°C]	$-\Delta c_L/\Delta T$ [m/s °C]
Propanol (Propylalkohol. iso)	1231	0,785	0,97	24	–
Quecksilber	1451	13,60	19,7	20	0,46
Rizinusöl	1477	0,969	1,43	25	3,6
Sauerstoff (O_2)	911	1,143	1,04	–183,6	–
Schwefelsäure (H_2SO_4)	1440	1,840	2,57	15	–
Spindelöl	1431	0,866	1,24	25	–
Stickstoff (N_2)	869	0,815	0,71	–197	–
Terpentinöl	1280	0,893	1,14	27	–
Tetrachloräthan	1155	1,578	1,82	28	–
Tetrachloräthylen	1027	1,623	1,67	28	–
Tetrachlorkohlenstoff	943	1,594	1,50	20	3,1
Toluol	1320	0,8631	1,14	23	4,3
Trichloräthylen	1049	1,47	1,54	20	–
Wasser H_2O (destilliert)	1497	0,999	1,50	25	–2,4
Wasser D_2O(schwer)	1399	1,104	1,54	25	–2,8
Wasser (Meerwasser)	1531	1,025	1,57	25	–2,4
Xylol, m	1328	0,861	1,14	22	4,1
Zink	2700	6,54	17,5	450	–

Quellen: [14, 18, 99, 112, 113]

Tabelle 3-5: Akustische Kenngrößen einiger gasförmiger Stoffe bei der Temperatur T

Gas	Schallgeschwindigkeit c_L [m/s]	Dichte ρ [kg/m³]	Akustische Impedanz Z_L [10^3 kg/m²s]	Temperatur T [°C]	$\Delta c_L/\Delta T$ [m/s °C]
Ammoniak (NH_3)	415	0,771	0,320	0	–
Äthan (C_2H_6)	308	1,356	0,418	10	–
Argon (Ar)	319	1,78	0,567	0	0,56
Argon bei 40 bar	323	70,4	22,7	20	–
Argon bei 250 bar	323	449	143,7	20	–
Helium (He)	965	0,178	0,172	0	0,8
Kohlendioxyd (CO_2)	259	1,977	0,512	0	0,4
Kohlenmonoxyd (CO)	338	1,25	0,423	0	0,6
Luft (trocken) (78,09% NH_3, 20,95% O_2, 0,93% Ar, 0,03% CO_2)	331,5	1,293	0,429	0	0,59
	344	1,24	0,427	20	
	386	1,11	0,427	100	
	553	0,77	0,428	500	
Methan (CH_4)	430	0,72	0,310	0	–
Sauerstoff (O_2)	316	1,429	0,452	0	0,56
Stickstoff (N_2)	334	1,251	0,418	0	0,6
Wasserstoff (H_2)	1284	0,09	0,116	0	2,2

Quellen: [105, 113]

Tabelle 3-6: Ultraschallabsorption α_L verschiedener Stoffe bei der Temperatur T und ihre Änderungen mit Frequenz und Temperatur

	Temperatur [°C]	Frequenz [MHz]	α_L [dB/cm]	Änderung von α_L	Quelle
Wasser	20 20	2 10	0,009 2,3	steigt quadratisch mit f, fällt mit T	110
Öl	20 20	2 10	~1,7 ~43	steigt quadratisch mit f	14
Plexiglas (PMMA)	20 50	1,46 1,46	2,3 4,4	steigt mit 0,78 dB/MHz	110, 114
Polystyrol	20 50	1,46 1,46	1 1,5	steigt mit f	110
Polyäthylen (PE)	20 50	1,46 1,46	9,7 11,2	steigt mit 5,3 dB/MHz	110, 114
Polyvinylchlorid (PVC)	20 50	1,46 1,46	6,3 10,0	steigt mit f	110, 114
Teflon	23,6	1	5,4	steigt mit 8.04 dB/MHz	114
Delrin	23,6	1	1,7	steigt mit 6,3 dB/MHz	114
Stahl	20 4	2	0,3	 steigt mit 0,00035dB/°C	6 115
Aluminium	20 5	2,5 0,02	0,02 0,07	–	6
Messing 63	20	2	1,5	–	6
Glas	20	2,5	0,05–1,2	–	6
Gummi	20	2,0	7,4	–	6
Holz (Buchenholz)	20	0,5	4	–	6
Aluminiumoxid	20	3	0,05	–	6

3.6 Qualifizierung des Prüfpersonals

Da die zerstörungsfreie Werkstoffprüfung und damit auch die Ultraschallprüfung von den Industrie- und Handelskammern nicht als Lehrberuf angeboten wird, haben andere Institutionen wie *DGZfP* (Deutsche Gesellschaft für Zerstörungsfreie Prüfung), *SLV* (Schweißtechnische Lehr- und Versuchsanstalten), Gerätehersteller Ausbildungssysteme eingeführt, die z.Zt. einer europäischen Harmonisierung unterzogen werden. So wurde 1993 in Deutschland und fast gleichzeitig in den anderen europäischen Ländern mit der EN 473 eine Norm in Kraft gesetzt, die die Ausbildung von ZfP-Personal regelt (s. dazu auch Abschnitt 3.7 und die entsprechenden Regelwerke).

Danach gibt es 3 *Ausbildungsstufen*, die – in Abhängigkeit von der schulischen und beruflichen Vorbildung – nacheinander zu durchlaufen oder aber auch im direkten Zugang erreichbar sind. Die kennzeichnenden Tätigkeiten und Anforderungen in den einzelnen Stufen sind für die Ultraschallprüfung wie folgt definiert:

Stufe 1: Prüfungsdurchführung entsprechend bestehender Anweisungen; Einstellen der Geräte, Durchführung der Prüfung, Protokollierung der Ergebnisse mit Bewertung sowie Berichterstattung.

Mindestanforderungen: Bei der Anmeldung zur Prüfung nach Stufe 1 ist die Absolvierung eines mindestens 40 Stunden dauernden Ausbildungskurses, z.B. bei den oben genannten Institutionen nachzuweisen sowie dreimonatige industrielle Erfahrung, bescheinigt durch den Arbeitgeber. Letztere kann auch nach der Prüfung erfolgen, was vor allem Umschülern den Einstieg erleichtert. In diesem Falle wird das Zertifikat nach Ablauf dieser Zeit ausgestellt.

Stufe 2: Die Stufe 2 beinhaltet sämtliche Kenntnisse und Fähigkeiten der Stufe 1; darüber hinaus ist erforderlich, Prüftechniken auszuwählen und abzugrenzen, Regelwerke korrekt zu selektieren und anzuwenden, Prüfvorschriften (allgemein und objektspezifisch) zu erstellen oder entsprechend zu modifizieren, Stufe 1-Personal anzuleiten und einzuarbeiten sowie die Prüfaufsicht wahrzunehmen.

Mindestanforderungen: Bei Prüfungsmeldung sind 80-stündige Ausbildung sowie 9-monatige industrielle Erfahrung nachzuweisen. Bei direktem Zugang zur Prüfung Stufe 2 (ohne vorherige Absolvierung der Stufe 1) erhöhen sich die Anforderungen um die der Stufe 1.

Stufe 3: Diese höchste Ausbildungsstufe verlangt volle Verantwortlichkeit für das Prüfwesen in dem zertifizierten Verfahren, entsprechende Kenntnisse von Werkstoffeigenschaften, Grundkenntnisse der anderen (nicht zu zertifizierenden) ZfP-Verfahren, Erprobung und Anwendung neuer und modifizierter Prüftechniken und permanenter Weiterbildung.

Mindestanforderungen: Grundvoraussetzung ist eine Ingenieur-Ausbildung oder ein äquivalenter Bildungsstand, der auf anderen Wegen erreichbar ist, sowie die Fähigkeiten und Kenntnisse der Stufen 1 und 2. Unter gewissen Voraussetzungen können entsprechende Eignungsprüfungen an Stufe 1- und Stufe 2-Absolventen durchgeführt werden. Der Zugang zur Stufe 3-Prüfung ist entweder als zertifizierter Stufe 2-Prüfer plus 12- bis 48-monatiger industrieller Erfahrung (abhängig vom Ausbildungsgang) oder auch als Direktzugang – hierbei ist erfolgreiches Bestehen der praktischen Stufe 2-Prüfung Voraussetzung – mit 24- bis 72-monatiger industrieller Erfahrung möglich.

Um Branchenfremden und Umschülern den Einstieg in die ZfP zu erleichtern, hat man in Deutschland die Vorstufe zur Qualifizierungsstufe 1, den Prüfwerker, nach einer DGZfP-Richtlinie („A 1") beibehalten. An ihn werden etwas geringere Anforderungen als an den Stufe 1-Prüfer gestellt. Entsprechende Ausbildungskurse werden in der Regel von den Geräteherstellern angeboten und machen die Absolventen mit den Grundprinzipien und der Bedienung der Geräte des angewendeten ZfP-Verfahrens vertraut. Auch nach der Europäisierung der Ausbildungsrichtlinien, die den Prüfwerker oder äquivalente Ausbildungs-Vorstufen nicht kennen, erfreuen sich derartige „Einsteigerkurse" in Deutschland nach wie vor großer Beliebtheit.

Das ältere amerikanische Ausbildungssystem nach SNT-TC 1 ist der EN 473 ähnlich: Auch hier werden 3 Stufen („level") mit nahezu gleichen Voraussetzungen definiert; allerdings zertifiziert der Arbeitgeber sein Personal selbst. Ein Übergang der SNT-TC 1 zur neuen ISO-Norm 9712 wird diskutiert. Sie unterscheidet sich kaum von der EN 473. Eine künftige weltweite Harmonisierung ist daher wahrscheinlich.

Außer der EN 473 bzw. ISO 9712 existiert noch eine Anzahl weiterer Regelwerke zur Personalqualifikation, die teils aus der Zeit vorher stammen, aber noch angewandt werden, teilweise aber auch zur Verringerung der speziellen Anforderungen bestimmte „Industrie-Sektoren" abdecken. Beispielsweise sind gewisse prüftechnische Kenntnisse und Anforderungen aus der Walzwerks- oder Schmiedeindustrie nicht erforderlich bei der Schweißtechnik und umgekehrt.

3.7 Ultraschallprüfung nach Regelwerken

3.7.1 Allgemeines

Nach mehr als 40-jähriger vielfältiger praktischer Anwendung gibt es für die Ausführung und Bewertung der Ultraschall-Prüfung eine große Anzahl von *Normen*, *Richtlinien* und *Vorschriften*, die im Einzelfall Teil der bindenden Lieferverträge sind. Da die meisten derartigen *Regelwerke* von allen denkbaren Vertragspartnern mitverfaßt worden sind, klare Verhaltensregeln definieren und daher mögliche Alternativen ausschließen, sind sie keineswegs als Hemmnisse für die Bauteilfertigung anzusehen, sondern als klare Beschreibungen dessen, was ein Werkstück zu erfüllen hat und unter welchen Kriterien es zu verwerfen ist. Es ist hier nicht der Platz, alle gängigen Normen aufzuzählen oder gar gut praktikable von unklaren abzugrenzen.

Liegt zur jeweils vorliegenden Prüfaufgabe eine bindende *Prüfvorschrift* vor, so besteht die Aufgabe des Prüfers darin, diese so genau, gleichmäßig und vollständig wie möglich zu erfüllen. Dabei darf keine Fehlstelle übersehen werden. Die Prüfung ist mit höchstmöglicher Präzision und Reproduzierbarkeit durchzuführen und zwischen zulässigen, nachzubessernden und zu verwerfenden Befunden ist sorgfältig zu unterscheiden. Ferner ist eine vollständige Dokumentation zu erstellen. Veränderungen der Prüfbedingungen sind selbst dann unzulässig, wenn dem Fachmann mögliche Verbesserungen bekannt sein sollten.

Liegen keine bindenden Prüfvorschriften vor, ist ggfs. auf ähnliche Spezifikationen zurückzugreifen. Eine Entscheidung darüber kann jedoch der Prüfer nie alleine fällen. Alle beteiligten Vertragspartner sind zu konsultieren, damit eine gemeinsame Entscheidung getroffen werden kann.

Es ist unsinnig und überflüssig, eine Prüfung durchzuführen, ohne daß – vorher – feststeht, wie Gut- und Schlechtbefunde zu unterscheiden sind. Das gilt für alle Verfahren der ZfP. Sie alle können heute so empfindlich ausgeführt werden, daß selbst Inhomogenitäten sichtbar werden, die die Haltbarkeit eines Bauteils im praktischen Einsatz nicht beinträchtigen. Bei falscher Prüftechnik kann es umgekehrt auch geschehen, daß gravierende Fehlstellen unentdeckt bleiben. Die Grenze dazwischen kann nie von der Prüftechnik allein gezogen werden. Werkstoffkunde, Bruchmechanik und konstruktive Gestaltung spielen wesentliche, u.U. entscheidende Rollen.

Wenn allerdings bei neuen Prüfproblemen, bei Forschungs- und Entwicklungsaufgaben (FuE), bei veränderten Herstellungsverfahren oder neuen Werkstoffen bindende Vorschriften – noch – fehlen, dann ist zunächst zu untersuchen, welche Fehlstellen in welchen Bereichen der Teilegeometrie zum Versagen des Bauteils führen können. Danach ist die optimale Prüftechnik unter Brücksichtigung der Stärken und Schwächen der verschiedenen ZfP-Verfahren, s. Kapitel 8, festzulegen.

Die Regelwerke unterliegen einem ständigen Wandel, vor allem auch im derzeitigen Zuge der europäischen oder internationalen Angleichung. Dies bedeutet zwangsläufig, daß viele der einschlägigen Normen zum Teil bereits nach kurzer Zeit als überholt gelten müssen. Trotz dieser Tatsache wird in den folgenden Abschnitten 3.7.2 und 3.7.3 eine Zusammenstellung gegeben, die aus den genannten Gründen weder einen Anspruch auf Vollständigkeit noch auf Aktualität erheben kann.

Grundsätzlich unterscheidet man zwischen allgemein gültigen Regelwerken und Richtlinien, die von den nationalen und internationalen Normungsgesellschaften herausgegeben werden und den objektbezogenen und Werksnormen. Diese beschreiben i.a. Werkstücksgruppen und z.T. einzelne Prüfobjekte, dienen als Basis für Vereinbarungen zwischen Lieferant und Abnehmer und legen auch die Gut-/Auschußgrenze fest. Die Abschnitte 3.7.2 und 3.7.3 geben auch hierzu einige Beispiele. Die thematische Reihenfolge bei den objektbezogenen Regelwerken entspricht derjenigen in den Kapiteln 6 und 7.

Die Angabe in Klammern enthält das Ausgabejahr; E: Entwurf.

3.7.2 Allgemeingültige Regelwerke

Regelwerke zur Personalqualifikation

DB Deutsche Bahn AG	–	(86)	Zerstörungsfreie Prüfung; Personalqualifikation, Allgemeines und Anforderungen
DGZfP Deutsche Gesellschaft für Zerstörungsfreie Prüfung	Richtlinie A 1	(96)	Richtlinie über Schulung und fachliche Eignungsfeststellung von Prüfwerkern der zerstörungsfreien Prüfung
	Richtlinie A 2	(96)	Richtlinie über die Qualifizierung und Zertifizierung von Personal der zerstörungsfreien Prüfung
	Merkblatt A 4	(84)	Hinweise für die Zertifikation von DGZfP-qualifiziertem Personal nach der amerikanischen Empfehlung SNT-TC-1A: „Level-Zertifikate“
DIN Deutsches Institut für Normung	DIN EN 473	(93)	Qualifizierung und Zertifizierung von Personal der zerstörungsfreien Prüfung; allgemeine Grundlagen
	DIN EN 4179 E	(95)	Luft-und Raumfahrt; Qualifikation und Zulassung des Personals für zerstörungsfreie Prüfungen
	DIN EN 10256 E	(95)	ZfP von Stahlrohren; Qualifikation und Kompetenz von ZfP-Personal der Stufen 1 und 2
	DIN 65450	(86)	Luft- und Raumfahrt; Zerstörungsfreie Prüfung, Anforderungen an Prüfpersonal
ICNT International Committee for NDT	WH 16-85	(85)	Minimum Requirements of Technical Knowledge of NDT-Personnel: Utrasonic Testing
	WH 22-85	(85)	Guidelines for Training Times and Weighting of Contents
	WH 23-85	(85)	Model Agreement on the Mutual Recognition of Qualification and Certification Schemes for NDT Personnel

ISO International Organisation for Standardisation	ISO 9712	(92)	Non-destructive Testing – Qualification and Certification of Personnel
	ISO 11484	(94)	Steel Tubes for Pressure Purposes – Qualification and Certification of Non-destructive Testing (NDT) Personnel
MIL Military Specification	MIL STD 410 D	(78)	Non-destructive Testing Personnel Qualification
Pratt & Whitney Aircraft Group	NDTQ-D	(76)	Qualification and Certification of NDT Personnel
RAL Deutsches Institut für Gütesicherung und Kennzeichnung	RAL RG 679	(90)	Zerstörungsfreie Prüfungen; Gütesicherung
RINA Registro Italiano Navale	–	(73)	Guide for Attainment of Qualification Certificates for Personnel Attending to Nondestructive Testings
TÜV Technischer Überwachungs-Verein	AD-Merkbl. HP 4	(89)	Prüfaufsicht und Prüfer für zerstörungsfreie Prüfung
	Merkblatt ZfP 01	(96)	Anforderungen an Sachverständige nach § 14 GSG bei der Beurteilung von Durchstrahlungsprüfungen, Ultraschall-Wanddickenmessungen und Oberflächenrißprüfung

Regelwerke über Terminologie

API American Petroleum Institute	BUL 5 T 1	(88)	Bulletin on Imperfection Terminology
DIN Deutsches Institut für Normung	DIN EN 1330-4 E	(95)	Zerstörungsfreie Prüfung; Terminologie Teil 4: Begriffe für die Ultraschallprüfung
	DIN EN 1792 E	(95)	Mehrsprachige Liste mit Begriffen für Schweißen und verwandte Prozesse; dreisprachige Fassung (E/F/D)
	DIN 54119	(81)	Zerstörungsfreie Prüfung: Ultraschallprüfung, Begriffe

ISO International Organisation for Standardisation	ISO/CD 5577	(96)	Non-destructive Testing – Ultrasonic Inspection – Terminology

Regelwerke über Prüfgeräte, Prüfköpfe, Prüfsysteme

ASTM American Society for Testing and Materials	E 317	(94)	Evaluating Performance Characteristics of Ultrasonic Pulse-Echo Testing Systems Without the Use of Electronic Measurement Equipment
	E 804	(88)	Standard Practice for Calibration of the Ultrasonic Test System by Extrapolation Between Flat Bottom Hole Sizes, (discontinued 1994)
	E 1065	(92)	Evaluating Characteristics of Ultrasonic Search Units
	E 1324	(92)	Measuring Some Electronic Characteristics of Ultrasonic Examination Instruments
	E 1454	(92)	Standard Guide for Data Fields for Computerized Transfer of Digital Ultrasonic Testing Data
BSI British Standards Institution	BS 4331-1	(78)	Methods for Assessing the Performance Characteristics of Ultrasonic Flaw Detection Equipment, Part 1: Overall Performance, On-Site Methods
	BS 4331-2	(72)	Methods for Assessing the Performance Characteristics of Ultrasonic Flaw Detection Equipment, Part 2: Electrical Performance
	BS 4331-3	(74)	Methods for Assessing the Performance Characteristics of Ultrasonic Flaw Detection Equipment, Part 3: Guidance on the In-Service Monitoring of Probes (Excluding Immersion Probes)
DIN Deutsches Institut für Normung	DIN 25450	(90)	Ultraschallprüfsysteme für die manuelle Prüfung

DIN Deutsches Institut für Normung	DIN 25450-2 E	(95)	Ultraschallprüfsysteme Teil 2: Mechanisierte Prüfung
	DIN 54124-1	(83)	Zerstörungsfreie Prüfung; Kontrolle der Eigenschaften von Ultraschall-Prüfsystemen: Einfache Kontrollen
	DIN 54126-1	(82)	Zerstörungsfreie Prüfung; Regeln zur Prüfung mit Ultraschall: Anforderungen an Prüfsysteme und Prüfgegenstände
ESI Electricity Supply Industry (GB)	Standard 98-2	(79)	Ultrasonic Probes: Medium Frequency, Miniature Shear Wave, Angle Probes
	Standard 98-7	(82)	Ultrasonic Probes: Normal (0°) Compression Wave Probes for Contact Testing
	Standard 98-8	(82)	Ultrasonic Probes: Low Frequency Single Crystal Shear Wave, Angle Probes
	Standard 98-9	(85)	Ultrasonic Flaw Detectors
ISO International Organisation for Standardisation	ISO/DIS 10375	(93)	Non-Destructive Testing – Ultrasonic Inspection – Characterisation of Search Unit and Sound Field
	ISO 12710	(94)	Non-Destructive Testing – Ultrasonic Inspection – Evaluating Electronic Characteristics of Instruments
NDIS Standard of Japanese Society for NDT	NDIS 2105	(76)	Evaluation of Performance Characteristic of Portable Pulse-Echo Thickness Meters
	NDIS 2408	(79)	Thickness Measuring Method Using Portable Pulse-Echo Ultrasonic Thickness Meters
NF Norme Francaise Enregistree	NF A 09-320	(82)	Verification des caracteristiques des appareillages pour controle manuel par ultrasons des produits metalliques
	NF A 09-321	(88)	Essais non-destructifs – Ultrasons – Methodes de caracterisation des appareils de controle par ultrasons

SAR South African Railways	L-I 2 H-74	(75)	Specification for Portable Ultrasonic Flaw Detectors
Thyssen Schmiedetechnik	–	(83)	Anforderungen an US-Gerät und -Prüfkopf für die Tauchtechnikprüfung

Regelwerke über Justier-, Bezugs- und Vergleichskörper

ASTM American Society for Testing and Materials	E 127	(94)	Standard Practice for Fabricating and Checking Aluminum Alloy Ultrasonic Standard Reference Blocks
	E 428	(92)	Standard Practice for Fabrication and Control of Steel Reference Blocks Used in Ultrasonic Inspection
	E 1158	(94)	Standard Guide for Selection and Fabrication of Reference Blocks the Pulsed Longitudinal Wave for Ultrasonic Examination of Metal and Metal Alloy Production Material
	E 1544	(94)	Standard Practice for Construction of a Stepped Block and its Use to Estimate Errors Produced by Speed-of-Sound Measurement Systems for Use on Solids
BSI British Standards Institution	BS 2704	(78)	Specification for Calibration Blocks for Use in Ultrasonic Flaw Detection
DIN Deutsches Institut für Normung	DIN EN 2003-15 E	(96)	Luft- und Raumfahrt; Prüfverfahren für metallische Werkstoffe: Ultraschallprüfung, Teil 15: Referenzblöcke
	DIN EN 4050-3 E	(96)	Luft- und Raumfahrt, Prüfverfahren für metallische Werkstoffe: Ultraschallprüfung von Stangen, Platten, Schmiedevormaterial und Schmiedestücken, Teil 3: Vergleichskörper
	DIN EN 12223 E	(95)	Zerstörungsfreie Prüfung, Ultraschallprüfung: Beschreibung des Kontrollkörpers 1

DIN Deutsches Institut für Normung	DIN EN 27963	(92)	Schweißverbindungen in Stahl; Kalibrierkörper Nr. 2 zur Ultraschallprüfung von Schweißverbindungen
	DIN 54120	(73)	Zerstörungsfreie Werkstoffprüfung; Kontrollkörper 1 und seine Verwendung zur Justierung und Kontrolle von Ultraschall-Impulsecho-Geräten
NF Norme Francaise Enregistree	FD A 04-311	(64)	Produits siderurgiques, blocs d´etallonage: Examen par ultrasons de pieces en acier
ISO International Organisation for	ISO 2400	(72)	Welds in Steel – Reference Block for Standardisation the Calibration of Equipment for Ultrasonic Examination
	ISO/DIS 5180.2	(83)	Welds in Steel – Calibration of Equipment for Ultrasonic Examination, Using a Reference Block
	ISO 7963	(85)	Welds in Steel – Calibration Block No. 2 for Ultrasonic Examination of Welds
	ISO 12715 E	(94)	Ultrasonic Non-Destructive Testing – Reference Blocks and Test Procedures for the Characterisation of Contact Search Unit Sound Fields
JIS Japanese Industrial Standard	JIS Z 2345	(87)	Standard Test Blocks for Ultrasonic Testing Standard
	JIS Z 2346	(93)	Calibration Block Type N 1 Used in Ultrasonic Normal Beam Testing for Steel Plates (STB-N1)
	JIS Z 2347	(73)	Calibration Block Type A 1 Used in Ultrasonic Angle Beam Testing (STB-A1)
	JIS Z 2348	(73)	Calibration Block Type A 2 Used in Ultrasonic Angle Beam Testing (STB-A2)
	JIS Z 2349	(73)	Calibration Block Type A 3 Used in Ultrasonic Angle Beam Testing (STB-A3)

Regelwerke über Prüftechniken und Bewertung von Prüfergebnissen

ASME American Society of Mechanical Engineers	Sec. V	(86)	Article 4: Ultrasonic Examination for Dimensioning of Indications Article 5: Ultrasonic Examination
	SE 114	(86)	Recommended Practice for Ultrasonic Testing by the Reflection Method Using Pulsed Longitudinal Waves Induced by Direct Contact
	SE 214	(86)	Recommended Practice for Immersed Ultrasonic Testing by the Reflection Method Using Pulsed Longitudinal Waves
ASTM American Society for Testing and Materials	E 114	(95)	Standard Practice for Ultrasonic Pulse-Echo Straight-Beam Examination by the Contact Method
	E 214	(91)	Standard Practice for Immersed Ultrasonic Examination by the Reflection Method Using Pulsed Longitudinal Waves
	E 587	(94)	Standard Practice for Ultrasonic Angle-Beam Examination by the Contact Method
	E 664	(93)	Standard Practice for the Measurement of the Apparent Attenuation of Longitudinal Ultrasonic Waves by Immersion Method
	E 804	(88)	Standard Practice for Calibration of the Ultrasonic Test System by Extrapolation Between Flat-Bottom Hole Sizes (discontinued 1994)
	E 1001	(90)	Standard Practice for Detection and Evaluation of Discontinuities by the Immersed Ultrasonic Method Using Longitudinal Waves
DIN Deutsches Institut für Normung	DIN EN 583-1 E	(93)	Zerstörungsfreie Prüfung; Ultraschallprüfung Teil 1: Allgemeine Grundsätze

DIN Deutsches Institut für Normung	DIN EN 583-3 E	(94)	Zerstörungsfreie Prüfung; Ultraschallprüfung Teil 3: Durchschallungstechnik
	DIN 54126-2	(82)	Zerstörungsfreie Prüfung; Regeln zur Prüfung mit Ultraschall: Durchführung der Prüfung
	DIN 54127-1	(89)	Zerstörungsfreie Prüfung; Justierung von Ultraschallprüfsystemen und Echohöhenbewertung
ISO International Organisation	ISO 12709 E	(94)	Non-destructive Testing – Ultrasonic Inspection – Inspection, Detection and Evaluation of Discontinuities by the Immersed Ultrasonic Method Using Longitudinal Waves
JIS Japanese Industrial Standard	JIS Z 2344	(87)	General Rule of Ultrasonic Testing of Metals by the Pulse Echo Technique
NCS National Calibration Service (Südafrika)	A 1260 / 1a		Proposed NCS Standard for the Calibration of Ultrasonic Flaw Detectors
	C-FIS 50	(84)	Calibration Procedure for the Evaluation of Pulse-Echo C-Scan Ultrasonic Equipment
Pratt & Whitney Aircraft Group	SIM-1-K	(80)	Ultraschallprüfung im Tauchtechnik-Verfahren (Übersetzung MTU München)
SNECMA Societe National d'Etude et de Construction de Moteurs d'Aviation	DMC 020	(81)	Inspection Instruction – Ultrasonic Inspection, Immersion Method
TÜV Techn. Überwachungs-Verein	Merkblatt 1270	(93)	Hinweise zum Nachweis von Magnetpulver (MP)- und Ultraschall (US)-Scheinanzeigen mit zerstörungsfreien Prüfmethoden

3.7.3 Objektbezogene Regelwerke

Regelwerke zur Prüfung von Blechen, Bändern und Platten

ASME American Society of Mechanical Engineers	SA 435	(79)	Method and Specification for Straight-Beam Ultrasonic Examination of Steel Plates for Pressure Vessels
	SA 577	(79)	Standard Specification for Ultrasonic Angle-Beam of Steel Plates
	SA 578	(79)	Standard Specification for Straight-Beam Ultrasonic Examination of Plain and Clad Steel Plates for Special Application
	SB 548	(79)	Standard Method for Ultrasonic Inspection of Aluminum-Alloy Plate for Pressure Vessels
ASNT American Society for Nondestructive Testing	–	(77)	Voluntary Recommended Ultrasonic Acceptance Guidelines for Airframe Aluminum Alloy Plate, Extruded, Rolled, Cold Finished, Bars and Shapes, Forgings and Rings
ASTM American Society for Testing and Materials	A 435/ A 435 M	(90)	Standard Specification for Straight-Beam Ultrasonic Examination of Steel Plates
	A 577/A 577 M	(90)	Standard Specification for Ultrasonic Angle-Beam Examination of Steel Plates
	A 578/A 578 M	(92)	Standard Specification for Straight-Beam Ultrasonic Examination of Plain and Clad Steel Plates for Special Applications
	B 548	(90)	Standard Method for Ultrasonic Inspection of Aluminum-Alloy Plate for Pressure Vessels
BSI British Standards Institution	BS 5996	(80)	Methods for Ultrasonic Testing and Specifying Quality Grades of Ferritic Steel Plate
Compra	–	(87)	Ultraschallprüfung von Flachprofilen

DIN Deutsches Institut für Normung	DIN EN 4050-1 E	(96)	Luft- und Raumfahrt, Prüfverfahren für metallische Werkstoffe: Ultraschallprüfung von Stangen, Platten, Plattenvormaterial und Schmiedestücken
	DIN EN 4050-2 E	(96)	Dto., Teil 2: Durchführung der Prüfung
	DIN EN 4050-4 E	(96)	Dto., Teil 4: Annahmekriterien
	DIN EN 10160 E	(94)	Ultraschallprüfung von Stahlplatten der Dicke ab 6 mm (Reflexionsverfahren)
	DIN EN 10246-15 E	(95)	ZfP von Stahlrohren, Teil 15: Ultraschallprüfung von Band/Blech für die Herstellung geschweißter Stahlrohre zum Nachweis von Dopplungen
DKI Deutsches Kupferinstitut	DKI 831	(85)	Ultraschallprüfung von Platten aus Kupfer und Kupferlegierungen
EN Europäische Norm	EN 2003-8 E	(95)	Luft-und Raumfahrt; Prüfverfahren für metallische Werkstoffe: Ultraschallprüfung von Knüppeln, Stangen, Platten und Schmiedestücken, Teil 8: Abnahmekriterien
	EN 2004-2 E	(–)	Prüfmethoden für Erzeugnisse aus Aluminium und Aluminiumlegierungen, Teil 2: Ultraschallprüfungen von Platten, Schmiedestücken und Strangpreßerzeugnissen
	EN 10160 E	(94)	Ultrasonic Testing of Steel Plate of Thickness Equal to Greater than 6 mm (Reflection Method)
ISO International Organisation for Standardisation	ISO 12094	(94)	Welded Steel Tubes for Pressure Purposes – Ultrasonic Testing for the Detection of Laminar Imperfections in Strips/Plates Used in the Manufacture of Welded Tubes
JIS Japanese Industrial Standard	JIS G 0801	(74)	Ultrasonic Examination of Steel Plates for Pressure Vessels
LN Luftfahrt-Norm	LN 29765	(73)	Ultraschallprüfung von Erzeugnissen aus Aluminiumlegierungen

SAE Engineering Over Society for Advancing Mobility	AMS 2630 B	(95)	Inspection, Ultrasonic; Product 0.5 inch (12.7 mm) Thick
VDEh Verein Deutscher Eisenhüttenleute	SEL 072	(77)	Ultraschallgeprüftes Grobblech; Technische Lieferbedingungen und Durchführung der Ultraschallprüfung
	SEP 1920	(84)	Ultraschallprüfung von gewalztem Halbzeug auf innere Werkstoff-ungänzen

Regelwerke zur Prüfung von Knüppeln und Stangen

AEBG Aircraft Engine Business Group	P 3 TF 15	(84)	Ultrasonic Inspection, Billets – Immersion
ASNT American Society for Nondestructive Testing	–	(77)	Voluntary Recommended Ultrasonic Acceptance Guidelines for Airframe Aluminum Alloy Plate, Extruded, Rolled, Cold Finished, Bars and Shapes, Forgings and Rings
ASTM American Society for Testing and Materials	E 1315	(93)	Ultrasonic Examination of Steel with Convex Cylindrically Curved Entry Surfaces
Compra	–	(87)	Ultraschallprüfung von Flach-profilen
DIN Deutsches Institut für Normung	DIN EN 2003-8 E	(95)	Luft- und Raumfahrt, Prüfver-fahren für metallische Werkstoffe: Ultraschallprüfung von Knüppeln, Stangen, Platten und Schmiede-stücken, Teil 8: Abnahmekriterien
	DIN EN 4050-1 E	(96)	Luft- und Raumfahrt, Prüfverfahren für metallische Werkstoffe: Ultra-schallprüfung von Stangen, Platten, Plattenvormaterial und Schmiedestücken, Teil 1: Allgemeine Anforderungen
	DIN EN 4050-2 E	(96)	Dto., Teil 2: Durchführung der Prüfung
	DIN EN 4050-4 E	(96)	Dto., Teil 4: Annahmekriterien

EN Europäische Norm	EN 2004-2 E	–	Prüfmethoden für Erzeugnisse aus Aluminium und Aluminium-Legierungen; Teil 2: Ultraschallprüfung von Platten, Schmiedestücken und Strangpreßerzeugnissen
Interatom	GTS 23 B	(76)	Ultraschallprüfung an Schmiede- und Stabstählen
LN Luftfahrt-Norm	LN 29765	(73)	Ultraschallprüfung von Erzeugnissen aus Aluminiumlegierungen
MIL Military Standard	MIL Std 2154	(82)	Inspection,Ultrasonic, Wrought Metals, Process for
	MIL-T 9047 F	(71)	Titanium and Titanium Alloy Bars and Forging Stock
Navy (USA)	QQ-N-286 E	(87)	Interim Amendment to Federal Specification: Nickel-Copper-Aluminium Alloy, Wrought
SAE Engineering Society for Advancing Mobility	AMS 2630 B	(95)	Inspection, Ultrasonic, Product over 0.5 Inch (12.7 mm) Thick
VDEh Verein Deutscher Eisenhüttenleute	SEP 1920	(84)	Ultraschallprüfung von gewalztem Halbzeug auf innere Werkstoffungänzen
	SEP 1921	(84)	Ultraschallprüfung von Schmiedestücken und geschmiedetem Stabstahl ab 100 mm Durchmesser oder Kantenlänge

Regelwerke zur Prüfung von Schienen und anderen Profilen

ASNT American Society for Nondestructive Testing	–	(77)	Voluntary Recommended Ultrasonic Acceptance Guidelines for Airframe Aluminum Alloy Plate, Extruded, Rolled, Cold Finished, ars and Shapes, Forgings and Rings
ASTM American Society for Testing and Materials	A 898/ A 898 M	(91)	Standard Specification for Straight Beam Ultrasonic Examination of Rolled Steel Structural Shapes
Compra	–	(87)	Ultraschallprüfung von Flachprofilen

EN Europäische Norm	EN 186-87	(87)	Ultraschallprüfung von I – Profilen mit breiten (HE) und mittelbreiten (IPE) parallelen Flanschen
SAE Engineering Society for Advancing Mobility	AMS 2630 B	(95)	Inspection, Ultrasonic, Product over 0.5 Inch (12.7 mm) Thick
UIC Internationaler Eisenbahnverband	UIC 860 V	(86)	Technische Lieferbedingungen für Schienen

Regelwerke zur Prüfung nahtloser Rohre

API American Petroleum Institute	SPEC 5 D	(88)	Specification for Drill Pipe (Former SPECs 5 A & 5 AX)
	SPEC 5 L	(88)	Specification for Line Pipe
ASME American Society of Mechanical Engineers	SE 213	(79)	Standard Method for Ultrasonic Inspection of Metal Pipe and Tubing for Longitudinal Discontinuities
ASTM American Society for Testing and Materials	A 376	(81)	Standard Specification for Seamless Austenic Steel Pipe for High-Temperature Central Station Service
	B 338	(94)	Standard Specification for Seamless and Welded Titanium and Titanium Alloy Tubes for Condensers and Heat Exchangers
	E 213	(93)	Ultrasonic Examination of Metal Pipe and Tubing
	E 1315	(93)	Ultrasonic Examination of Steel with Convex Cylindrically Curved Entry Surfaces
BSI British Standards Institution	BS 5045-1	(82)	Transportable Gas Containers, Part 1: Specification for Seamless Gas Containers Above 0.5 Litre Water Capacity
DIN Deutsches Institut für Normung	DIN EN 10246 E	(95)	ZfP von Stahlrohren, Teil 6: Automatische Ultraschallprüfung nahtloser Stahlrohre über den gesamten Rohrumfang zum Nachweis von Querfehlern

DIN Deutsches Institut für Normung	DIN EN 10246- 7 E	(96)	ZfP von Stahlrohren, Teil 7: Automatische Ultraschallprüfung nahtloser und geschweißter (außer UP-geschweißter) Stahlrohre über den gesamten Rohrumfang zum Nachweis von Längsfehlern
	DIN EN 10246-14 E	(95)	ZfP von Stahlrohren, Teil 14: Automatische Ultraschallprüfung nahtloser und geschweißter (außer UP-geschweißter) Stahlrohre über den gesamten Rohrumfang zum Nachweis von Dopplungen
	DIN EN 10246-17 E	(95)	ZfP von Stahlrohren, Teil 17: Ultraschallprüfung der Rohrenden nahtloser und geschweißter Stahlrohre zum Nachweis von Dopplungen
	DIN 29303 E	(91)	Nahtlose und geschweißte (außer: UP-geschweißte) Stahlrohre für Innendruckbeanspruchung: Ganzkörper-Ultraschallprüfung zum Nachweis von Längsfehlern
	DIN 65455 E	(92)	Luft- und Raumfahrt; Nahtlose Rohre aus Stahl, Nickel- und Titan-Legierungen: Ultraschallprüfung
EN Europäische Norm	pr EN 3718	(96)	Luft- und Raumfahrt; Prüfverfahren für metallische Werkstoffe: Ultraschallprüfung von Rohren
IGC Industrial Gases Committee	T.N. 26/81	(81)	Ultraschall-Prüfrichtlinie für Wasserstoff-Flaschen und Transportbehälter
ISO International Organisation for Standardisation	ISO 9303	(89)	Seamless and Welded (except SAW) Steel Tubes for Pressure Purposes – Full Peripheral Ultrasonic Testing for the Detection of Longitudinal Imperfections
	ISO 9305	(89)	Seamless Steel Tubes for Pressure Purposes – Full Peripheral Ultrasonic Testing for the Detection of Transverse Imperfections

ISO International Organisation for Standardisation	ISO 10124	(94)	Seamless and Welded (except SAW) Steel Tubes for Pressure Purposes – Ultrasonic Testing for the Detection of Laminar Imperfections
	ISO 10332	(94)	Seamless and Welded (except SAW) Steel Tubes for Pressure Purposes – Ultrasonic Testing for Verification of Hydraulic Leak-Tightness
	ISO 10543	(93)	Seamless and Hot-Stretch Reduced Welded Steel Tubes for Pressure Purposes – Full Peripheral Ultrasonic Thickness Testing
	ISO 11496	(93)	Seamless and Welded Steel Tubes for Pressure Purposes – Ultrasonic Testing of Tube Ends for the Detection of Laminar Imperfections
KWU Kraftwerk Union AG	AVS 35	(76)	Zerstörungsfreie Prüfung von nahtlosen Rohren
NF Norme Francaise Enregistree	NF A 49-870	(81)	Tubes en acier; Methode de controle non-destructif: Controle par Ultrasons pour la recherche des defauts longitudinaux
SHELL Oil Company	–	(85)	Guideline for Tubular Procedures; Ultrasonic Inspection
TÜV Techn. Überwachungs-Verein	–	(75)	Merkblatt für die Ultraschallprüfung nahtloser Stahlflaschen mit Wanddicken von 2,5–10 mm
VDEh Verein Deutscher Eisenhüttenleute	SEP 1915	(94)	Ultraschallprüfung von Stahlrohren auf Längsfehler
	SEP 1918	(92)	Ultraschallprüfung von Stahlrohren auf Querfehler
	SEP 1919	(77)	Ultraschallprüfung auf Dopplungen von Rohren aus warmfesten Stählen

Regelwerke zur manuellen Schweißnahtprüfung

ABS American Bureau of Shipping	–	(75)	Rules for Nondestructive Inspection of Hull Welds

API American Petroleum Institute	STD 620	(77)	Recommended Rules for Design and Construction of Large, Welded Low-Pressure Storage Tanks
	STD 650	(77)	Welded Steel Tanks for Oil Storage
	–	(59)	Guide for Inspection of Refinery Equipment; Appendix: Inspection of Welding
ASTM American Society for Testing and Materials	E 164	(94)	Standard Practice for Ultrasonic Contact Examination of Weldments
AWS American Welding Society	–	–	Ultrasonic Inspection of Groove Welds
	–	(80)	Welding Handbook (Auszug)
	AWS B 10	(80)	Guideline for the Nondestructive Inspection of Welds (Auszug)
BREDA Termomeccanica	70704/ 08	(74)	Ultrasonic Inspection of Butt Welds
BSI British Standards Institution	BS 3923-1	(86)	Ultrasonic Examination of Welds; Part 1: Manual Examination of Fusion Welds in Ferritic Steels
Bureau Veritas	NI 165-BM. 2	(76)	Ultrasonic Testing of Hull Butt Welds
DIN Deutsches Institut für Normung	DIN EN 1712 E	(95)	Zerstörungsfreie Prüfung von Schweißverbindungen; Zulässigkeitsgrenzen für die Ultraschallprüfung von Schweißverbindungen
	DIN EN 1713 E	(95)	Zerstörungsfreie Prüfung von Schweißverbindungen; Ultraschallprüfung: Charakterisierung von Fehlern in Schweißnähten
	DIN EN 1714 E	(95)	Zerstörungsfreie Prüfung von Schweißverbindungen; Ultraschallprüfung von Schweißverbindungen
	DIN 8564 Bl. 1	(72)	Schweißen im Rohrleitungsbau Rohrleitungen aus Stahl, Herstellung, Schweißnahtprüfung
	DIN EN 12062 E	(95)	Zerstörungsfreie Untersuchungen von Schweißverbindungen – Allgemeine Regeln

DIN Deutsches Institut für Normung	DIN 54125	(89)	Zerstörungsfreie Prüfung; Manuelle Prüfungen von Schweißverbindungen mit Ultraschall
DVGW Deutscher Verein des Gas- und Wasserfaches	GW 1	(84)	Zerstörungsfreie Prüfung von Baustellenschweißnähten an Stahlrohrleitungen und Beurteilung
DVS Deutscher Verband für Schweißtechnik	DVS 0701	(79)	Das Deutsche Regelwerk zur Gütesicherung von Schweißarbeiten
	DVS 0703	(93)	Bewertung von Stumpf- und Kehlnähten nach EN 25817 / ISO 5817
	DVS 0704	(85)	Empfehlung zur Bewertung von Ultraschallbefunden an Schmelzschweißverbindungen nach DIN 8563 Teil 3
	DVS 0709	(95)	Anforderungen an die Oberflächenbeschaffenheit von Schweißverbindungen an Stahl für die Anwendung zerstörungsfreier Prüfverfahren
	DVS 1003-2	(89)	Verfahren der zerstörungsfreien Prüfung in der Schweißtechnik; Verfahrensarten: Aussagefähigkeit und Anwendungsbereiche der Verfahren
EN Europäische Norm	pr EN ISO 13919-1	(95)	Welding, Electron and Laser Beam Welded Joints: Guidance on Quality Levels for Imperfections, Part 1: Steel
IIW International Institute of Welding	IIS/IIW-527/76	(82)	Handbook on the Ultrasonic Examination of Welds
	–	(86)	Handbook on the Ultrasonic Examination of Austenitic Welds
	IIS/IIW-398/72	(82)	Recommandations concernant les structure soudees en aluminium et alliages Al-Mg
JIS Japanese Industrial Standard	JIS Z 3050	(78)	Method of Nondestructive Inspection for Weld of Pipeline
	JIS Z 3060	(88)	Methods of Manual Ultrasonic Examination and Classification of Test Results for Ferritic Steel Welds

KWU Kraftwerk Union AG	AVS 33	(76)	Zerstörungsfreie Werkstoffprüfung von Schweißflanken und Schweißnähten für Kernkraftwerkskomponenten der Anforderungsstufen 2–4
Landesoberbergamt NRW	A 2.20	(82)	Richtlinien für die Sicherung der Güte von Schweißarbeiten
LUK Lamellen- und Kupplungsbau	–	(76)	Schmelzgeschweißte metallische Bauteile für Luft-und Raumfahrtgerät; zulässige Fehler
Massey-Ferguson	No. 53	(76)	Ultrasonic Inspection of Welds
Navy (USA)	0900-006-3010	(66)	Ultrasonic Inspection Procedure & Acceptance Standards for Hull-Structure Production & Repair Welds
NDTSGB NDT Society of Great Britain	NDT U 1	(73)	Ultrasonic Examination of Circumferential Butt Welds in Pressure Piping
ÖNORM Österr. Normungsinstitut	M 3001	(85)	Ultraschallprüfung von Schmelzschweißnähten ferritischer Stähle
Siemens AG	RE-AVS 22	(73)	Zerstörungsfreie Prüfung von Schweißnähten an Komponenten des NDES; unlegierte und niedrig legierte Baustähle
Sulzer AG, Schweiz	Q 003/1 12	(84)	Spezifikation Ultraschallprüfung von Schweißnähten
SVDB Schweiz. Verein von Dampfkessel-Besitzern	SVDB 505	(75)	Schweißnahtprüfung mit Ultraschall
TÜV Techn. Überwachungs-Verein	VdTÜV-Merkbl.455	(82)	Hinweise für zusätzliche zerstörungsfreie Prüfungen bei der Überwachung hochbeanspruchter Bauteile von Hochdruckdampfkesseln
	AD-Merkbl HP5/3	(89)	Herstellung und Prüfung der Verbindungen; zerstörungsfreie Prüfung der Schweißverbindungen und verfahrenstechnische Mindestanforderungen
VDEh Verein Deutscher Eisenhüttenleute	SEP 1916	(89)	Zerstörungsfreie Prüfung schmelzgeschweißter ferritischer Stahlrohre

WI Welding Institute, GB	–	(71)	Procedures and Recommendations for the Ultrasonic Testing of Butt Welds

Regelwerke für geschweißte Rohre

API American Petroleum Institute	STD 5 LS	(70)	Specification for Spiral-Welded Line Pipe
ASME American Society of Mechanical Engineers	SE 273	(79)	Standard Method for Ultrasonic Inspection of Longitudinal and Spiral Welds of Welded Pipe and Tubing
ASTM American Society for Testing and Materials	B 338	(94)	Standard Specification for Seamless and Welded Titanium and Titanium Alloy Tubes for Condensers and Heat Exchangers
ASTM American Society for Testing and Materials	E 273	(93)	Ultrasonic Examination of Longitudinal Welded Pipe and Tubing
	E 1315	(93)	Ultrasonic Examination of Steel with Convex Cylindrically Curved Entry Surfaces
DIN Deutsches Institut für Normung	DIN 8564 Bl. 1	(72)	Schweißen im Rohrleitungsbau; Rohrleitungen aus Stahl, Herstellung, Schweißnahtprüfung
	DIN EN 10246- 7	(96)	ZfP von Stahlrohren, Teil 7: Automatische Ultraschallprüfung nahtloser und geschweißter (außer UP-geschweißter) Stahlrohre über den gesamten Umfang zum Nachweis von Längsfehlern
	DIN EN 10246- 8 E	(95)	ZfP von Stahlrohren, Teil 8:Automatische Ultraschallprüfung der Schweißnaht elektrisch widerstands- und induktionsgeschweißter Rohre zum Nachweis von Längsfehlern
	DIN EN 10246- 9 E	(95)	ZfP von Stahlrohren, Teil 9:Automatische Ultraschallprüfung der Schweißnaht unterpulvergeschweißter Stahlrohre zum Nachweis von Längs- und/oder Querfehlern

DIN Deutsches Institut für Normung	DIN EN 10246-14 E	(95)	ZfP von Stahlrohren, Teil 14: Automatische Ultraschallprüfung nahtloser und geschweißter (außer UP-geschweißter) Stahlrohre über den gesamten Rohrumfang zum Nachweis von Dopplungen
	DIN EN 10246-16 E	(95)	ZfP von Stahlrohren, Teil 16: Ultraschallprüfung des an die Schweißnaht angrenzenden Bereichs geschweißter Stahlrohre zum Nachweis von Dopplungen
	DIN EN 10246-17 E	(95)	ZfP von Stahlrohren, Teil 17: Ultraschallprüfung der Rohrenden nahtloser und geschweißter Stahlrohre zum Nachweis von Dopplungen
	DIN EN 29393 E	(91)	Nahtlose und geschweißte (ausgenommen UP-geschweißte) Stahlrohre für Innendruckbeanspruchung: Ganzkörper-Ultraschallprüfung zum Nachweis von Längsfehlern
ISO International Organisation for Standardisation	ISO 9303	(89)	Seamless and Welded (except SAW) Steel Tubes for Pressure Purposes Full Peripheral Ultrasonic Testing for the Detection of Longitudinal Imperfections
	ISO 9764	(89)	Electric Resistance and Induction Welded Steel Tubes for Pressure Purposes – Ultrasonic Testing of the Weld Seam for the Detection of Longitudinal Imperfections
	ISO 9765	(90)	Submerged Arc-Welded Steel Tubes for Pressure Purposes – Ultrasonic Testing of the Weld Seam for the Detection of Longitudinal and/or Transverse Imperfections
	ISO 10124	(94)	Seamless and Welded (except SAW) Steel Tubes for Pressure Purposes – Ultrasonic Testing for the Detection of Laminar Imperfections

ISO International Organisation for Standardisation	ISO 10332	(94)	Seamless and Welded (except SAW) Steel Tubes for Pressure Purposes – Ultrasonic Testing for Verification of Hydraulic Leak-Tightness
	ISO 10543	(93)	Seamless and Hot-Stretch-Reduced Welded Steel Tubes for Pressure Purposes – Full Peripheral Ultrasonic Thickness Testing
	ISO 11496	(93)	Seamless and Welded Steel Tubes for Pressure Purposes – Ultrasonic Testing of Tube Ends for the Detection of Laminar Imperfections
	ISO 13663	(95)	Welded Steel Tubes for Pressure Purposes – Ultrasonic Testing of the Area Adjacent to the Weld Seam for the Detection of Laminar Imperfections
TÜV Techn. Überwachungs-Verein	Merkblatt 1154	(80)	Richtlinien für zerstörungsfreie Prüfungen an geschweißten Rohren
VDEh Verein Deutscher Eisenhüttenleute	SEP 1914	(83)	Zerstörungsfreie Prüfung von schmelzgeschweißten Nähten in Rohren aus nichtrostenden Stählen
	SEP 1916	(89)	Zerstörungsfreie Prüfung schmelzgeschweißter ferritischer Stahlrohre
	SEP 1917	(94)	Zerstörungsfreie Prüfung preßgeschweißter Rohre aus ferritischen Stählen
	SEP 1919	(77)	Ultraschallprüfungen auf Dopplungen von warmfesten Stählen

Regelwerke zur Prüfung von Preß- und Schmiedestücken

AAR American Association of Railroads	M-107-84	(84)	Wheels, Wrought Carbon Steel
Alfing-Kessler	–	(89)	Ultraschallprüfung von Kurbelwellenlagern an Kurbelwellen der Serie 3500

ASME American Society of Mechanical Engineers	SA 388	(79)	Recommended Practice for Ultrasonic Testing and Inspection of Heavy Steel Forgings
ASNT American Society for Nondestructive Testing	–	(77)	Voluntary Recommended Ultrasonic Acceptance Guidelines for Airframe Aluminum Alloy Plate, Extruded, Rolled, Cold Finished, Bars and Shapes, Forgings and Rings
ASTM American Society for Testing and Materials	A 388/A 388 M	(91)	Ultrasonic Examination of Heavy Steel Forgings
	A 418	(93)	Ultrasonic Examination of Turbine and Generator Steel Rotor Forgings
	A 503	(89)	Ultrasonic Examination of Large Forged Crankshafts
	A 531/A 531 M	(91)	Ultrasonic Examination of Turbine-Generator Steel Retaining Rings
	A 745/A 745 M	(91)	Ultrasonic Examination of Austenitic Steel Forgings
	B 594	(90)	Standard Practice for Ultrasonic Inspection of Aluminum-Alloy Wrought Products for Aerospace Applications
	E 588	(88)	Standard Practice for Detection of Large Inclusions in Bearing Quality Steel by the Ultrasonic Method
BSI British Standards Institution	BS 4124-1 E	(82)	Draft Standard Methods for Non-destructive Testing of Steel Forgings, Part 1: Ultrasonic Flaw Detection
Cummins Engine Company	IS 16 353-00	(86)	Ultrasonic Inspection and Acceptance Limits for Hollow Piston Pins
DB Deutsche Bahn AG	–	–	Prüfungen an Wellen rollengelagerter Radsätze; Lagersitz (Radsatzbauarten 88, 90, 93, 94)
	–	–	Prüfung des äußeren Radsitzendes (außer Radsatzbauart 50)

DB Deutsche Bahn AG	–	–	Prüfungen an Wellen der Radsatzbauarten 88 und 94
	–	–	Prüfungen an Wellen der Radsatzbauart 93
	5604 (Rads. 01)	(87)	Zerstörungsfreie Prüfung; Ultraschallprüfung Radsatzwellen, Schwierigkeiten (Übersicht)
	PK. Wg	(89)	Zerstörungsfreie Prüfung; Ultraschallprüfung: Handprüfköpfe für die Prüfung von Wagen- und Laufradsatzwellen
	ZfP. U. 100	(84)	Radsatzwellen ohne Prüfbohrung: Grundlagen und einfache Prüfungen
	ZfP. U. 101	(85)	Radsatzwellen ohne Prüfbohrung: Wagen- und Laufradsätze
	Arb. Anw. 102	–	Vorläufige Richtlinien für die Untersuchung von Radsätzen der Dampflok und sonstiger Loks mit Stangenantrieb auf Queranrisse in den Achswellen mittels Ultraschall
	Arb. Anw. 110	(68)	Anweisung für die Untersuchung der Radsätze von Lokomotiven der Baureihen 220, 221 und 280 auf Queranrisse in den Achswellen
	Arb. Anw. 117	(75)	Anweisung für die Ultraschall-Untersuchung von fabrikneuen Radsatzwellen der elektrischen Lokomotiven auf Längsfehler
	Arb. Anw. 121	(75)	Anweisung für die Ultraschall-Untersuchung von Radsatzhohlwellen mit Prüfbohrungen
	Arb. Anw. 125	(77)	Anweisung für die Ultraschall-Untersuchung der Radsatzwellen ohne Prüfbohrungen am Triebwagen der Baureihe 420/421
	ZfP. U. 129	(84)	Elektrische Lokomotiven; Radsatzhohlwellen
	–	–	Vorläufige Richtlinien für die Untersuchung von Radsätzen der Akkumulatortriebwagen (ETA) auf Queranrisse in den Achswellen mittels Ultraschall

DB Deutsche Bahn AG	Arb. Anw. 07	(64)	Vorläufige Richtlinien für die Untersuchung von genieteten Kessellängsnähten auf Risse mittels Ultraschall
	Arb. Anw. 13	(70)	Anweisung für die Ultraschall-Untersuchung von Achslenkern und Winkellenkern auf Queranrisse
	Arb. Anw. 20	(77)	Anweisung für die Ultraschall-Untersuchung von Weichenzungen
DBL Daimler-Benz-Liefervorschrift	DBL 8812	(77)	Vorläufige Liefervorschrift Ventilstößel mit Gleitstück
DIN Deutsches Institut für Normung	DIN EN 2003-8 E	(95)	Luft- und Raumfahrt, Prüfverfahren für metallische Werkstoffe; Ultraschallprüfung von Knüppeln, Stangen, Platten und Schmiedestücken, Teil 8: Abnahmekriterien
	DIN EN 4050-1 E	(96)	Luft- und Raumfahrt – Prüfverfahren für metallische Werkstoffe; Ultraschallprüfung von Stangen, Platten, Schmiedevormaterial und Schmiedestücken – Teil 1: Allgemeine Anforderungen
	DIN EN 4050-2 E	(96)	Luft- und Raumfahrt – Prüfverfahren für metallische Werkstoffe; Ultraschallprüfung von Stangen, Platten, Schmiedevormaterial und Schmiedestücken – Teil 2: Durchführung der Prüfung
	DIN EN 4050-4 E	(96)	Luft- und Raumfahrt – Prüfverfahren für metallische Werkstoffe; Ultraschallprüfung von Stangen, Platten, Schmiedevormaterial und Schmiedestücken – Teil 4: Annahmekriterien
	DIN EN 10228-3 E	(95)	Zerstörungsfreie Prüfung von Schmiedestücken aus Stahl; Teil 3: Ultraschallprüfung von Schmiedestücken aus ferritischem oder martensitischem Stahl
	DIN EN 12080 E	(95)	Eisenbahnwesen – Radsatzlager Wälzlager

EN Europäische Norm	EN 2004-2 E	–	Prüfmethoden für Erzeugnisse aus Aluminium und Aluminiumlegierungen; Teil 2: Ultraschallprüfung von Platten, Schmiedestücken und Strangpreßerzeugnissen
INTERATOM	GTS 23 B	(76)	Ultraschallprüfung an Schmiede- und Stabstählen
IR Indian Railways	K-162	(78)	Standardisation of Ultrasonic Testing of AC-EMU Motor Coach Axle in Service by Far End, Near End, Low Angle and High Angle Scanning
	K-222	(81)	Standardisation of Ultrasonic Testing Technique of Wagon Axle 16.3 Tonne (BG) for Roller Bearing to Drawing No. S-K 71612 in Service
	K-245	(83)	Standardisation of Ultrasonic Testing Technique of EMU Motor Coach Axle (Jessop Type) to Drawing No. EMU/B 3/257 in Service
	K-256	(83)	Standardisation of Ultrasonic Testing Technique of EMU Trailer Coach Axle to Drawing No. EMU/B 4/039 in Service
	K-268	(83)	Standardisation of Ultrasonic Testing Technique of EMU Motor Coach Axle to Drawing No. EMU/B 4/085 in Service
	K-329	(86)	Standardisation of Ultrasonic Testing Technique of Well Wagon (BWT) Axle to Drawing No. 2192/22 in Service
ISO International Organisation for Standardisation	ISO 5948	(94)	Railway Rolling Stock Material - Ultrasonic Acceptance Testing
LN Luftfahrt-Norm	LN 29765	(73)	Ultraschallprüfung von Erzeugnissen aus Aluminiumlegierungen
MIL Military Specification	MIL STD 2154	(82)	Inspection, Ultrasonic, Wrought Metals, Process for

MTU Motoren- und Turbinen-Union	WA 325	(73)	Ultraschallprüfung von rotationssymmetrischen Bauteilen im Tauchtechnikverfahren
	MTV 1033-1	(82)	Ultraschallprüfung von rotationssymmetrischen Bauteilen und Vormaterial im Tauchtechnikverfahren: Allgemeine Arbeitsgrundlagen
	MTV 1033-2	(82)	Ultraschallprüfung von rotationssymmetrischen Bauteilen und Vormaterial im Tauchtechnikverfahren: Prüfablauf nach dem AVG-Verfahren
NAVY	QQ-N-286 E	(87)	Interim Amendment to Federal Specification: Nickel-Copper-Aluminum Alloy, Wrought
NF Norme Francaise Enregistree	NF A 04-308	(88)	Pieces forgees en acier; controle par ultrasons: Methodes de controle – Limites d'acceptation
NR Nordtest Remiss	NR 524	(84)	Heavy Steel Forgings: Ultrasonic Testing
ÖNORM Österr. Normungsinstitut	M 3002	(82)	Ultraschallprüfung von Schmiedestücken aus ferritischem und vergütbarem Stahl
PTL Porsche	PTL 7501	(74)	Technische Lieferbedingungen für riß- und lunkerfreie Teile
RR Rolls Royce	NDT Spec. 201	(71)	Ultrasonic Inspection of Turbine and Compressor Discs
	RPS 705	(79)	Ultrasonic Inspection of Disc Forms
RWhM Richtlinie für Werkstoffe in hydraul. Maschinen	RWhM 2/68 a-f	(84)	Vorschriften im Zusammenhang mit zerstörungsfreien Werkstoffprüfungen (Auszug)
SAE Engineering Society for Advancing Mobility	AMS 2630 B	(95)	Inspection, Ultrasonic; Product over 0.5 Inch (12.7 mm) Thick
SNCF Societe Nationale des Chemins de Fer	310 B	(78)	Specification technique pour la fourniture de roulements et de boutees
	–	–	Ultraschallprüfung von Lagerringen von Achslagern (Übersetzung)

TÜV Technischer Überwachungsverein	–	(92)	Specification for a System Designed for Ultrasonic Testing of Turbine Shafts
UIC Internationaler Eisenbahnverband	UIC 810-1 V	(81)	Technische Lieferbedingungen für Rohradreifen aus gewalztem, unlegiertem Stahl für Triebfahrzeuge und Wagen
	UIC 811-1 VE	(87)	Technische Lieferbedingungen für Radsatzwellen für Triebfahrzeuge und Wagen
	UIC 812-3 V	(84)	Technische Lieferbedingungen für Vollräder aus gewalztem, unlegiertem Stahl für Triebfahrzeuge und Wagen
	UIC 821 V	(85)	Technische Lieferbedingungen für Fahrzeug-Blattfedern
	UIC 822 V	(74)	Technische Lieferbedingungen für warmgeformte Druck-Schraubenfedern für Triebfahrzeuge und Wagen
	UIC 840-2 V	(81)	Technische Lieferbedingungen für Teile aus Stahlformguß für Triebfahrzeuge und Wagen
VDEh Verein Deutscher Eisenhüttenleute	SEP 1921	(84)	Ultraschallprüfung von Schmiedestücken und geschmiedetem Stabstahl ab 100 mm Durchmesser oder Kantenlänge
	SEP 1923	(90)	Ultraschallprüfung von Schmiedestücken mit höheren Anforderungen, insbesondere für Bauteile in Turbinen- und Generatoranlagen

Regelwerke über Gußprüfung

ASME American Society of Mechanical Engineers	SA 609	(77)	Standard Specification for Longitudinal Beam Ultrasonic Inspection of Carbon and Low-Alloy Steel Castings
ASTM American Society for Testing and Materials	A 609/A 609 M	(91)	Standard Practice for Castings; Carbon, Low Alloy and Martensitic Stainless Steel, Ultrasonic Examination Thereof

DIN Deutsches Institut für Normung	DIN 1690	(85)	Technische Lieferbedingungen für Gußstücke aus metallischen Werkstoffen; Stahlgußstücke: Einteilung nach Gütestufen aufgrund zerstörungsfreier Prüfungen
DNV Det Norske Veritas	DNV UT 1/83	(83)	Ultrasonic Examination Specification for Deutag Fittings
HDW Howaldtswerke Deutsche Werft	–	(78)	Vorschriften für US-Prüfung an Abgüssen in Sphäroguß GGG 40 für den Einsatz bei der Bundesmarine
Hydromatik GmbH	004 QWA 26126	(83)	Prüfanweisung Eingangskontrolle: Werkstoffprüfung von GG-Formteilen
ISO International Organisation for Standardisation	ISO/DIS 4992	(91)	Steel Castings – Ultrasonic Inspection
KWU Kraftwerk Union AG	AVS 78 a	(77)	Zerstörungsfreie Prüfung von Stahlgußteilen der Anforderungsstufe 1 in Kernkraftwerken
VDEh Verein Deutscher Eisenhüttenleute	SEP 1922	(85)	Ultraschallprüfung von Gußstücken aus ferritischem Stahl
	SEP 1924	(89)	Ultraschallprüfung von Gußstücken aus Gußeisen mit Kugelgraphit
VDG Verein Deutscher Gießereifachleute	P 540	(89)	Ultraschallprüfung von Gußstücken aus Gußeisen mit Kugelgraphit
Westinghouse Electric Corp.	600964	–	Ultrasonic Inspection of Steel Castings

Regelwerke für die Luft- und Raumfahrt

AECMA European Assoc. of Aerospace Industries	pr EN 3718	(96)	Aerospace Series; Test Method for Metallic Materials: Ultrasonic Inspection of Tubes
AEBG Aircraft Engine Business Group	P 1 TF 28	(84)	Material Plan for Segregation, Cleanliness and Structure – Vacuum Melted Titanium Base Alloys

AEBG Aircraft Engine Business Group	P 3 TF 15	(82)	Ultrasonic Inspection, Billets – Immersion
	P 3 TE 4-S 6	(72)	Process, Ultrasonic Inspection
	P 3 TF 1-S 9	(77)	Ultrasonic Inspection
AMS Aerospace Material Specification	SAE 2630 B	(95)	Inspection, Ultrasonic; Product over 0.5 Inches (12.7 mm) Thick
ASTM American Society for Testing and Materials	B 594	(90)	Standard Practice for Ultrasonic Inspection of Aluminium Alloy Wrought Products for Aerospace Applications
DIN Deutsches Institut für Normung	DIN EN 2003-8 E	(96)	Luft- und Raumfahrt, Prüfverfahren für metallische Werkstoffe: Ultraschallprüfung von Knüppeln, Stangen, Platten und Schmiedestücken, Teil 8: Abnahmekriterien
	DIN EN 2003-15 E	(96)	Luft- und Raumfahrt, Prüfverfahren für metallische Werkstoffe: Ultraschallprüfung von Knüppeln, Stangen, Platten und Schmiedestücken, Teil 15: Referenzblöcke
	DIN EN 3718 E	(96)	Luft- und Raumfahrt; Prüfverfahren für metallische Werkstoffe – Ultraschallprüfung von Rohren
	DIN EN 4050-1 E	(96)	Luft- und Raumfahrt, Prüfverfahren für metallische Werkstoffe: Ultraschallprüfung von Stangen, Platten, Schmiedevormaterial und Schmiedestücken, Teil 1: Allgemeine Anforderungen
	DIN EN 4050-2 E	(96)	Luft- und Raumfahrt, Prüfverfahren für metallische Werkstoffe: Ultraschallprüfung von Stangen, Platten, Schmiedevormaterial und Schmiedestücken, Teil 2: Durchführung der Prüfungen
	DIN EN 4050-3 E	(96)	Luft- und Raumfahrt; Prüfverfahren für metallische Werkstoffe: Ultraschallprüfung von Stangen, Platten, Schmiedevormaterial und Schmiedestücken, Teil 3: Vergleichskörper

DIN Deutsches Institut für Normung	DIN EN 4050-4 E	(96)	Luft- und Raumfahrt, Prüfverfahren für metallische Werkstoffe: Ultraschallprüfung von Stangen, Platten, Schmiedevormaterial und Schmiedestücken, Teil 4: Annahmekriterien
	DIN EN 4179 E	(95)	Luft- und Raumfahrt, Qualifikation und Zulassung des Personals für zerstörungsfreie Prüfungen
	DIN 65450	(86)	Luft- und Raumfahrt; Zerstörungsfreie Prüfung: Anforderungen an Prüfpersonal
	DIN 65455 E	(92)	Luft- und Raumfahrt; Nahtlose Rohre aus Stahl, Nickel- und Titan-Legierungen: Ultraschallprüfung
LN Luftfahrt-Norm	LN 29765	(73)	Ultraschallprüfung von Erzeugnissen aus Aluminiumlegierungen
LOCKHEED	A 181 (Rev.)	(87)	Ultrasonic Inspection of Aircraft Parts 193 A-Y, 293 A-F, 1002-1250
	A 243	(87)	Ultrasonic Inspection of Aircraft Parts 193 A-Y, 293 A-C, 1002-1240 etc.
LUK Lamellen- und Kupplungsbau	–	(76)	Schmelzgeschweißte metallische Bauteile für Luft- und Raumfahrtgerät: zulässige Fehler
MTU Motoren- und Turbinen-Union	MTV 1033-1	(82)	Ultraschallprüfungen von rotationssymmetrischen Bauteilen und Vormaterial im Tauchtechnikverfahren: Allgemeine Arbeitsgrundlagen
	MTV 1033-2	(82)	Ultraschallprüfungen von rotationssymmetrischen Bauteilen und Vormaterial im Tauchtechnikverfahren: Prüfablauf nach dem AVG-Verfahren
	WA 325	(73)	Ultraschallprüfung von rotationssymmetrischen Bauteilen im Tauchtechnikverfahren
P & W Pratt & Whitney Aircraft Group	NDTQ-D	(76)	Qualification and Certification of Non-Destructive Test Personnel

P & W Pratt & Whitney Aircraft Group	SIM-1-K	(80)	Ultraschallprüfung im Tauchtechnik-Verfahren (Dt. Übersetzung)
	SIS-Master C	(76)	Qualitätsnorm für Ultraschallprüfung (Dt. Übersetzung)
RR Rolls Royce	NDT Spec. 201	(71)	Ultrasonic Inspection of Turbine and Compressor Discs

Regelwerke für den Kernkraftwerksbereich

ASME American Society of Mechanical Engineers	Sec. III	(73)	Nuclear Power Plant Components
	Sec. XI	(77)	Rules for Inservice Inspection of Nuclear Power Plant Components
BBR Babcock Brown Bovery Reaktor GmbH	701-109.04 (052)-3 B	(75)	Zerstörungsfreie Werkstoffprüfung an Komponenten der Hilfs- und Nebenanlagen
	701-109.04 (052)-3 C	(76)	Ultraschallprüfung von Schmiedestücken
	701-392 (052) -5 A	(74)	Kerneinbauten, Zerstörungsfreie Werkstoffprüfung – Ausgangsmaterial
DIN Deutsches Institut für Normung	DIN 25435-1 E	(95)	Wiederkehrende Prüfungen der Komponenten des Primärkreises von Leichtwasserreaktoren Teil 1: Mechanisierte Ultraschallprüfung
	DIN 54123	(80)	Zerstörungsfreie Prüfung; Ultraschallverfahren zur Prüfung von Schweiß-, Walz- und Sprengplattierungen
GNS Gesellschaft für Nuclear-Service	PV 10-14	(93)	Ultraschall-Prüfvorschriften Behälterkörper CASTOR HAW 20/28 CG
INTERATOM	GTS 23 B	(76)	Ultraschallprüfung an Schmiede- und Stabstählen
KTA Kerntechnischer Ausschuß	KTA 3201.1	(79)	Komponenten des Primärkreises von Leichtwasserreaktoren, Teil 1: Werkstoffe

KTA Kerntechnischer Ausschuß	KTA 3201.3	(87)	Komponenten des Primärkreises von Leichtwasserreaktoren, Teil 3: Herstellung
	KTA 3201.4	(82)	Komponenten des Primärkreises von Leichtwasserreaktoren, Teil 4: Wiederkehrende Prüfungen
	KTA 3401.3	(86)	Reaktorsicherheitsbehälter aus Stahl, Teil 3: Herstellung
	KTA 3401.4	(81)	Reaktorsicherheitsbehälter aus Stahl, Teil 4: Wiederkehrende Prüfungen
KKK Kernkraftwerke Krümmel	KKK-WBPV VIII	(88)	Werkstoff- und Bauprüfvorschrift Kap. VIII: Zerstörungsfreie Prüfungen
KWU Kraftwerk Union AG	–	(78)	Richtlinien für die Lieferung und Montage von Rohrleitungen der druckführenden Umschließung von Kernkraftwerken
	AVS 12	(75)	Anhang 1: Zerstörungsfreie Prüfung von Blechen für Komponenten des NDES: Unlegierte und niedriglegierte Baustähle
	AVS 13	(72)	Zerstörungsfreie Prüfung von Schmiedeteilen für Komponenten des NDES
	AVS D 13.1 F/000	(75)	Zerstörungsfreie Werkstoffprüfung von ferritischen Schmiedeteilen für Kernkraftwerkskomponenten der Anforderungsstufe D1 einschließlich der druckführenden Umschließung
	AVS D 30/000	(78)	Zerstörungsfreie Prüfung von Verbindungselementen für Kernkraftwerkskomponenten der Anforderungsstufe D1
	AVS 33	(76)	Zerstörungsfreie Werkstoffprüfung von Schweißflanken und Schweißnähten für Kernkraftwerkskomponenten der Anforderungsstufen 2–4

KWU Kraftwerk Union AG	AVS 34	(76)	Zerstörungsfreie Werkstoffprüfung von Schmiedeteilen für Kernkraftwerkskomponenten der Anforderungsstufen 2–4
	AVS D 34.1/50	(84)	Anlage DWR 1300 MW Zerstörungsfreie Werkstoffprüfung von ferritischen Schmiedestücken für Kernkraftwerkskomponenten
	AVS 35	(76)	Zerstörungsfreie Prüfung von nahtlosen Rohren
	AVS 78 a	(77)	Zerstörungsfreie Prüfung von Stahlgußteilen der Anforderungsstufe 1 in Kernkraftwerken
Siemens AG	AVS 22	(73)	Zerstörungsfreie Prüfung von Schweißnähten an Komponenten des NDES; unlegierte und niedrig legierte Baustähle
TÜV Technischer Überwachungsverein	AD Merkblatt RH 1	(69)	Reaktordruckbehälter aus Stahl: Fertigung und Prüfung

Regelwerke zur Bindungsprüfung

ASME American Society of Mechanical Engineers	SA 578	(86)	Standard Specification for Straight-Beam Ultrasonic Examination of Plain and Clad Steel Plates for Special Application
ASTM American Society for Testing and Materials	A 578/A 578 M	(92)	Standard Specification for Straight-Beam Ultrasonic Examination of Plain and Clad Steel Plates for Special Applications
	B 773	(91)	Standard Guide for Ultrasonic C-Scan Bond Evaluation of Brazed or Welded Electrical Contact Assemblies
DBL Daimler-Benz Liefervorschrift	–	(78)	Prüfvorschrift: Riemenscheibe zur Servolenkung M 116 und M 117, Hartlötung
DIN Deutsches Institut für Normung	DIN ISO 4386-1	(92)	Gleitlager; metallische Verbundgleitlager: Zerstörungsfreie Ultraschallprüfung der Bindung für Lagermetall-Schichtdicken über 2 mm

DIN Deutsches Institut für Normung	DIN 54123	(80)	Zerstörungsfreie Prüfung; Ultraschallverfahren zur Prüfung von Schweiß-, Walz- und Sprengplattierungen
ISO International Organisation for Standardisation	ISO 4386-1	(92)	Plain Bearings – Metallic Mulilayer Plain Bearings – Part 1: Non-Destructive Ultrasonic Testing of Bond

Regelwerke für sonstige Ultraschall-Anwendungen

ASTM American Society for Testing and Materials	C 1175	(95)	Standard Guide to Test Methods and Standards for Non-Destructive Testing of Advanced Ceramics
	D 4883	(89)	Standard test Method for Density of Polyethylene by the Ultrasound Technique
DGZfP Deutsche Gesellschaft für zerstörungsfreie Prüfung	Merkblatt B 4	(93)	Merkblatt für das Ultraschall-Impulsverfahren zur Zerstörungs-freien Prüfung mineralischer Baustoffe
	Richtlinie US 2	(93)	Bildgebende Ultraschallprüfung von neuen Werkstoffen
DVS Deutscher Verband für Schweißtechnik	DVS 2206	(75)	Prüfung von Bauteilen und Konstruktionen aus thermo-plastischen Kunststoffen

Regelwerke über nahtlose Druckbehälter

BSI British Standards Institution	BS 5045-1	(82)	Transportable Gas Containers, Part 1: Specification for Seamless Steel Gas Containers Above 0.5 Litre Water Capacity
IGC Industrial Gases Committee	T.N. 26/81	(81)	Ultraschall-Prüfrichtlinie für Wasserstoff-Flaschen und Transportbehälter (Auszug)
TÜV Techn. Über-wachungs-Verein	Merkblatt	(75)	Merkblatt für die Ultraschallprüfung von nahtlosen Stahlflaschen mit Wanddicken von 2,5–10 mm

Regelwerke über Schallgeschwindigkeits- und Dickenmessungen

ASTM American Society for Testing and Materials	E 494	(92)	Ultrasonic Velocity in Materials, Measuring

ASTM American Society for Testing and Materials	E 797	(87)	Ultrasonic Pulse Echo Contact Method, Measuring Thickness by Manual
	E 1544	(94)	Standard Practice for Construction of a Stepped Block and its Use to Estimate Errors Produced by Speed-of-Sound Measurement Systems for Use on Solids
DGZfP Deutsche Gesellschaft für zerstörungsfreie Prüfung	Richtlinie US 1	(96)	Dickenmessung mit Ultraschall
DIN Deutsches Institut für Normung	DIN EN 10246-13 E	(95)	ZfP von Stahlrohren; Teil 13: Automatische Ultraschall-Dickenprüfung nahtloser und warm streckreduzierter geschweißter Rohre über den gesamten Rohrumfang
Hydromatik	004 QWA 261 26	(83)	Prüfanweisung Eingangskontrolle Werkstoffprüfung von GG-Formteilen
ISO International Organisation for Standardisation	ISO 10543	(93)	Seamless and Hot Stretch Reduced Welded Steel Tubes for Pressure Purposes – Full Peripheral Ultrasonic Thickness Testing
KDT Kammer der Technik	Richtlinie 104/85	(85)	Ultraschall-Dickenmessung
NDIS Standard of Japanese Society for NDT	NDIS 2105	(76)	Evaluation of Performance Characteristic of Portable Pulse-Echo Ultrasonic Thickness Meters
	NDIS 2408	(79)	Thickness Measuring Method Using Portable Pulse-Echo Ultrasonic Thickness Meters
NR Nordtest Remiss	NR 719	(87)	Detection and Sizing of Internal Corrosion by Manual Ultrasonics
TÜV Techn. Überwachungs-Verein	Merkblatt 455	(82)	Hinweise für zusätzliche zerstörungsfreie Prüfungen bei der Überwachung von hochbeanspruchten Bauteilen von Hochdruckdampfkesseln

3.8 Berichterstattung

Das Ergebnis einer Prüfung muß i.a. in geeigneter Weise schriftlich festgehalten werden, z.B. [116, 117, 118]. Insbesondere die Freigabe eines Prüflings zur Weiterverwendung muß dokumentiert sein. Nur dadurch kann der Produzent oder Lieferant alles in seiner Macht stehende tun, um einem späteren Schadensfall vorzubeugen.

Die Bestätigung

„Eine Prüfung wurde durchgeführt".

genügt dazu in der Regel genauso wenig wie pauschale Aussagen:

„Der Prüfling ist fehlerfrei".

oder

„Bei der Prüfung wurden keine Fehler gefunden".

Umfang und Inhalt von *Prüfberichten* sind in vielen *Prüfvorschriften* und Normen, z.B. DIN 54125, JIS 2344 für das jeweilige Verfahren festgelgt.

Ganz allgemein muß ein Prüfbericht immer Angaben enthalten über:

- das Prüfobjekt,
- den ausführenden Prüfer und seine Qualifizierung,
- das verwendete Prüfgerät und das Zubehör,
- die Justierung des Prüfgerätes und evtl. verwendete Testkörper,
- die Beschreibung der Bewertungskriterien z.B. durch Hinweis auf die zugrunde gelegte Prüfspezifikation,
- die auf diese Weise erzielten Prüfergebnisse sowie
- den Nachweis der Identität zwischen Prüfling und freigegebenem Werkstück.

Ein Beispiel eines handgeschriebenen Protokolls zeigt Bild 3-132. Hierin sind alle oben erwähnten Angaben enthalten. Digitale Ultraschallgeräte erleichtern die Erstellung von Prüfberichten dadurch, daß mehr oder minder umfangreiche Prüfprotokolle direkt auf einem angeschlossenen Drucker ausgedruckt werden können. So enthält der Ausdruck in Bild 3-133 bereits alle relevanten Gerätedaten und das zugehörige Anzeigebild der Fehlstelle. Er muß lediglich noch um die fehlenden Angaben, wie Identifikation des Werkstücks und Prüfempfindlichkeit, d.h. den benutzten Vergleichsreflektor, ergänzt werden. Solche Geräte bieten meist auch ohne fremde Hilfsmittel wie Tastaturen, die Möglichkeit, einige Textzeilen des ausdruckbaren Prüfprotokolls zu editieren. Zur zusätzlichen Dokumentation könnten auch die kompletten Einstelldaten des Gerätes ausgedruckt werden. Im Laborbetrieb empfiehlt sich der Anschluß des digitalen Prüfgerätes an den PC und die Erstellung der Prüfberichte mit entsprechenden PC-Programmen, die von den meisten Herstellern angeboten werden.

Prüfprotokolle sollten möglichst genaue Angaben über die jeweilige Prüfkopfposition enthalten, in der ein Fehler aufgefunden wurde. Z.B. können dazu Koordina-

Seite 8 DIN 8564 Blatt 1

Anlage 2

Ultraschall-Prüfbericht

Firma: B. Winter, Gartenweg 6-8, 47119 Duisburg

Auftrags-Nr: 9152/96

Kennwort: ./.

Prüfung nach: DIN 54125 Prüfklasse: 1-L2-1

Bericht-Nr: 54/96

Beurteilung durch: A. Leuker

Blatt-Nr: 1

Antrag vom: 8. VII. 96

Abteilung: Behälterbau

Bauteil: 2 Stck. Rohrleitungen je 2 Rundnähte

Zeichnungs-Nr: WD-39854/94

Werkstoff: CK 45

Wärmebehandlung durchgeführt: ja/nein

Gerät (Typ): Echograph 1016

Prüfkopf: WK 60 P 4

Kennzahl zur Angabe der Echohöhe:

Kennzahl	Vergleichsreflektor	Echohöhe
1	Kreisscheibe	Durchmesser in mm
2	Zylinder ϕ 2 mm	Bezugsechohöhe in %
3	Rechtecknuttiefe 1 mm	

Monitor: ja/nein

Schreiber: ja/nein

Lfd. Nr	Naht-Nr	Abmessung mm	ausgebessert ja/nein	Schweißer-Nr	Befund: längs (l) quer (q)	Lfd. Nr der Fehler	Fehlerabst. vom Bezugspunkt mm	es, bs	Echohöhe 1 mm	Echohöhe 2 %	Echohöhe 3 %	Länge mm	Tiefenlage mm	Bewertung e	Bewertung ne	Bemerkung
1	1	460 ϕ x 25	ja	5	l	1	352	bs	3			45	13		X	voluminös
	1	"	nein	5	l	2	783	bs	1,5			2	4	X		voluminös
	2	"		5										X		/
2	1	460 ϕ x 25		3	l	1	176	bs	2,5			3	12	X		flächig
	1			3	l	2	437	bs	3,2			10	8		X	voluminös
	2			3	l	1	5	bs	4,0			8	20		X	flächig
	2			3	l	2	617	bs	2,0			15	/	X		Formecho
	2			3	l	3	1046	bs	4,5			12	5		X	voluminös

Nach Ausbessern der Fehler (Rohr 1, Naht 1, Fehler 1) und Rohr 2, Naht 1, Fehler 2 sowie Naht 2, Fehler 1 und 3) blieben sämtliche Anzeigen unterhalb Registrierschwelle

Meier 16. 8. 96

Abkürzungen:

Anschallung:
es = einseitig
bs = beidseitig

Bewertung:
e = erfüllt
ne = nicht erfüllt

Ort: Duisburg, den 20. VIII. 1996

Prüfer: Meier

Prüfaufsicht: Schmitz Sachverständiger: Leuker

Bild 3-132 Beispiel für ein handgeschriebenes Prüfprotokoll [DIN 8564 Bl. 1]

```
================================================================
ULTRASCHALL - PRUEFPROTOKOLL   Zeit/Datum...:  08:09 30.08.1996
================================================================
Pruefgeraet..:  ECHOGRAPH 1085    Software: ECOM85 Version 2.0beta
Hersteller...:  KARL DEUTSCH  -  WUPPERTAL  -  GERMANY
================================================================

 Meier GmbH..........................
 42277 Wuppertal.....................

 Testreport 6278, Verteiler: Vt, Abl..
 Auffinden von Innenfehlern..........
================================================================
```

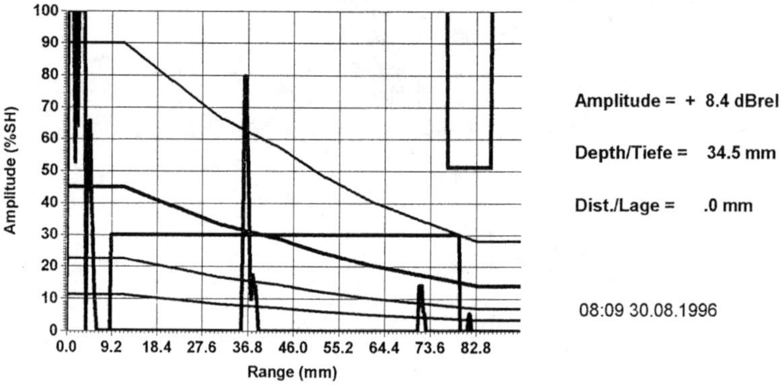


```
================================================================

GERAETEEINSTELLUNGEN
Verschiebung                  (0-6500.0mm/255.71in)....      .0
Messlaenge                    (0-5000.0mm/196.70in)....    91.6
Verstaerkung                             (0-102.0dB)....    35.3
Schwelle                                    (0-99%)....       4
S-E Betrieb / Normal                 (0=S-E 1=Normal)....       1
Blendenlage 1               (0 - 5700.0mm/224.24in)....     8.9
Blendenbreite 1               (0 - 800.0mm/31.47in)....    70.2
Signalschwelle 1                            (0 - 99%)....      30
Blendenlage 2               (0 - 5700.0mm/224.24in)....    76.7
Blendenbreite 2               (0 - 800.0mm/31.47in)....     8.7
Signalschwelle 2                            (0 - 99%)....      51
Sendereinstellung          (0=Aufloesung 1=Leistung)....       1
Senderdaempfung        (0=10 1=50 2=75 3=220 4=Ohne)....       4
Frequenzbereich             (0=0.5-6MHz 1=3.5-40MHz)....       0
================================================================

 St 37, 80 mm Vierkant...............
 Pruefkopf S 12 W 6..................
 Pruefling mit Fehler................
 ....................................
================================================================
```

Bild 3-133 Beispiel für den Protokollausdruck eines digitalen Ultraschallgerätes:
a) Ausdruck der Justierparameter

```
PARAMETER - PROTOKOLL                                         08:23 Aug. 30, 1996

==================================================================
Pruefgeraet..:  ECHOGRAPH 1085    Software: ECOM85 Version 2.0beta
Hersteller...:  KARL DEUTSCH - WUPPERTAL - GERMANY
==================================================================
Parametersatz ausdrucken                      (0 - 16)........0
Messwert- und A-bildspeicher              (0=Aus 1=Ein)........0
Messwertausgabe          (0=Aus 1=Drucker 2=Terminal)........0
Amplitude             (0=Norm 1=Max 2=Durch 3=Filter)........0
Pruefprotokoll ausdrucken                      (0 - 9)........0
Trigger                           (0=Normal 1=Extern)........0
DAC-Kurve darstellen    (0-5= Aus,Ein,+6,-6,-12,Alle)........5
DAC-Korrekturwert                    (-102.0 - 102 DB)........-0
Senderdaempfung          (0=10 1=50 2=75 3=220 4=Ohne)........4
Sendereinstellung            (0=Aufloesung 1=Leistung)........1
Gleichrichtung    (0=Positiv 1=Negativ 2=Doppel 3=HF)........0
Frequenzbereich              (0=0.5-6MHz 1=3.5-40MHz)........0
Verschiebung                    (0-6500.0mm/255.71in)........0
Messlaenge                      (0-5000.0mm/196.70in)........91.6
Verstaerkung                              (0-102.0dB)........35.3
Schwelle                                      (0-99%)........4
S-E Betrieb / Normal                   (0=S-E 1=Normal)........1
Blendenlage 1                 (0 - 5700.0mm/224.24in)........8.9
Blendenbreite 1                (0 - 800.0mm/31.47in)........70.2
Signalschwelle 1                            (0 - 99%)........30
Anzeigeart     (0=dBuv 1=dBrel 2=mmKSR 3=%BSH 4=Aus)........1
Testreflektor                          (3.0 - 20.0mm)........3
Registriergrenze                       (0.1 - 45.0mm)........1
Hupe und Fehlersignal 1         (0=Aus 1=Ein 2=Invers)........0
Zoom Blendenbereich 1                  (0=Aus 1=Ein)........0
Blendenlage 2                 (0 - 5700.0mm/224.24in)........76.7
Blendenbreite 2                (0 - 800.0mm/31.47in)........8.7
Signalschwelle 2                            (0 - 99%)........51
Hupe und Fehlesignal 2          (0=Aus 1=Ein 2=Invers)........2
Pruefkopftyp               (0=Senkrecht 1=Winkel 2=SE)........0
X-Mass                                  (0 - 50.0mm)........12.5
Korrekturfaktor                     (-10.0 - 10.0dB)........0
Transferkorrekturfaktor                 (0 - 99.9dB)........0
PK-Vorlaufstrecke                      (0 - 100.0mm)........1.9
PK-Frequenz                           (0.5 - 20.0MHz)........4
Schwingerdurchmesser                   (0.5 - 50.0mm)........10
Schallgeschwindigkeit              (1000 - 9999m/sec)........5920
Materialdicke                         (1.0 - 999.9mm)........80
Schallgeschwindigkeit Bezugsk.     (1000 - 9999m/sec)........5920
Schallweg Bezugskoerper               (1.0 - 999,9mm)........100
Schallschwaechung                      (0 - 400dB/m)........60
Baudrate (RS232)                   (0-6= 110 - 9600)........6
Baudrate (Drucker)                 (0-6= 110 - 9600)........6
Masseinheit der Laengenmasse            (0=mm 1=inch)........0
Sprache                 (0=Landessprache 1=Englisch)........0
Statistische Entstoerung                    (0 - 255)........0
Uhrzeit/Datum stellen                           (  )........0
==================================================================
 Meier GmbH...........................
 42277 Wuppertal......................
 Testreport 6278, Verteiler: Vt, Abl..
 Auffinden von Innenfehlern...........
 St 37, 80 mm Vierkant................
 Pruefkopf S 12 W 6...................
 Pruefling mit Fehler.................
 .....................................
==================================================================
```

b) Ausdruck des Prüfberichts

ten, die sich auf die Oberfläche des Werkstücks beziehen, angegeben werden. Hilfreich sind hier die in Kapitel 4 beschriebenen automatisierten Handgeräte.

4 Automatisierte Handprüfung

Schon seit vielen Jahren wird versucht, die Ultraschallprüfung auch dann zu automatisieren, wenn eine vollständige Integration in den Fertigungsprozess nicht möglich ist. Ziel ist es, das Prüfergebnis möglichst unabhängig von den Unzulänglichkeiten des Prüfers zu machen und die Befunde bildlich darzustellen.

Während Längs- oder Spiralnähte von Pipeline-Rohren direkt in der Schweißlinie automatisch kontrolliert werden können, müssen die Rundnähte zwischen den einzelnen Teilstücken zwangsläufig vor Ort hergestellt werden. Der Prüfkopf wird entweder von einer mechanischen Vorrichtung in der notwendigen Weise parallel und senkrecht zur Schweißnaht verfahren oder seine Position wird bei Führung von Hand laufend erfaßt und überwacht.

So kann z.B. parallel zur Naht eine Schiene befestigt werden, an der der Prüfkopf mit einem beweglichen Arm entlanggeführt wird, wobei er gleichzeitig senkrecht zur Naht jeweils im festzulegenden Maß hin und her bewegt wird. Werden beide Bewegungen sinnvoll aufeinander abgestimmt, so ist sichergestellt, daß die gesamte Naht mit gleicher Prüfsicherheit erfaßt wird. Mit einem so ausgelegten motorbetriebenen *Manipulator* kann die Prüfzeit erheblich verringert werden, da die Bewegungen schneller ausgeführt werden können als durch den Prüfer. Der nicht unerhebliche apparative Aufwand läßt sich im Fall häufig wiederkehrender Prüfungen rechtfertigen. Dabei muß auch die erhöhte Sicherheit, tatsächlich alle Bereiche erfaßt zu haben, in die Überlegungen einbezogen werden.

Der Einwand, ein „Züchten" der Fehleranzeigen auf Maximalwerte sei so nicht möglich, ist leicht zu widerlegen. Die Prüfung dient im Rahmen der Qualitätssicherung und Produkthaftung weit überwiegend der Feststellung und Dokumentation der fehlerfreien Nahtabschnitte. Werden Fehler aufgefunden, so ist deren Nachuntersuchung mit Hilfe herkömmlicher *Handprüfung* immer noch möglich. Erst daraus ergibt sich die Entscheidung, ob ausgebessert werden muß oder nicht. Der nach dem Ausbessern vorhandene einwandfreie Zustand ist als Ergebnis einer weiteren Nachprüfung zu dokumentieren.

Auch wenn der Prüfkopf frei von Hand geführt wird, läßt sich seine jeweilige Position erfassen. Dazu sind Geräte und Vorrichtungen unterschiedlicher Wirkungsweisen erhältlich. In Bild 4-1 ist am einfachen Beispiel der Dopplungsprüfung eines ebenen Blechs dargestellt, wie von einem Bezugspunkt P aus mit Hilfe einer beweglichen Stange oder eines von einer Rolle ablaufenden unter Zug stehenden Fadens aus Länge und Richtung die *Prüfkopfposition* erkennbar ist. Bild 4-2 zeigt eine ähnliche Vorrichtung mit zwei Fadenrollen. Die an den Fixpunkten P und P' befestigten Fadenrollen sind beweglich am Prüfkopf befestigt. Aus den Längen l_1

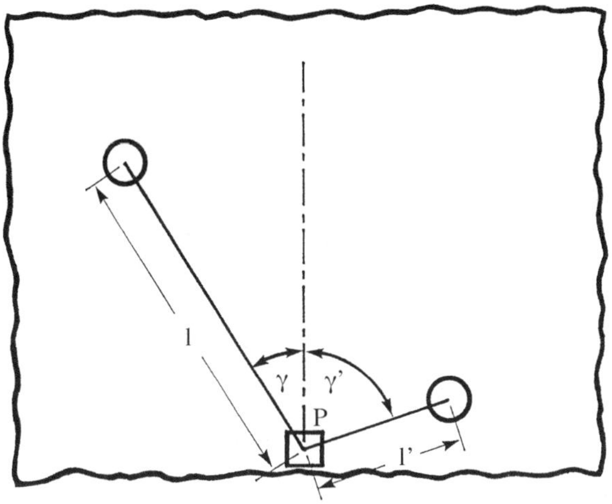

Bild 4-1 Positionserfassung als Funktion von Winkel γ und Entfernung l; P: Bezugspunkt

und l_2 und dem bekannten Abstand P und P' läßt sich durch Triangulation die Prüfkopfposition bestimmen. Die Fadenrollen sind Seilzüge mit elektrischen Ausgangssignalen für abgerollte Länge und/oder Winkelposition.

Eleganter und besser handhabbar sind Verfahren, bei denen die Prüfkopfposition ohne mechanische Verbindung bestimmt werden. Bei dem im Bild 4-3 dargestellten

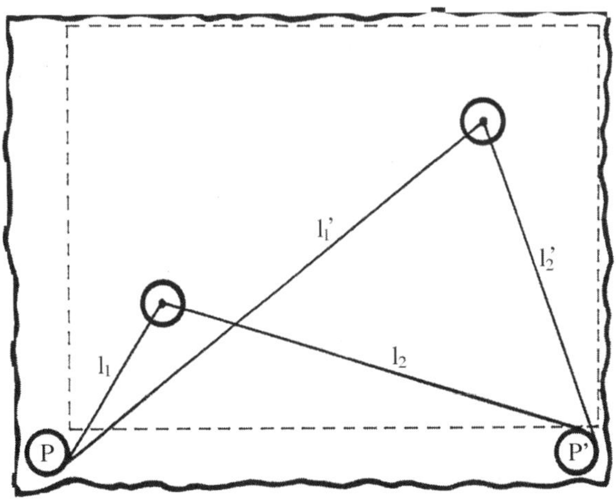

Bild 4-2 Positionserfassung als Funktion zweier Entfernungen l_1, l_2 von den Bezugspunkten P und P'

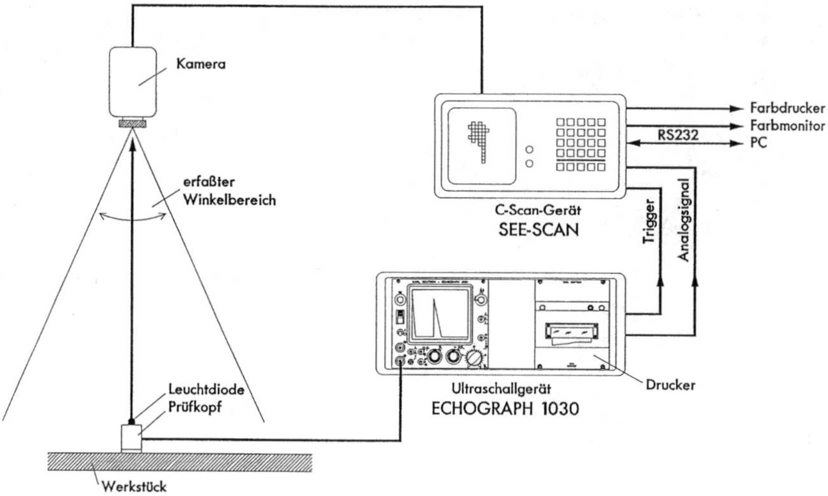

Bild 4-3 Positionserfassung mit Leuchtdiode und Fernsehkamera (SEE-SCAN, [119, 120])

Fall wird der Prüfkopf im Erfassungsbereich einer feststehenden Kamera von Hand über das Werkstück geführt. Auf dem Prüfkopf befindet sich eine Infrarot-Leuchtdiode, die von der Kamera erkannt wird. Das sogenannte *See-Scan-Gerät* [119, 120] leitet aus dem Kamerasignal die momentane Position des Prüfkopfes ab und ordnet dieser *Ortskoordinate*, Amplitude und Laufzeitwert des dort mit dem Ultraschallgerät erfaßten Ultraschallechos zu. Die *Abstandsmessung* läßt sich auch mit akustischen statt optischen Quellen und Detektoren ausführen (Bild 4-4) [121]. Wird statt des Normal-Prüfkopfs ein Winkel-Prüfkopf verwendet, so erfordert die notwendige Erfassung des Schwenkwinkels einen größeren Aufwand. Eine Lösung bringt z.B. das Anbringen zweier Fäden an unterschiedlichen Stellen des Prüfkopfs. Ein mechanischer Manipulator gemäß Bild 4-5 erfüllt ebenfalls diesen Zweck. Der Meßpunkt P ist nicht fix, sondern ändert sich entlang einer Bezugsschiene, z.B. nach P'.

Komplizierter wird die Prüfpositionserfassung bei nicht ebenen oder mehrfach gekrümmten Prüflingsoberflächen.

Die *ANDSCAN*-Prüfvorrichtung (Bild 4-6) [122, 123] eignet sich für die C-Bild-Erfassung von Innenfehlern bei ebener und gekrümmter Oberfläche. Der Prüfkopf ist in einer kardanisch gelagerten Manschette befestigt, die an einer Stange geführt wird. Dabei wird die Position des Prüfkopfes über den Auszug der Stange und den Drehwinkel erfaßt, das Prinzip entspricht dem von Bild 4-1.

Bild 3-26 zeigt bereits ein C-Bild am Beispiel der Dopplungsprüfung; Bild 4-8 oben zeigt das von einer Schweißnaht. Da bei einer solchen Prüfung ständig die Prüfkopfposition erfaßt wird, kann auch kontrolliert werden, ob die Prüflingsoberfläche vollständig abgefahren wurde. *Datenverarbeitung*, Schrittmotorsteuerung

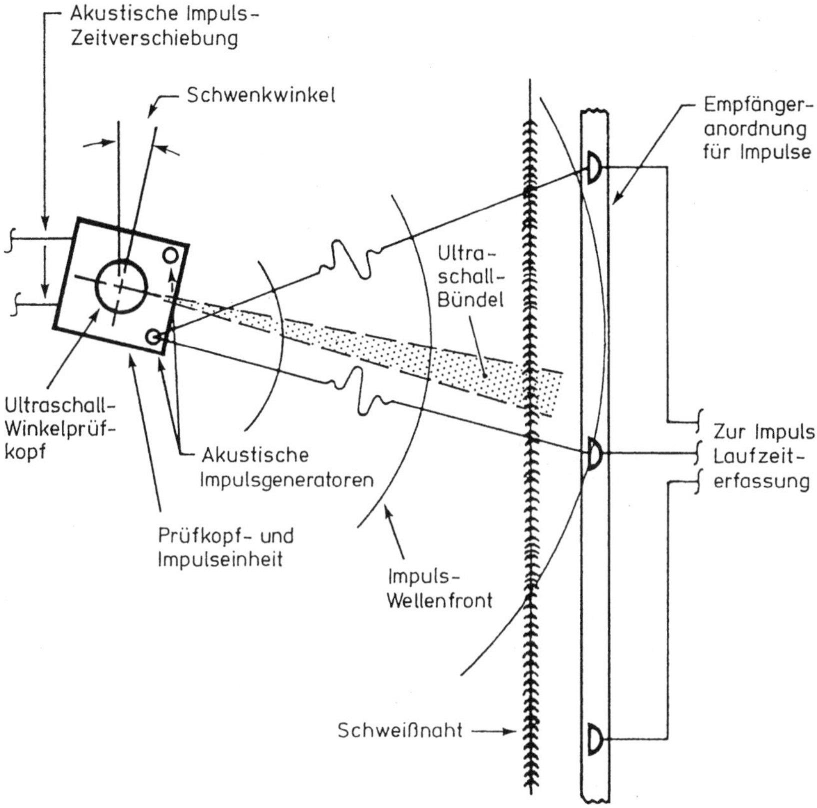

Bild 4-4 Positionserfassung mit akustischen Impulsen (SUTARS: Search Unit Tracking and Recording System, [121])

und Videoverarbeitung sind heutzutage weitgehend auf PC-Ebene verlagert. Daher ist in Zukunft mit einem steigenden Angebot automatisierter Prüfgeräte zu rechnen.

Das bekannteste Schweißnaht-Prüfsystem dürfte der in Dänemark entwickelte *„P-Scan"* [124] sein. Mit seiner Hilfe lassen sich Schweißnahtfehler als Projektion in mehreren Ebenen darstellen (Bilder 4-7 und 4-8).

Dabei werden die Anzeigen aus mehreren Prüfkopfpositionen miteinander verknüpft. Nähere Erläuterungen derartiger Prüftechniken sind aus der umfangreichen Fachliteratur, z.B. [125, 126], zu entnehmen.

Der Vollständigkeit halber sei auch noch als Abwandlung des B-Bildes, s. Abschnitt 3.2, der sogenannte *B-T-Scan* (Bild 4-9) genannt. Diese Möglichkeit einer einfachen bildlichen Fehlerdarstellung bieten einige digitale Handprüfgeräte. Hierbei muß der von Hand geführte Prüfkopf innerhalb eines am Gerät einstellbaren

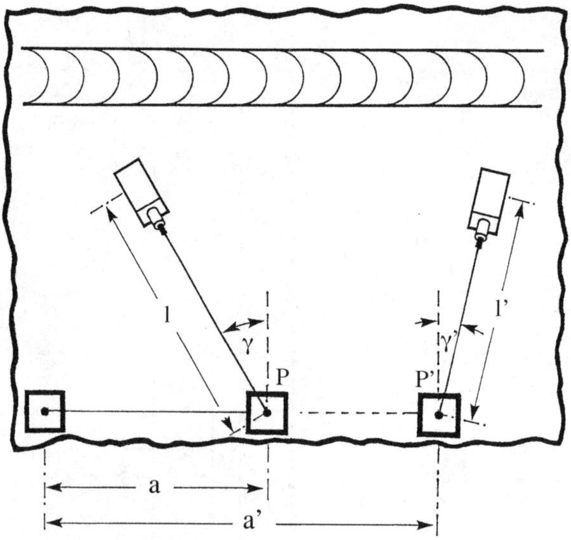

Bild 4-5 Positionserfassung (γ, l) mit variablem Bezugspunkt P

Zeitintervalls t_A bis t_B mit möglichst gleichmäßiger Geschwindigkeit von links nach rechts über das Werkstück gezogen werden. Echolaufzeiten bzw. Fehlertiefenlagen werden in vertikaler Richtung des Bildschirms dargestellt. Die horizontale Achse entspricht dem eingestellten Zeitintervall t_B–t_A, so daß die Echolaufzeiten oder Fehlertiefen jeweils über dem Bildschirm aufgezeichnet werden. Die Bildschirmbreite entspricht näherungsweise dem Abstand A–B, innerhalb dessen der Prüfkopf während des Zeitintervalls t_B–t_A bewegt wurde. Man erhält daher wie beim B-Bild einen Schnitt durch das Werkstück. Eine solche Darstellung ist nützlich, um einen schnellen Überblick längs dieses Schnittes durch das Werkstück, z.B. bei vorliegenden Korrosionschäden, zu erhalten. Zur Dokumentation ist das Verfahren aber wenig geeignet, da eine eindeutige Koordinatenzuordnung nicht gewährleistet ist.

Bei der automatisierten Handprüfung wird neuerdings auch die Möglichkeit in Betracht gezogen, die Position der Prüfköpfe mit Hilfe von darin eingebauten *Beschleunigungsaufnehmern* berührungsfrei festzustellen. Der zurückgelegte Weg bzw. die jeweilige Wegkoordinate errechnet sich bei Beschleunigungsaufnehmern aus doppelter Integration der gemessenen Beschleunigung über der Zeit. Sieht man für jede der drei Raumkoordinaten einen Beschleunigungsaufnehmer vor, so läßt sich die Lage des Prüfkopfes eindeutig bestimmen. Damit könnte selbst auf gekrümmten Werkstücken jede andere zusätzliche Art der *Positionserfassung* entfallen. Beschleunigungsaufnehmer sind weit verbreitet. Sie werden heutzutage u.a. für seismische Messungen, in der Raumfahrt oder zur Schwingungsanalyse an Maschinen und Karosserieteilen eingesetzt. Sehr empfindliche und miniaturisierte Ausführungen lassen sich durch eine Kombination von photolithographischen und Ätzverfahren herstellen.

Bild 4-6 ANDSCAN-Vorrichtung mit A- und C-Bild-Darstellung bei der Überprüfung einer Flugzeug-Tragfläche [122, 123]

Der genauen Erstellung von Ultraschall-C-Bildern mit Hilfe dieser Technik stand früher die Tatsache im Wege, daß die Genauigkeiten derartiger Beschleunigungsaufnehmer bei geringen Beschleunigungen oder Bewegungen aus dem Stillstand

a)

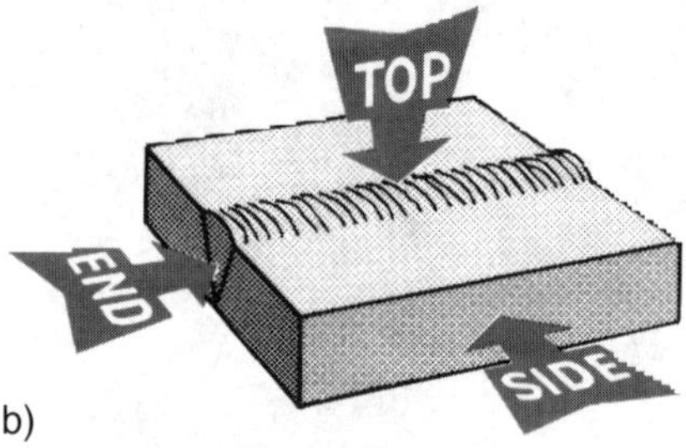

b)

Bild 4-7 P-SCAN-Prüfvorrichtung zur Schweißnaht-Kontrolle (a) und Prinzip der Darstellungsweise (b) [124]

verhältnismäßig gering sind, und daß zur Feststellung und Aufzeichnung der Bewegungsrichtung die Daten mehrerer Meßelemente mit hochempfindlicher Elektronik erfaßt und mit intelligenten Auswerteeinheiten miteinander verknüpft werden müssen. Mit den modernen Möglichkeiten der Mikroelektronik scheinen nun aber auch diese Hindernise überwindbar geworden zu sein.

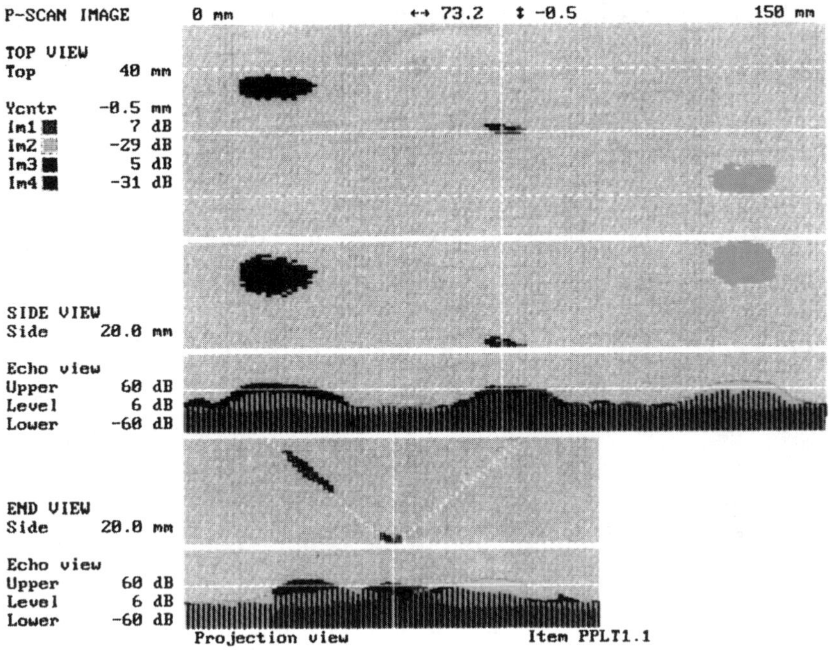

Bild 4-8 Mit P-SCAN erfaßte und dokumentierte Schweißnahtfehler [124]

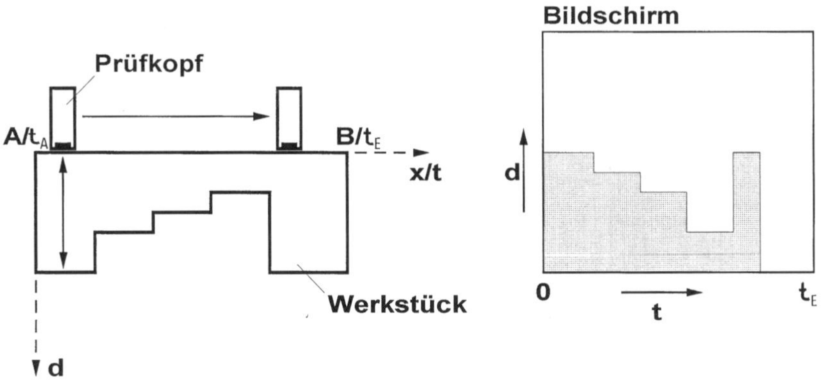

Bild 4-9 Prinzip des BT-Scans (Im Bild rechts wurde $t_A = 0$ gesetzt)

5 Automatische Ultraschallprüfung

Jede Ultraschall-Prüfung kann mit mehr oder minder größerem Aufwand automatisiert werden. Automatisierte Massenprüfungen machen unabhängig von menschlichen Unzulänglichkeiten und Leistungsschwankungen. Sie erbringen vollständigere, gleichmäßigere und sicherere Ergebnisse als vom menschlichen Prüfer abhängige und sind in der Regel auch schneller. Das ist vor allem bei den Prüfungen zur Freigabe fehlerfreien Materials von Bedeutung. Jede Produktion kann durch schnelle Rückschlüsse aus fehlerhaften Prüfbefunden und daraus abgeleiteten veränderten Produktionsbedingungen verbessert werden, so daß immer weniger fehlerhafte Werkstücke anfallen. Wegen der geringeren Häufigkeit fallen dann auch nähere Untersuchungen fehlerhaft aussortierter Prüflinge durch umfassende und zeitintensive Handprüfungen kostenmäßig umso weniger ins Gewicht.

In jedem Einzelfall ist jedoch abzuschätzen, welchen Aufwandes es bedarf, den unerkannten Durchlauf fehlerhafter Teile zu verhindern. Das betrifft nicht nur die Auslegung der Prüfanlagen, sondern auch deren Betriebssicherheit, etwa durch kontinuierliche selbsttätige Eigenüberwachung auf konstant gleiche Betriebsbereitschaft. Eingeschlossen darin ist Signalgabe bei Störungen oder Nichtfunktion sowie die notwendigen Konsequenzen daraus.

Wie auch bei der Handprüfung muß die notwendige Schwelle zwischen Gut- und Schlechtbefund eindeutig festgelegt und mit Hilfe von exakt gefertigten Teststücken nachgewiesen werden. Natürliche Fehler eignen sich dazu in der Regel wegen mangelhafter Reproduzierbarkeit nicht. Grundvoraussetzung ist die Definition der zu überwachenden *Fehlererwartungsbereiche* und die mit unterschiedlicher Tiefenlage zu erwartenden Änderungen der Anzeigehöhen. Darüberhinaus ist zu berücksichtigen, inwieweit bei den vorhandenen Fertigungstoleranzen geometrisch bedingte Ultraschall-Anzeigen die Prüfergebnisse beeinflussen oder verfälschen können. Daraus ergeben sich u.U. Einschränkungen der Vollständigkeit der Prüfung, die als hinnehmbar zu vereinbaren sind, sofern sie nicht durch andere Vorkehrungen kompensiert werden können.

In der heutigen Zeit der *Produzentenhaftung* müssen im Interesse aller Beteiligten die Grenzen der Aussagefähigkeit der Prüfung so exakt wie möglich schriftlich definiert und deren Akzeptanz mit dem Verbraucher oder Weiterverarbeiter vereinbart werden. Allseits akzeptierte Prüfvorschriften tragen dazu bei, die in diesem Punkt auch heute oftmals noch bestehenden Unklarheiten zu beseitigen.

Grundlage der Automatisierbarkeit der Ultraschall-Prüfung sind die in Abschnitt 3.2 bereits erwähnten Monitore als elektronische Zusatzeinrichtungen zum Ultraschall-Gerät, die Amplitude und/oder Laufzeit von Ultraschall-Signalen schnell und reproduzierbar feststellen, so daß Signalgabe, Registrierung und Sortiermaßnahmen ohne Einschaltung des Bedienungspersonals möglich werden. Die Blende des Monitors wird entsprechend der Prüflingsgeometrie auf den Fehlererwartungsbereich eingestellt. Ein Signalmonitor zeigt das Überschreiten oder im inversen Prüffall das Unterschreiten einer Amplitudenschwelle an, der Laufzeitmonitor die Entfernung einer Anzeige innerhalb der Blende von einem Bezugswert (Bild 5-1). Auch lassen sich innerhalb einer Blende mehrere Ereignisse feststellen, summieren, miteinander verknüpfen oder sonstwie verarbeiten.

Die Betriebssicherheit wird durch verschiedene Faktoren beeinflußt. Während heutzutage die Gleichmäßigkeit der Funktion sowohl der Sensoren als auch der Apparaturen als selbstverständlich vorausgesetzt wird, bedarf es besonderer Vorkehrungen, um eine gleichmäßige Ankopplung zwischen Prüfköpfen und Prüflingen, insbesondere bei bewegten Prüflingen zu gewährleisten. Dazu sind unterschiedliche Techniken möglich. In Bild 5-2 sind Tauchtechnik, partielle Tauchtechnik (Pfützentechnik), Spalt- und Wasserstrahlankopplung (geführt oder frei) schematisch dargestellt. Die Entscheidung, welche einzusetzen ist, muß in jedem Ein-

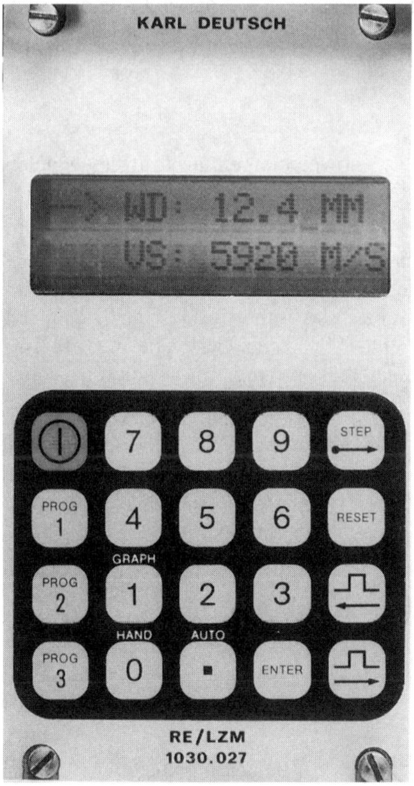

Bild 5-1 Laufzeitmonitor mit Anzeige von Wanddicke (WD) und Schallgeschwindigkeit (VS)

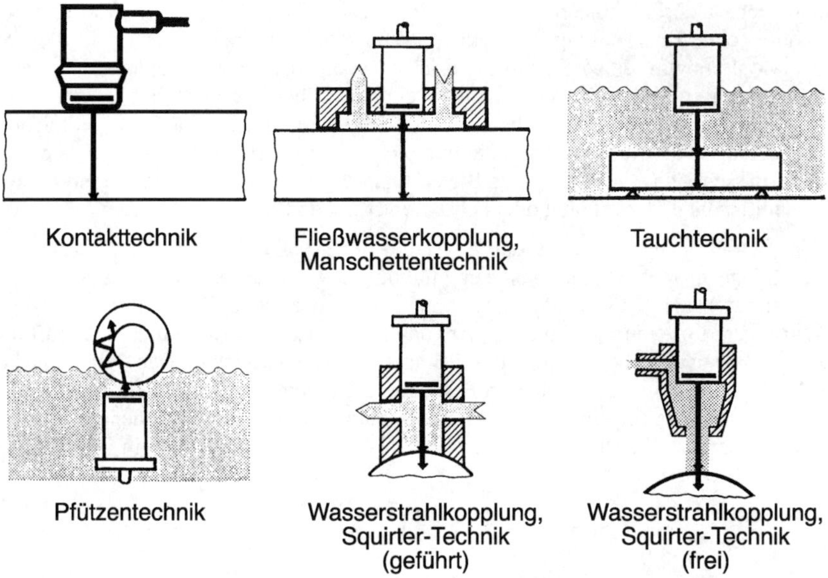

Bild 5-2 Ankoppeltechniken

zelfall getroffen werden. Formhaltigkeit bzw. -abweichungen der Prüflinge spielen dabei ebenso eine Rolle wie Oberflächenzustand, notwendige Durchsatzgeschwindigkeit und/oder Umgebungseinflüsse.

Neuerdings wird auch eine schon früh beschriebene, dann aber fast verschwundene Ankopplung wieder benutzt: Die Prüfköpfe sind innerhalb eines mit Ankopplungsflüssigkeit gefüllten und geschlossenen, außen elastischen Rades, auch englisch Wheel genannt, angeordnet. Es schmiegt sich der Prüflingsoberfläche an (Bild 5-3) und benötigt daher außen nur einen dünnen Ankopplungsfilm. Dadurch ist der

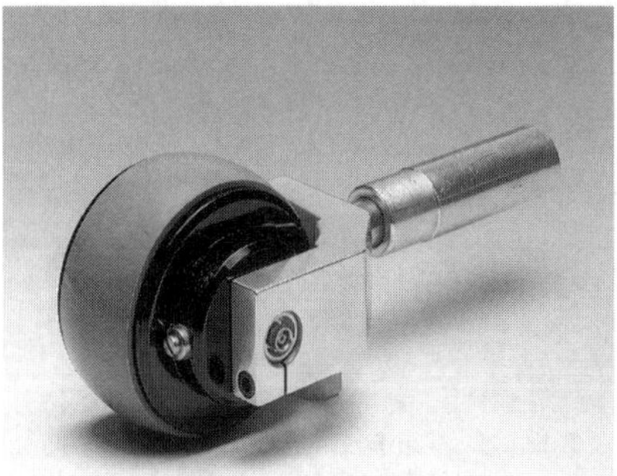

Bild 5-3 Ultraschall-Prüfrad (Wheel)

Bedarf an Koppelmittel erheblich zu reduzieren. Andererseits dämpft die Außenhaut des Rades den Schalldurchgang, ist bei Abrollbewegung einem kontinuierlichen Verschleiß ausgesetzt und kann durch spitze oder kantige Oberflächenfehler zerstört werden. Hinzu kommt, daß die Einschallbedingungen durch die schwankende Prüflingsgeometrie und -lage bei starrer Radachse verändert werden können.

Viele Prüfaufgaben lassen sich nicht mit einem einzigen Prüfkopf zufriedenstellend lösen. Häufig müssen mehrere Prüfspuren gleichzeitig ausgewertet werden. Der Aufwand, jedem Prüfkopf ein separates Ultraschall-Gerät zuzuordnen, läßt sich reduzieren, wenn die verschiedenen Prüfköpfe nacheinander auf die gleiche Auswerte-Elektronik geschaltet werden. Das geschieht mit Hilfe sog. Multiplexer. Damit reduziert sich die *Impulsfolgefrequenz* (*IFF* – häufig nach der englischen Bezeichnung *pulse repetition frequency* mit *PRF* bezeichnet) pro Prüfspur proportional der Prüfkopfanzahl. Je höher die IFF, umso schneller kann die Prüfgeschwindigkeit sein, umso höher ist aber auch der Verschleiß zwischen durchlaufendem Prüfling und Prüfkopfhalter. Zur Festlegung optimaler Daten ist zunächst festzulegen, welche *Durchlaufgeschwindigkeit* erreicht werden muß. Bei walzrauhen Oberflächen und mechanischer Prüfkopf-Nachführung ist eine Geschwindigkeit von 0.5 bis 1.5 m/s, entsprechend 30 bis 90 m/min. normalerweise nicht zu überschreiten. Ferner ist festzulegen, von wieviel Prüfimpulsen ein durchlaufender Fehler mindestens getroffen werden soll. Die Mindestzahl beträgt 1, sie muß aber höher sein, wenn mit Störungsimpulsen z.B. von Schweißmaschinen oder Kranmotoren gerechnet werden muß, die in den empfindlichen Ultraschall-Verstärkern Spannungsspitzen induzieren und die daher als Fehlerechos interpretiert werden können. Um das auszuschließen, wird die statistische Entstörung eingesetzt, bei der ein Fehlersignal nur dann ausgegeben wird, wenn das Fehlerecho in mehreren aufeinander folgenden Impulsen die eingestellte Schwelle übersteigt, s. Abschnitt 3.2. Beispiel: Beträgt die wirksame Schallbündelbreite des Prüfkopfes B_{PK} 10 mm und hätte der anzuzeigende kleinste Fehler einen Durchmesser D_{min} von 1 mm, so könnte bei einer IFF von 1 kHz die *Entstörrate* max. 10 betragen, wenn der Fehler mit v = 1 m/s vorbeiläuft. Bei Verringerung auf die halbe Entstörrate (5) könnte die Durchlaufgeschwindigkeit verdoppelt werden, auf 2 m/s.

Nun hängt die maximal mögliche IFF auch von prüftechnischen Gesetzmäßigkeiten ab. Aus Prüfkopfabstand und Werkstückdicke ergibt sich, abhängig von den Schallgeschwindigkeiten in Koppelschicht und Prüfling, die Laufzeit des Ultraschall-Impulses. Der nächste Prüfimpuls darf zur Vermeidung von Störungen durch Phantomechos, s. Bild 3-17, erst nach einer gewissen Mindestzeit ausgelöst werden. Damit ergibt sich die maximale IFF jedes einzelnen Prüfkanals. In der Praxis liegen diese Werte zwischen 100 und 1500 Hertz (Impulsen pro Sekunde). Zum Erfüllen der im o.a. Beispiel genannten Werte (B_{PK} = 10 mm, D_{min} = 1 mm, 10fache Entstörung, v = 1 m/s) ist eine IFF von min. 1 kHz (1000 Impulsen pro Sekunde) erforderlich. Muß nun mit z.B. 4 Prüfköpfen gleichzeitig gearbeitet werden, so muß der Impulsgenerator, der alle Prüfköpfe hintereinander (sequentiell) anregt, mit mindestens 4 kHz arbeiten. Anlagenelektroniken lassen IFF bis 20 kHz und darüber zu. Damit lassen sich *Vielkanal-Anlagen* betreiben. Reicht deren maximale IFF nicht aus, so sind mehrere Anlagen parallel anzuwenden.

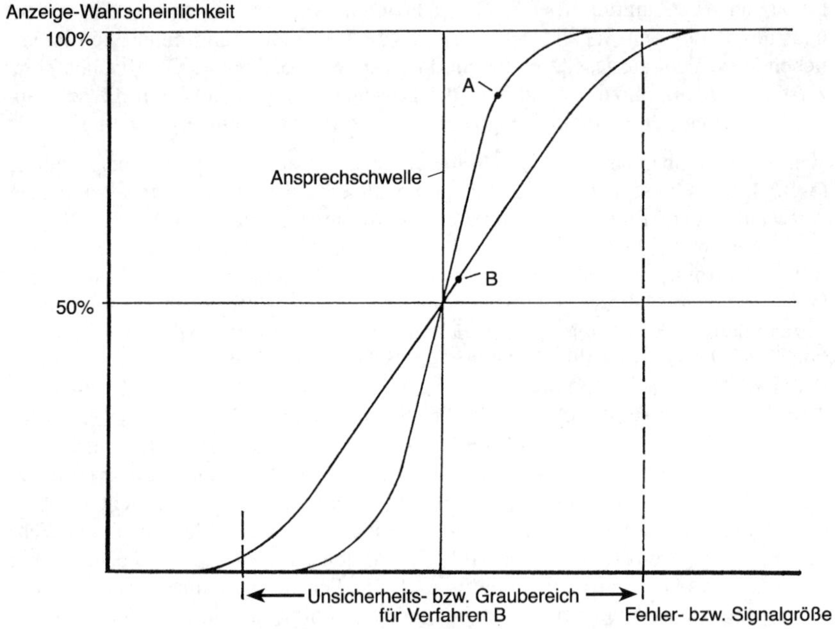

Bild 5-4 Zur Definition des Unsicherheitsbereiches bei der Ultraschallprüfung und anderen ZfP-Verfahren [127]

Da die Prüf- und Auswerteelektroniken meist nicht unmittelbar am Prüfort aufgestellt werden können, wird nur die reine Ultraschallelektronik bestehend aus mindestens je einem Sender und Vorverstärker pro Prüfkopf, der gemeinsame, oft auch zusätzliche Hauptverstärker dicht bei den Prüfköpfen angeordnet, s. Abschnitt 3.2, Bild 3-37.

Mit dem Vorverstärker werden individuelle Empfindlichkeitsschwankungen der verschiedenen Prüfköpfe ausgeglichen. Die Verstärker besitzen meist Ausgangsimpedanzen, die den Kabelimpedanzen von Koaxialleitungen (z.B. 50 Ohm) angepaßt sind. Auf diese Weise können Signale auch über größere Entfernungen zur Prüfelektronik übertragen und Leitungswellenreflexionen vermieden werden.

In jedem Einzelfall ist zu prüfen, mit welcher Reproduzierbarkeit eine Fehlerbewertung im laufenden Betrieb, d.h. bei bewegtem Prüfling, erreicht werden kann. Wird z.B. die Anzeigehöhe eines Testfehlers im statischen Vorversuch, d.h. bei feststehendem Prüfling, genau auf die Anzeigeschwelle des Monitors eingestellt, so ergibt sich bei mehrfachem automatischen Durchlauf des gleichen Teststücks selten ein völlig gleicher *Sortierbefund.* Damit wird der als Gut oder Schlecht befundene Anteil der Prüflinge bezeichnet. Dies wird schon allein durch Ankopplungsschwankungen, Formtoleranzen des Werkstücks und dadurch bedingtes unterschiedliches Auftreffen der Prüfimpulse auf das Werkstück verursacht. Durch

Erhöhen der Prüfempfindlichkeit läßt sich dabei eine *Aussortierquote*, d.h. der Prozentsatz der als schlecht befundenen und aussortierten Prüflinge, von nahezu 100 % erreichen, durch deren Senken ein reproduzierbarer Gutbefund. Der Empfindlichkeitsbereich zwischen 0- und 100 %-iger Anzeigewahrscheinlichkeit wird *„Graubereich"* genannt (Bild 5-4) [127]. Er beschreibt eine wichtige Eigenschaft des angewendeten Prüfverfahrens. Umgekehrt wie bei der *Anzeigewahrscheinlichkeit* verhält es sich mit dem Verwerfen an sich fehlerfreier Prüflinge. Je höher die Prüfempfindlichkeit, umso größer ist die Gefahr, daß brauchbare Werkstücke fälschlich als fehlerhaft aussortiert werden. Das nennt man auch *Pseudo-Ausschuß*. Nach der sog. *ROC-Methode* (Relative oder *Receiver Operating Characteristic*) lassen sich die Anzeigewahrscheinlichkeit echter Fehler (w_p) und Pseudo-Ausschuß (u_p) anschaulich in Beziehung setzen [128]. Von den in Bild 5-5 dargestellten Kurvenzügen beschreibt 5 die Charakteristik des besten und 1 die des schlechtesten Prüfsystems. Derartige Vergleiche sind nicht nur zur Bewertung unterschiedlicher Ultraschall-Systeme sinnvoll, sondern auch verschiedener, jedoch am gleichen Objekt anwendbarer Prüfverfahren. Dabei können sich jeweils völlig andere Kurven für unterschiedliche Fehlerarten ergeben.

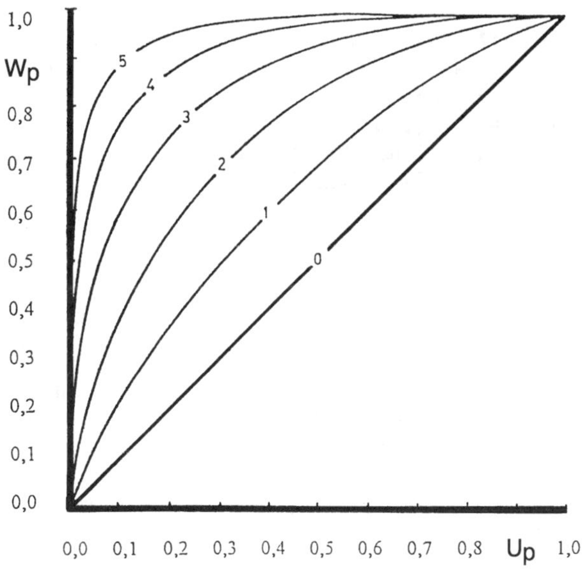

Bild 5-5 Wahrscheinlichkeiten von echtem (w_p) und Pseudo-Ausschuß (u_p) bei verschiedenen Prüfsystemen (1-5) [128]

6 Die Praxis der Ultraschall-Prüfung

Diese Überschrift sollte nicht zu der Annahme verleiten, alle vorhergehenden Kapitel hätten mit der Prüfpraxis nichts zu tun. Das Gegenteil ist der Fall. Viele spezielle und objektgebundene Anwendungen der Ultraschall-Prüftechnik lassen jedoch eine gesonderte Beschreibung sinnvoll erscheinen.

Dabei ist die Zuordnung zuweilen schwierig. Z.B. werden *Punktschweißungen* in großem Umfang an Fahrzeug-, Flugzeug- und Raketenteilen ausgeführt. Ihre Prüfung wird hier im Abschnitt 6.2.3 unter der Überschrift *„Preßschweißungen"* erläutert. Dort ist auch die weiterführende Literatur angegeben. Der suchende Leser sei in derartigen Fällen auf das Sachwortverzeichnis verwiesen.

Selbstverständlich werden gleichartige Werkstücke bei Einsatz für unterschiedliche Zwecke nach verschiedenartigen Kriterien geprüft und zugelassen. Derartiges ist in diesem Kapitel nicht aufgeführt, sondern nur besondere Prüftechniken. Inwieweit z.B. Schmiedestücke für den Einsatz im Fahrzeug- oder Flugzeugbau bei grundsätzlich gleicher Anwendungstechnik unterschiedlich zu prüfen sind, läßt sich aus den verschiedenen Regelwerken, s. Abschn. 3.7, entnehmen.

Der Umfang der Beschreibung einer Anwendungstechnik ergibt sich aus dem notwendigen Bedarf an Erklärung, nicht aus deren Vielfalt an Anwendung. Auf die Wiederholung bereits beschriebener Anwendungen in weiteren Abschnitten wird verzichtet. Hingegen sind besonders originelle, zukunftsträchtige oder für weitere Bauteile empfehlenswerte Prüftechniken auch dann aufgenommen worden, wenn die derzeitige Anwendung sich noch im Entwicklungsstadium befindet.

6.1 Walzwerkserzeugnisse

6.1.1 Bleche und Bänder

Mit der Ermittlung von sog. *Dopplungen* in Blechen, d.h. flach ausgewalzten Innenfehlern aus Rohmaterialien wie *Brammen* und Gußblöcken, hat die Entwicklung der Ultraschall-Prüfung begonnen, s. Abschn. 1.1. Die Lösung dieser Aufgabe ist prüftechnisch einfach, s. Bilder 3-38 oder 3-78, aber umso aufwendiger, je breiter die Bleche sind und je vollständiger deren Volumen erfaßt werden soll. Bei starrer Prüfkopfanordnung und effektiver Schallbündelbreite (Spurbreite) von z.B. 20 mm pro Prüfkopf werden 50 Prüfköpfe und -kanäle benötigt, um Bleche von 1 m Breite vollständig zu erfassen. Läßt man Fehler von max. 20 mm Breite als vernachlässigbar zu, so reduziert sich die Anzahl der Prüfköpfe auf die Hälfte.

Es bedarf sorgfältiger Überlegungen, wie die effektive Schallbündelbreite auf gleiche Prüfempfindlichkeit gebracht wird. Fehler, die genau zwischen benachbarten Prüfköpfen liegen, werden mit verminderter Amplitude angezeigt.

Das ist auch dann der Fall, wenn benachbarte Schwingerelemente sehr dicht beieinander liegen oder sich mit ihren Kanten sogar berühren. Bild 6-1 zeigt das Beispiel der zur Blechprüfung häufig eingesetzten 3fach-SE-Prüfköpfe. Die Sender sind dabei parallel geschaltet und erzeugen ein nahezu homogenes Schallfeld längs der gesamten Spurbreite L. Trotzdem ergeben sich beim Nachweis einer 3 mm Flachbodenbohrung zwischen den Empfängern 1, 2 und 3 Empfindlichkeitseinbrüche von 8 dB und mehr. Diese werden bei kleinen Fehlern größer und liegen nur ab Fehlergrößen von über 5 mm Kreisscheibendurchmesser unter 6 dB. Zur Abhilfe vorgeschlagen wurden überlappende Empfänger vorzugsweise aus piezoelektrischen Hochpolymeren [23, 24]. Abhilfe schafft aber auch, wenn einzelne SE-Prüfköpfe hintereinander versetzt angeordnet werden.

Die Prüfkopfanzahl kann auch dadurch verringert werden, daß die Prüfköpfe über die Blechbreite oszillieren. Dem verringerten Aufwand an Prüfköpfen und -kanälen stehen nicht nur eine kompliziertere Führungsmechanik gegenüber. Für richtige Fehlerprotokollierung muß die Position des Prüfkopfes mit berücksichtigt werden. Auch hier ergeben sich, abhängig von Prüfkopfzahl, Oszillationsfrequenz und Durchlaufgeschwindigkeit mehr oder weniger große ungeprüfte Bereiche (Bild 6-2). Immerhin werden Fehler ab einer bestimmten Mindestlänge, gemeint ist die Länge in Durchlaufrichtung, im Gegensatz zu der Anordnung mit starren Prüfköpfen 100 %-ig erfaßt [129, 130].

Beide Prüfverfahren können sinnvoll kombiniert werden. So werden z.B. an Blechen, aus denen anschließend geschweißte Rohre hergestellt werden, die Randzo-

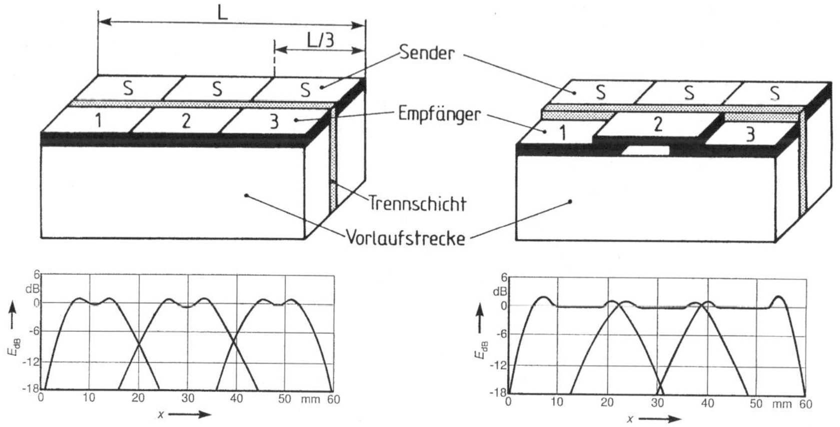

Bild 6-1 Empfindlichkeitsverläufe bei nebeneinander angeordneten (links) und überlappenden Schwingern (rechts)

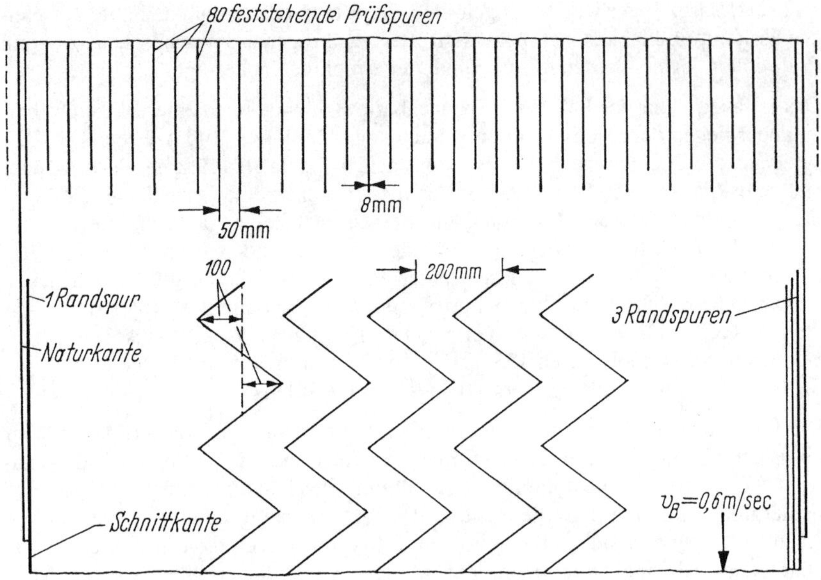

Bild 6-2 Vergleich von Ultraschall-Grobblech-Flächenprüfanlagen mit feststehenden (oben) und 5 oszillierenden Prüfköpfen (unten) pro m Blecnbreite [129]

nen, die nach dem Besäumen verschweißt werden, mit einigen wenigen starren Prüfköpfen vollständig erfaßt. Der mittlere Blechbereich, dessen Haltbarkeit durch kleine Fehler kaum beeinträchtigt ist, kann zusätzlich mit einigen wenigen oszillierenden Prüfköpfen auf grobere Fehler geprüft werden (Bild 6-3). Bei senkrechter Einschallung kann die gesamte Blechdicke nur im Durchschallungsverfahren erfaßt werden. Bei der empfindlicheren Reflexionstechnik mit nur einem Prüfkopf von nur einer Seite aus ergibt sich durch die endliche Breite des Sendeimpulses bzw. des Eintrittsechos eine unvermeidliche ungeprüfte Zone von 0.5–3 mm, abhängig von Prüfkopf und Ankopplungsart. Der Beginn des Fehlererwartungsbereichs (Monitor-Blende) muß so eingestellt werden, daß das Oberflächenecho keinen Fehlalarm auslösen kann. Auch an der Rückseite entsteht eine – wenn auch kleinere – ungeprüfte Zone. Das Rückwandecho schwankt in seiner Position durch Toleranzen in Ankoppelschichtdicke und Blechdicke. Der Fehlererwartungsbereich muß vor der kürzest möglichen Position des Rückwandechos enden. Der Bereich bis zum jeweils tatsächlichen Rückwandecho bleibt daher ungeprüft. Der prozentuale Anteil dieser ungeprüften Bereiche wird mit steigender Blechdicke geringer. Er kann völlig vernachlässigt werden, wenn sich die Fehler vor allem in Blechmitte befinden. Das ist dann der Fall, wenn die Bleche aus gegossenen Brammen gewalzt werden. Wird jedoch das Band oder das Blech aus kontinuierlich arbeitenden Gießmaschinen erzeugt, können Fehler wie Blasen oder Einschlüsse überall im Querschnitt liegen. Diese *Bandgieß-Verfahren* sind seit langem für Aluminium

Bild 6-3 Blechprüfanlage mit 14 oszillierenden und 2 feststehenden Prüfköpfen (für den Randbereich)

üblich. Unmittelbar nach Erstarrung aus dem flüssigen Zustand erfolgt bei hohen Temperaturen der Walzprozeß. Neuerdings wird auch Stahlblech so gefertigt.

Eine besondere Ausführungsform einer Grobblechprüfanlage [131] für Bleche von 5-50 mm Dicke zeigt Bild 6-4. Sie arbeitet mit Tauchtechnik-Senkrechtprüfköpfen, die mit freien Wasserstrahlen von unten in das über den Rollgang geführte Blech einschallen (Bild 6-5). Die maximale Prüfbreite der Anlage beträgt mehr als 4 m. Sie arbeitet mit drei senkrecht zur Vorschubrichtung des Blechs oszillierenden Prüfkopfblöcken mit je 8 Prüfköpfen, mit denen die Achse des Bleches und die stranggußkritischen Zonen durch Auswertung von Fehlerechohöhe und Rückwandechoschwächung geprüft werden. Die Längskanten des Bleches werden beim Durchlauf mit zusätzlichen links und rechts feststehenden Prüfköpfen 100 % geprüft. Zur Querkantenprüfung am Beginn und Ende des Bleches wird das Blech jeweils angehalten, damit ein weiterer Prüfkopfblock mit dichter Prüfkopfanordnung über die gesamte Längskante geführt werden kann. In Bild 6-4 sind von den beschriebenen insgesamt 6 Prüfkopfblöcken die nach oben gerichteten Wasserstrahlen zu sehen.

Zur Erfassung des gesamtem Blechvolumens eignen sich Plattenwellen [132], s. Abschn. 2.2. Unter diesem Begriff wird eine Vielzahl von Schwingungsformen zusammengefaßt. Sie entstehen alle durch Schrägeinschallung auf die Oberfläche eines planparallelen Werkstücks. Jede einzelne stellt so etwas wie einen mechanischen *Eigenschwingungszustand (Mode)* dar. Die Entstehung ist abhängig von Ein-

Bild 6-4 Grobblechprüfanlage mit Wasserstrahlankopplung von unten [131]

schallwinkel, Prüffrequenz und Blechdicke, s. *Plattenwellen-Diagramm* Bild 6-6. Bei gegebener Blechdicke, gleichem Prüfkopf und gleichen Prüfbedingungen lassen sich unterschiedliche Plattenwellen durch gezieltes Verändern des Einschallwinkels anregen. Dazu gibt es für die Prüfung von Hand verstellbare Winkelprüfköpfe (Bild 6-7). Im Gegensatz zu den Oberflächen- oder Kriechwellen, die auch auf diese Weise angeregt werden, erfassen sie den ganzen Querschnitt. Dabei können sich unterschiedliche Schwingungsformen ausbilden (Dehn- oder Biegewellen), die auf bestimmte Fehlerarten unterschiedlich reagieren.

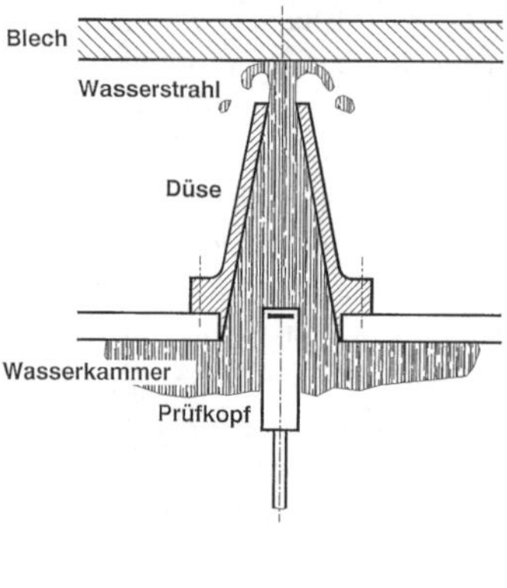

Bild 6-5 Schema der Wasserstrahlankopplung von Bild 6-4

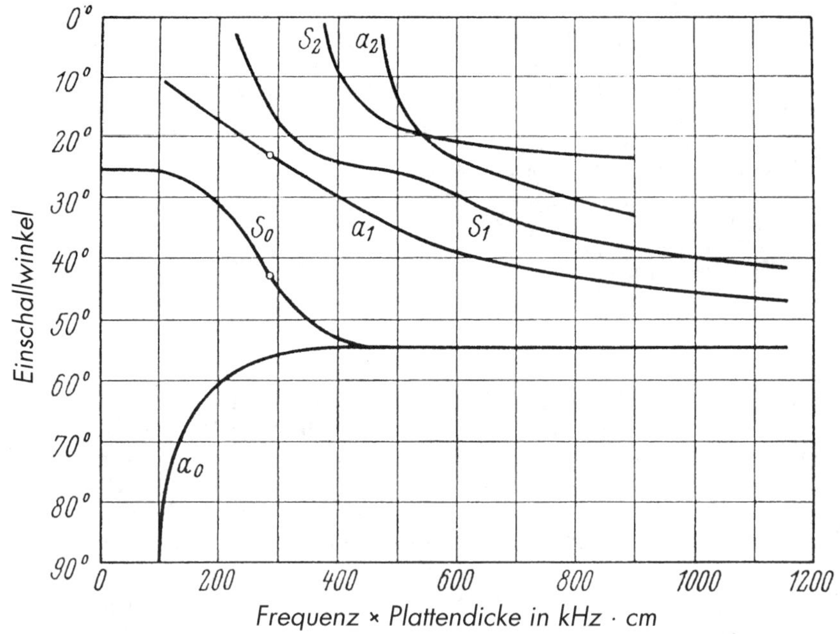

Bild 6-6 Plattenwellendiagramm für Stahl; a_0, a_1, a_2: Biegewellen; s_0, s_1, s_2: Dehnwellen

Die Plattenwellen werden senkrecht zur Walzrichtung im Blech erzeugt. Sie verlaufen mit unterschiedlichen Geschwindigkeiten vom Prüfkopf aus senkrecht bis zur Kante, werden dort reflektiert bzw. auch dort, wo ihre ursprünglichen Anregungsbedingungen nicht mehr gegeben sind, z.B. an einer mittigen Dopplung, die die Blechdicke akustisch halbiert. Die Vorderkante einer Dopplung reflektiert somit den Plattenwellen-Impuls. Die Reflexion kommt zum Prüfkopf zurück, wenn die Berandung der Dopplung senkrecht zur Schallrichtung steht. Liegt sie schräg dazu, erfolgt die Reflexion, wie bei jeder anderen Einschallung auch, schräg vom Prüfkopf weg. Ein- und Ausschallwinkel sind gleich. Eine schrägliegende Dopplung kann durch Wegfall des Kantenechos deutlich werden, vorausgesetzt die Ankopplung ist unverändert vorhanden.

Das Echo von der Vorderkante einer Fehlstelle läßt keinerlei Schluß auf die Fehlergröße zu. Schon sehr kleine Fehlstellen können die Plattenwelle zusammenbrechen lassen und dadurch zu einer Reflexion führen. Das gilt insbesondere dann, wenn sie in Bereichen liegen, in denen die Plattenwelle besonders empfindlich ist. Das ist dort der Fall, wo die Schwingungsamplitude groß ist. Das sind bei der Dehnwelle die Oberflächenbereiche. Eine Dopplung im Inneren wird daher von der Dehnwelle nur gering, von der Biegewelle jedoch mit großer Sicherheit angezeigt. Letztere wird auch nicht so stark von feinen Oberflächenfehlern, wie kleinen Anrissen, Riefen, Kratzern oder Rauhigkeitsveränderungen gestört. Sollen jedoch gerade

Bild 6-7 Verstellbarer Winkelprüfkopf zur Anregung von Plattenwellen. Die Winkelangabe (Skala) bezieht sich auf den Einfallwinkel (Keilwinkel)

diese Fehlstellen bevorzugt gefunden werden, ist die Verwendung von Dehnwellen oder noch besser Oberflächenwellen anzuraten. Auch bei der Plattenwellenprüfung von Blechen und Bändern gibt es ungeprüfte Zonen, nämlich die, in denen die Plattenwelle erzeugt wird und die, die von der Breite des Eintrittsechos abgedeckt werden. Diese Bereiche müssen in einem zweiten Arbeitsgang, z.B. von der gegenüberliegenden Seite, erfaßt werden. Bei der automatischen Bandprüfung werden gewöhnlich zwei hintereinanderliegende Prüfköpfe eingesetzt, die jeweils etwas mehr als die halbe Bandbreite erfassen (Bild 6-8). Bei flüssiger Ankopplung ist dafür Sorge zu tragen, daß Reste der Ankopplungsflüssigkeit des ersten Prüfkopfes

Bild 6-8 Aluminium-Bandprüfanlage mit 2 verstellbaren Winkelprüfköpfen

sorgfältig entfernt werden, bevor sie in das Schallbündel des zweiten gelangen können. Bei empfindlicher Prüfung kann schon die Bedämpfung der Plattenwelle durch äußere Tropfen eine Reflexion auslösen.

Aus den genannten Gründen ist die Plattenwellen-Prüfung umstritten und ihr praktischer Anwendungsbereich relativ klein. Verbesserungspotential könnte in gleichzeitiger Anwendung mehrerer Plattenwellen-Moden liegen. Über Versuche zur gleichzeitigen Anregung mehrerer Plattenwellen durch gleichzeitige Einschallung in einem breit gefächerten Schallbündel wurde ebenso berichtet [133] wie über mehrfrequente Prüfung mittels CS-Schmalbandsender [61]. Im letzteren Fall wurde ein Winkelprüfkopf mit festem Einschallwinkel mit einem Schallimpuls beaufschlagt, dessen Frequenz genau zur optimalen Erzeugung eines bestimmten Plattenwellen-Typs eingestellt war. Der folgende Impuls besaß dann eine andere Mittenfrequenz, die genau einen anderen Typ anregt. So läßt sich durch Frequenzwechsel von Impuls zu Impuls eine Mehrfrequenzprüfung mit ein und demselben fest eingestellten Prüfkopf in nur einem Banddurchlauf erreichen. Weitere Literatur: [134, 135].

6.1.2 Knüppel und Rundstangen

Aus rundem und vierkantigem Walzgut *(„Knüppel“)* aus Stahl werden Schmiedestücke vor allem für die Automobil- und Fahrzeugindustrie gefertigt. Da diese hohen Ansprüchen genügen müssen, ist fehlerhaftes Rohmaterial vor der Weiter-

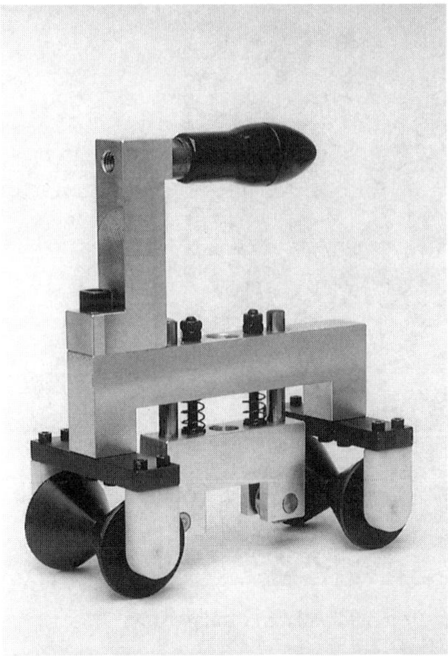

Bild 6-9 von Hand führbare Prüfkopfhalterung zur Knüppel- und Stangenprüfung verarbeitung auszusondern. Das geschieht gewöhnlich innerhalb der *Adjustage* am Ende des Walzprozesses, nur noch stichprobenweise vor der Weiterverarbeitung. Das Walzgut wurde bis in die 80-er Jahre ausschließlich aus *Blockguß* hergestellt. Durch dessen Erzeugung bedingt konnten *Lunker* und Hohlräume ausschließlich in der Werkstückmitte entstehen, dort wo die Abkühlung zuletzt stattfindet. Wegen des Gußgefüges waren in diesem Zustand allenfalls grobe Lunker, nicht jedoch feinere Inhomogenitäten und/oder nichtmetallische Einschlüsse nachweisbar. Daher mußten feinere Fehlstellen im ausgewalzten Zustand durch eine zusätzliche Prüfung aufgefunden werden. Da diese Fehler auch wieder ausnahmslos in der Werkstückmitte liegen, genügte im einfachsten Falle eine Ultraschall-Prüfung von einer Knüppelseite bzw. von einer Mantellinie einer Rundstange aus, Bild 6-9. Bei der Prüfung von Hand wurde entweder der Prüfling vor dem Prüfer vorbeitransportiert, oder Prüfkopf und -gerät mit Hilfe eines sog. Knüppelrollers, ähnlich Bild 6-16, über den liegenden Knüppel geschoben. Schon in den frühen 60-er Jahren entstanden erste automatische Anlagen für immer größere Mengen zu prüfender Knüppel und Stangen. Bei Durchlaufgeschwindigkeiten von bis zu 60 m/min. wurden gewöhnlich zwei Prüfköpfe von oben mittig auf die beiden Seiten des spießkant trans-

Bild 6-10 Prüfkopfhalterung (Manschettentechnik) zur automatischen Knüppelprüfung (sog. Knüppelhund)

portierten Knüppels aufgesetzt. Die Ankopplung erfolgte in Manschetten-Technik (s. Bild 6-10 und Kap. 5). Die auswechselbaren Verschleißsohlen wurden bei der Prüfung von Rundmaterial der Oberflächenkrümmung angepaßt.

In jüngerer Zeit werden Knüppel und Rundstangen in zunehmendem Maße aus *Strangguß* hergestellt. Fehler sind darin nicht auf den Kernbereich beschränkt, sondern können im gesamten Querschnitt entstehen, der dann auch vollständig geprüft werden muß. Dazu dienen sog. *Prüfkopf-Batterien* (Bild 6-11) oder *Breitstrahler*. Der Breitstrahler gem. Bild 6-1 enthält mehrere Sender- und Empfänger-Schwinger, die zur Sicherstellung gleichmäßiger Prüfempfindlichkeit dicht nebeneinander oder auch überlappend angeordnet sind. Die Schwinger können paarweise hintereinander in SE-Technik geschaltet werden. Es gibt aber auch die Möglichkeit, mehrere Empfänger- und einen Sende-Schwinger gleichzeitig zu betreiben, s. Breitstrahl-SE-Prüfköpfe im vorigen Abschnitt. Bei Verwendung mehrerer separater Prüfköpfe müssen diese zur Erzielung gleichmäßiger Prüfbedingungen hinter-

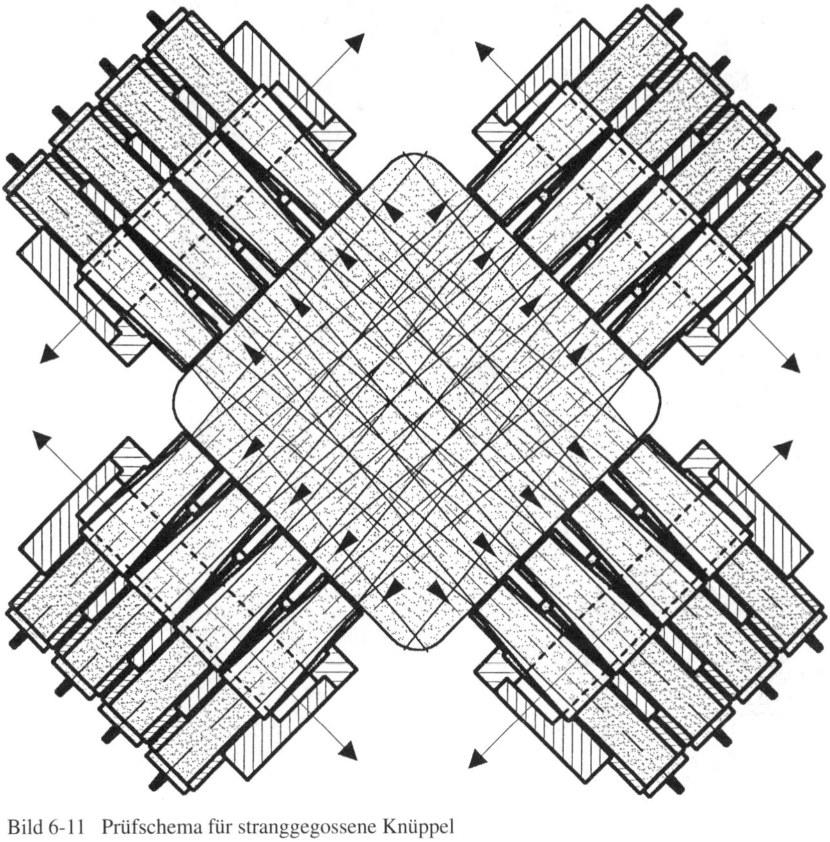

Bild 6-11 Prüfschema für stranggegossene Knüppel

einander versetzt angeordnet werden (Bild 6-12). Das Ersetzen eines defekten Prüfkopfs ist dabei billiger als der Austausch eines gesamten Breitstrahlers. Die Ankopplung kann vorteilhaft mit freien Wasserstrahlen erfolgen (Bild 6-13).

Rundstangen lassen sich mit einem Anlagenkonzept prüfen, das vorzugsweise für die Prüfung nahtloser Rohre entwickelt worden ist, s. Abschn. 6.1.4. Außer Innen- können damit auch Außenfehler gleichzeitig erfaßt werden.

Zum Nachweis von Außenfehlern an Vierkantknüppeln eignet sich hingegen die Ultraschalltechnik nicht. Magnetpulver- sowie thermische Verfahren bieten günstigere Anwendungsmöglichkeiten.

Bild 6-12 Prüfkopfhalterung für stranggegossene Knüppel

Bild 6-13 Wasserstrahlankopplung bei der Knüppelprüfung

Die Prüfung von Sechskant-Profilen entspricht weitgehend der Vorgehensweise bei Vierkantknüppeln.

6.1.3 Schienen

Auch Neuschienen werden heute fast ausschließlich aus Strangguß hergestellt. In einem europäischen Normenentwurf ist festgelegt, daß ein hoher Prozentsatz des Schienenquerschnitts bei der Ultraschall-Prüfung erfaßt werden muß. Dazu reichen früher übliche Prüftechniken mit 4 oder 6 auf der Schienen-Lauffläche aufgesetzten Prüfköpfen nicht aus. Daher muß zusätzlich seitlich in Schienenkopf und -steg sowie von unten in den Schienenfuß eingeschallt werden. Abhängig vom Schienenprofil sind dazu 12 bis 20 Prüfköpfe erforderlich. Das in Deutschland übliche Profil wird mit 16 (früher 6) Prüfköpfen geprüft (Bild 6-14). In der ersten für diese Prüftechnik eingerichteten Anlage (Bild 6-15) sind die Prüfköpfe fest positioniert und werden mit freien Wasserstrahlen angekoppelt. Bei Wechsel des Walzprofils werden die Prüfköpfe mittels Stellmotoren in die vorher festzulegende Position verfahren. Dadurch werden die Umstellzeiten klein gehalten. Allerdings ist jeweils

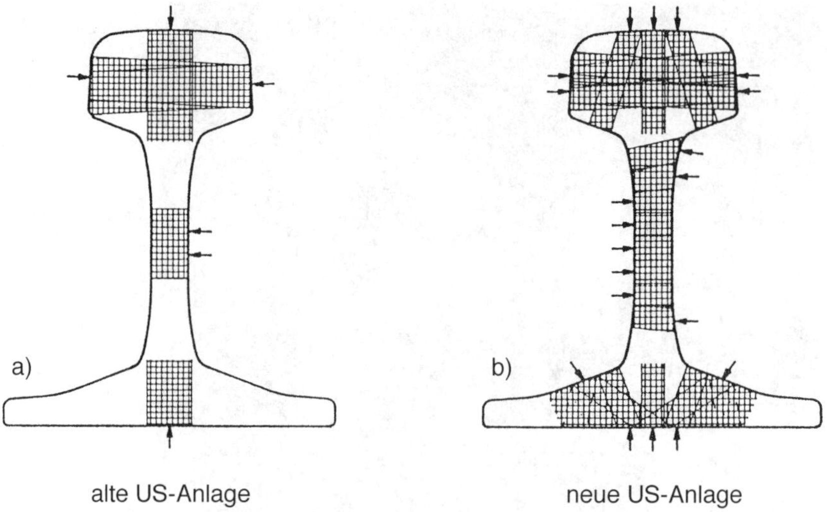

Bild 6-14 Erfaßte Bereiche bei der a) alten, b) neuen Schienenprüfanlage [136]

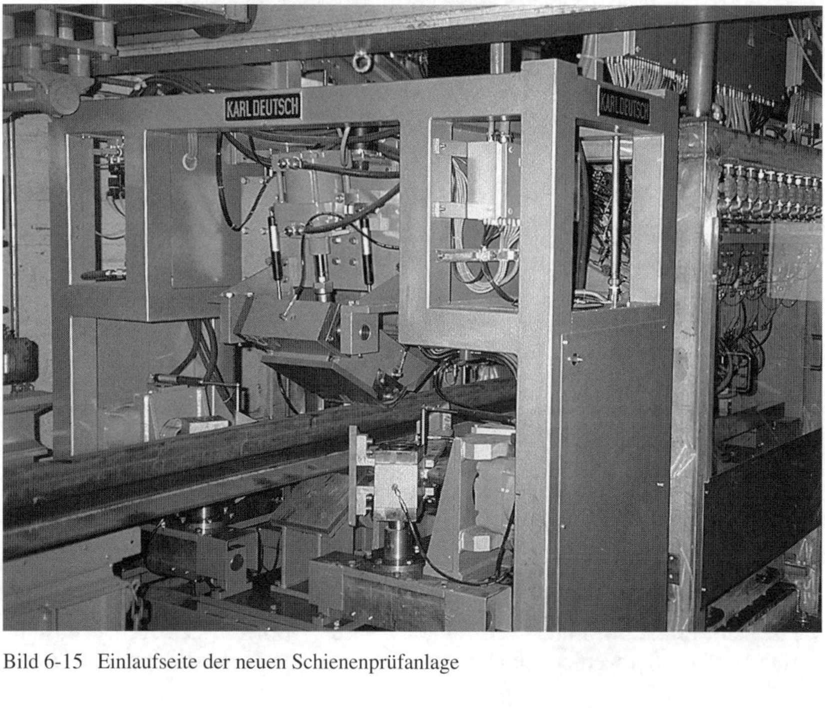

Bild 6-15 Einlaufseite der neuen Schienenprüfanlage

vor Prüfung des neuen Profils eine Testschiene durch die Anlage zu befördern, die mit Hilfe von Testfehlern die richtige Justierung von Prüfköpfen und -elektronik bestätigt, [136].

Alternativ können die Prüfköpfe auch in Prüfwagen montiert werden, die sich mit Rollen an der Schienenoberfläche abstützen und so den Abstand der Prüfköpfe immer gleich halten. Das ist billiger als die Einzelsteuerung der Prüfköpfe, aber erfordert größere Umrüstzeiten.

In verlegten Schienen können durch den Fahrbetrieb Fehler, vor allem Querrisse im Schienenkopf – sog. Nierenbrüche – und Risse im Steg – an nicht verschweißten Schienen vor allem Laschenlochrisse – entstehen. Diese können mit sog. Schie-

Bild 6-16 Schienenroller im Einsatz

nenrollern aufgefunden werden, die von Prüfern über die Schiene gefahren werden (Bild 6-16). Die zumeist 3 Prüfköpfe, ein mittig einschallender Senkrechtprüfkopf und zwei SE-Winkelprüfköpfe, die auch in einem gemeinsamen Gehäuse untergebracht sein können (Bild 6-17), von denen einer unter 70° in Fahrrichtung und der andere 180° versetzt in Gegenrichtung einschallt, werden in Manschettentechnik angekoppelt. Das Koppelwasser fließt aus einem mitgeführten Vorratsbehälter nach. Prüfgeschwindigkeit und Reichweite sind freilich begrenzt. Daher wurden zur möglichst vollständigen Kontrolle der Schnellzugstrecken Schienenprüfzüge entwickelt, die bei Geschwindigkeiten von bis zu 50 km/h die Schienenqualität prüfen und dokumentieren. Neue Entwicklungen lassen eine Steigerung der Fahrgeschwindigkeit bis auf 100 km/h [137] erwarten. Zu den drei Prüfköpfen, wie bei Schienenrollern üblich, kommen zwei weitere Winkelprüfköpfe. Diese schallen unter 35° ein. Sie stehen sich gegenüber und empfangen jeweils in V-Durchschallung die Impulse des anderen. Gleichmäßige Ankopplung vorausgesetzt, können so Ungleichmäßigkeiten im Schalldurchgang ermittelt werden. Die Protokollierung der Ergebnisse erfolgt proportional der Fahrgeschwindigkeit. Fehlerhafte Bereiche können daher für die notwendigen Nachuntersuchungen jederzeit geortet werden.

Ergänzende Informationen über die Prüfung von Schienen mit einer Übersicht über verschleißbedingte Fehler in Altschienen findet sich in [138].

Bei der Prüfung von T- und Doppel-T-Profilen wird im Prinzip ähnlich verfahren wie bei der Schienenprüfung. In Abhängigkeit von Herstellprozeß und späterer mechanischer Beanspruchung kann der Prüfumfang sehr unterschiedlich sein.

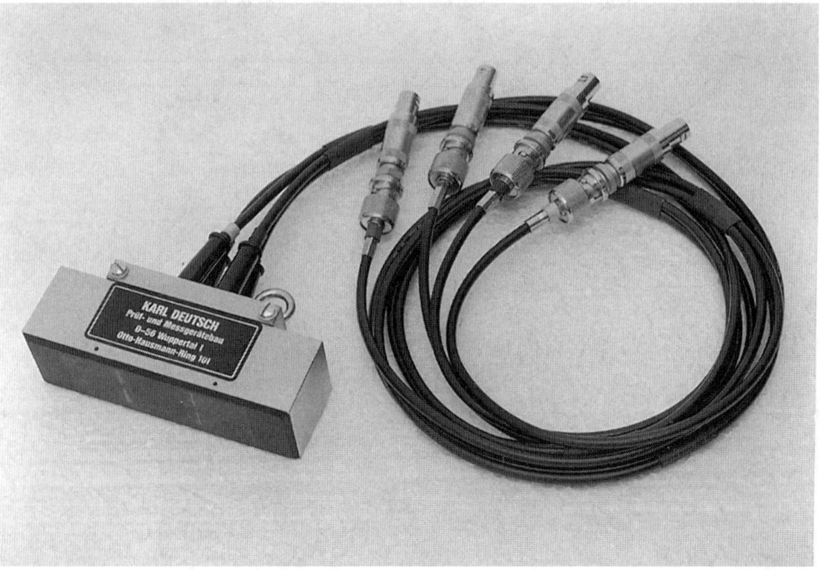

Bild 6-17 Dreifach-Prüfkopf für den Schienenroller

Übliche Prüfzonen sind bei den Profilen die Stege und Flansche oder zumindest deren Enden, bezüglich der Längsrichtung gelten die gleichen Gesichtspunkte wie für Bleche und Bänder.

6.1.4 Nahtlose Rohre

Seitdem *nahtlose Rohre* für Kessel oder *Wärmetauscher* in Chemieanlagen und Kraftwerken direkt nach der Herstellung nahezu 100 %-ig mit Ultraschall und/oder elektromagnetischen Verfahren auf Risse geprüft werden, gibt es die technischen Katastrophen nicht mehr, zu deren Verhütung vor mehr als 100 Jahren „Dampfkessel-Überwachungsvereine" gegründet wurden. Die Ultraschall-Prüfung hat verglichen mit anderen ebenfalls anwendbaren ZfP-Verfahren den Vorteil, daß Risse an Innen- und Außenwand der Rohre mit gleicher Empfindlichkeit zur Anzeige kommen. Zur Anzeige schalenförmiger, schräg zum Rohrdurchmesser verlaufender Risse sind zwei Einschallrichtungen vorzusehen. Das gilt sowohl für Längs- wie für Querrisse. Auch durch den Walzprozeß bedingte schräg zur Rohrachse liegende Risse lassen sich mit geeigneter Prüfkopfanstellung auffinden. In allen Fällen werden gleiche Rißarten sowohl an der Innen- wie der Außenoberfläche gleichzeitig angezeigt. Außerdem lassen sich dopplungsähnliche Fehler auffinden. Meist wird gleichzeitig auch eine Wanddickenmessung durchgeführt, um Maßabweichungen und Exzentrizität zu ermitteln. Die Rißprüfung erfolgt mit Winkel-, die Wanddickenmessung mit Senkrecht-Einschallung. Die fünf in Bild 6-18 skizzierten Prüfköpfe lassen sich in Pfützen- oder Wasserstrahltechnik so kombinieren, daß alle Schallstrahlen an einem Punkt der Oberfläche auftreffen (Bild 6-19).

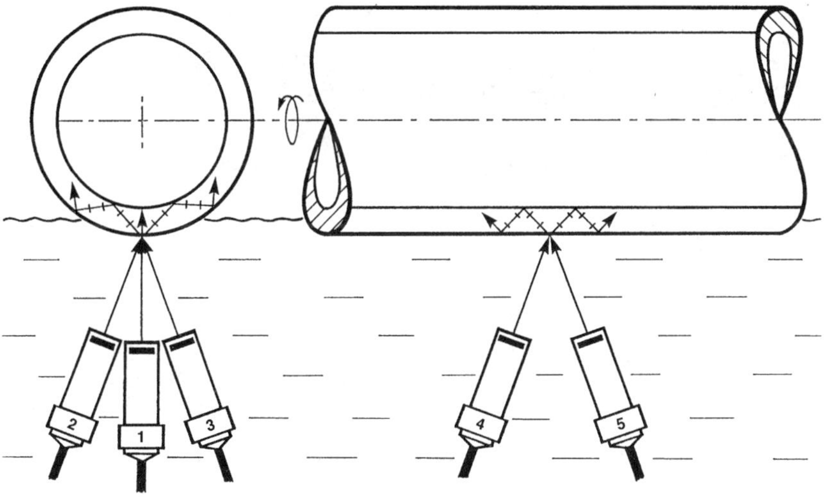

Bild 6-18 Schema der Rohrprüfung in Pfützentechnik; Prüfkopffunktionen: 1: Wanddickenmessung/Dopplungsprüfung; 2/3: Längsfehlerprüfung; 4/5: Querfehlerprüfung

Bild 6-19 Prüfkopfhalterung zur Wasserstrahlankopplung von 5 Prüfköpfen; Schalleintritt in einem Punkt

Zur Erfassung des gesamten Rohrquerschnitts muß entweder das Rohr oder das Prüfkopfsystem um 360° gedreht werden. Es gibt verschiedene mögliche Transportmechaniken, die das Rohr spiralförmig über zumeist in Pfützentechnik unterhalb des Rohrs festangeordnete Prüfkopfsysteme führen (Bild 6-20). Der pro Umdrehung mögliche *Längsvorschub* kann maximal der effektiven Schallbündelbreite zzgl. einer tolerierbaren Mindestfehlerlänge entsprechen. Das gilt auch für den *Linearvorschub* bei Prüfanlagen mit *rotierenden Prüfköpfen* (Bild 6-21). Bei ihnen erfolgt die Übertragung der elektrischen Signale (Sendeimpulse und Fehlersignale) durch Schleifringe oder kapazitiv. Letzteres ist wegen des Wegfalls der

Bild 6-20 Prüfkopfsystem zur Rohr- oder Stangenprüfung auf Längsfehler in Pfützentechnik

verschleißbehafteten Schleifkontakte vorzuziehen. Die mögliche Durchsatzleistung errechnet sich aus dem Rohrdurchmesser, der maximalen Relativ-Geschwindigkeit zwischen Rohr und Prüfkopf, der maximalen Drehzahl des jeweiligen Systems, der Prüfkopfbreite und der Zahl der parallel eingesetzten Prüfköpfe.

Die Entscheidung, welches Prüfsystem bevorzugt wird, hängt von Art und Qualität des Rohres ab. Während walzrauhe oder gesandstrahlte Rohre vorteilhaft mit Vorschub-Rotations-Systemen geprüft werden, sind PK-Rotiersysteme vor allem für blanke, gezogene Präzisrohre im Einsatz. Für Fertigrohre mit kleinem Durchmesser (unter 25 mm), z.B. Hüllrohre aus Zirkonium oder Edelstahl werden fast ausschließlich Rotierkopf-Systeme eingesetzt. Dabei wird die Ultraschall-Fehlerprüfung zumeist mit einer hochpräzisen Wanddicken- und Formmessung sowie einer Wirbelstromprüfung kombiniert [139].

Es gab auch früher schon Versuche, auf die Rotationsbewegung ganz zu verzichten, und mit vielen Prüfköpfen den gesamten Umfang zu belegen. Die dazu notwendige Vielzahl von sequentiell oder parallel zu schaltenden Prüfköpfen und Prüfelektroniken lassen sich in jüngerer Zeit durch spezielle Prüfköpfe (Bild 6-22) beschränken. Mittels piezoelektrischer Folien können fokussierende Prüfköpfe ohne Linsenvorsätze realisiert werden [23, 24 ,25]. Die gekrümmte schallabstrah-

Bild 6-21 Präzisrohr-Prüfanlage mit rotierenden Prüfköpfen [139]
Oben: Gesamtansicht; unten: Prüfmechanik und -elektronik

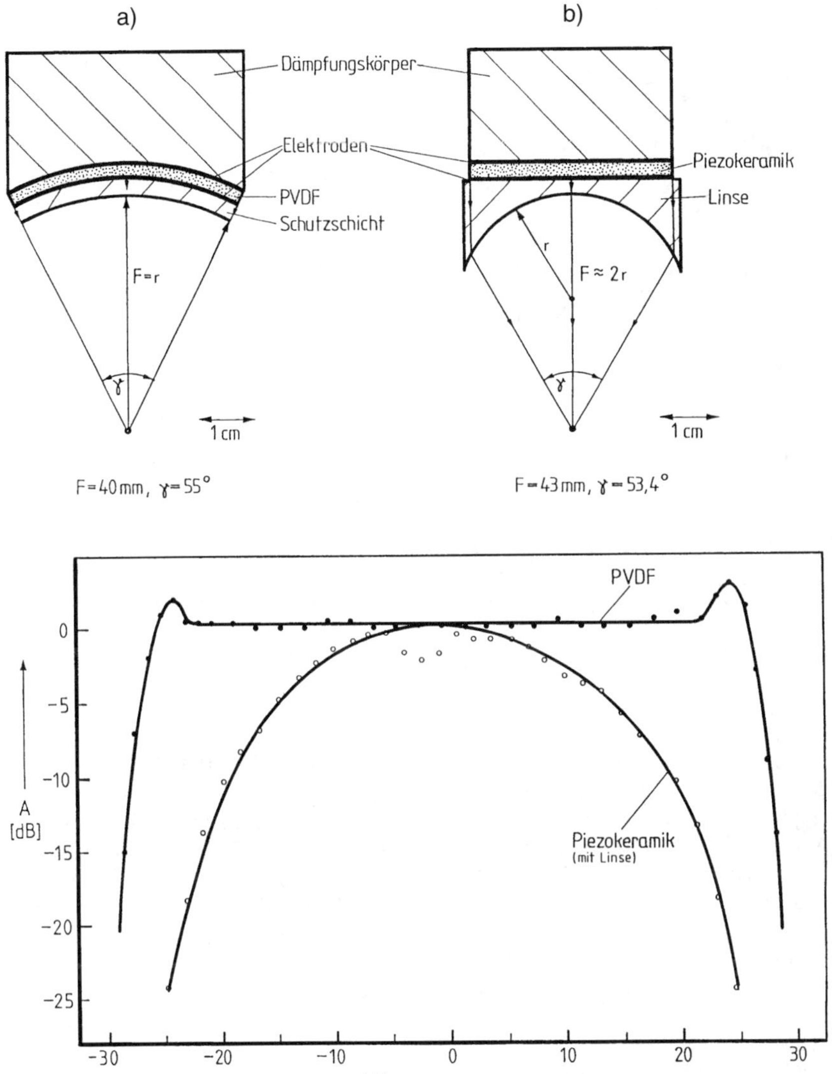

Bild 6-22 Oben: Aufbau von Prüfköpfen mit a) PVDF-Folien; b) piezokeramischen Schwingern; Unten: Gegenüberstellung der Empfindlichkeitsverläufe A als Funktion des Drehwinkels φ

lende Fläche dient hier aber nicht zur Fokussierung, sondern zur Anpassung des Schallfeldes an die gekrümmte Werkstückoberfläche (Bild 6-23). Damit werden gleichmäßige Einschallbedingungen und Anzeigeempfindlichkeit über einen mög-

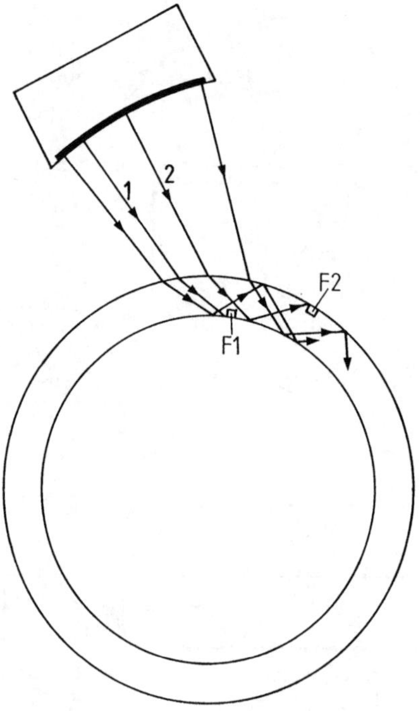

Bild 6-23 Anpassung eines PVDF-Folienprüfkopfes an die Rohrkrümmung; F1, F2: Gleichzeitig angezeigte Innen- und Außenfehler

lichst großen Umfangsanteil erreicht (Bild 6-22) unten. 16 Prüfköpfe, je 8 zueinander versetzt (Bild 6-24) ergeben so eine um maximal ± 5 dB schwankende Prüfempfindlichkeit bei Rohren im Durchmesserbereich zwischen 15 und 130 mm. Zur Abdeckung dieses Bereichs sind nur 4 verschiedene Prüfkopfausführungen notwendig (Bild 6-25). Jede einzelne Prüffunktion, Längsrißprüfung im Uhrzeigersinn und im Gegenuhrzeigersinn, Querrißprüfung in Transportrichtung und um 180° entgegengerichtet, Wanddickenmessung bzw. Dopplungsprüfung mit radialer Einschallung erfordert eine eigene Prüfkopfscheibe (Bild 6-24). Derartige Prüfanlagen (Bild 6-26) lassen lineare Durchlaufgeschwindigkeiten bis zu 2 m/s zu, wobei die ungeprüften Enden bei Einzelrohrdurchlauf dennoch unter 100 mm liegen. Bei Stoß-an-Stoß-Betrieb werden die Rohrlängen vollständig erfaßt. Letzteres gilt für alle beschriebenen Systeme.

Im Mannesmann-Forschungsinstitut wurde eine Rohrprüfanlage entwickelt, die mit elektrodynamischen Wandlern und somit koppelmittelfrei arbeitet [140-142]. Dabei regen zwei S/E-Wandler (Bild 6-27) in Umfangsrichtung Plattenwellen an, die bei den hier vorliegenden Durchmessern Rohrwellen genannt werden. Deren Reflexion an Fehlern und zusätzlich die dadurch entstehende Bedämpfung des ungehinderten vielfachen Umlaufs der Wellen werden zur Fehlererkennung ausgenutzt, s. Bild 6-28 und auch [10, 11].

Bild 6-24 Erfassung des gesamten Rohrumfangs durch 2×8 Prüfköpfe an einer HRP-Prüfscheibe

Bild 6-25 Vier PVDF-Prüfkopftypen zur Abdeckung des Durchmesserbereiches von 15–130 mm

Bild 6-26 HRP-Rohrprüfanlage

Bild 6-27 Elektrodynamischer Wandler für die Rohrprüfung [141, 142]

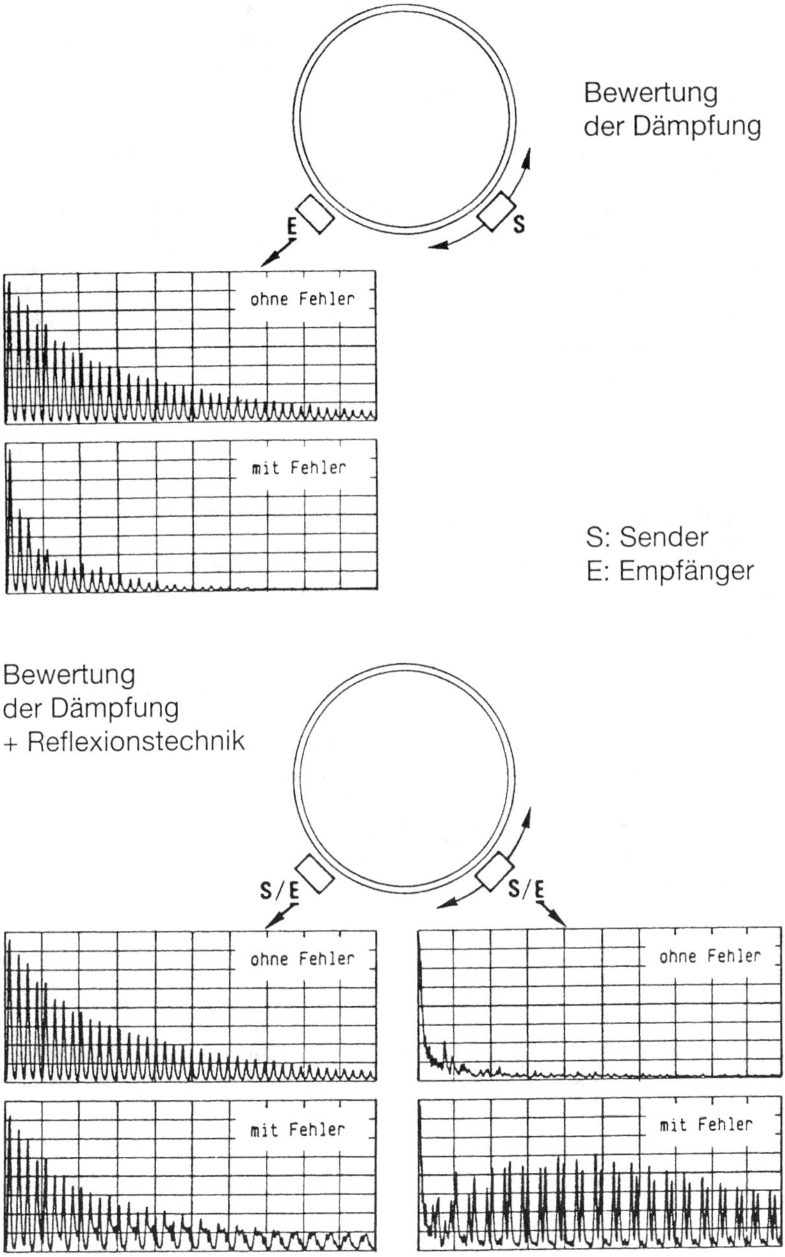

Bild 6-28 Prinzip der Rohrprüfung mit elektrodynamischen Wandlern [141, 142]

Die Bereiche der Rohrenden, die bei der automatischen Prüfung aus konstruktiven oder schalltechnischen Gründen nicht erfaßt werden, werden üblicherweise einer anschließenden Handprüfung unterzogen. Zur Zeitersparnis werden dazu mitunter Sonderprüfköpfe eingesetzt, mit denen sich die Prüffunktionen der Ultraschallanlage möglichst einfach manuell durchführen lassen oder besondere im Bereich der Rohrenden zu erwartende Fehler aufgefunden werden. Der in Bild 6-29 dargestellte Sonderprüfkopf besteht aus einem Dreifach-SE-Breitstrahlprüfkopf mit 50 mm Spurbreite zur Dopplungsprüfung, an dem seitlich zwei 70° Winkelprüfköpfe zum gleichzeitigen Auffinden schräger Anrisse befestigt sind. Sie sind zueinander in Umfangsrichtung ausgerichtet. Durch den am Prüfkopfgehäuse befindlichen seitlichen Anschlag kann der Prüfkopf von Hand sicher am Rohrende herumgeführt werden. Mit einem mehrkanaligen Ultraschallgerät oder – bei Verwendung eines einkanaligen Ultraschallgerätes – mit einer Multiplexer-Zusatzeinrichtung werden dabei alle Prüfkanäle gleichzeitig erfaßt.

6.1.5 NE-Metalle

Außer Stahl werden vor allem Aluminium, Kupfer, Messing und Titan zu Halbzeug wie Blechen, Bändern, Stangen, Drähten, Profilen und Rohren verarbeitet.

Aluminium (Al) wurde schon früher als Stahl im Stranggießverfahren hergestellt. Die kontinuierliche Bandproduktion als Ausgangsmaterial für dünne Folien wurde früher mit Ultraschall überwacht. Wie in vielen anderen Bereichen moderner Produktion wurde das Herstellverfahren im Laufe der Zeit so perfektioniert, daß auf die Prüfung offenbar verzichtet werden kann. In zunehmendem Maße wird Al aus Gewichtsgründen im Automobilbau auch für hochbelastete Sicherheitsteile wie Achsschenkel und Schwenklager verwendet. Das Ausgangsmaterial dafür muß besonders hohen Anforderungen entsprechen. Eine moderne Anlage für die Prüfung von Al-Stangen im Durchmesserbereich zwischen 20 und 600 mm ist in Bild 6-30 gezeigt. Die angewendete Prüftechnik entspricht weitgehend der bei Stahlhalbzeug üblichen.

Auch Titan und neuerdings Magnesium-Legierungen werden vor allem aus Gewichtsgründen Stahl vorgezogen. Die Ultraschallprüfung ist in der Regel problemlos möglich.

Im Gegensatz dazu bildet sich bei Walzgut aus Messing häufig Grobkorn aus, das die Prüfung erschwert und das Auffinden von feinen Innenfehlern in Stangenmaterial (sog. „Zwiewuchs“) erschwert oder sogar unmöglich macht.

Zur Erkennung von Oberflächenfehlern wird bei allen NE-Metallen die Wirbelstrom- der Ultraschallprüfung vorgezogen.

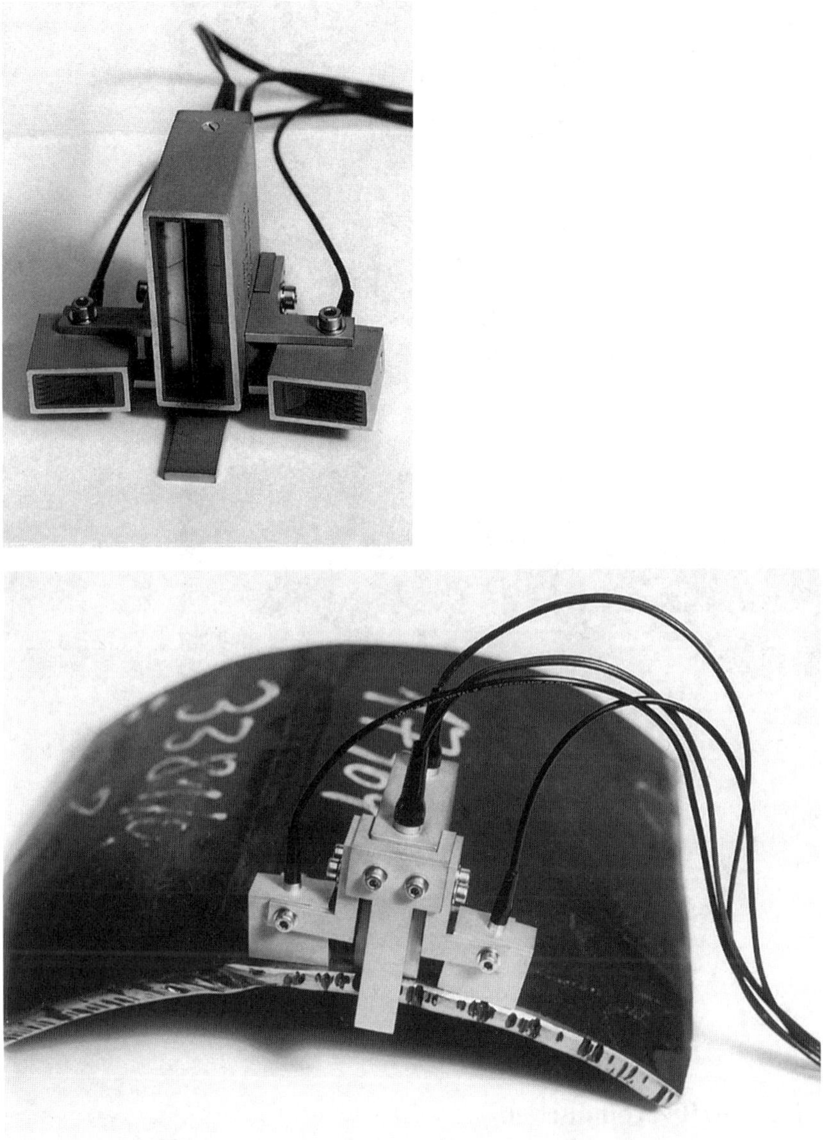

Bild 6-29 Sonderprüfkopf für die Rohrendenprüfung; oben: Aufbau; unten: Anwendung

Bild 6-30 Aluminiumbarren-Prüfanlage mit V-förmigem Prüfkopfträger für Strahlankopplung

6.2 Schweißverbindungen

6.2.1 Stumpfnähte

Zwei gleiche oder ähnliche Werkstoffe, die durch das Schweißen einer Naht verbunden werden sollen, müssen mechanisch vorbereitet sein. Die Flanken für die Naht werden z.B. V-förmig bearbeitet (Bild 6-31). Diese Fuge wird mit abschmelzendem Elektroden-Werkstoff meist gleich oder ähnlich dem Grundwerkstoff aufgefüllt. Dabei entsteht in Schweißnahtmitte ein Gußgefüge. Die Nahtflanken werden abgeschmolzen. Daran schließt sich die sogenannte *Wärmeeinflußzone* an, in der zwischen Schweißgut und unbeeinflußtem Grundmaterial ein mehr oder weniger stark ausgeprägtes Temperaturgefälle entsteht. Abhängig von der maximal erreichten Temperatur entstehen z.B. bei Stählen dicht nebeneinander unterschiedliche Gefügeausbildungen. Das kann zu starken mechanischen Spannungen und dadurch zu Werkstoffehlern wie Rissen führen. Es muß deutlich darauf hingewiesen werden, daß die entstandenen Risse mit den gängigen zerstörungsfreien Prüfverfahren nachgewiesen werden können, nicht jedoch die Spannungen, die die Risse – möglicherweise erst später oder unter geringer zusätzlicher Beanspruchung – auslösen. Ein einwandfreier ZfP-Befund bedeutet somit noch nicht, daß die Schweißverbindung der späteren Belastung auch gewachsen sein wird. Das gilt besonders, wenn durch Verwendung nicht optimaler oder gar ungeeigneter Elektroden ungewöhnlich große Eigenspannungen entstanden sind.

Alle unbearbeiteten Schweißnähte, vor allem die manuell hergestellten, weisen mehr oder weniger ausgeprägte *Formfehler* auf, die die Schweißnahtprüfung durch formbedingte Anzeigen oder Abschattungen behindern und das Auffinden von Ungänzen oder Rissen im Innern oder an den Oberflächen erschweren können. In EN 26520 (ISO 6520) sind derartige Formfehler wie Einbrand- oder Wurzelkerben, Überhöhungen von Decklage oder Wurzel beschrieben. Kann nicht ausgeschlossen werden, daß dadurch das Auffinden von „echten" Fehlern verschlechtert oder unmöglich gemacht wird, so ist durch mechanisches Bearbeiten, z.B. beiderseitiges Glattschleifen, ein besser prüfbarer Zustand herzustellen. Auch Spritzer neben der Naht müssen entfernt werden, damit das Aufsetzen und Bewegen des Prüfkopfs nicht behindert wird.

Es gibt Schweißverbindungen, die schlecht oder gar nicht prüfbar sind. Dazu gehören z.B. manche Kehlnähte, s. Abschnitt 6.2.2, oder austenitische Schweißverbindungen, s. Abschn. 3.5. Es ist Aufgabe des Prüftechnikers, auf diese Tatsache deutlich hinzuweisen. Ist eine Prüfung notwendig oder vorgeschrieben, so muß eine prüfgerechte Konstruktion gewählt werden. Das kann, muß aber nicht immer mit höherem Aufwand verbunden sein. Ähnliches gilt auch für prüfgerechte Werkstoffauswahl. Läßt sich ein Werkstoff, z.B. Austenit, wegen der beim Verschweißen entstehenden Grobkornbildung nicht oder nur eingeschränkt mit Ultraschall prüfen, so ist unter Umständen ein möglicherweise schlechter geeignetes, dafür aber sicher prüfbares Material vorzuziehen. In derartigen Fällen sind in die Überlegungen zur Prüfbarkeit unbedingt auch andere Prüfverfahren einzubeziehen.

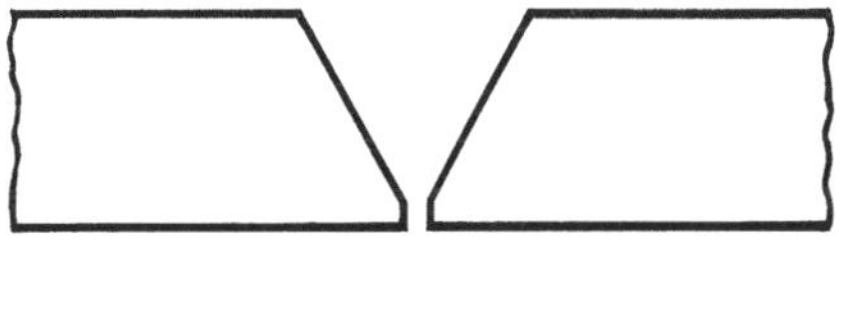

Bild 6-31 Vorbearbeitung von zu verschweißenden Blechen

In Schweißnähten können Unregelmäßigkeiten verschiedenster Art, Form und Lage vorkommen. Diese sind in EN 26520 in 6 Gruppen eingeteilt:

Gruppe 1: Risse
2: Hohlräume (Gasblasen, Poren Lunker)
3: Feste Einschlüsse (Schlacken, Flußmittel, Oxide, Fremdmetalle)
4: Bindefehler und ungenügende Durchschweißung
5: Formfehler (Kerben, Nahtunregelmäßigkeiten, Versatz, Durchbrand u.a.)
6: Sonstige Unregelmäßigkeiten (Zündstellen, Spritzer u.a.)

Darüber hinaus beschreibt EN 25817 (entspr. ISO 5817) für *Lichtbogenschweißverbindungen* drei Bewertungsgruppen für derartige Schweißnahtfehler, nämlich Gruppe

D: niedrig
C: mittel
B: hoch

In beiden Normen sind weder die im Einzelfall relevanten Bewertungsmaßstäbe noch die anzuwendene Prüftechnik beschrieben. Das bleibt anwendungstechnischen Regelwerken vorbehalten.

Die anwendungstechnischen Möglichkeiten der Ultraschallprüfung sollen in bezug auf typische Schweißnahtfehler hier kurz erläutert werden. Es gehört aber nicht zu den Aufgaben dieses Buches zu beschreiben, welche Unregelmäßigkeiten bei den verschiedenen Schweißverfahren bevorzugt entstehen können und welche nicht. Allerdings erleichert diese Kenntnis die Aufgaben des Prüfers erheblich. Daher ist stets die enge Zusammenarbeit zwischen Schweißfachmann und Prüfer von großem Vorteil. Nur so läßt sich die Prüftechnik optimieren und rationalisieren, s. [38–43, 45–49, 51–54, 56–59 und 143–151].

Risse lassen sich mit Ultraschall dann gut auffinden, wenn sie annähernd senkrecht angeschallt werden. Längsrisse werden bei der üblichen Vorgehensweise problemlos und sicher erkannt. Können Risse auch schräg liegen, ist ein Schwenken des Winkelprüfkopfs notwendig. Querrisse sind am sichersten durch Einschallen in Richtung des Schweißnahtverlaufs nachzuweisen. Dazu muß die Naht allerdings vorher glattgeschliffen sein. Ist das nicht möglich, so ist neben der Naht unter möglichst flachem Winkel anzukoppeln (Bild 6-32). Die Durchschallungs- bzw. Tandemmethode ist bei Handprüfung nicht praktikabel, wird aber in automatischen Prüfanlagen angewendet, s. Abschn. 6.2.4.

Der gute Rißnachweis ist der besondere Vorteil der Ultraschallprüfung verglichen mit dem Durchstrahlungsverfahren. Zur Anzeige von Oberflächenrissen sind hingegen *Magnetpulver-* und/oder *Farbeindringprüfung* besser geeignet, s. auch Kap. 8. Das gilt umso mehr, je stärker Formfehler die Ultraschall-Prüfung erschweren. Poren und Einschlüsse aller Art stellen voluminöse Fehler mit gekrümmter Oberfläche dar. Sie treten auf Durchstrahlungsfilmen deutlich hervor, so daß der oberflächliche Betrachter dadurch von gefährlicheren Fehlern abgelenkt werden kann. Einzeln sind sie bei der Ultraschallprüfung leicht zu übersehen, nicht jedoch bei Häufung in Porenzeilen oder -nestern.

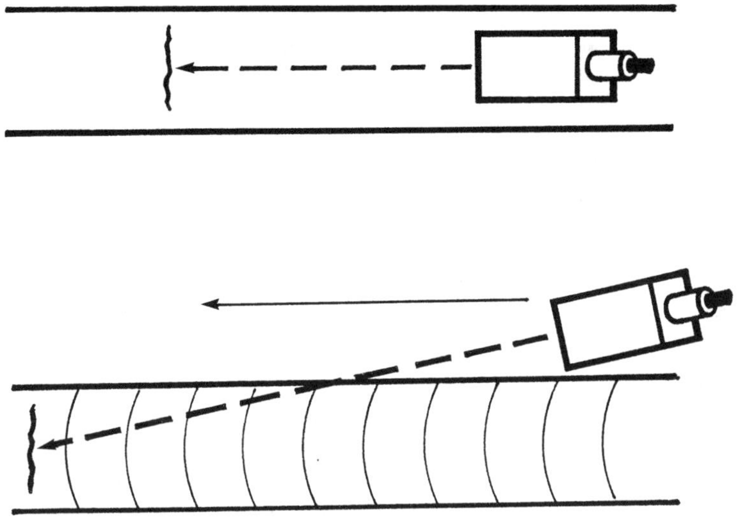

Bild 6-32 Untersuchung einer Schweißnaht auf Querfehler:
a) bei überschliffener,
b) bei unbearbeiteter Naht

Uneingeschränkt überlegen ist die Ultraschallprüfung allen anderen Verfahren beim Nachweis von Bindefehlern oder mangelnder Durchschweißung. Da deren Lage geometrisch vorgegeben ist, läßt sich die optimale senkrechte Anschallung gezielt erreichen. Werkstoffabhängig kann eine ungenügende Durchschweißung durch die bei der Abkühlung entstehenden Schrumpfspannung allerdings so stark zusammengepreßt werden, daß sie den Ultraschall nicht oder nur sehr gering reflektiert. Dieses Phänomen ähnelt den sog. *„Klebungen"*, s. Abschn. 6.2.3.

Für die Prüfung von Schweißnähten gibt es zahlreiche Regelwerke, s. Abschnitt 3.7. Sie enthalten die wichtigsten Aspekte bzgl. Werkstück- und Schweißnahtgeometrie und gelten ausschließlich für ferritische Stähle. Sie nehmen aufeinander Bezug und beschreiben die Vorgehensweise ab ca. 10 mm Wanddicke. Außerdem werden allgemeine Vorschläge für die Bewertung der Befunde gemacht, falls keine objektspezifischen Vorgaben zur Verfügung stehen. Eine Besonderheit der deutschen (und vieler europäischer) Normen ist, daß zwei gleichberechtigte Bewertungsverfahren zur Auswahl stehen, von denen eines vorher zwischen Hersteller und Abnehmer des Produkts zu vereinbaren ist: Die AVG-Methode und das Bezugslinien-Verfahren, s. Abschn. 3.4.3.2/3 und 3.4.3.4.

Unterschieden werden gemäß DIN 54125 fünf Geometrieklassen bzw. Nahtformen:

a) Uneingeschränkt prüfbare Stumpfschweißverbindungen. Hier ist die Naht von allen Seiten her zugänglich

b) Eingeschränkt prüfbare Stumpfschweißverbindungen, z.B. eingeschränkter Ankoppelbereich, ungleiche bzw. konisch verlaufende Querschnitte o.ä.

c) Einseitig zugängliche Stumpfschweißverbindungen, z.B. Innenseite von Rohren, Kesseln und Druckbehältern

d) Senkrecht- und Schräganschlüsse sowie Stutzenschweißverbindungen

e) Doppelanschlüsse, senkrecht oder schräg

Weiterhin werden pro Geometrieklasse drei von der späteren Belastung abhängige Prüfklassen unterschieden (1: geringste, 3: höchste Anforderung). Diese Prüfklassen gelten unabhängig voneinander für Längs- und Querfehler (außer e, wo nur Längsfehler aufzusuchen sind) und können je bis zu 12 Prüfkopfanordnungen erforderlich machen.

Ein genaues Studium der jeweils vorgeschriebenen Richtlinie ist in jedem Einzelfall erforderlich.

Die genaue Vorgehensweise bei der Schweißnahtprüfung ist in den Abschnitten 3.4.2.2, 3.4.3.3 und 3.4.3.4 ausführlich erläutert.

Zuweilen sind Laser- oder elektronenstrahlgeschweißte Kleinteile mit Winkelprüfköpfen üblicher Größe nicht zu prüfen. Ein Sonder-Winkelprüfkopf extrem kleiner Bauform mit einem Schwinger von 2×3 mm^2 und einer Prüffrequenz von 10 MHz ist in Bild 6-33 gezeigt.

6.2.2 Kehl- und Stutzennähte

Die Verbindung zweier senkrecht aufeinanderstehender Bleche durch *K- oder Kehlnähte* (Bild 6-34) bedarf keiner weiteren Bearbeitung der Werkstücke und ist einfach herzustellen. Daher ist sie vielfach üblich, auch wenn ihre Prüfung problematisch ist.

Bei Blechen mit Wanddicken oberhalb 10 mm läßt sich der Zustand der beiden Schweißnähte in 2 Arbeitsgängen mit Senkrecht- und Winkelprüfköpfen feststellen

Bild 6-33 Winkelprüfkopf in Subminiaturausführung mit 2×3 mm Schwinger

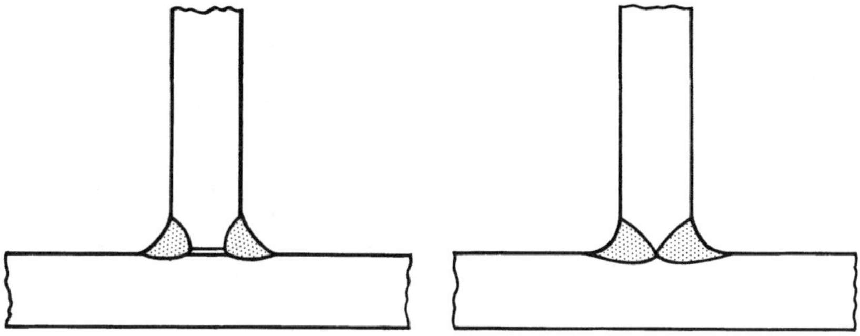

Bild 6-34 K- und Kehlnahtschweißung, schematisch

(Bilder 6-35 und 6-36). Bei sorgfältigem Bewegen des Senkrecht-Prüfkopfs von Pos. 1 in Bild 6-35 gegenüber dem unverschweißten Blechbereich in die Pos. 2 gegenüber der ersten Kehlnaht und weiter in Pos. 3 gegenüber der unverschweißten mittleren Zone, läßt sich durch Beobachten des sich ändernden Rückwandechos der Zustand der waagerechten Nahtflanke erkennen. Ferner wird die Größe des unverschweißten Innenbereichs abschätzbar. Die gleiche Prozedur ist danach von der anderen Seite von Pos. 5 aus über Pos. 4 in Pos. 3 zu wiederholen.

Die senkrechten Flanken sind schwieriger zu prüfen. In Pos. 1 (Bild 6-36) werden Flanken-Bindefehler sichtbar. Da die Pos. 2, in der eine Reflexion der – einwandfreien – prüfkopfnahen zweiten Kehlnaht eine derartige Fehleranzeige vortäuschen kann, aber nicht weit entfernt liegt, ist die genaue Einhaltung des durch Einzeichnen des Schallverlaufs in eine Werkstückzeichnung ermittelbaren Abstands wichtig.

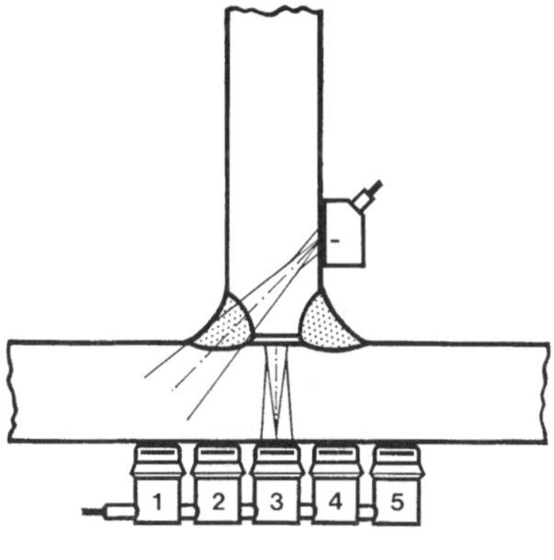

Bild 6-35 Nahtabtastung mit Senkrechteinschallung

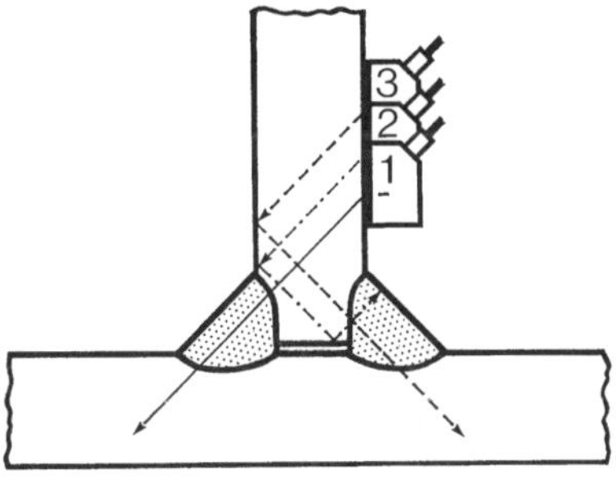

Bild 6-36 Nahtabtastung mit Schrägeinschallung

Bei mit Kehlnähten verbundenen Rohren *(Stutzennähten)* ist die Prüfung noch problematischer, da die Prüfköpfe normalerweise nicht im Rohrinnern positioniert werden können. Die Prüfung beider Nahtflanken muß von außen mit Winkel-Prüfköpfen erfolgen. Geometrie und Schallverlauf sind an jeder Stelle anders. Dabei ist die Verwendung von Vorsatzstücken zu empfehlen, die der Oberflächenkrümmung angepaßt sind. Es ergeben sich zwangsläufig Schallwege größer als der Sprungabstand a_p (Bild 6-37). Wegen der Divergenz des Schallbündels können durch die Nahtgeometrie bedingte Reflexionen schlecht von Fehleranzeigen unterschieden werden. Daher kann es oft günstiger sein, gem. Bild 6-38 mit zwei Winkel-Prüfköpfen in Durchschallung zu arbeiten. Wird der Abstand beider Prüfköpfe mit einer geeigneten mechanischen Vorrichtung konstant gehalten und für gleichmäßige Ankopplung beider Aufsetzflächen gesorgt, so läßt sich am Absinken des Durchschallungsimpulses ein Fehler im Nahtinnern sowie ein Bindefehler an einer der Nahtflanken, aber auch ein verringerter Nahtquerschnitt erkennen. Eine Unterscheidung dieser drei möglichen Einflüsse ist allerdings nicht gegeben.

Diese Vorgehensweise stellt bei Wanddicken unter 10 mm sowohl bei Blech- wie bei Rohr-Verbindungen überhaupt die einzige Prüfmöglichkeit dar. Je dünner das Blech ist, umso mehr steigt die Zahl der durchlaufenden Sprungabstände. Daher stellt sich die Frage, ob bei hoher zu erwartender Beanspruchung bzw. kritischen

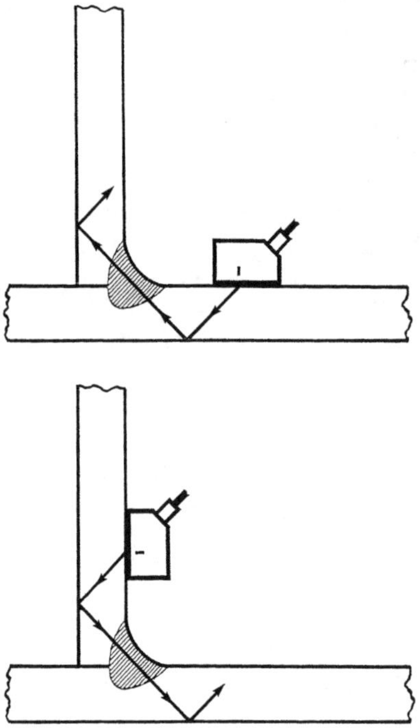

Bild 6-37 Schallverlauf bei der Kehlnahtprüfung

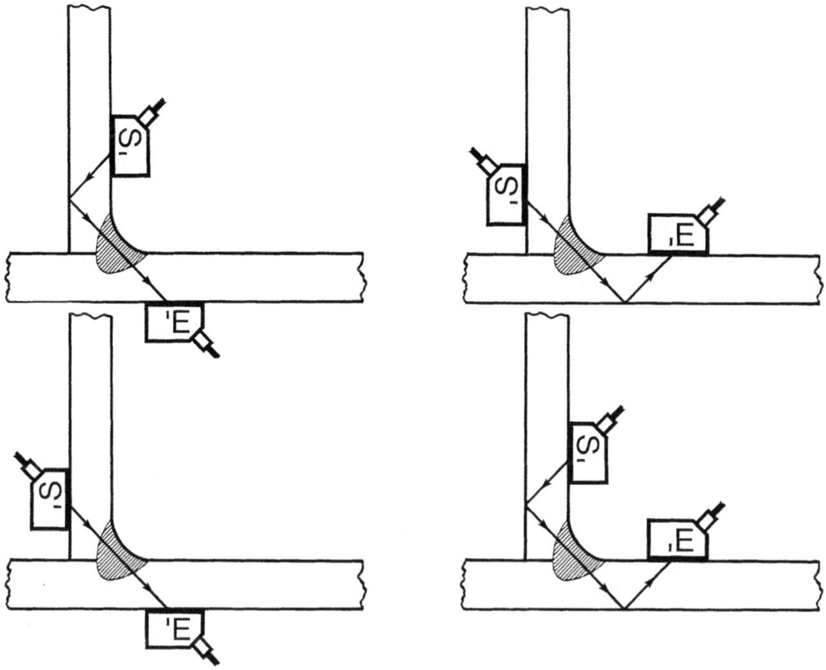

Bild 6-38 Anwendung des Durchschallungsverfahrens bei der Prüfung von Kehlnähten

Bauteilen, z.B. im Bereich der Kraftwerkstechnik, derartige Kehlnähte vorgesehen werden sollen oder nicht.

Eine Verbesserung der Prüfmöglichkeit ergibt bereits ein beiderseitig V-förmiges Anschleifen wie in Bild 6-39. Noch sicherer wäre eine Konstruktion gem. Bild 6-40. Der schweißtechnische Aufwand ist dreimal höher, der prüftechnische auch höher, aber nicht dreimal, die technische Sicherheit jedoch erheblich gewachsen

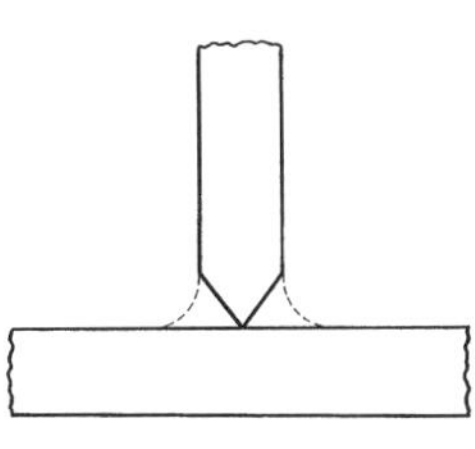

Bild 6-39 Vorbereitung einer Schweißnaht mit definierten Flanken

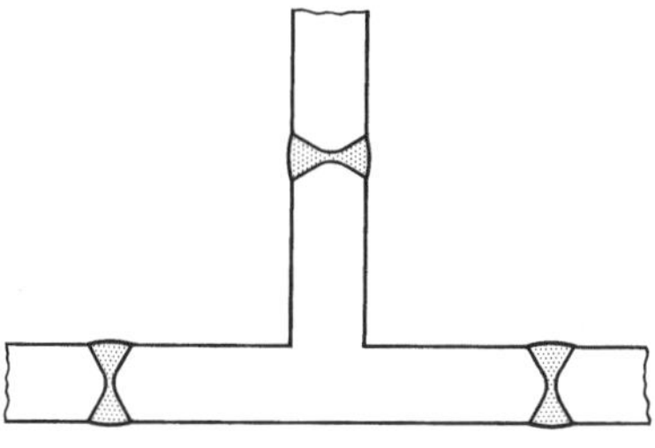

Bild 6-40 Prüfgerechte Konstruktion einer Schweißverbindung

und somit das Risiko der Produzentenhaftung beträchtlich gesunken. Über *prüfgerechte Schweißkonstruktionen* gibt es u.a. folgende Literatur: [152,153].

6.2.3 Preßschweißungen

Bei diesen Schweißverfahren erfolgt die Verbindung zweier Bauteile ohne Zusatzwerkstoff. Die miteinander zu verschweißenden Bereiche müssen so weit erwärmt werden, daß sie beim Aufeinanderpressen eine Verbindung eingehen. Zu starke Schmelze kann durch Wärmespannungen zu Rissen führen. Die gefährlichsten Fehler entstehen jedoch bei unzureichender Aufschmelzung. Dann liegt keine oder eine nur ganz oberflächliche Verbindung vor, die keine Kräfte übertragen kann und somit schon bei geringer Belastung versagt. Man nennt das *„Klebung"* oder nach dem äußeren Erscheinungsbild der nicht richtig verschweißten Flächen *„Blankpunkt"*. Derartige Fehler lassen sich weder mit Ultraschall noch mit einem anderen ZfP-Verfahren sicher erkennen. Das kann mit einem gedachten Experiment erläutert werden (Bild 6-41). Man lege zwei planparallele Platten ungleicher Dicke mit feinbearbeiteter Oberfläche, z.B. Endmaß-Qualität, so aufeinander, daß eine veränderliche Druckbelastung auf die Kontaktfläche ausgeübt und auf die dünnere Platte ein Normalprüfkopf aufgesetzt werden kann. Im unbelasteten Zustand wird der Schall an der Grenzfläche nahezu vollständig reflektiert. Diese Anzeige wird auf 100 % Bildschirmhöhe eingestellt. Der in die dickere Platte durchgehende Schallanteil ist so gering, daß er bei dieser Empfindlichkeitseinstellung nicht sichtbar ist. Bei Aufbringen einer leichten Anpreßkraft ändern sich die Anzeigen relativ zueinander, bis das Kontaktflächenecho so klein geworden ist, daß die Anzeige gegenüber dem Rückwandecho aus der dickeren Platte schließlich unsichtbar geworden ist. Natürlich ließe es sich bei höherer Empfindlichkeit oder durch Verwendung eines Prüfkopfs höherer Frequenz auch dann wieder sichtbar machen. Es bedarf jedoch eines noch höheren Drucks, um es wiederum zum Verschwinden zu bringen. Hier gelten prinzipiell dieselben physikalischen Zusammenhänge wie beim Schalldurchgang durch eine planparallele Schicht, s. Abschnitt 2.3.3 und Bild 2-21. Nach dem Entlasten der Proben läßt sich feststellen, daß der Druck bei weitem nicht zum Entstehen einer kaltpreßgeschweißten Verbindung beider Platten ausgereicht hat: Sie lassen sich ohne Kraftaufwand voneinander lösen. Das ist bei Erwärmen oder leichtem Anschmelzen der Kontaktfläche etwas anders. Es entsteht eben doch ein leichtes „Verkleben", das jedoch keiner größeren Beanspruchung standhält. Ein Beispiel dazu zeigt, wie sich diese Problematik mit Hilfe zusätzlicher Maßnahmen dennoch lösen läßt: Die PKW-Lenkspindel gemäß Bild 6-42 weist eine *Widerstands-Stumpfschweißung* auf, die sich ohne Schwierigkeiten bei drehender Welle mit einem zwischen a_p und $a_p/2$ hin und her bewegten Winkelprüfkopf prüfen läßt. Bei Einsatz in der Großserienfertigung traten dennoch schon bei der Endmontage oder nach kurzem Probebetrieb Ausfälle durch an der Schweißstelle auseinander gebrochene Spindeln auf. Das war nicht mehr der Fall, nachdem vor der Ultraschall-Prüfung ein Umlaufbiegetest durchgeführt worden war. Entweder waren die „geklebten" Spindeln bereits dabei ausgefallen oder aber die – mög-

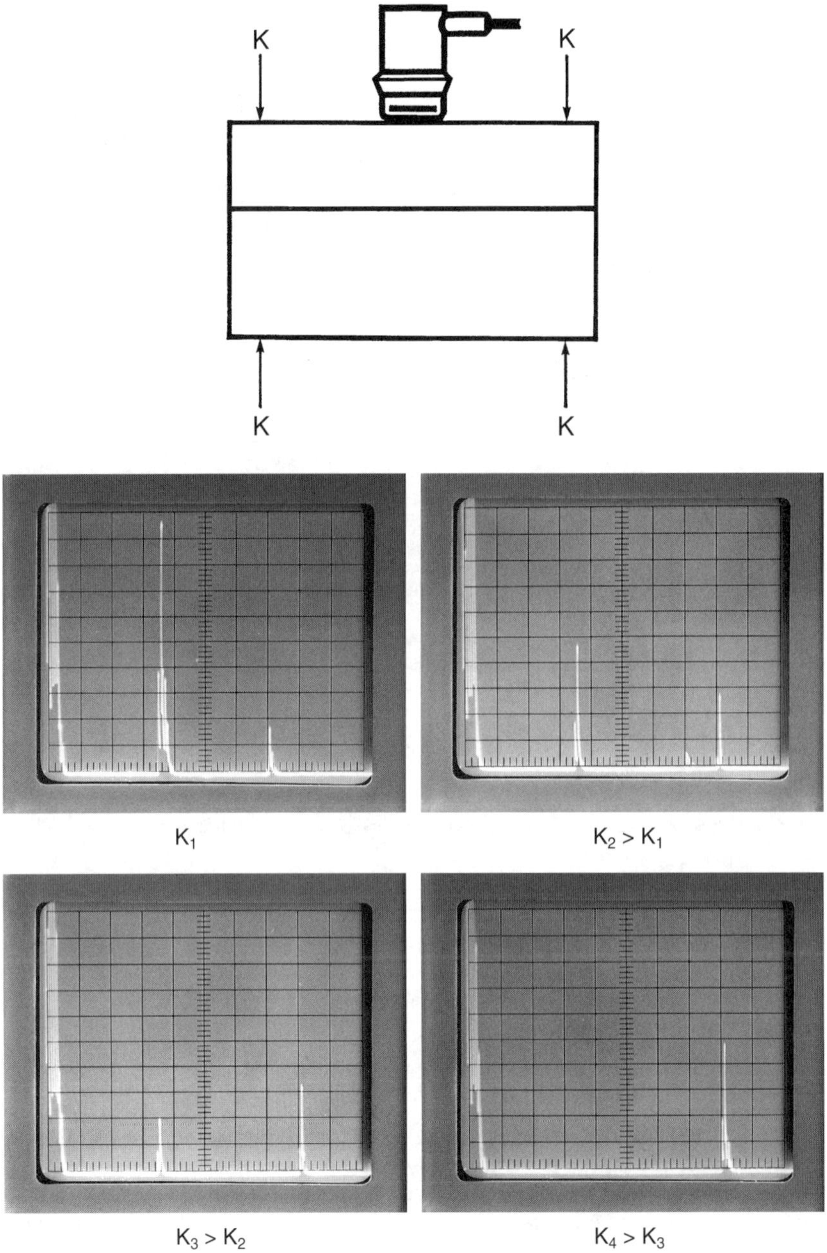

Bild 6-41 Modell zur Preß- bzw. Klebschweißung; K, K_1–K_4: Kräfte

(a)

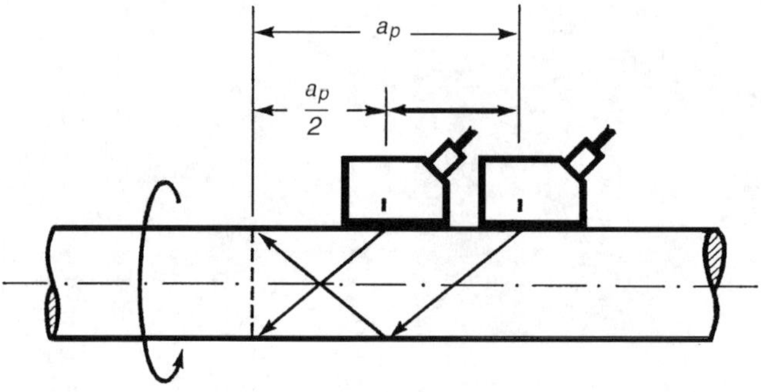

(b)

Bild 6-42 Preßgeschweißte PKW-Lenkspindel (a) und Schema der Prüfung (b)

licherweise nicht über die gesamte Fläche – fehlerhafte Verbindung war soweit aufgebogen worden, daß nunmehr eine deutliche Ultraschallanzeige entstand.

Fazit: Immer dann, wenn aufgrund des angewendeten Schweißverfahrens Klebungen nicht ausgeschlossen werden können, sollte vor der Ultraschall-Prüfung eine mechanische Aufweitung erfolgen.

Das gilt auch für *Reibschweißungen*, die sich ansonsten genauso unproblematisch prüfen lassen wie Widerstands-Stumpfschweißungen [154, 155].

Anders liegen die Verhältnisse bei der *Abbrenn-Stumpfschweißung*, die z.B. bei der Kettenherstellung eingesetzt wird. Beim Aneinanderdrücken der bis zum teigigen Zustand erhitzten Enden des zu schließenden Kettenglieds wird ein Teil des Werkstoffs nach außen weggedrückt und bildet einen Wulst, der vor der Prüfung entfernt werden muß. Die geforderte mechanische Aufweitung erfolgt hier durch die Schrumpfungskräfte im erkaltenden Kettenglied, s. hierzu auch [156].

Problematisch ist die Prüfung von *Widerstands-Punktschweißungen,* die in großem Umfang beim Herstellen von Automobilen, Waggons und Flugzeugen vorkommen. Die miteinander zu verbindenden Bleche sind in der Regel dünn, die Elektrodeneindrücke lassen das Aufsetzen von Normal-Prüfköpfen nicht ohne weiteres zu. Daher wurde bereits vor vielen Jahren versucht, mit Hilfe zweier in die Kühlkanäle der Schweißelektroden eingebauter Prüfköpfe die Qualität der Punktschweißung in Durchschallung zu erfassen [157–160]. Ausgewertet wurde die Differenz der sich in Vor- und Nachpreßzeit ergebenden Amplituden. Wie erwartet führen Risse und Spritzer zu deutlichem Amplitudenabfall. Erstaunlicherweise ließen sich Klebungen reproduzierbar nachweisen und zwar durch Amplitudenerhöhung, wohingegen beim einwandfreien Schweißpunkt geringfügiger Abfall eintrat. Die Erklärung durch Grobkornbildung in der Schweißlinse, die bei der Klebung unterbleibt, erwies sich letztlich jedoch als falsch. Ein Sekundär-Effekt, nämlich die Bildung eines winzigen Spalts zwischen Elektroden und Blechoberfläche, der sich nur bei richtiger Aufschmelzung einstellt, war für die Prüfergebnisse maßgebend. Daraus wurde damals der Schluß gezogen, daß ein sicherer Klebungsnachweis nur während und nicht mehr nach dem Schweißvorgang möglich ist. Neuere Versuche scheinen dem zu widersprechen. Moderne Ultraschall-Prüfgeräte und -Prüfköpfe

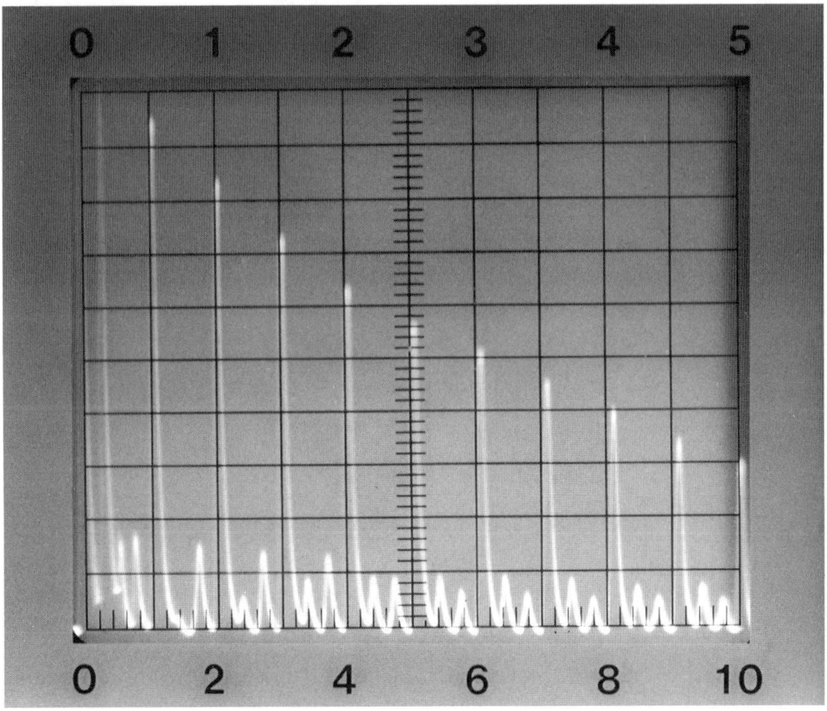

Bild 6-43 Echofolge aus einem 1 mm dicken Blech

besitzen eine so gute Auflösung, daß auch bei Blechen unter 1 mm Dicke eine sauber getrennte Echoanzeige erscheint (Bild 6-43). Durch eine mittels elastischer Gummimembran vor dem Prüfkopf gebildete, mit Flüssigkeit gefüllte Ankoppelkammer wird das Aufsetzen im Elektrodeneindruck ermöglicht (Bild 6-44). Das Aufsetzen erfordert allerdings eine gewisse Übung, jedoch lassen sich so auch geklebte Punkte auffinden, möglicherweise deswegen, weil auch hier bei der Abkühlung des Schweißpunktes Schrumpfungskräfte die Verbindungsstelle aufweiten. Ausgewertet wird hier kein einzelnes Echo, sondern der gesamte Abklingvorgang einer Echokette von min. 10 Einzelechos (Bild 6-45). Auch auf diese Weise wird mehr Information als bei Betrachtung eines Einzelechos erhalten und die Prüfsicherheit erhöht [161]. Übung erfordert allerdings die Beurteilung des Abklingverhaltens. Meist werden dazu Vorsatzscheiben mit Sollkurven auf dem Bildschirm angebracht. Neuerdings kann die Auswertung auch durch Frequenzanalyse der Echokette automatisiert werden. Das digitalisierte A-Bild wird dazu in einem nachgeschalteten PC mit geeigneten Programmen ausgewertet. Wissenschaftliche Arbeiten zu dieser Prüftechnik fehlen z.Zt. noch. An anderer Stelle wird eine Anwendung durch Abbildungsverfahren beschrieben [162].

In die Gruppe der Schweißverfahren ohne Zusatzwerkstoff lassen sich auch *Elektronenstrahl-* und *Laser-Schweißungen* einordnen. Die beiden zu verbindenden Teile werden in der Regel nur in einem relativ kleinen Bereich aufgeschmolzen und miteinander verbunden. Prüfaufgabe ist die Ermittlung ausreichender Schweißungstiefe bzw. Bindefehler im verschweißten Bereich. In dem Beispiel nach Bild 6-46 wird die Verbindung zwischen einem Zahnrad und einer Rohrwelle geprüft.

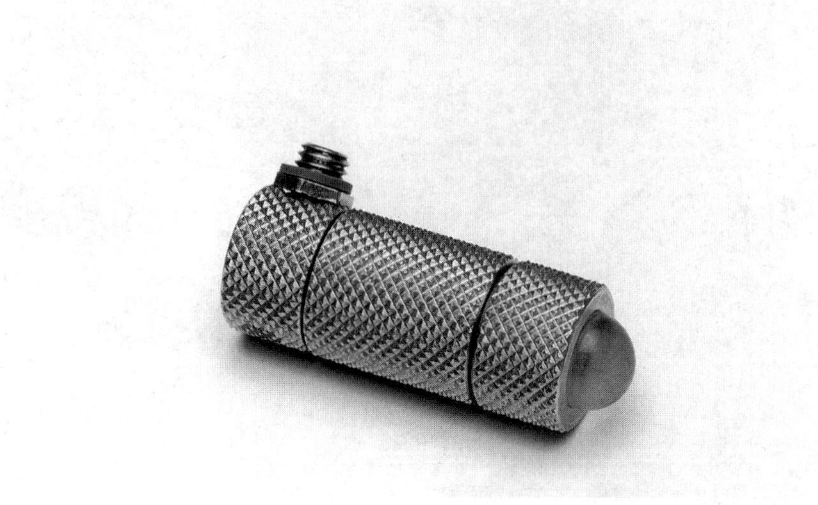

Bild 6-44 Miniaturprüfkopf mit wassergefüllter Vorlaufstrecke und Gummimembran zur Prüfung von Punktschweißungen

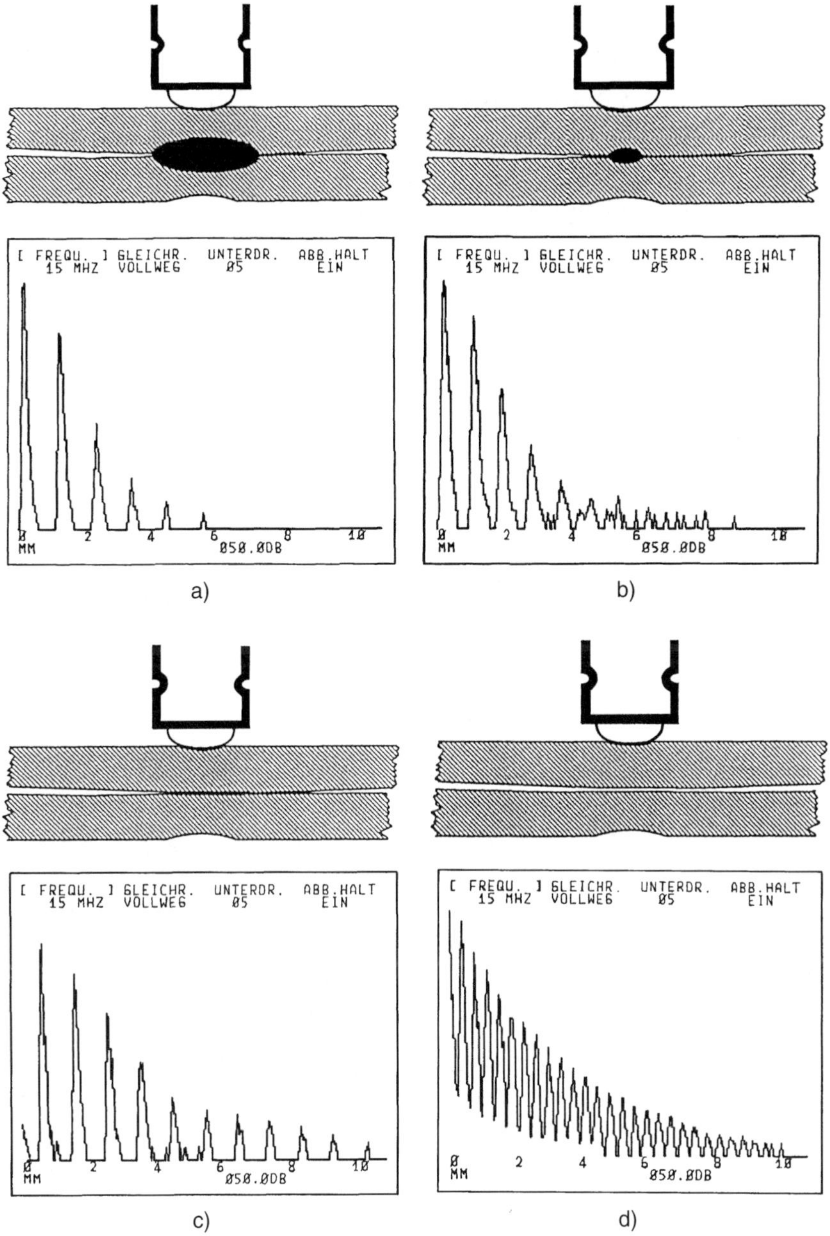

Bild 6-45 Prüfung von Punktschweißungen: a): Einwandfreie Schweißung; b): Schweißlinse zu klein; c): Klebschweißung; d): Keine Verbindung [161]

a)

b)

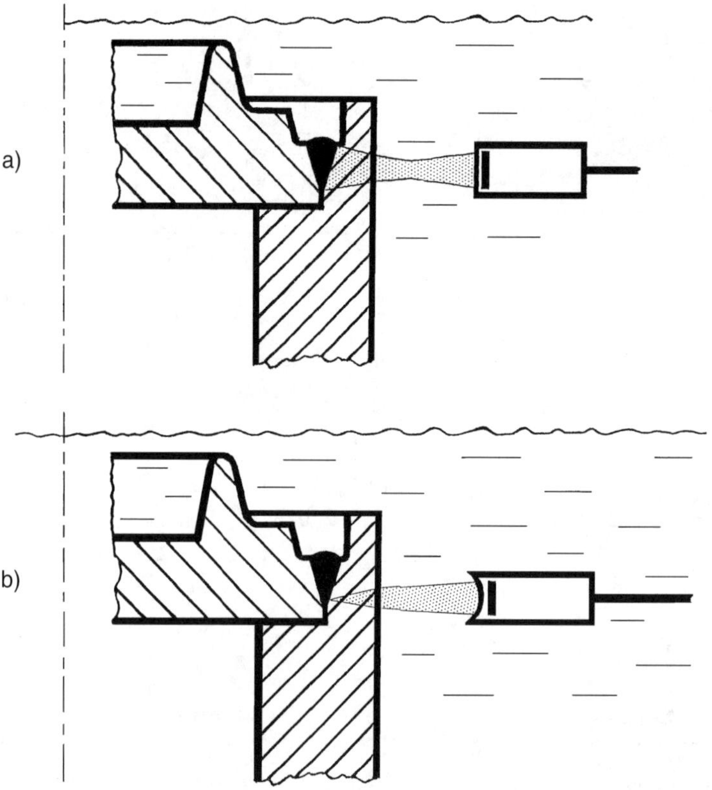

Bild 6-46 Überwachung einer Elektronenstrahlschweißung:
a) Prüfung auf Binde- und andere Fehler;
b) Kontrolle der Nahttiefe

Eine Prüfvorrichtung (Bild 6-47) zur Lösung eines ähnlichen Problems kombiniert zwei Prüfköpfe, einen unfokussierten mit 6 mm Ø und einen zweiten fokussierten, um 180° zum ersten versetzt. Der erste prüft die Schweißverbindung, der zweite erfaßt die Nahttiefe. In diesen Abschnitt gehört eigentlich auch die Prüfung von Hochfrequenz-(HF)-geschweißten Nähten von Rohren. Da hierzu jedoch vollautomatische Prüfeinrichtungen innerhalb der Produktionslinie eingesetzt werden, wird das im nächsten Abschnitt behandelt.

6.2.4 Geschweißte Rohre

Unter-Pulver-(UP)-geschweißte Großrohre im Durchmesserbereich zwischen 400 und 2100 mm werden für Rohrleitungen verwendet, in denen Erdöl, Erdgas oder andere flüssige oder gasförmige Stoffe zu transportieren sind. Da sie nach der Verlegung nicht ohne Aufwand zugänglich sind und durch Lecks großer Schaden entstehen kann, müssen die längs- oder spiralförmig verlaufenden Schweißnähte vollständig geprüft werden [166]. Das geschieht entweder innerhalb der Fertigung unmittelbar hinter der Schweißmaschine (on-line), sobald die Naht abgekühlt ist, oder danach (off-line). Die Schweißnaht ist in aller Regel unbearbeitet. Auf die Nahtüberhöhung innen und außen muß sich die Ultraschallprüfung einstellen. Bei der Prüfung auf Längsfehler in der Naht wird senkrecht dazu unter einem Winkel

Bild 6-47 Prüfvorrichtung für eine Schweißverbindung ähnlich Bild 6-46

zwischen 45° und 80° eingeschallt. Wie in Bild 6-48 dargestellt, erscheint bei einwandfreier Naht eine Reflexion von der gegenüberliegenden Nahtüberhöhung, die je nach Nahtgeometrie unterschiedlich groß sein kann. Eine einwandfreie Prüfung ist so nur für den Bereich davor möglich. Der Fehlererwartungsbereich, d.h. die Blende des Signal-Monitors wird so eingestellt, daß er mindestens die vordere Nahthälfte erfaßt, gewöhnlich aber deutlich darüber hinaus reicht. Zur Prüfung des

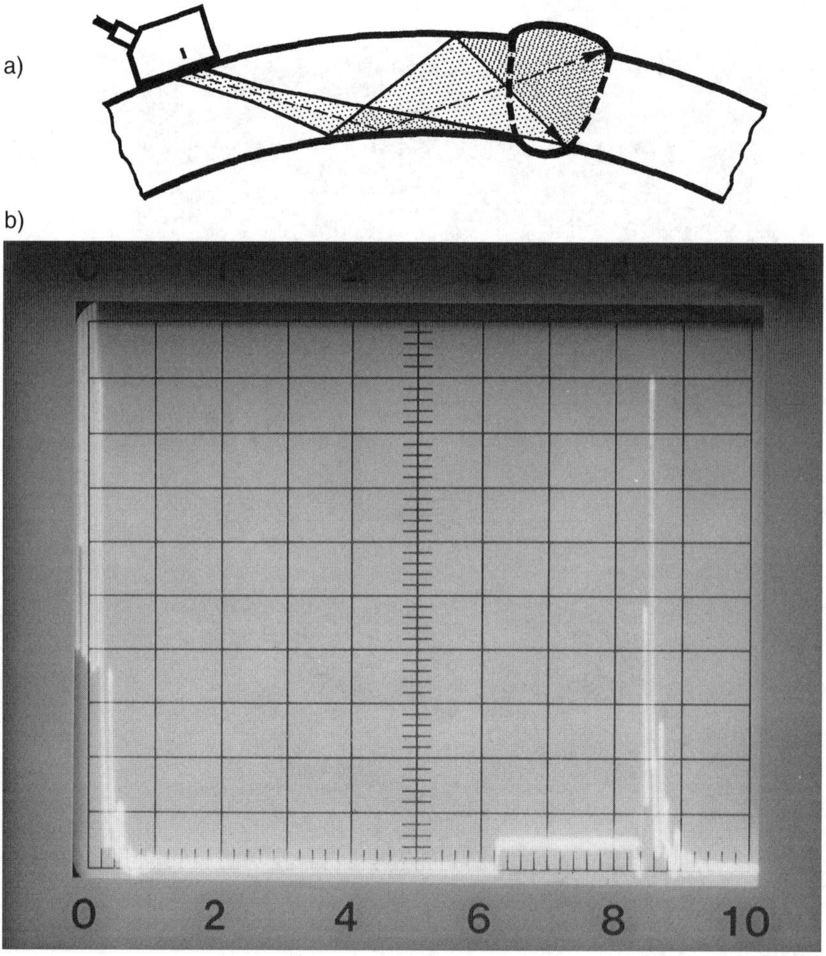

Bild 6-48 a) Anordnung zur Längsfehlerprüfung einer Rohrschweißnaht; b) Anzeige von der Nahtüberhöhung gem. Skizze und Fehlererwartungsbereich, durch Monitorblende markiert

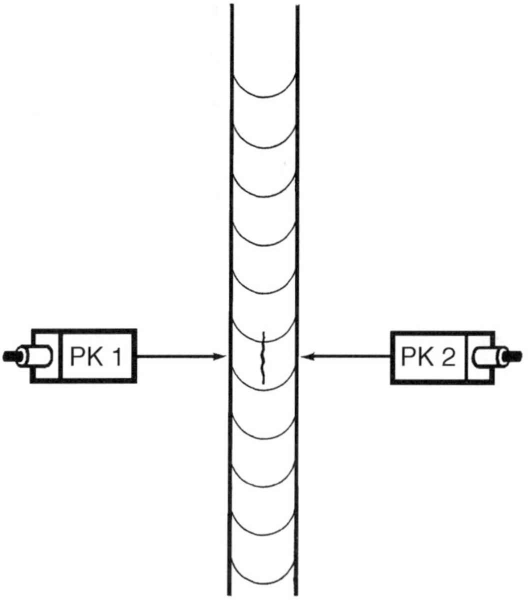

Bild 6-49 Anordnung zur automatischen Längsfehlerprüfung mit Funktionskontrolle:
Takt 1: Fehlerprüfung mit PK 1;
Takt 2: PK 1 sendet; PK 2 empfängt (Funktionskontrolle);
Takt 3: Fehlerprüfung mit PK 2;
Takt 4: PK 2 sendet; PK 1 empfängt (Funktionskontrolle).
Die Taktumschaltung entspricht der Impulsfolgefrequenz

dann nicht überwachten Nahtteils ist eine zweite gleiche Prüfung von der gegenüberliegenden Seite erforderlich.

Stehen sich beide Prüfköpfe, PK 1 und PK 2 in Bild 6-49 direkt gegenüber, so dürfen sie nicht gleichzeitig betrieben werden, da der Durchschallungsimpuls mitten in den Fehlererwartungsbereich fallen würde. Das ist nicht der Fall, wenn sie zeitlich versetzt nacheinander getaktet werden. Nach den beiden Prüftakten kann vorteilhaft eine Funktionskontrolle durchgeführt werden. Dazu wird in zwei weiteren Takten der Durchschallungsimpuls überwacht, indem erst der eine Prüfkopf als Sender und der andere Prüfkopf als Empfänger und danach umgekehrt betrieben werden. So läßt sich die Gesamtfunktion der Anlage einschließlich der einwandfreien Ankopplung überprüfen. Auf diese Weise kann bei Fehlfunktion ein Alarmsignal ausgelöst bzw. die Anlage stillgesetzt werden.

Sind nicht nur Längs- sondern auch Querfehler zu erwarten, werden zwei weitere Prüfköpfe eingesetzt, PK 3 und PK 4 in Bild 6-50, sog. *K-Anordnung*. Beide sind gleichzeitig als Sender und Empfänger geschaltet. In *X-Anordnung* ist eine Funk-

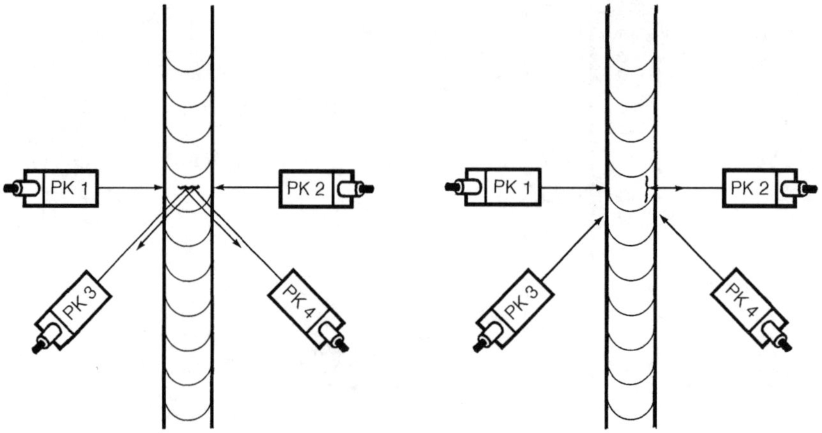

Bild 6-50 Zusätzliche Nachweismöglichkeit für Querfehler durch K-Anordnung von 4 Prüfköpfen: a) Querfehlernachweis im Tandemverfahren; b) Längsfehlernachweis. Funktionskontrolle nur zwischen PK 1 und PK2 möglich

tionskontrolle aller Prüfköpfe möglich (Bild 6-51). Sowohl Längs- wie Querfehler werden in SE-Verfahren bei gleichzeitigem Betrieb zweier Prüfköpfe PK 1 und PK 3 bzw. PK 2 und PK 4 nachgewiesen. Die Funktionskontrolle erfolgt in 4 separaten Takten, jeweils mit Hilfe zweier gegenüberliegender Prüfköpfe PK 1 und PK 4 bzw. PK 2 und PK 3.

Anstelle der X-Anordnung wird häufig deshalb die K-Version gewählt, weil das Einrichten der beiden Prüfköpfe für die wichtigere Prüfung auf Längsfehler sicherer und einfacher möglich ist. Dann bleiben die beiden zusätzlichen Prüfköpfe für die Querfehlerprüfung allerdings ohne Funktionskontrolle. Dem wird abgeholfen durch Verwendung eines Sonderprüfkopfes gem. Bild 6-52. Ein Teil vom Schwinger erzeugten und nach hinten abgestrahlten Schallenergie – sie wird normalerweise nicht genutzt – wird durch einen akustischen Reflektor umgelenkt und trifft auf einen mit Koppelmittel gefüllten Spalt. Zur Ankoppelkontrolle genutzt wird das dort erzeugte Oberflächenecho des Werkstücks. Fehlt es oder ist es geschwächt, so fehlt Koppelmittel in dem Spalt und folglich unter dem Prüfkopf, oder das Koppelmittel ist mit Luft durchsetzt. Die automatische Prüfung kann dann sofort angehalten werden.

Es gibt auch Prüfkopfkonstruktionen, bei denen der zur Kontrolle benutzte Schallanteil genau dort senkrecht in die Rohrwand eintritt, wo auch der Prüfstrahl auftritt. Die Mehrfachechos dienen dann zur Koppelkontrolle. Die Schallenergie muß so bemessen sein, daß die Prüfung nicht beeinträchtigt wird.

Neuerdings werden auch bei der Rohrschweißnahtprüfung Prüfköpfe verwendet, die über freie Wasserstrahlen ankoppeln. Diese Prüfköpfe lassen sich zur Längsfehlerprüfung vorteilhaft sehr nahe an der Naht positionieren (Bild 6-53). Zur

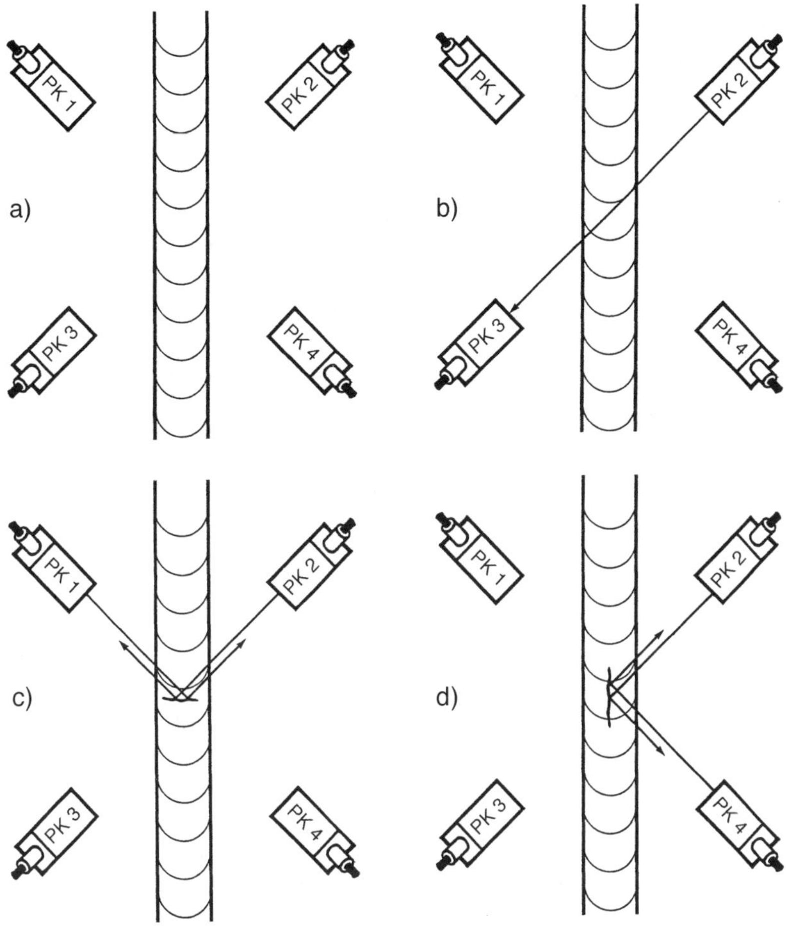

Bild 6-51 X-Anordnung (a) zum Nachweis von Längs- und Querfehlern in Tandemanordnung sowie zur Funktionskontrolle. Beispiel für Taktfolge:

1. PK 1 sendet, PK 2 empfängt (Querfehlernachweis, c)
2. PK 2 sendet, PK 1 empfängt (Querfehlernachweis, c)
3. PK 2 sendet, PK 3 empfängt (Funktionskontrolle, b)
4. PK 2 sendet, PK 4 empfängt (Längsfehlernachweis, d)
5. PK 4 sendet, PK 2 empfängt (Längsfehlernachweis, d)
6. PK 4 sendet, PK 1 empfängt (Funktionskontrolle)
7. PK 4 sendet, PK 3 empfängt (Querfehlernachweis)
8. PK 3 sendet, PK 4 empfängt (Querfehlernachweis)
9. PK 3 sendet, PK 2 empfängt (Funktionskontrolle)
10. PK 3 sendet, PK 1 empfängt (Längsfehlernachweis)
11. PK 1 sendet, PK 3 empfängt (Längsfehlernachweis)
12. PK 1 sendet, PK 4 empfängt (Funktionskontrolle)

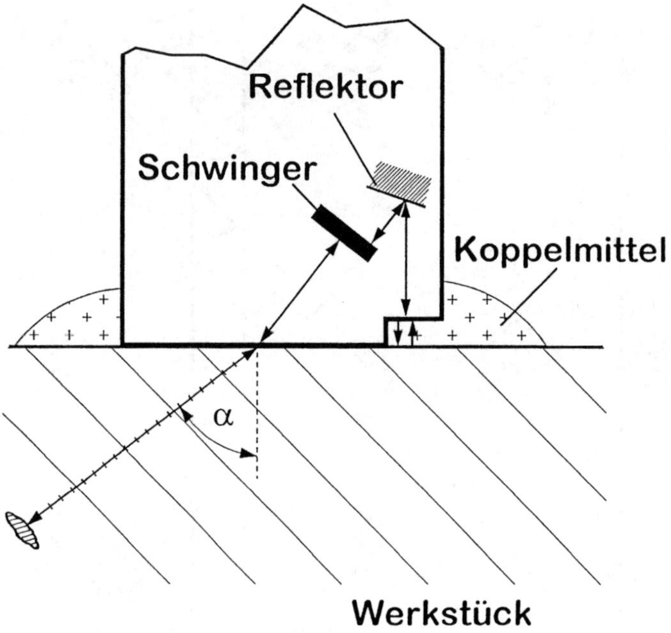

Bild 6-52 Sonderprüfkopf zur Ankoppelkontrolle, Schema

Querfehlerprüfung werden sie direkt oberhalb der Naht angebracht. Trotz der u.U. ungleichmäßigen Nahtüberhöhung sind die Prüfergebnisse besser als mit K- oder X-Anordnungen. Sieht man auch hierfür zwei gegeneinander gerichtete Prüfköpfe vor, so lassen sich damit auch schräg liegende Querrisse sicher ermitteln. Außer-

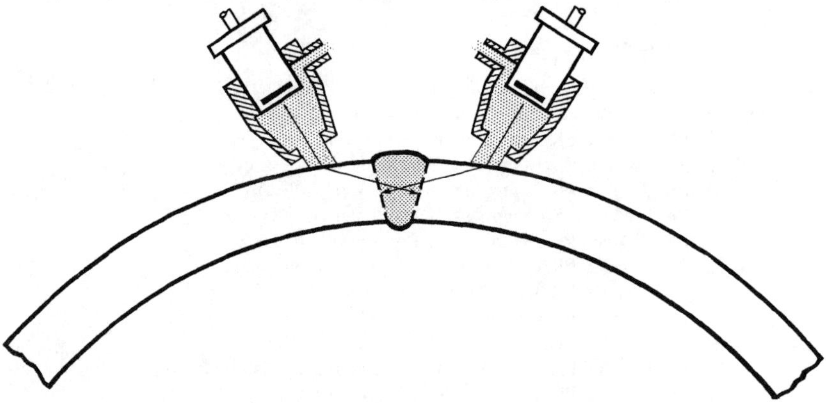

Bild 6-53 Ankopplung über freie Wasserstrahlen dicht bei der Naht

dem ist so eine Ankopplungs- und Funktionskontrolle in der geschilderten Art möglich. Zusätzlich können an beiden Seiten der Naht zwei oder mehrere Senkrecht- oder SE-Prüfköpfe angeordnet werden, um evtl. vorhandene Dopplungsfehler zu finden. Bei diesen erfolgt die Funktionskontrolle durch Überwachen des Rückwandechos. Die Dopplungsprüfung kann dann entfallen, wenn die Bleche vor dem Verformen und Verschweißen bereits entweder vollständig oder in der späteren Schweißnahtzone vor dem seitlichen Besäumen geprüft worden waren. Die Bilder 6-54 und 6-55 zeigen eine Schweißnahtprüfanlage und den Prüfkopfträger, hier mit Manschettentechnik.

Hochfrequenz-(HF)-geschweißte Rohre weisen stets eine achsparallele Naht auf und haben geringere Durchmesser (1 bis 24 Zoll, d.h. 25 bis 610 mm) als UP-geschweißte Pipeline-Rohre. Die HF-Schweißung erfolgt ohne Zusatzwerkstoff; verfahrensbedingt bilden sich oberhalb und unterhalb der Naht Wulste, die vor der Prüfung entfernt werden müssen. Die Ultraschall-Prüfung dient außer zum Nachweis von Fehlern auch zur Kontrolle der Schabung, vor allem des Innengrates. Dazu wird das Nahtprofil durch Dickenmessungen mit Hilfe eines senkrecht zur Naht pendelnden Normal-Prüfkopfs aufgenommen. An HF-Schweißnähten können „Klebungen“ auftreten, s. Abschnitt 6.2.3. Sichere Anzeigen ergeben sich nach der Wasserdruckprobe (off-line), die sich zumeist als letzter Fertigungsschritt an die Produktion anschließt. Dopplungsfehler neben der Naht werden in gleicher Weise geprüft wie bei UP-geschweißten Rohren. Obgleich Querrisse herstellungsbedingt

Bild 6-54 Prüfanlage für längsgeschweißte Rohre

Bild 6-55 Prüfanlage für längsgeschweißte Rohre; Prüfkopfträger in X-Anordnung und Manschetten-Ankoppeltechnik

selten sind, schreiben manche Spezifikationen eine Querfehlerprüfung für off-line-Prüfung vor.

Bei geringen Rohrdurchmessern ist das Aufsetzen von mehreren kontaktierenden Prüfköpfen in K- oder X-Anordnung gem. Bild 6-50 oder 6-51 schwierig. Auch hier bieten Prüfköpfe mit freien Wasserstrahlen Vorteile, nicht nur bei der Prüfung auf Quer- sondern auch auf Längsfehler.

Weitere Literatur: [163–166].

6.3 Fahrzeugkomponenten

Qualitätsdenken und Sicherheitsanforderungen führten schon früh zum Einsatz von Prüf- und Kontrollverfahren in der Automobil- bzw. generell in der Fahrzeugindustrie. Die Forderung nach hundertprozentiger Überprüfung sämtlicher Produkte ist ohne eine Integration der Prüfvorgänge in den Fertigungsprozeß nicht denkbar. Die Wahl des jeweils anzuwendenden Prüfverfahrens wird entscheidend durch die Überlegung beeinflußt, welches Verfahren den angestrebten Zweck am besten erfüllt.

Bieten sich jedoch mehrere Lösungen an, so wird aus Kostengründen stets das Verfahren den Vorzug finden, das mit dem geringsten Personalaufwand auskommt. Die vollständig automatisierbare Ultraschall-Prüfung hat sich daher in steigendem Maße in der Fahrzeugindustrie bzw. bei deren Lieferanten eingeführt [167].

Einbaufertige Teile, Gruppen oder Systeme werden heute ausschließlich bei deren Herstellern geprüft. Das gilt z.B. für Kugel-, Rollen- und Nadellager. Die Prüftechnik für Innen- und Außenringe ähnelt der für nahtlose Rohre, s. Abschn. 6.1.4. Bei der Prüfung von Kugeln wird der Prüfkopf über eine Wassersäule und deren Meniskus an die Lenkungskugel gekoppelt. Da die Durchmesser von Schallbündel und Kugel in der gleichen Größenordnung liegen, entstehen durch Brechungserscheinungen an der gekrümmten Kugeloberfläche simultan verschiedene Wellenar-

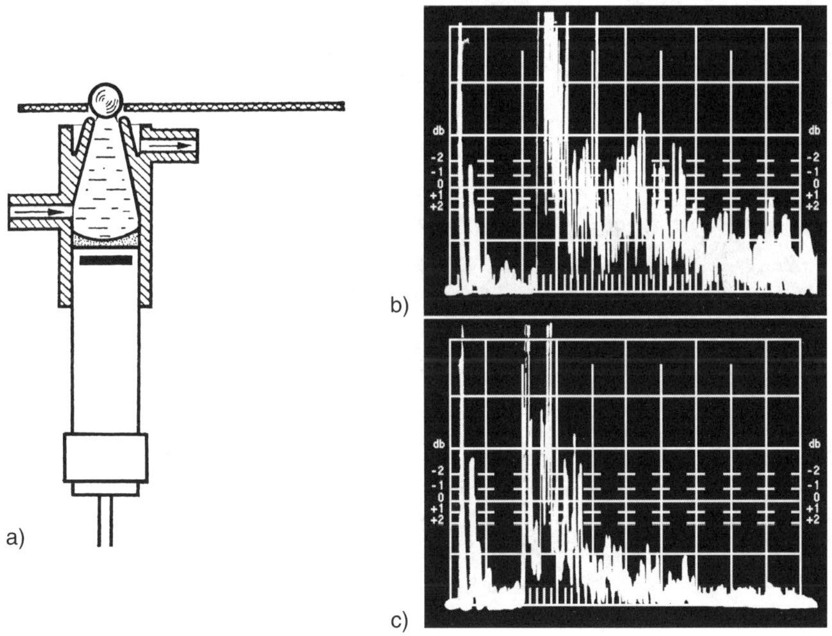

Bild 6-56 Prüfanlage für Lenkungskugeln: a) Funktionsschema; b) Anzeige einer fehlerfreien, c) Anzeige einer fehlerhaften Kugel

ten mit unterschiedlichen Richtungen und Ausbreitungsgeschwindigkeiten im Innern der Kugel, was zu einem sog. *Echogebirge* auf dem Bildschirm des Ultraschallgerätes führt. Bei Vorhandensein eines Fehlers in der Kugel brechen je nach Fehlerart und -lage bestimmte Teile dieses Echogebirges zusammen (Bild 6-56), was automatisch über einen Intregriermonitor auswertbar ist, der die Summe aller Echos in der Blende bildet und ab einem einstellbaren Maximal- oder Minimalwert Signale ausgibt. Eine entsprechende Prüfanlage zeigt Bild 6-57. Größere Kugeln werden auf ähnliche Weise geprüft, häufig mit einer Vorrichtung, die die Kugel mit einer Präzessionsbewegung beaufschlagt.

Bild 6-57 Kugelprüfautomat

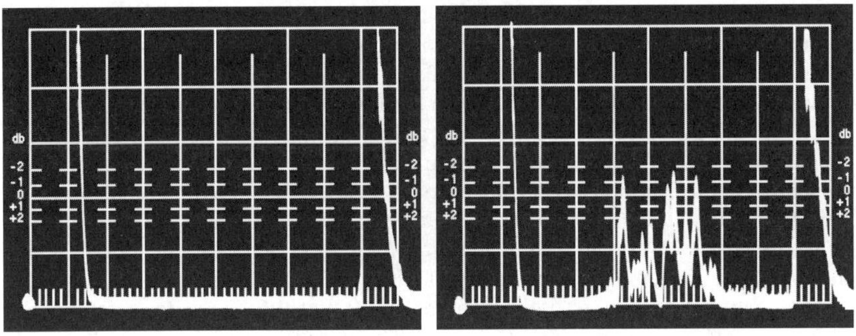

a) b)

Bild 6-58 Ultraschallanzeigen von fehlerfreiem (a) und verbranntem Werkstoff (b)

Schmiede- und Gußstücke werden gewöhnlich mit Hilfe der Magnetpulver-Prüfung auf Oberflächenrisse und mit Hilfe der magnetinduktiven Gefügeprüfung auf Werkstoffverwechslung und Festigkeit untersucht. Im Vergleich dazu sind die Anwendungsmöglichkeiten der Ultraschall-Prüfung gering, aber dennoch erwähnenswert: Durch fehlerhaften Schmiedeprozeß können beispielsweise sog. *Verbrennungen* (überhitzungsbedingte Gefügeauflockerungen) auftreten, die sich nur durch die Ultraschall-Prüfung nachweisen lassen. Automatische Anlagen sind z.B. für die Prüfung von Achszapfen und Hinterachsrohlingen gebaut worden und selbstverständlich auch für andere Schmiedestücke denkbar. Eine Gegenüberstellung der Ultraschall-Anzeigen bei gutem und verbranntem Werkstoff zeigt Bild 6-58.

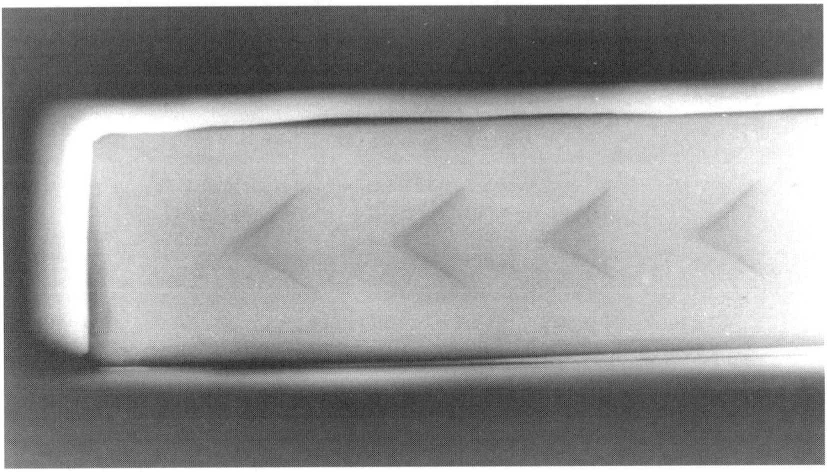

Bild 6-59 Röntgenaufnahme von sog. „Chevrons“ in Kaltfließpreßteilen

Verstärkt wird mit dem *Kaltfließpressen* ein weiteres *spanloses Formgebungsverfahren* innerhalb der Automobilindustrie bzw. bei deren Vorlieferanten angewendet. Insbesondere Getriebe- und Achswellen, Lenkspindeln und Kugelgelenke werden nach dieser Methode gefertigt. Dabei können außer axial verlaufenden Außenrissen im Innern V-förmige, axial ausgerichtete Aufreißungen entstehen, die im Fachjargon auch *Chevrons* heißen (Bild 6-59). Diese lassen sich bei radialem Einschallen gewöhnlich nicht sicher nachweisen. Es ergibt sich jedoch unter Anwendung von Winkelprüfköpfen bzw. Tauchtechnik-Prüfköpfen in Schrägstellung die Möglichkeit, die Werkstücke mit einem einzigen Auflegen sehr rasch in ihrer Gesamtheit zu prüfen. Das Schema dieser Methode und die praktische Ausführung einer solchen Prüfanlage ist in den Bildern 6-60 und 6-61 zu sehen, die zugehörigen Ultraschall-Anzeigen in Bild 6-62. Während im Falle des guten Werkstoffs der Ultraschall bis zum Ende des Prüflings gelangen kann und dort aufgrund der unterschiedlichen Schallwege ein aufgefächertes, jedoch deutliches Rückwandecho hervorruft, wird bei Vorhandensein von Chevrons ein großer Teil bereits dort reflektiert und gestreut, wodurch das Rückwandecho verschwindet und der Störpegel in Sendeimpulsnähe vergrößert erscheint.

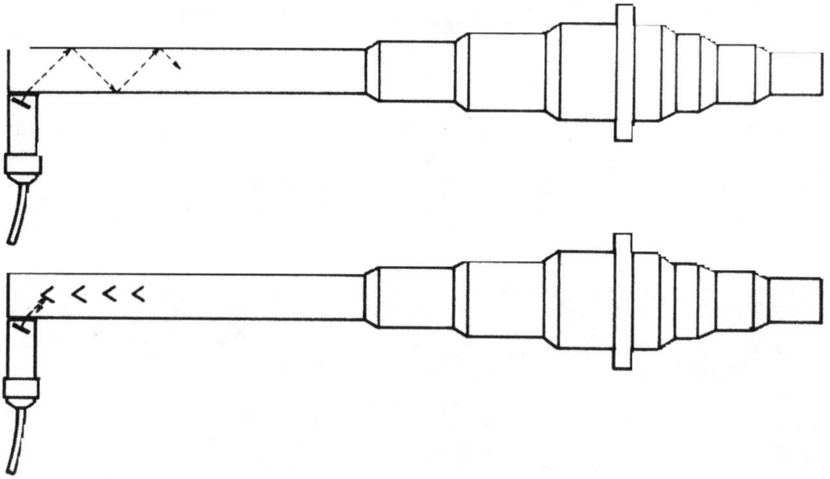

Bild 6-60 Anordnung zur Prüfung auf Chevrons im kompletten Kaltfließpreßteil, Schema

Die Prüfung von Gußstücken stößt häufig aus geometrischen Gründen auf Schwierigkeiten. Dadurch sind vor allem der Prüfung im Hinblick auf Vollständigkeit Grenzen gesetzt, zumal nicht selten die Prüfbarkeit bei der Konstruktion des Werkstücks nicht berücksichtigt wird. Es erweist sich daher oft als nützlich oder notwendig, zu überlegen, an welchen Stellen – bedingt durch den Herstellungsprozeß – bevorzugt Fehler zu erwarten sind. Danach ist dann zu überlegen, wie die gefährdeten Bereiche am günstigsten erfaßt werden können. Als Beispiel soll die Prüfung

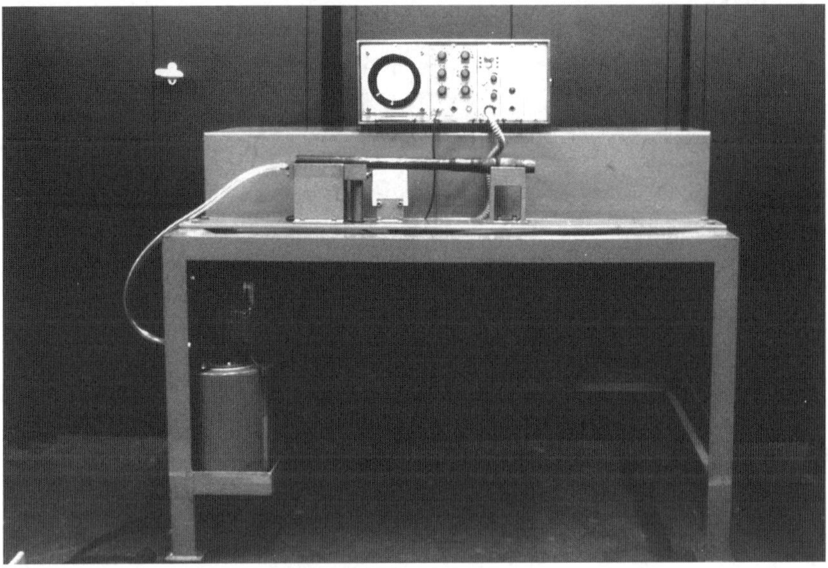

Bild 6-61 Prüfeinrichtung für Chevrons

einer Nockenwelle aus Temperguß angeführt werden. Ein gefährlicher Innenfehler war hier senkrecht zur Längsachse aufgetreten. Infolge der großen Prüflingslänge schied bei der vorhandenen hohen Schallschwächung eine Prüfung von den Stirnflächen her aus. Der Schallweg mußte stark reduziert werden. Nach mancherlei vergeblichen Versuchen erwies sich eine Durchschallung in der in Bild 6-63 skizzierten Anordnung als Lösungsweg.

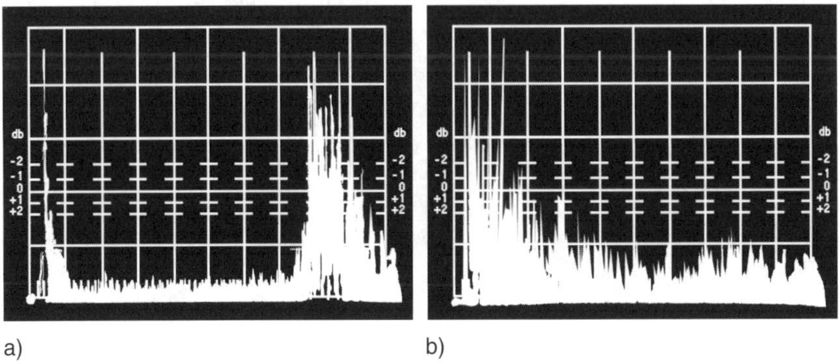

Bild 6-62 Echoanzeigen von Chevrons: a) Fehlerfrei; b) Fehlerhaft

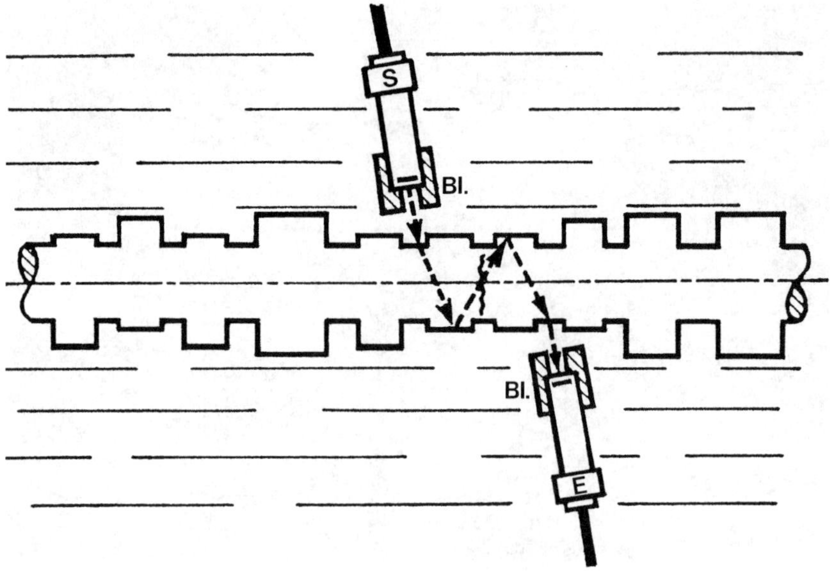

Bild 6-63 Prüfung einer gußeisernen Nockenwelle in Tauchtechnik (Durchschallungs-Verfahren; BL: Blenden zur Schallbündelbegrenzung)

a)

b)

Bild 6-64 Kipphebel aus Gußeisen: a) Ansicht; b) Geschnittene Muster mit starker (links) und geringerer (rechts) Weißeinstrahlung

Auch die aus Gußeisen gefertigten Einzelteile von Bremsanlagen, wie Sättel, Hauptzylinder, Zangenhälften, Scheiben u. dgl. sind an geeigneten Stellen ohne Schwierigkeiten unter Berücksichtigung der o.a. Gesichtspunkte prüfbar. Das gleiche gilt für Kolbenringe aus Grauguß und für gegossene Aluminiumfelgen.

Bei Werkstücken aus Gußeisen tritt häufig – gewollt oder ungewollt – die sog. Weißerstarrung (Zementitbildung) auf, die sich durch große Härte und Sprödigkeit sowie relativ hohe Schallgeschwindigkeit und geringere Schallschwächung (Werte ähnlich denen von Stahl) auszeichnet. Sie ist bis zu einem gewissen Maße an den Arbeitsflächen z.B. von Nockenwellen, Ventilstößeln und Kipphebeln (Bild 6-64) wegen ihrer hohen Festigkeit erwünscht, während an spangebend zu bearbeitenden Stellen eine unerwünscht verringerte Standzeit der Werkzeuge die Folge ist.

Der Grad der Weißerstarrung läßt sich mit Ultraschall i.a. sicher nachweisen, Bild 6-65. Je stärker die Weißerstarrung ausgebildet ist, umso höher wird damit ihr prozentualer Anteil am Schallweg und auch die mittlere Schallgeschwindigkeit. Dadurch verkürzt sich die Schallaufzeit entsprechend, so daß das Echo von der Rückwand weiter links erscheint (Bild 6-65 a) als bei einem gleichen Werkstück mit geringerer Zementitausbildung (Bild 6-65 b). In diesem Zusammenhang sollen die Möglichkeiten der Qualitäts- bzw. Festigkeitsprüfung von Lamellen- und Kugelgraphitguß erwähnt werden. Es ist einleuchtend, daß Kugelgraphit die Schallausbreitung weniger behindert als Lamellengraphit, der durch Umwege und Zickzack-Reflexionen eine hohe Schallschwächung durch Streuung und eine längere Schallaufzeit und damit geringere effektive Schallgeschwindigkeit verursacht. Sowohl durch Schallgeschwindigkeits- als auch Schallschwächungsmessungen läßt sich die unterschiedliche Graphitausbildung nachweisen, s. Abschn. 7.2.

Schwierigkeiten sind lediglich bei Kugelgraphitguß höherer Festigkeit zu erwarten, da hier die Unterschiede in Schallgeschwindigkeit und Schallschwächung nicht sehr groß sind. Hier liefert in vielen Fällen das magnetinduktive Prüfverfahren bessere Resultate.

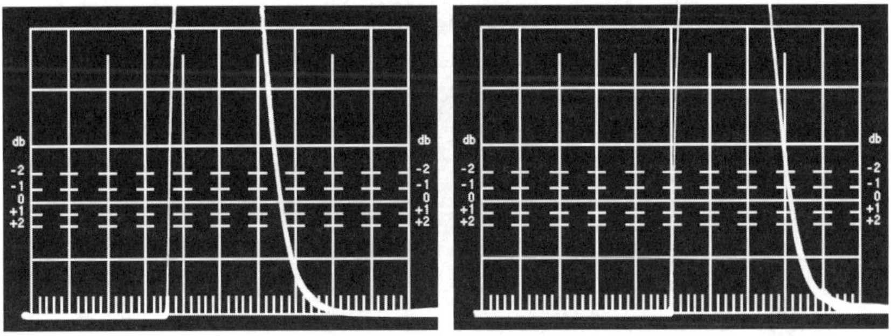

a) b)

Bild 6-65 Echobilder (Rückwandecho) der Kipphebel: a) Mit starker, b) Mit schwächerer Weißerstarrung

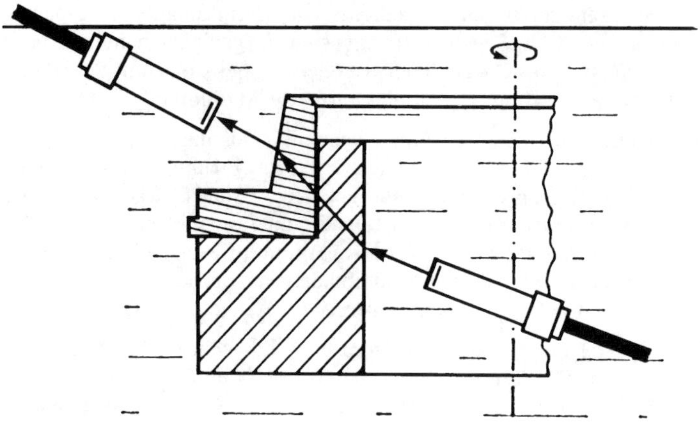

Bild 6-66 Anordnung zur Prüfung von hartgelöteten Getrieberädern

Die auch im Fahrzeugbau häufig verwendeten geschweißten Bauteile werden mit den im Abschn. 6.2 beschriebenen Techniken geprüft. Die praktische Durchführbarkeit hängt dabei häufig von der Werkstückgeometrie ab. Schon bei der Konstruktion muß die Prüfbarkeit berücksichtigt werden.

Bei Hartlötverbindungen, z.B. an Getrieberädern ist zu prüfen, ob das Lot mit den Werkstücken eine zuverlässige Bindung eingegangen ist. Da das Hartlot i. a. einen vom Werkstoff des Werkstücks abweichenden Schallwellenwiderstand aufweist, ist meist ein Echo aus der Grenzschicht vorhanden, das sich u.U. nur geringfügig in seiner Höhe ändert, wenn die Qualität der Bindung schwankt. Aus diesem Grunde

Bild 6-67 Miniatur-Sonderprüfkopf zur Bindungsprüfung

wird – bei Vorhandensein einer senkrecht zur Schallrichtung liegenden Fläche – das Rückwandecho des zweiten Werkstücks ausgewertet bzw. das Durchschallverfahren angewendet. Ein Beispiel für eine Durchschallungsanordnung, wobei auch die Brechungsgesetze zu berücksichtigen waren, zeigt Bild 6-66.

Der in Bild 6-67 gezeigte Sonderprüfkopf dient zur Bindungsprüfung zwischen dünnen Hartkeramikplatten und Stahl. Es handelt sich um einen PVDF-Delay-Line-Prüfkopf mit einer Frequenz von 30 MHz. Die PVDF-Folie ist auf einen 4 mm dicken Zylinder aus einem Sonderwerkstoff auf Kunststoffbasis mit extrem niedriger Ultraschallabsorption aufgebracht. Das hohe Auflösungsvermögen zeigt sich anhand der Echoanzeigen in einer 100 µm dünnen Kunststoffolie. Deutlich sichtbar ist in Bild 6-68 das Eintrittsecho, das Rückwandecho und Vielfachreflexionen.

Auch bei Klebverbindungen wird der Zusammenhalt der beiden (i. a. unterschiedlichen) Werkstücke durch ein Fremdmaterial (Kleber) bewirkt. Hauptanwendungsgebiet sind hier Brems- und Kupplungsbeläge. Da der Werkstoff solcher Beläge meist schlechter schalleitfähig ist als der Trägerwerkstoff, kommt in den meisten Fällen nur Durchschallung in Frage. Bild 6-69 zeigt eine entsprechende Versuchsanordnung für Tauchtechnikprüfung. Der zweite Prüfkopf steht dem ersten gegenüber und ist infolge des Aufbaus nicht sichtbar. Bei automatischem Betrieb ist durch entsprechende Mechanik bzw. Elektronik dafür zu sorgen, daß Anzeigen aus der geschmiedeten Spanneinrichtung am Bremsband nicht zu Fehlauswertungen führen. In Bild 6-70 a und b sind die mit dem erwähnten Versuchsaufbau erzielten Bildschirmanzeigen gegenübergestellt. Während eine einwandfreie Klebverbin-

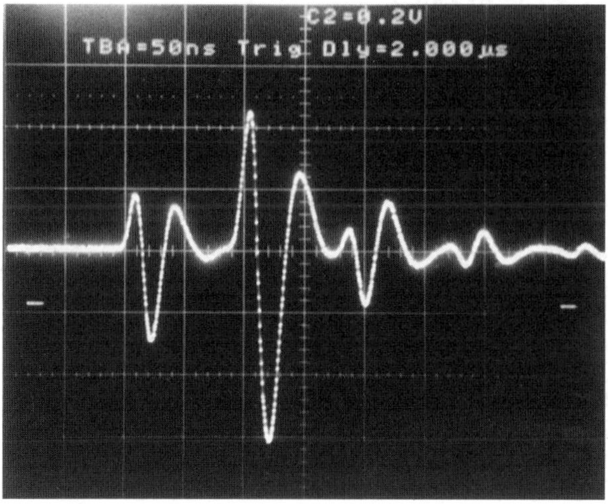

Bild 6-68 Impulsbild (HF-Darstellung) des Prüfkopfes von Bild 6-67. Erläuterungen im Text

Bild 6-69 Versuchsanordnung zur Prüfung der Klebverbindung zwischen Bremsbändern und -belag in Tauchtechnik-Durchschallung

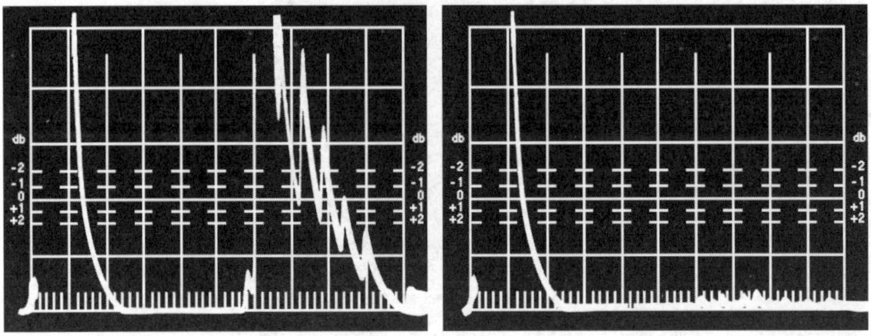

a) b)

Bild 6-70 Prüfergebnis gem. Bild 6-69: a) Gute Bindung, b) Schlechte Bindung

dung (a) dem Schall ungehinderten Durchtritt gestattet, ist in (b) das Zusammenbrechen des Durchschallungsimpulses ein deutlicher Hinweis auf eine nicht erfolgte Bindung des Belagwerkstoffs an den Träger. Aufgrund der mit der Ultraschallprüfung gewonnenen Befunde wurde die Nachprüfung mit Hilfe einer Biegeprobe vorgenommen; das Resultat zeigt Bild 6-71. Bei der linken Probe haften immer noch Belagreste infolge einwandfreier Klebverbindung auf dem Trägerwerkstoff, während bei der Probe rechts der relativ spröde Belag sich völlig vom Trägerwerkstoff gelöst hat und abgeplatzt ist, da die Haftwirkung infolge fehlerhafter Klebverbindung stark vermindert bzw. nicht vorhanden war. Im Gegensatz zu den vorliegenden Befunden läßt sich jedoch eine nicht erfolgte Aushärtung des Klebers nicht mit Ultraschall feststellen, da eine flüssige Zwischenschicht praktisch gleiche Schalleitfähigkeit aufweist wie eine ausgehärtete.

Hin und wieder läßt sich der Umstand ausnutzen, daß Belag und Kleber bei guter Bindung eine Echofolge aus dem Trägerwerkstoff stärker dämpfen als bei schlechter Bindung. Einen derartigen Fall zeigt Bild 6-72. Poröse Beläge sind durchweg schalleitfähig, wenn sie mit Flüssigkeit vollgesogen sind, was den Prüfablauf verzögert.

Vielfach werden die Beläge selbst vor dem Aufkleben auf innere Hohlräume und Aufreißungen geprüft. Infolge ihrer groben Struktur sind nur größere Fehlstellen im Durchschallungsverfahren feststellbar (Bild 6-73). Prüfprinzipien und Erscheinungsformen sind die gleichen wie bei den in Bild 6-70 wiedergegebenen Prüfungen.

An dieser Stelle sei auch die Prüfung der *Vulkanisierungsbindung* zwischen Gummi und Metall, beispielsweise bei sog. Schwingmetallen für die Motoraufhängung, erwähnt. Falls die Werkstückform überhaupt eine Prüfung zuläßt, kommt auch hierbei das Durchschallungsverfahren in Frage. Wichtig ist ferner, daß an der zu prüfenden Stelle der Gummi nicht gegen das Metall gepreßt wird, da sonst infolge trockener Kopplung ein vorhandener Bindungsfehler u.U. nicht erkannt

a) b)

Bild 6-71 Zerstörende Nachuntersuchung (Biegeprobe): a) Gute Bindung, b) Schlechte Bindung

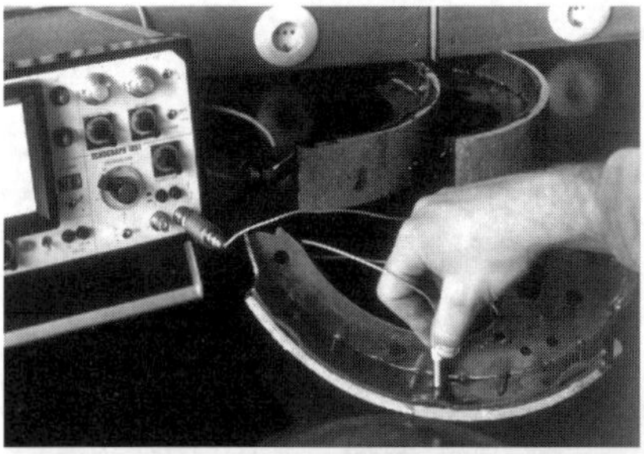

a)

Bild 6-72 Bedämpfung einer Echofolge bei der Prüfung von der Trägerseite aus:
a) Anordnung;
b) Gute Bindung,
c) Schlechte Bindung

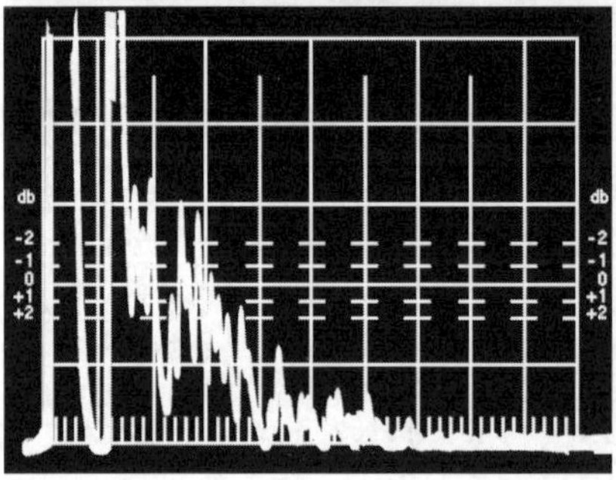

b)

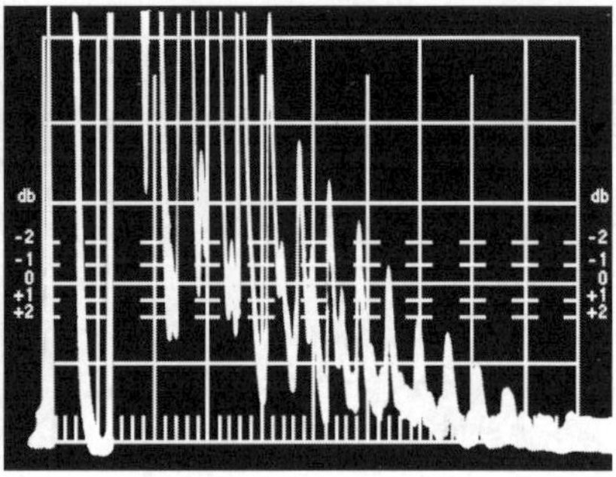

c)

a)

Bild 6-73 Prüfung von Bremsbelägen in Tauchtechnik:
a) Durchschallungsanordnung;
b) Gute Struktur,
c) Stark poröse Struktur

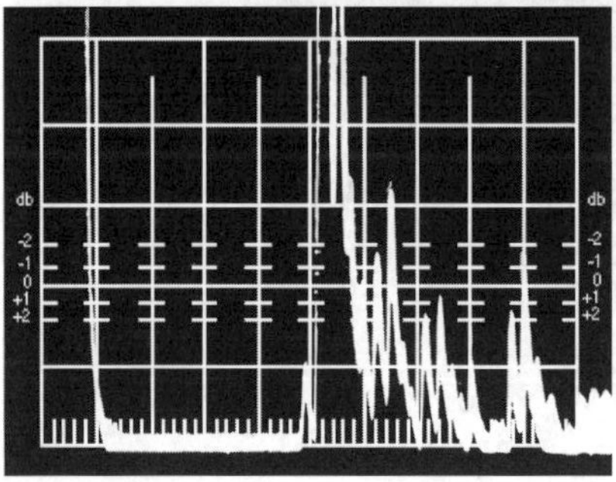

b)

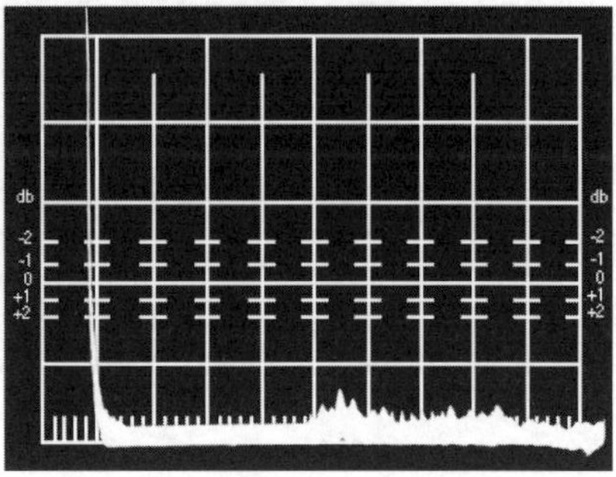

c)

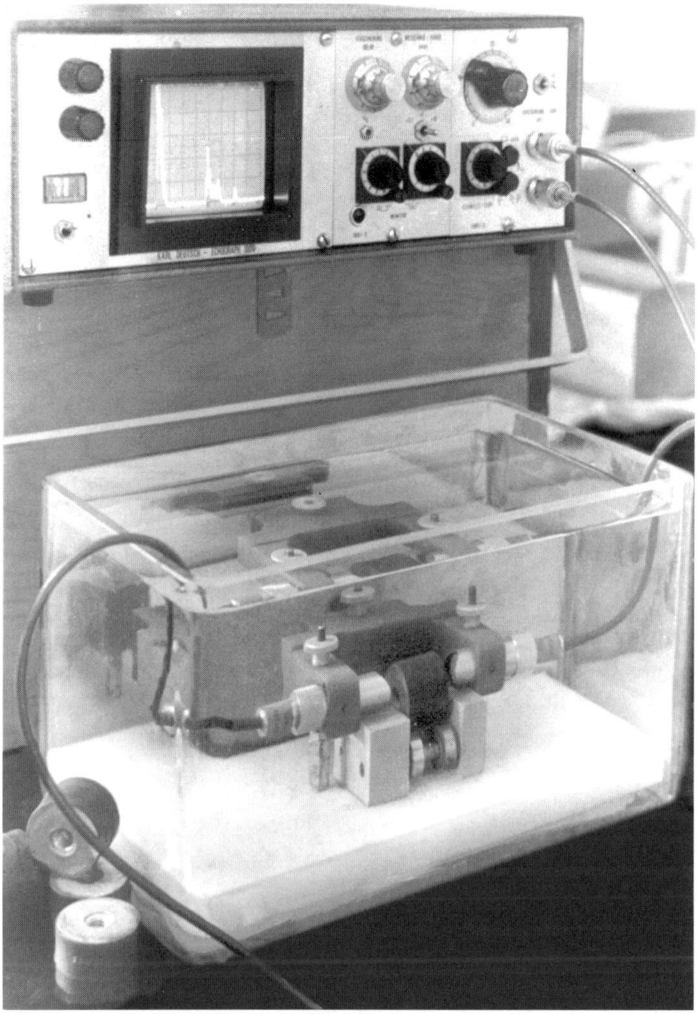

Bild 6-74 Versuchsanordnung zur Durchschallung von Schwingmetallen in Tauchtechnik

werden kann. Einen Versuchsaufbau für Tauchtechnik zeigt Bild 6-74. Wie stets in der Durchschallungstechnik, zeigt der Rückgang des Durchschallungsimpulses eine fehlerhafte Verbindung an.

Von den Fertigteilen aus dem Motorbereich werden außer den bereits erwähnten Werkstücken vor allem Ventilfedern und Ventile mit Ultraschall geprüft. Aufgrund des Beanspruchungszustandes führen bei Ventilfedern vor allem querlaufende Fehler (dabei allerdings auch schon sehr feine sog. *Knopffehler*) zum Bruch. Zu deren Aufdeckung wurde vor einigen Jahren ein recht einfach anzuwendendes Prüfverfahren entwickelt.

Entsprechend dem in Bild 6-75 angeführten Schema wird der Ultraschall durch Kontaktieren eines Winkelprüfkopfes an der angeschrägten letzten Federwindung in axialer Richtung in den Federdraht eingeleitet. Er durchläuft nach vielfachen Reflexionen an den Außenseiten des Federdrahtes die Feder bis zum gegenüberliegenden Ende. Trotz des feinen Auslaufs der Feder ist ein deutliches Rückwandecho zu erhalten (Bild 6-76 a). Liegt innerhalb des Schallweges ein Querfehler, so ergibt sich automatisch ein auswertbares Signal. Schlechter Gefügezustand oder längslaufende Innenfehler führen gewöhnlich zu einer deutlich merkbaren Abnahme des Endechos (Bild 6-76 b). In Bild 6-76 c und d sind von einzelnen Querfehlern herrührende Schirmbilder wiedergegeben.

Eine einfache Einrichtung zur Federnprüfung ist in Bild 6-77 wiedergegeben. Die Werkstücke werden von Hand eingelegt und dabei gegen das Prisma gedrückt (Bild 6-78). Bei Ertönen eines Monitorsignals liegt ein fehlerhafter Zustand vor. Selbstverständlich läßt sich dieser Prüfvorgang durch Einsatz einer geeigneten Beschickungs- und Transportmechanik auch automatisch ausführen. Diese Prüftechnik bleibt nicht allein auf Ventilfedern beschränkt. Auch große LKW-Schraubenfedern werden auf diese Art geprüft (Bild 6-79). Das Verfahren funktioniert auch dann, wenn die Enden der Federn nicht angeschliffen sind.

Hoch beanspruchte Ventile werden mit Natrium gefüllt, wobei die Tellerfläche nach dem Einfüllen des Natriums eingeschweißt wird. Dabei können in der Verbin-

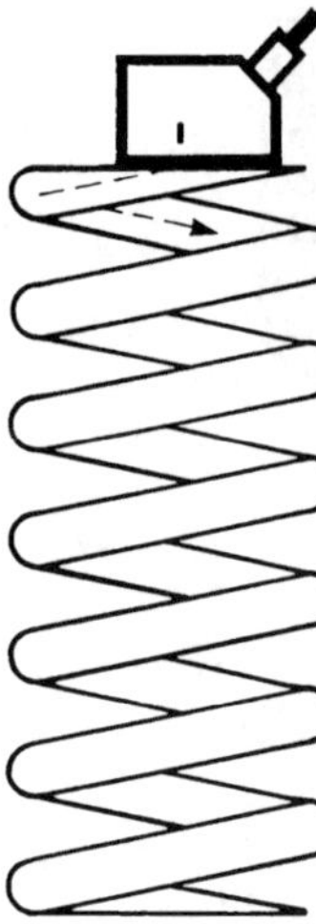

Bild 6-75 Prinzip der Federnprüfung auf Quer- und Knopffehler

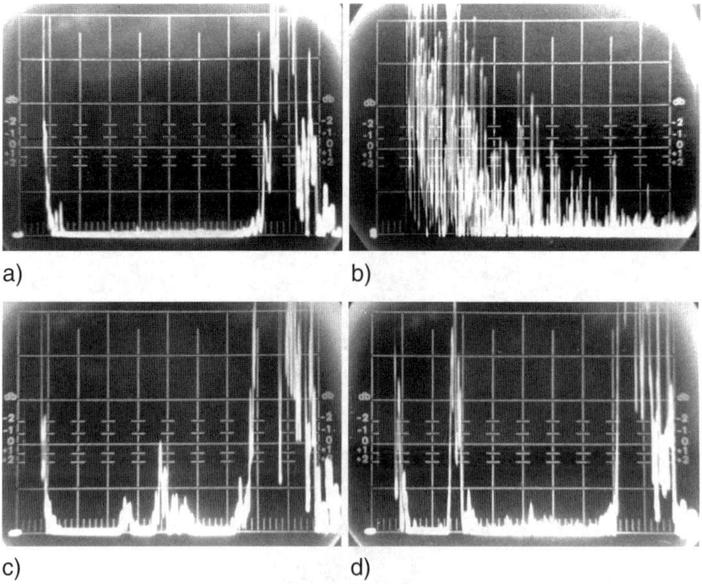

Bild 6-76 Ergebnisse der Schraubenfedernprüfung: a) Gute Feder; b) Schlechter Gefügezustand; c) Knopffehler; d) Querrißanzeige

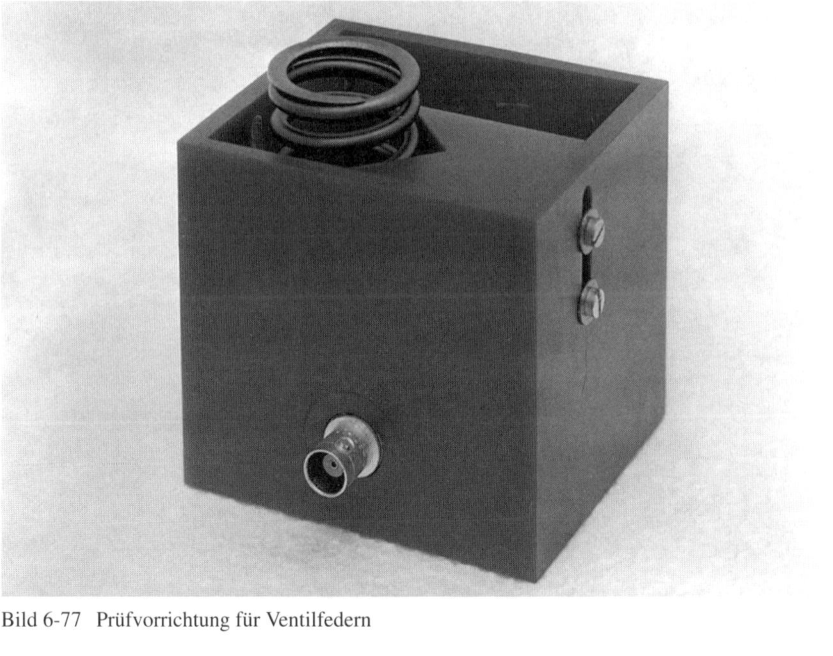

Bild 6-77 Prüfvorrichtung für Ventilfedern

Bild 6-78 Prüfung von Ventilfedern in der Vorrichtung nach Bild 6-77

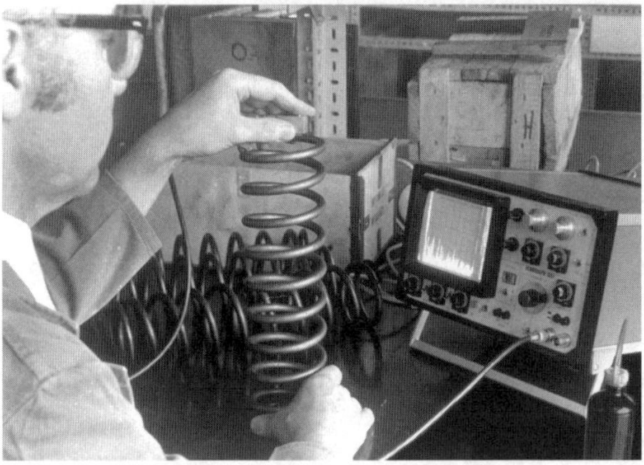

Bild 6-79 Prüfung großer Federn

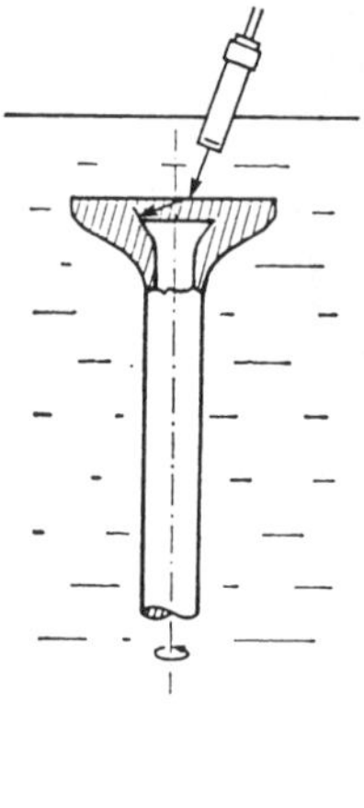

Bild 6-80 Prüfanordnung für geschweißte Ventilböden in Tauchtechnik

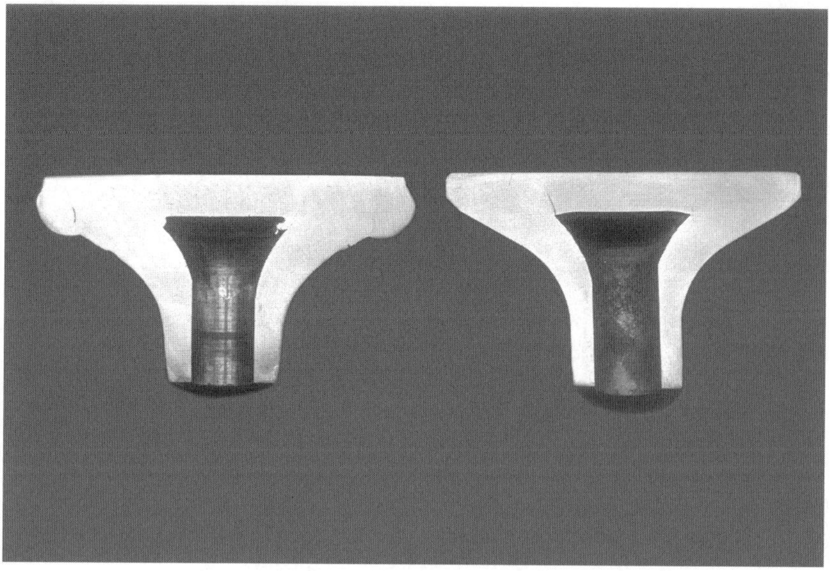

Bild 6-81 a) Bindefehler in noch nicht bearbeiteter Stellit-Auftragsschweißung;
b) Bindefehler in eingeschweißtem Ventilteller

dungsflanke Bindefehler oder Risse entstehen, die man entsprechend der in Bild 6-80 angegebenen Methode in Tauchtechnik mit Ultraschall prüfen kann.

Ein auf diese Weise aufgefundener Riß ist in Bild 6-81 b zu sehen. Die Ventilpanzerung wird durch Auftragschweißen und anschließende Bearbeitung aufgebracht. Auch hier ist eine Prüfung auf Bindefehler und Einschlüsse mit Ultraschall durchaus möglich. Einen typischen Fehler zeigt das Ventil in Bild 6-81 a.

Bei Kolben ist eine einwandfreie Bindung zwischen den eingegossenen *Ringträgern* aus Grauguß und dem eigentlichen Kolbenwerkstoff (i. a. eine Aluminium-Legierung) wichtig. Eine Überprüfung der metallischen Bindung gestaltet sich einfach, wenn das Einstechen der Nut später erfolgen kann (Bild 6-82). Durch geeignetes Schrägeinschallen in die Mantelfläche wird ein nahezu oberflächenparalleler Schallverlauf erzielt, wobei sich der Empfänger-Prüfkopf an der Stirnseite befindet. In vielen Fällen befindet sich jedoch die Nut bereits im Graugußring, wenn die Prüfung durchzuführen ist. In diesem Falle ist eine Kontrolle mit Hilfe von in die Nut einzuführenden Spezialprüfköpfen möglich (Bild 6-83). Die Empfängerköpfe befinden sich dabei in benachbarten Nuten bzw. an der Stirnfläche (Bild 6-84). Eine schlechte bzw. nicht vorhandene Bindung macht sich wieder im Rückgang bzw. Verschwinden des Durchschallungsimpulses bemerkbar. Die rückseitige Bin-

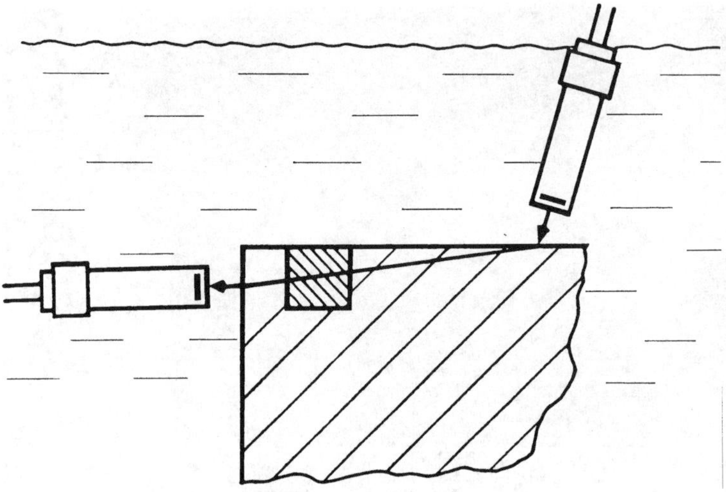

Bild 6-82 Prüfmöglichkeit für die seitliche Bindung eingegossener Ringträger im unbearbeiteten Zustand (Schema)

dung wird mit einem entsprechend kleinen oder fokussierten Prüfkopf nach Bild 6-85 durchgeführt.

Auch *Kolbenringe* werden oft mit Ultraschall auf Innenfehler untersucht. Die Prüfung gestaltet sich besonders einfach, wenn der Ring noch nicht geschlitzt ist.

Zum Verschleißschutz werden Fahrzeugteile häufig an der Oberfläche gehärtet. Zur Prüfung werden gewöhnlich elektromagnetische Verfahren und nur in Ausnahmefällen Ultraschall eingesetzt.

Achsen und Räder von Eisenbahnwagen und Lokomotiven gehören auch zu den Fahrzeugkomponenten. Sie zählen schon seit den Entwicklungsjahren der Ultraschallprüfung zu den wichtigsten Prüfobjekten. Geht man davon aus, daß diese entweder geschmiedeten oder gegossenen Werkstücke prinzipiell prüfbar sind, vor dem Ersteinbau sachkundig geprüft und nur bei Fehlerfreiheit verwendet wurden, so können dennoch die im Fahrbetrieb unvermeidlichen dynamischen Dauer-Wechselbeanspruchungen zum Entstehen von Fehlern, vor allem Oberflächenrissen, führen, die wachsen und Dauerbrüche auslösen können. Das kann beträchtliche Schäden zur Folge haben. Um diese zu vermeiden, werden regelmäßig Routineüberprüfungen durchgeführt. Am sichersten wäre es, die Achsen dafür ganz auszubauen um sie z.B. mit der Magnetpulverprüfung auf Oberflächenrisse zu untersuchen. Das ist aber aufwendig, teuer und bedingt lange Stillstandzeiten. Daher wurde – mit Erfolg – versucht, die Ultraschallprüfung einzusetzen, ohne größere Ausbauarbeiten vornehmen zu müssen. Die jeweilige Prüftechnik hängt im wesentlichen von der Konstruktion der Achsen ab. Durch sie sind die Möglichkeiten der Positionierung von Prüfköpfen als auch die Lage der vorzugsweise entstehenden Anrisse vor-

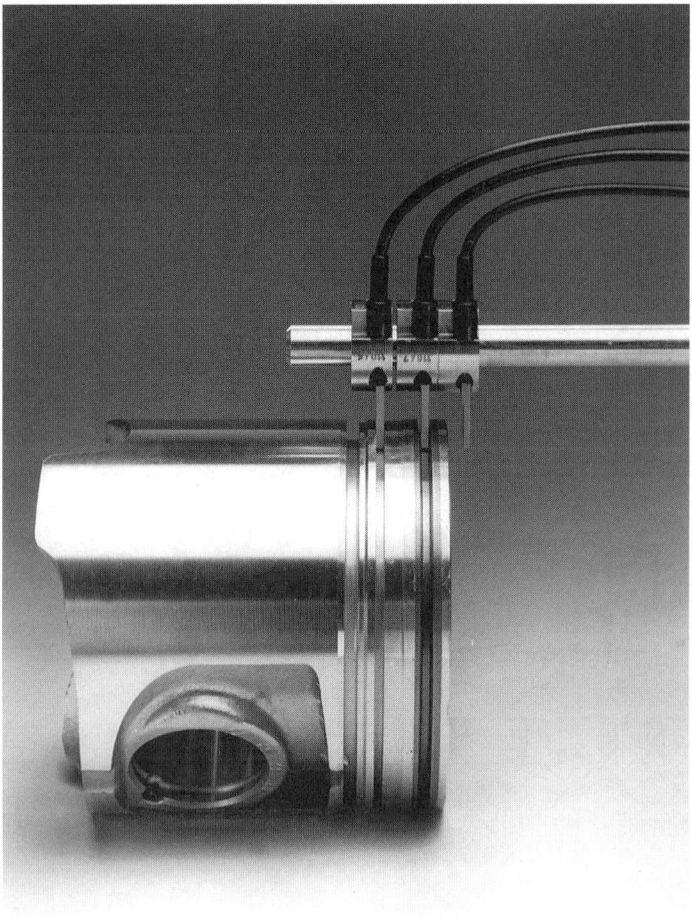

Bild 6-83 Bindungsprüfung der Ringträger bei bereits vorhandener Nut mit Spezialprüfköpfen

gegeben. Letzteres ist zumeist durch Erfahrung bekannt: Der Belastungszustand sowie die konstruktive Ausführung, insbesondere in bezug auf Absätze, Querschnittsänderungen sowie Ausbildung von unvermeidlichen Kerben dazwischen führen bei den immer gleichen Belastungen an zumeist gleichen Positionen zu Anrissen. Diese müssen in einem möglichst frühen Stadium vor Eintritt eines Bruchs aufgefunden werden. Mittelfristig können sich aus diesen Erfahrungen Anstöße für konstruktive Verbesserungen bzw. optimierte Prüftechnik ergeben.

Ist die Stirnfläche einer zu prüfenden Achse eben und sind mögliche Anrisse nicht aus geometrischen Gründen abgeschattet, so ist die Ultraschallprüfung ohne

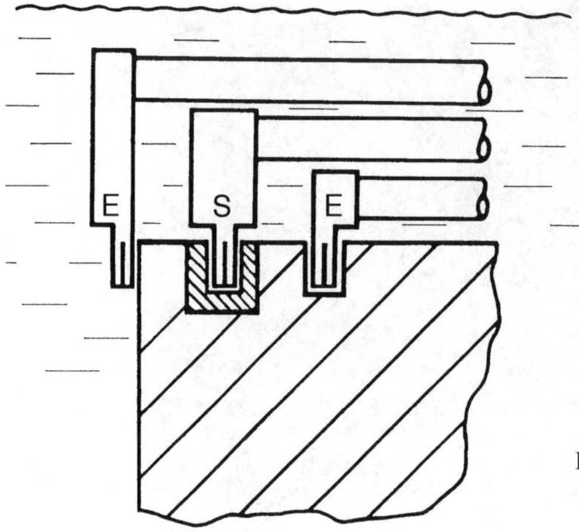

Bild 6-84 Schema der Prüfanordnung nach Bild 6-83 S: Sender, E: Empfänger

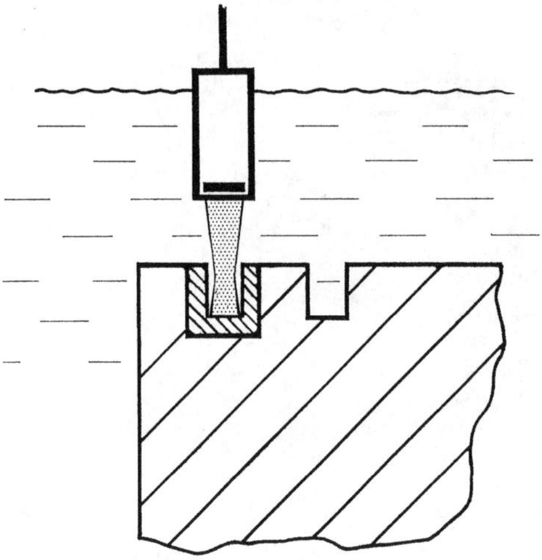

Bild 6-85 Bindungsprüfung der Ringträger-Rückseite

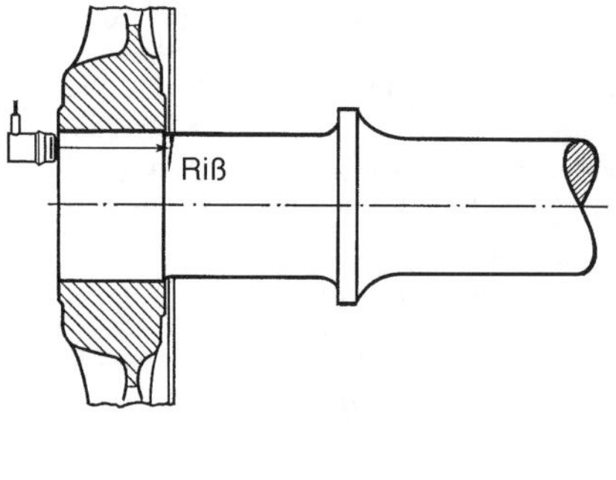

Bild 6-86 Prüfmöglichkeit auf Achswellen-Anrisse bei ebener Stirnfläche

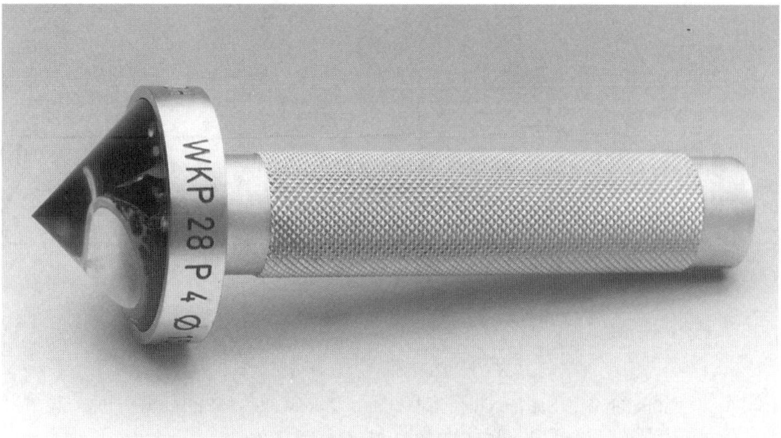

(a)

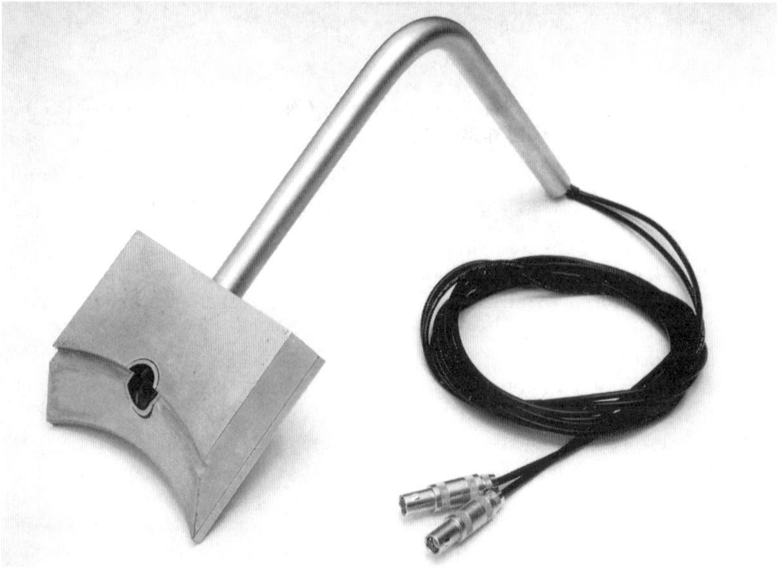

(b)

Bild 6-87 Sonderprüfköpfe für die Überprüfung von Rollenlager-Achswellen bei Bahnen: a) Körner-Prüfkopf; b) Spezial-SE-Prüfkopf

Schwierigkeiten möglich (Bild 6-86). Das ist allerdings nur in wenigen Fällen gegeben. Zumeist ist es notwendig, mit gezielter Schrägeinschallung und mit ungewöhnlichen Einschallwinkeln, d.h. mit Sonderprüfköpfen, zu arbeiten (Bild 6-87) [168, 169]. Dabei kann es notwendig sein, den Prüfkopf in den „Körner", der konischen Eindrehung an der Stirnfläche zu zentrieren und von dort aus einzuschallen

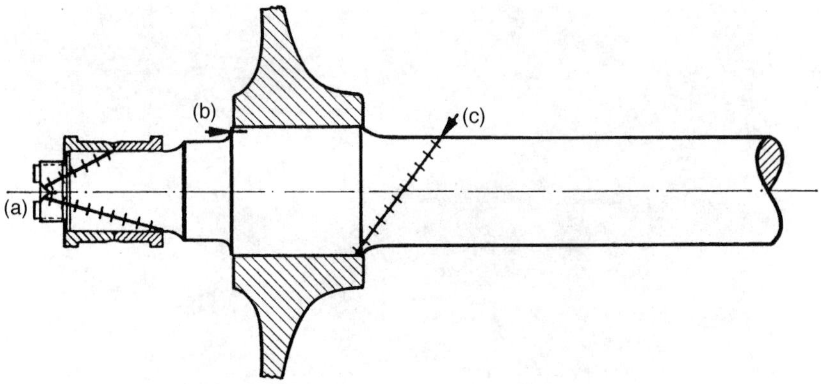

Bild 6-88 Rißgefährdete Stellen einer Rollenlager-Achswelle [168]; Prüfmöglichkeit:
a) Mit Körnerprüfkopf, Bild 6-87 a;
b) mit Spezial-SE-Prüfkopf, Bild 6-87 b;
c) Mit Standard-Winkelprüfkopf ca. 35°

(Bild 6-88). Günstigere Prüfmöglichkeiten ergeben sich ggfs. an Hohlwellen von der Innenbohrung aus (Bild 6-89) [170].

Da Anrisse nicht über den gesamten Umfang gleichmäßig entstehen, muß zwischen Prüfkopf und Achse eine Relativ-Drehung um mindestens 360° erfolgen, um alle Anrisse erfassen zu können.

Hinderlich kann es sein, daß Räder, Brems- oder Antriebsscheiben oft auf der Welle aufgeschrumpft sind. Dazu wird das innen genau bearbeitete Rad durch Temperaturerhöhung so aufgeweitet, daß es über die Welle geschoben werden kann, auf der es nach Schrumpfen durch Abkühlung so fest sitzt, daß diese Verbindung die notwendigen Drehmomente übertragen kann. Das ist u.U. fertigungstechnisch und auch bezüglich der Festigkeit günstiger als die klassische Verbindung mittels Feder und Nut. Der Schrumpfsitz ist umso mehr durchlässig für Ultraschall, je fester die Verbindung der beiden Kontaktflächen sich ausgebildet hat. Der durchtretende Schallanteil kann daher an der Rückseite der aufgeschrumpften Bauteile reflektiert werden und so Anrisse vortäuschen. Das ist umso verwirrender, als seine Amplitude über den Umfang stark schwanken kann, weil durch Ovalität, Rauheitsunterschiede und sonstige Geometrie-Änderungen zumeist keine ganz gleichmäßige Verbindung entstanden ist. Es muß sichergestellt sein, daß derartige Störanzeigen bei der gewählten Prüfkopfposition die Anzeigen echter Anrisse nicht überdecken. Nur dann darf auf das Abziehen der Räder verzichtet werden.

Im Rahmen der Instandhaltung müssen große Mengen kompletter *Radsätze* vor dem Wiedereinbau auf Risse an der Lauffläche, am Radkranz und ggfs. gleichzeitig in der Achse geprüft werden. Eine moderne automatische Anlage ist in Bild 6-90 gezeigt. Mehrere Prüfköpfe, in Pfützen- oder Manschetten-Technik angekoppelt und im Multiplex-Betrieb hintereinander getaktet, prüfen den sich drehenden

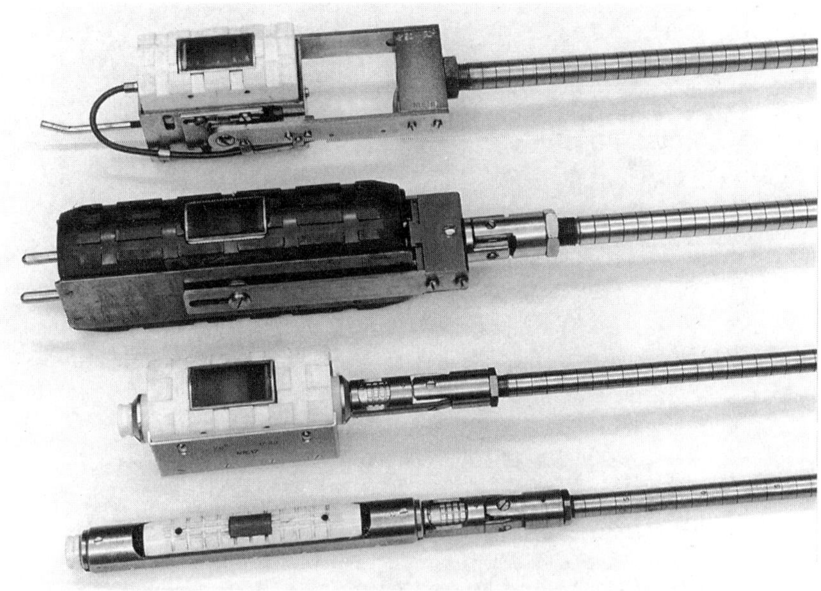

Bild 6-89 Winkelprüfköpfe zur Prüfung aus der Bohrung von Hohlachswellen [170]

Bild 6-90 Radsatzprüfstand [171, 172]

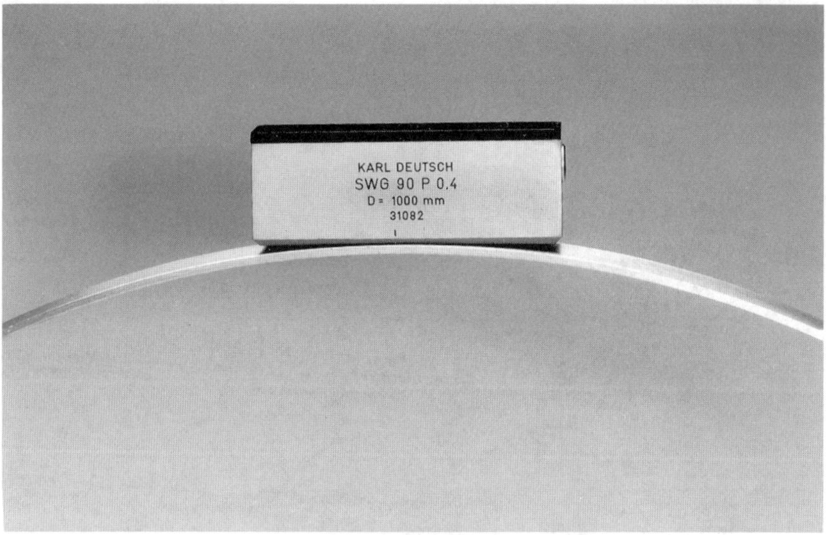

Bild 6-91 Prüfkopf für die Untersuchung von Rad-Laufflächen mit Oberflächenwellen

Radsatz. Die Durchsatzleistung liegt abhängig von der Radsatz-Konstruktion stets höher als es der übliche Instandhaltungsbetrieb erfordert [171, 172].

Insbesondere an modernen Hochleistungszügen müssen die Laufflächen der Räder ohne Ausbau auf vor allem quer verlaufende Anrisse untersucht werden. Das ist möglich mit Hilfe von Spezialprüfköpfen (Bild 6-91) die mit Oberflächenwellen in Reflexionstechnik arbeiten und abschnittweise die Lauffläche erfassen. Neuerdings wird auch die Möglichkeit beschrieben, die gesamte Lauffläche auf einmal zu prüfen. Dazu fährt der Wagen so über einen in der Schiene eingebauten elektrodynamischen Prüfkopf, daß von diesem aus eine Oberflächenwelle koppelmittelfrei in den Radkranz eingeleitet wird [247]. Querrisse führen zu Reflexionen, Längs- und Schrägrisse schwächen oder verhindern den über den gesamten Umfang laufenden Schallanteil.

6.4 Flugzeuge und Raketen

Zu unterscheiden sind Prüfungen von Baugruppen und Komponenten vor dem Ersteinsatz von den regelmäßig wiederkehrenden Kontrollen, die Bestandeil von Wartungsarbeiten sind.

So werden z.B. vor dem Einbau auch großflächige und teilweise kompliziert geformte Verbund-Bauteile aus glas- *(GFK)* oder kohlefaserverstärkten Kunststoffen

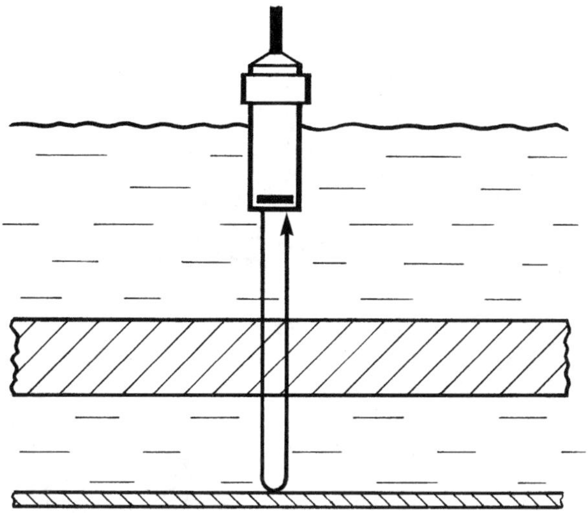

Bild 6-92 Prinzip der Doppel-Durchschallung [173]

(CFK) bzw. mit Leichtmetall-Honigwaben *(honeycomb)* – Strukturen auf einwandfreie Bindung zwischen den einzelnen Schichten geprüft. Da diese Schichten dünn sind, wird dazu zumeist die Durchschallungsmethode eingesetzt. Zur Sicherstellung guter Ankopplung wurde früher fast ausschließlich die Tauchtechnik angewendet, die in jüngerer Zeit mehr und mehr durch Squirter-Technik abgelöst wird [173]. Statt der üblichen Durchschallung mit zwei Prüfköpfen kann mitunter auch mit nur einem Prüfkopf in Reflexionstechnik gearbeitet werden, wobei jedoch der von einem auf der Gegenseite angebrachten Reflektor zurückgeworfene Schallanteil ausgewertet wird (Bild 6-92) [173]. Es handelt sich somit um eine doppelte Durchschallung. Die geometrische Zuordnung von Prüfkopf und Reflektor ist genauso prüflingsspezifisch vorzunehmen wie die von zwei Durchschallungs-Prüfköpfen. Gleiches gilt für alternative Anordnungen von einem oder zwei Squirterprüfköpfen mit freien oder geführten Wasserstrahlen, s. Kap. 5.

Die Ergebnisse derartiger Prüfungen werden zumeist in Form von amplitudenbewerteten C-Bildern, s. Abschnitt 3.2, dokumentiert.

In ähnlicher Weise lassen sich kleinere Prüfbereiche sowohl im Neuzustand als auch bei wiederkehrender Wartung mit ortsbeweglichen Scannern abrastern. Das Koppelmittel, dessen Abtropfen insbesondere bei Arbeiten über Kopf störend sein kann, läßt sich in einer neuartigen Einrichtung absaugen (Bilder 6-93 und 6-94) [174, 175].

Häufig sind anstelle der beschriebenen Ultraschallprüfungen bzw. zusätzlich dazu Durchstrahlungsprüfungen vorgeschrieben.

Bild 6-93 Ortsbewegliche Prüfeinrichtung am Seitenleitwerk eines Flugzeugs [174]

Die Ultraschall-Untersuchung von Verbundwerkstoffen auf Delaminationen wird im großen Umfang mit dem sog. *Fokker-Bondtester* [176] ausgeführt. Mit einem relativ niederfrequenten Piezo-Prüfkopf wird im gleichmäßig geformten Bauteil ein Resonanzzustand ähnlich einer Plattenwelle erzeugt, s. Abschnitt 6.1.1. Bei Änderung der Werkstückdicke durch Bindefehler ändert sich der Schwingungszustand, was vom Gerät angezeigt wird.

Zum Auffinden von Ermüdungs- oder Spannungskorrosions-Rissen bzw. flächigem Korrosionsabtrag an Leichtmetall-Bauteilen läßt sich i.a. die Wirbelstrom-Prüfung besser einsetzen als das Ultraschall-Verfahren.

Da gerade bei Luft- und Raumfahrt-Bauteilen alle Fertigungs- und Prüfvorgänge genauestens vorgegeben und in QS-Anweisungen beschrieben sind, ist immer deren genaue Durchführung zwingend notwendig. Hier ist nicht der Raum, die Fülle aller Anwendungen und Vorschriften detailliert zu beschreiben, jedoch sei auf die entsprechenden Regelwerke in Abschnitt 3.7 hingewiesen.

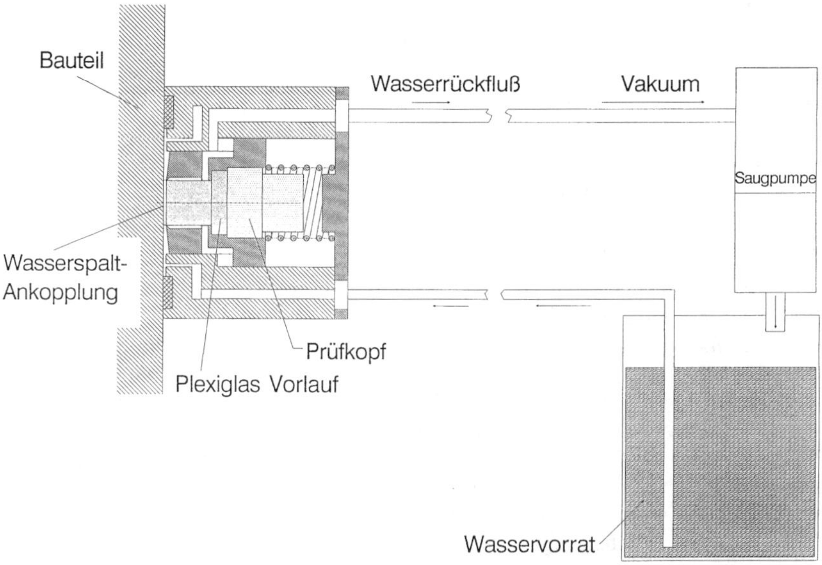

Bild 6-94 Prüfkopfanordnung mit Koppelmittel-Absaugevorrichtung von Bild 6-93 [174, 175]

Es verdient Erwähnung, daß feste Brennstoffe von Raketen mit Ultraschall im Frequenzbereich bis max. 1 MHz auf innere Fehlstellen und Inhomogenitäten geprüft werden können.

Auch die Haftung zwischen dem Brennstoff und der Innenwand des Raketenkörpers ist mit Ultraschall prüfbar.

6.5 Ultraschallprüfung von Kernenergieanlagen

Der extrem hohe Prüfaufwand bei den Erst- und Wiederholungsprüfungen an Atomreaktoren erklärt sich aus dem großen Schadenspotential und der damit verbundenen Notwendigkeit, durch Prüfungen nachzuweisen, daß ein einwandfreier Betrieb auch noch nach erster Inbetriebnahme mindestens bis zur nächsten erneuten Prüfung möglich ist. Dieser Nachweis ist dann schwierig, wenn bei der Erstellung der Kraftwerke die Aspekte der Prüfbarkeit nicht berücksichtigt und sogar zur Prüfung nicht geeignete Werkstoffe verwendet wurden. Ob ein solcher Reaktor stillgelegt werden muß oder ob statt dessen sehr aufwendige Prüftechnik nachgerüstet werden kann, hängt von der Frage ab, welches Restrisiko im Vergleich zu anderen technischen Gefahrenquellen eingegangen werden darf. In den vielen Ländern, die ihre Energieversorgung in sehr unterschiedlichem Maß durch Kernenergie sicherstellen, wird diese Frage ganz verschieden beantwortet. Unabängig von wirtschaftlichen Gesichtpunkten muß bei Neuerstellung von Atomreaktoren die

Prüfbarkeit aller Bauelemente sowie die Verifizierung einwandfreier Funktion für die überschaubare Zukunft im Mittelpunkt aller technischen Überlegungen stehen. Daher ist die Prüfplanung unverzichtbar und wichtiger Teil der Reaktorkonstruktion. Auslegung und Erstellung von Prüfsystemen wird deshalb in der Regel von den Firmen ausgeführt, die Reaktoren bauen.

Die für Reaktoren zu verwendenden Bauteile werden nicht anders geprüft als die für andere technische Anlagen. Sie werden allerdings mit größerer Vollständigkeit, unter Umständen auch mehrfach unabhängig voneinander und mit erhöhter Empfindlichkeit durchgeführt.

Für die Ultraschall-Prüfung von Hüllrohren der Brennelemente, das sind nahtlose Rohre aus gut prüfbaren Werkstoffen (Zirkoniumlegierungen oder hochlegierte Stähle) im Durchmesserbereich zwischen 6 und 25 mm, liegt z.B. die Bewertungsschwelle bei weit kleineren Testfehlern als für nahtlose Kesselrohre ähnlicher Abmessungen und ähnlicher betrieblicher Belastung für Chemieanlagen. Sie werden mit rotierenden fokussierten Ultraschall-Sensoren geprüft, s. Abschn. 6.1.4. Gleichzeitig finden präzise Dimensionsmessungen (Durchmesser, Wanddicke und Exzentrizität) ebenfalls mit Ultraschall statt. Zusätzlich kann eine weitere Prüfung mit Wirbelstrom auf Risse in der Außenoberfläche mit Hilfe ebenfalls rotierender Sensoren vorgeschrieben sein.

Der *Reaktor-Druckbehälter* (RDB) steht im Mittelpunkt aller Sicherheits-Maßnahmen. Sachgerechte Konstruktion vorausgesetzt, müssen alle Komponenten prüfbar sein, die Prüfstandards genau festgelegt und die Prüfungen demzufolge richtig ausgeführt werden. Bevor nach zufriedenstellenden Prüfergebnissen ein Reaktor in Betrieb gehen kann, ist die Durchführung von Wiederholungsprüfungen unter Berücksichtigung der sich einstellenden Strahlenbelastung zu definieren.

Bei Druckwasser-Reaktoren können alle notwendigen Ultraschall-Prüfungen vom Zentrum des wassergefüllten Druckbehälters aus durchgeführt werden. In der Mittelachse wird der sog. *Zentral-Mast-Manipulator* angeordnet. Dieser trägt alle Prüfkopfsysteme zur Prüfung der Wandelemente sowie der Rund- und Stutzennähte (Bild 6-95). Die verschiedenen Prüfkopfsysteme müssen nicht nur der Prüfaufgabe entsprechen, sie müssen auch den u.U. beengten Raumverhältnissen Rechnung tragen. Dabei kann es notwendig sein, z.B. statt der üblichen Tandemtechnik, s. Bild 3-44 in Abschnitt 3.3. Sensoren mit Mehrfach-Schwingern zu verwenden, die eine geringere Baulänge aufweisen und nicht relativ zur Schweißnaht bewegt werden müssen.

Aus gleichem Grund kann es vorteilhaft sein, zur Schweißnahtprüfung Gruppenstrahler, s. Abschn. 2.3.2, vorzusehen, mit denen dickwandige Schweißverbindungen durch Schwenken des Schallbündels vollständig erfaßt werden.

In der Kerntechnik gibt es zahlreiche Anwendungen für elektrodynamische Wandler, s. Abschn. 2.1.4, insbesondere dann, wenn z.B. die Anwendung von Koppelflüssigkeiten unterbleiben muß, um Korrosion völlig auszuschließen.

Werden bei Erst- oder Wiederholungsprüfungen Inhomogenitäten oder Fehlstellen ermittelt, so kann die Entscheidung über Auswechseln, Nachbessern oder Belassen

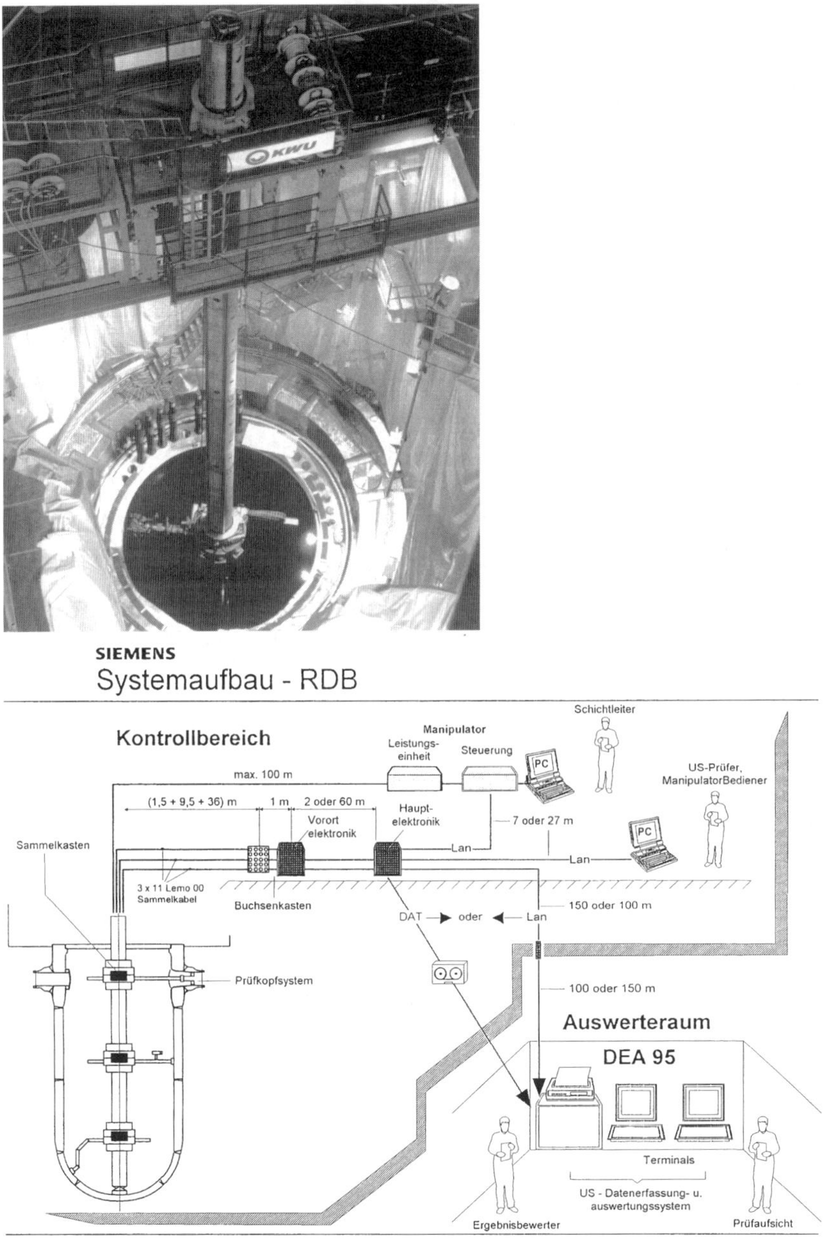

Bild 6-95 Zentralmast-Manipulator in einem Kernkraftwerk: a) Ansicht; b) Funktions- und Organisationsschema [246]

dadurch erleichtert werden, daß nicht nur die Fehlergröße nach den üblichen Vergleichsverfahren gem. Abschn. 3.4.3 ermittelt wird, sondern zusätzlich Aussagen über die Fehlerform vorliegen. Dazu wurden verschiedene Verfahren entwickelt, z.B. Holographie, Tomographie und ALOK, um nur die bekanntesten zu nennen, s. Abschn. 3.4.3.6. Werden dann die Ergebnisse der Wiederholungsprüfungen miteinander verglichen und stellt sich heraus, daß die Prüfergebnisse gleich bleiben, läßt sich schließen, daß die betriebliche Beanspruchung ertragen wird und daß die Entscheidung, die beobachteten Ungänzen zu belassen, auch weiterhin richtig ist.

In bezug auf die prüftechnisch hochinteressanten Einzelheiten muß auf die Spezialliteratur verwiesen werden, z.B. [31, 32, 35, 45, 46, 68, 69, 85–97 sowie 177–192].

6.6 Bindungsprüfung

Verbindungen zwischen zwei oder mehreren Werkstücken oder Werkstoffen sind in der Technik häufig. Einige wurden bereits in vorhergehenden Abschnitten erläutert, weitere sollen hier erwähnt werden.

Die unterschiedliche Schalldurchlässigkeit der Grenzschicht zweier miteinander verbundener Werkstoffe läßt sich zur Ermittlung der Bindungsgüte zwischen diesen beiden Werkstoffen verwenden. Dazu wird das Echo aus der Grenzschicht selbst [193] oder – bei geeigneter Geometrie – das Rückwandecho des zweiten Werkstoffs ausgewertet (Bild 6-96).

Bei Gleitlagern kann bei guter Bindung zwischen Gleitwerkstoff und Stützkörper die entstehende Reibungswärme besser abgeleitet werden als bei schlechter. Aus der Ausbildung der Echos kann auf die Haltbarkeit solcher Lager geschlossen werden [194, 195]. Ähnliche Prüfaufgaben gibt es bei innen mit Bleiauflage versehenen Kesseln, bei Hartlötverbindungen [196] z.B. von mit Hartmetall bestückten Werk-

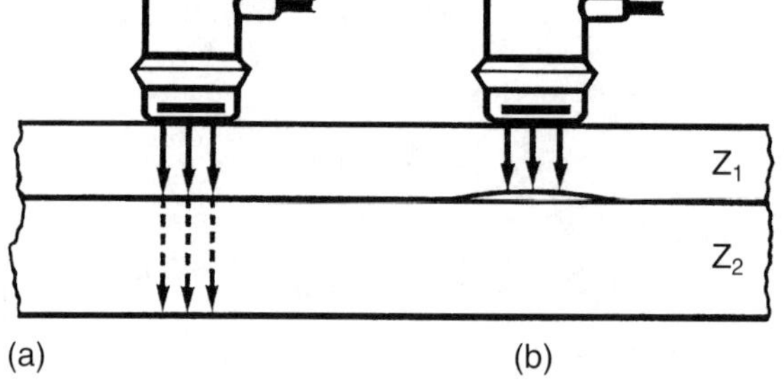

Bild 6-96 Prinzip der Bindungsprüfung, abhängig von den Schallimpedanzen;
a) Gute Bindung: Zwischenecho schwächer, Rückwandecho vorhanden
b) Ohne Bindung: Zwischenecho stärker, Rückwandecho fehlt

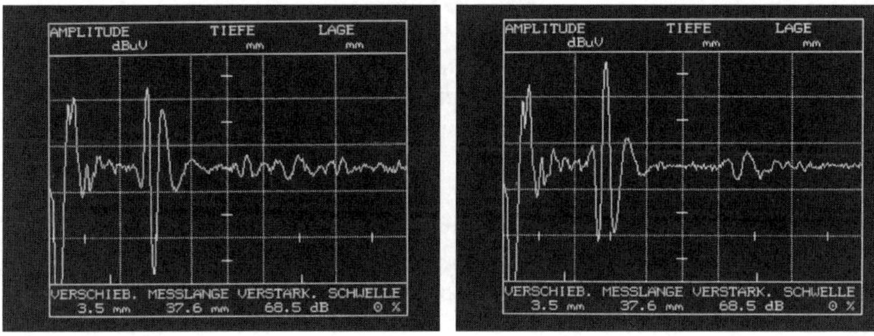

Bild 6-97 Bindungsprüfung über Phasenumkehr; Voraussetzung: $Z_1 < Z_2$ (Bild 6-96)
a) Gute Bindung; b) Ohne Bindung

zeugen, bei Plattierungen, Spritzverbindungen und Kunststoff-Beschichtungen. Auch die Güte der Verbindung aufeinander gepreßter Werkstücke, z.B. Schrumpfsitze zwischen Achse und Nabe von Radsätzen, lassen sich mit Ultraschall prüfen [197].

Wird die Einschallung vom Werkstoff mit der geringeren Schallimpedanz, s. Formel 2-20, her vorgenommen, so läßt sich die Bindungsqualität auch anhand der Phasenlage des Zwischenechos beurteilen (Bild 6-97). Notwendig dazu ist ein Ultraschallgerät mit HF-Darstellung und ein Stoßwellen-Prüfkopf. So werden z.B. in der Papierindustrie gummierte Walzen eingesetzt [198]. Schallt man von außen in die Gummierung ein, so ist die Bindung gut, wenn das reflektierte Signal keine Phasendrehung aufweist. Bei schlechter Bindung zeigt sich eine Phasendrehung um 180°, weil hierbei gegen Luft geschallt wird und der Reflexionsfaktor, s. Formel 2-20, negativ wird. Bei guter Bindung ist der angrenzende Werkstoff in der Regel Stahl oder Eisen mit der höheren Schallimpedanz, es ergibt sich ein positiver Reflexionsfaktor. Diese Prüftechnik bietet sich vor allem bei Werkstoffen mit stark unterschiedlichen Schallimpedanzen an, wie z.B. Gummi oder Kunststoff auf Metallen. Die Amplitude des Zwischenechos ändert sich hierbei meist nur aufgrund von Ankoppelschwankungen. Bei nahezu gleichen Schallwellenwiderständen, beispielsweise bei der Schrumpfsitzprüfung, läßt hingegen die Amplitude des Zwischenechos direkte Rückschlüsse auf die lokale Güte des Schrumpfsitzes zu [197].

6.7 Weitere Anwendungen der Ultraschallprüfung

Außer den bereits beschriebenen Anwendungen des Ultraschall-Verfahrens gibt es viele weitere. Die Auswahl ist schwierig und wurde hier unter der Vorgabe getroffen, nur diejenigen anzuführen, die in der Praxis tatsächlich auch heute noch gebräuchlich sind oder ein Zukunftspotential zu haben scheinen.

6.7.1 Nichtmetallische Werkstoffe

Keramische Werkstoffe sind zumeist feinkörnig und daher mit Ultraschall grundsätzlich, oft sogar mit höheren Frequenzen, prüfbar. Daher können an Isolatoren für elektrotechnische Anwendungen und an Bauteilen für sanitäre Zwecke nicht nur Risse, sondern auch kleine Hohlstellen sicher aufgefunden werden. Gelegentlich müssen besonders kleine oder schmale Sonderprüfköpfe (Bild 6-98), eingesetzt werden, um bei schwieriger Geometrie die zu prüfenden Bereiche zu beschallen.

Beton hat gewöhnlich ein zu grobes Gefüge, um im Reflexionsverfahren geprüft werden zu können. Mit speziellen, leistungsstarken Geräten und niederfrequenten, zumeist magnetostriktiven, Schallwandlern von ca. 40 kHz wird eine Qualitätsaussage durch Messung der Schallgeschwindigkeit, gelegentlich auch der -Schwächung versucht [199]. Ultraschall läßt sich bei feinkörnigen Betonsorten bei etwas höheren Frequenzen zur Lagebestimmung von Bewehrungsstäben in Stahlbeton einsetzen. Auf elektromagnetischer Grundlage arbeitende Geräte lösen diese Aufgabe zumeist jedoch besser und preiswerter.

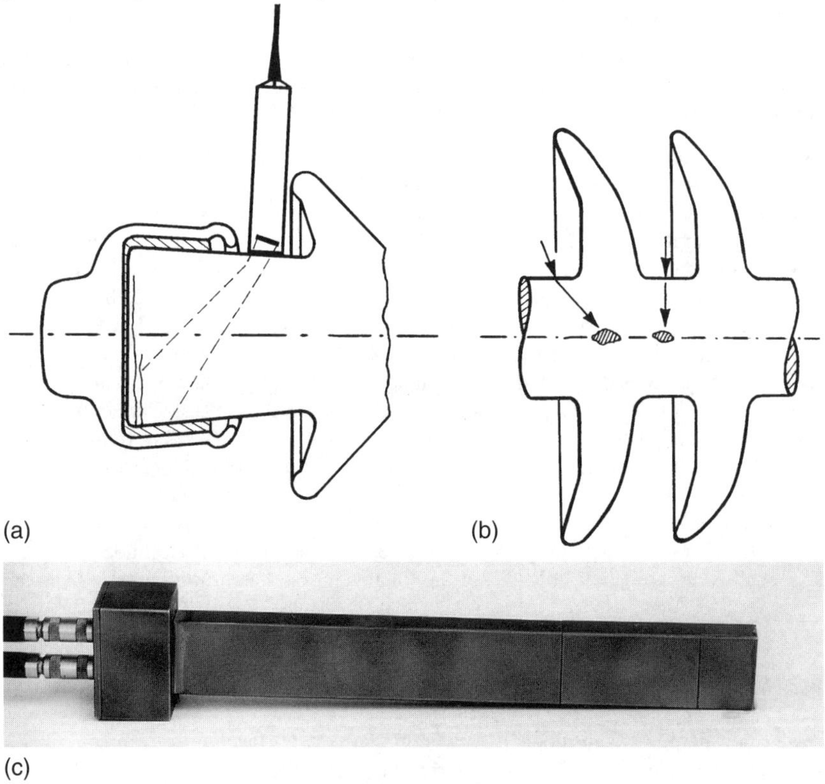

Bild 6-98 Beispiele für die Prüfung von Isolatoren: a) Prüfung auf Kappenrisse; b) Innenfehler; c) Ausführungsform eines SE-Prüfkopfes

Kunststoffe gibt es in solcher Vielfalt, daß einheitliche Aussagen zur Prüfbarkeit nicht möglich sind. Vorversuche mit Musterstücken und künstlichen Reflektoren sind zumeist unerläßlich. Das gilt auch für Schweißverbindungen an Kunststoffrohren, s. Abschn. 3.5. Hinweise auf die Prüfung von Verbundwerkstoffen finden sich in Abschnitt 6.4, zusätzliche Literatur u.a. [200–203].

Über den Einsatz von Ultraschall an *Gummi*reifen ist zwar vielfach berichtet worden [204], praktische Anwendungen sind jedoch selten geblieben.

Transportbänder aus gummiertem Gewebe oder Stahlseilen sind nur solange zu verwenden, wie das Gewebe noch durch eine Gummischicht vor Zerstörung geschützt ist. Diese Schichtdicke läßt sich mit Ultraschall messen (Bild 6-99).

Gepreßte Werkstoffe wie Graphitstäbe für den Einsatz zur Elektrostahl-Erzeugung bzw. Verbundgefüge wie bei Sinterwerkstoffen und Schleifscheiben sind gewöhnlich gut prüfbar [205].

Holz in Form von Spanholzplatten oder Sperrholz läßt sich auf mangelnde Bindung der verschiedenen Schichten sowie auf Hohlstellen prüfen. Schwierigkeiten macht zuweilen die unvermeidliche Koppelflüssigkeit, die in den Prüfling eindringt und seine akustischen Eigenschaften verändert, die zudem auch noch von Art, Faserrichtung und generellem Feuchtigkeitsgehalt [206, 207] abhängig sind.

Die Anwendungen zur Messung von *Speck* und *Fleisch* sollen nur erwähnt aber ebenso wenig beschrieben werden wie medizinisch-diagnostische sowie -therapeutische Anwendungen von Ultraschall an Mensch und Tier.

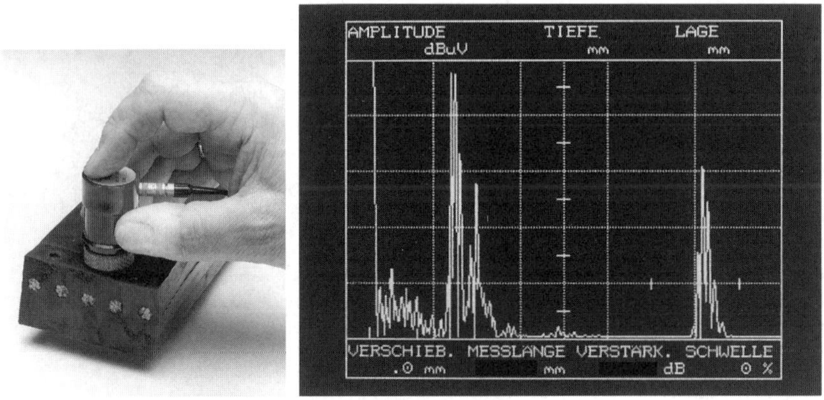

(a) (b)

Bild 6-99 Lagebestimmung von Drahtseilarmierungen in einem Gummi-Transportband (Muster): a) Prüfanordnung; b) Echobild mit Sendeimpuls (ganz links), Echo vom Drahtseil (linke Hälfte) und Rückwandecho (rechts)

6.7.2 Gasflaschen

Gasflaschen werden nicht nur einmal verwendet, sondern über lange Zeiträume mehr oder weniger oft wieder aufgefüllt. Sie müssen zunächst im Neuzustand fehlerfrei sein. Das wird mit einer Prüftechnik ähnlich der bei nahtlosen Rohren, s. Abschn. 6.1.4, nachgewiesen [208]. Hinzu kommt noch eine Riß- oder Dopplungsprüfung im Übergangsbereich am Flaschenhals und am Boden. Eine automatische Prüfanlage ist in Bild 6-100 gezeigt.

Im Laufe der Zeit kann abhängig von der Innenfüllung und dessen Feuchtigkeitsgehalt Korrosion und Abtrag eintreten. Daher sind Wiederholungsprüfungen in regelmäßigen Abständen vorzusehen [209]. Schwierig und daher nur mit empfindlicher Prüftechnik sind die feinen Anrisse bei Korngrenzen-Korrosion auffindbar.

6.7.3 Geschoßhülsen

Geschoßhülsen, auch Kartuschen genannt, gibt es in verschiedensten Größen, von Gewehrmunition bis zur Kanonengranate. Auch sie werden im Neuzustand wie nahtlose Rohre geprüft. Meist erfolgt die Prüfung in Tauchtechnik, da dann die am stärksten verformten Bereiche am besten angeschallt werden können. Viele, vor allem die größeren Kaliber, werden nach Abschuß wiederverwendet. Dann ist vor Neufüllung mit Sprengstoff wiederum eine Ultraschallprüfung, vor allem auf evtl. entstandene Längsrisse notwendig. Das Beispiel einer derartigen Prüfanlage ist in Bild 6-101 gegeben.

Bild 6-100 Gasflaschen-Prüfanlage mit 2 Prüfkopfhalterungen entspr. Bild 6-19

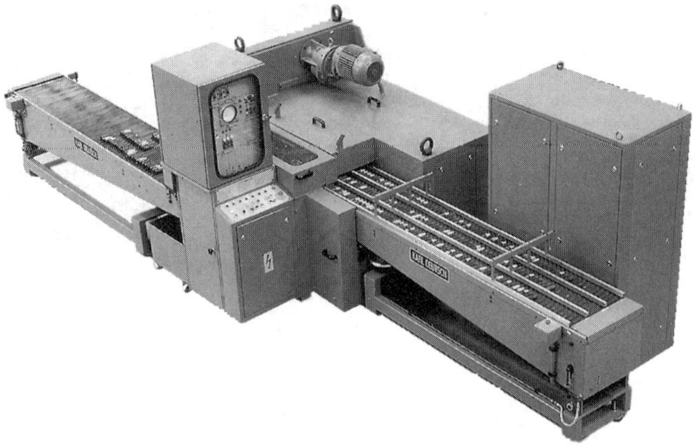

Bild 6-101 Prüfanlage für Geschoßhülsen

6.7.4 Walzen

Arbeitswalzen für den Herstellungsprozeß von Stahlhalbzeug, insbesondere bei Kaltwalzwerken, müssen vor dem Ersteinsatz auf *Innenlunker* und *Schrumpfrisse* quer zur Längsachse geprüft und deren Wachstum beobachtet werden [210]. Das ist oft wegen der groben Gefügestruktur und der langen Laufwege nur mit niedrigen Frequenzen und extrem hohen Schalleistungen möglich. Während im Walzinnern eine möglichst zähe Werkstoffausbildung angestrebt wird, muß die Außenoberfläche sehr hart sein. Das läßt sich bei richtiger Werkstoffwahl durch gezielte Abkühlungsbedingungen auch bei gleicher Stahlqualität erreichen. Die Dicke der feinkörnigen harten Außenschicht läßt sich mit Ultraschall messen. Bei sog. Verbundwalzen werden zwei unterschiedliche Stähle für Innenkörper und Außenmantel verwendet. Die Bindung aufeinander ist mit Ultraschall kontrollierbar, die z.B. nach einer Nacharbeit verbliebene Außendicke meist ohne Schwierigkeiten zu vermessen.

Bezüglich der Bindungsprüfung an gummibeschichteten Walzen wird auf Abschn. 6.6 verwiesen.

6.7.5 Pipelines

Eine sehr wichtige Prüfaufgabe – man denke an Unglücksmeldungen über geborstene Öl- oder Gas-Pipelines – ist die Betriebsüberwachung solcher *Pipelines* mit Ultraschall. Dazu werden heutzutage sogenannte Pipeline-Molche eingesetzt [211] (Bild 6-102). Das sind völlig autarke Ultraschallprüfeinrichtungen mit eigener Stromversorgung, Massendatenspeicher, Ortungssystemen und bis zu 512 Prüfkanälen. Solche Pipeline-Molche werden in eine Pipeline eingesetzt, schwimmen im Ölstrom mit und können so bis zu 100 km Länge prüfen. Kern dieser Anordnung sind die Prüfköpfe, die so angeordnet sind, daß der gesamte Rohrumfang

Bild 6-102 Rohrmolch in einer Pipeline, Schema [211, 243]

lückenlos belegt ist. Gemessen wird die Restwandstärke (Bild 6-103). Man mißt den Abstand a_v des Prüfkopf es zur Innenoberfläche sowie die Wandstärke d und registriert diese Werte in Abhängigkeit von der zurückgelegten Wegstrecke in der Pipeline. Auf diese Weise kann auch unterschieden werden, ob es sich um Innen- oder Außenkorrosion handelt: Bei Innenkorrosion ändern sich die Werte von a_v und d gleichzeitig, bei Außenkorrosion ändert sich nur die Wanddicke d. Bei der

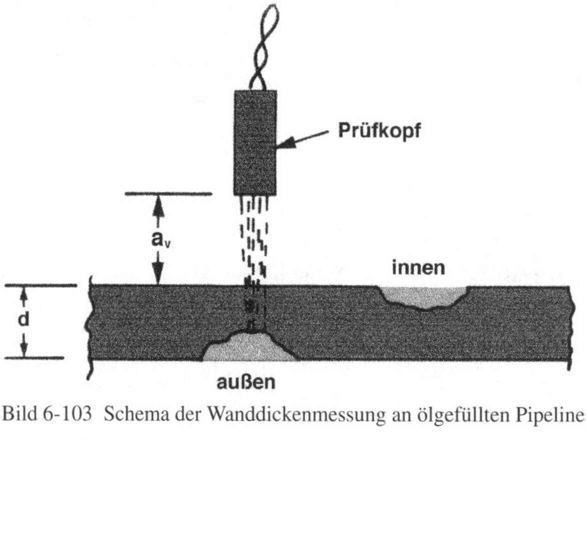

Bild 6-103 Schema der Wanddickenmessung an ölgefüllten Pipelines von innen [211]

Auswertung sind die vorliegenden Korrosionsschäden bis auf einige cm genau längs der Pipeline zu lokalisieren. Genau dort können dann Reparaturen vorgenommen werden, durch Auftragsschweißen oder auch Auswechseln von Rohrabschnitten. Da Rohöl – zumindest nahe der Quelle – bis zu 120 °C heiß sein kann, ein Pipeline-Molch aber auch bei arktischen Temperaturbedingungen in eine Pipeline eingesetzt werden muß, benötigt man hier temperaturfeste Prüfköpfe, die auch einem Temperaturschock von weniger als minus 30 °C Außentemperatur auf 120 °C Öltemperatur und umgekehrt standhalten.

Neuerdings werden solche Molche auch für die Rißprüfung mit Ultraschall ausgelegt. Dies war zuvor nur mit Sensoren möglich, die nach dem Prinzip des magnetischen Streuflusses arbeiten. Ultraschall liefert aber qualitativ bessere Ergebnisse. Dazu werden Ultraschall-Prüfköpfe verwendet, die bei einer festen Prüffrequenz zur Detektion von Längsrissen unter einem vorgegebenen Winkel in Umfangsrichtung des Rohres einschallen.

6.7.6 Forschungsbohrungen

Bei geophysikalischen Untersuchungen bis zu 2000 Metern Tiefe wird neben anderen Meßverfahren wie Radioaktivitätsmessungen das sogenannte Streichen und Einfällen, d.h. die Schräglage von Gesteinsschichten mit Ultraschall gemessen [212, 213]. Die eigentliche Messung erfolgt dann, wenn der Bohrer im wassergefüllten Bohrloch wieder nach oben gezogen wird. Bilder 6-104 und 6-105 zeigen das Prinzip: 12 Sensoren sind längs des Umfangs einer Sensoreinheit verteilt und messen das Reflexionsverhalten der Bohrlochwand. Während der Messung registriert man die Echoamplituden der Bohrwand von allen 12 Prüfköpfen als Funktion der Tiefenlage. Übergänge zu anderen Gesteinsschichten haben ein veränder-

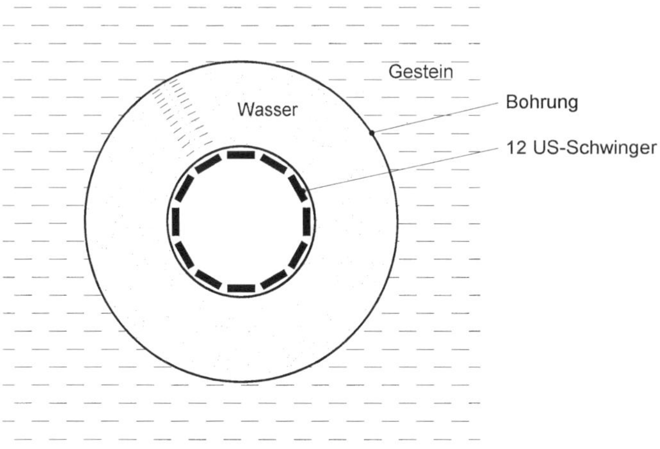

Bild 6-104 Ultraschallmessung in Bohrlöchern

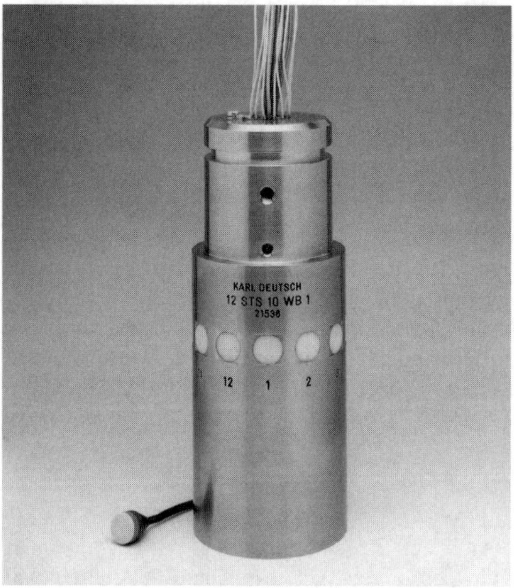

Bild 6-105 Sensoreinheit für Bohrlochuntersuchungen; einer der 12 Prüfköpfe wurde zur Veranschaulichung ausgebaut

tes Reflexionsverhalten zur Folge. Sie machen sich daher durch Änderung der Echoamplitude bemerkbar. Betrachtet man die Echohöhen von allen 12 Sensoren in Abhängigkeit von der jeweiligen Tiefenlage der Bohrung, so können auch schräg verlaufende Gesteinsschichten erkannt werden. Aus den Daten mehrerer Bohrlöcher können so ganze Gebiete kartographisch erschlossen werden. Natürlich werden auch die Ultraschall-Laufzeiten aller zwölf Sensoren ausgewertet, um die Geometrie – das Kaliber – des Bohrloches zu ermitteln. Diese Daten sind auch zur Einstellung der Parameter des Bohrvorgangs wichtig.

Da in solchen Bohrlöchern hohe Temperaturen und Drücke bis 200 Bar auftreten, müssen die Prüfköpfe dafür ausgelegt und die Elektronik entsprechend geschützt sein.

6.7.7 Prozeßsteuerung mit Ultraschall bei der Extrusion von Kunststoff-Rohren

Schallaufzeiten werden auch bei der Extrusion von Kunststoffrohren ausgewertet [214] (Bild 6-106). Und zwar ermittelt man hier mit feststehenden oder um das Rohr kreisenden Prüfköpfen die Laufzeiten der an der Oberfläche und Rückwand des Rohres reflektierten Echos tw1 und t1. Daraus werden die lokalen Wanddicken, Durchmesser und Exzentrizität des extrudierten Rohres ermittelt. Notwendig ist hier, über eine Referenzstrecke gleichzeitig die Schallgeschwindigkeit des Wassers zu messen, die ja temperaturabhängig ist.

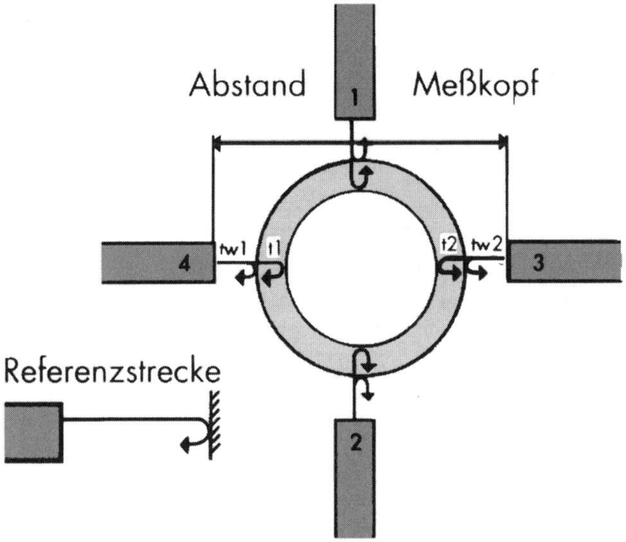

Bild 6-106 Geometrieprüfung mit Ultraschall an Kunststoffrohren [214]

In der Praxis wird das noch heiße Kunststoffrohr in der Extrusionslinie durch eine mit Wasser gefüllte Kammer hindurchgeführt, in der z.B. 8 Prüfköpfe angeordnet sind. Die Wanddickenwerte der einzelnen Meßstellen werden unmittelbar einem Regelkreis zugeführt, der Temperatur, Materialzufuhr und Extrusionsgeschwindigkeit passend einstellt. Eine solche Prozeßsteuerung mit gleichzeitiger Qualitätskontrolle ist bei der Herstellung von hochwertigen Kunststoffprodukten, z.B. Kfz- oder Medizinschläuchen, aber auch bei Heizungsrohren und Kabelumhüllungen heute Stand der Technik.

6.7.8 Spaltmessung an Wasserkraftmaschinen

Der Abstand zwischen der inneren Gehäusewand von Wasserkraftmaschinen (*Kaplan-* und *Francisturbinen* sowie -pumpen) und den darin umlaufenden Turbinenschaufeln ist zur Erhöhung des Wirkungsgrades so klein wie möglich zu halten. Andererseits ist ein gewisser Mindestabstand unerläßlich, um bei dem Wirken hydrodynamischer Kräfte ein zu Störungen führendes Berühren von Schaufeln an der Innenwand zu verhindern. Im Betrieb tritt durch Kavitation ein Materialabtrag im Bereich des Laufradspalts auf, der den Wirkungsgrad herabsetzt und daher zur Nacharbeit mittels aufgespritzter Verschleißschutzschichten zwingt. Eine Messung des Wasserspaltes im laufenden Betrieb ist daher wünschenswert. Das ist möglich mit einem speziellen, für hohe Impulsfolgefrequenzen (IFF) ausgelegten Ultraschall-Prüfgerät mit entsprechendem Laufzeitmonitor (Bild 5-1). Ein Stoßwel-

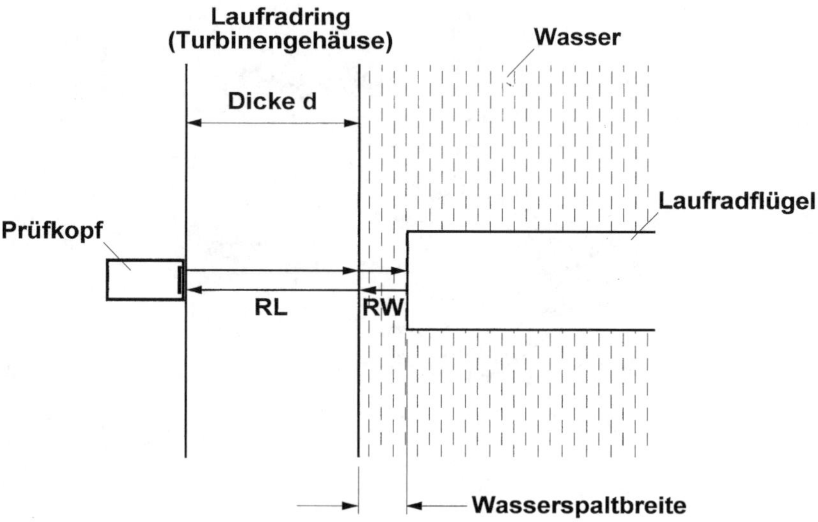

Bild 6-107 Prinzip der Spaltmessung an Wasserkraftmaschinen

lenprüfkopf wird außen auf das Turbinengehäuse aufgesetzt. Der Schallimpuls wird zum größeren Teil von der Innenwand reflektiert, ein kleinerer Teil gelangt über das Wasser zur Turbinenschaufel und wird an deren Kopf reflektiert (Bild 6-107). Unter Berücksichtigung der unterschiedlichen Amplituden und Schallgeschwindigkeiten läßt sich der Wasserspalt mit einer Genauigkeit von besser als 0,01 mm messen. Das ist bei Turbinen im laufenden Betrieb allerdings nur möglich, wenn die Impulsfolgefrequenz so hoch gewählt wird, daß die sich schnell drehende Flügeloberfläche bei jeder Umdrehung mindestens einmal getroffen wird. Bei üblichen Drehzahlen von 600 U/min. sind IFF bis 6 kHz erforderlich. Sind unterschiedliche Spalten über den Drehumfang zu erwarten, so müssen mehrere Prüfköpfe angebracht werden [215–217].

7 Ultraschall-Meßtechnik

Unter dieser Überschrift lassen sich diejenigen Ultraschall-Anwendungen zusammenfassen, die nicht zum Auffinden von Inhomogenitäten bzw. Fehlstellen dienen. Das sind nicht nur solche, bei denen exakte und objektive Zahlenwerte erhalten werden können, sondern auch die, bei denen Kennwerte oder Eigenschaften nur in Relation zu Testkörpern oder zuvor mechanisch zu prüfenden Proben aus gleichem Werkstoff ermittelt werden. Literatur: [218].

Genau genommen gehören die in den Abschnitten 6.7.5 bis 6.7.8 beschriebenen Anwendungsfälle ebenfalls zu den Meßverfahren. Da bei ihnen aber auch prüftechnische Aspekte zu berücksichtigen sind, ist deren Einordnung in Kapitel 6 gerechtfertigt.

7.1 Füllstandsmessung

In vielen Bereichen der Technik ist es notwendig, das Einhalten eines vorgegebenen Flüssigkeitspegels in Behältern oder Ausgleichsgefäßen zu kontrollieren bzw. zu regeln. Das ist in verschiedener Weise möglich. Wird z.B. aus Position 1 in Bild 7-1 in die Flüssigkeit von unten eingeschallt, so läßt sich aus der Laufzeit des Ultraschall-Impulses bis zum oberen Pegelstand und zurück bei bekannter Schallgeschwindigkeit des flüssigen Mediums die Füllhöhe bestimmen. Wird diese Höhe unterschritten, so kann mit Hilfe eines Monitors die gewünschte Zufüllung automatisch ausgelöst werden. Die Messung aus Position 2 erfolgt nach dem gleichen Prinzip. Hier dient das Echo von der gegenüberliegenden Innenwandung als Referenz; es verschwindet, wenn sich der Prüfkopf in Position 3 oberhalb des Flüssigkeitsspiegels befindet. Ferner erscheint eine Rückwandechofolge aus der Behälterwandung stärker bedämpft, wenn sich dahinter Flüssigkeit (Pos. 2) befindet anstatt des gasförmigen Mediums (Pos. 3). Diese Kontrollanordnung ist prinzipiell auch in Durchschallung möglich, wobei sich die zusätzlichen Prüfköpfe dann diametral gegenüber befinden müssen (Pos. 2 und 3).

Die Messung aus Position 4 erfolgt durch Luft oder Gas. Auch hierfür gibt es Abstandssensoren, wie sie z.B. von Architekten zum Vermessen von Räumen verwendet werden. Sie arbeiten im Frequenzbereich von 20–100 kHz und dürfen im Gegensatz zur Messung durch die Flüssigkeit nicht von außen an die Behälterwandung angekoppelt werden, sondern müssen den Schall direkt in das gasförmige Medium abstrahlen. Der Grund dafür liegt in der praktisch vorhandenen Totalreflexion an der Rückseite der Behälterwandung, s. Abschnitt 2.3.3. Erschwerend

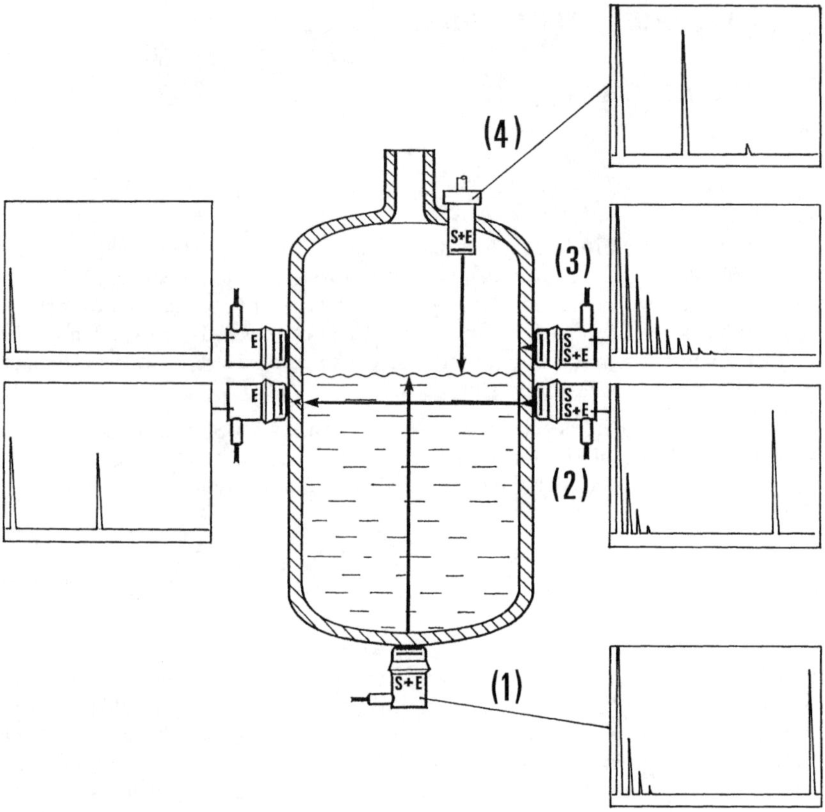

Bild 7-1 Schema der Möglichkeiten für Füllstandsmessungen

kommt hier die starke Druck-, Feuchtigkeits- und Temperaturabhängigkeit der Schallgeschwindigkeit hinzu.

Welche dieser Methoden den deutlichsten Meßeffekt ergibt, hängt u.a. von den akustischen Eigenschaften von Flüssigkeit und Metall (Akustische Impedanz und Schallschwächung), den Abmessungen des Flüssigkeitsbehälters (Durchmesser, Füllhöhe und Wandstärke) sowie den Prüfkopfdaten (Frequenz und Schwingergröße) ab.

7.2 Schallgeschwindigkeits- und Dickenmessung

Wenn beide Seiten eines Meßobjektes zugänglich sind, läßt sich seine Dicke oder Wanddicke mechanisch messen. Das ist an Rohrenden oder Blechkanten immer der Fall, an einer Pipeline oder einem Kessel jedoch nicht ohne weiteres. Dort wo mechanisch gemessen werden kann, läßt sich aus der Laufzeit des Ultraschall-Impulses die Schallgeschwindigkeit ermitteln. Dabei erhöht sich die Genauigkeit mit längerer Laufzeit. Bei bekannter Schallgeschwindigkeit kann dann die Wanddicke auch dort gemessen werden, wo der Prüfgegenstand nur von einer Seite zugänglich ist.

Beim Aufsetzen eines Senkrecht-Prüfkopfs auf das Meßobjekt ergibt sich hinter dem Sendeimpuls die Kette der Rückwandechos. Eine Wanddickenmessung kann zwischen Sendeimpuls und erstem Rückwandecho erfolgen (Bild 7-2 a). Dabei gehen jedoch sowohl die Dicke der Ankoppelschicht als auch Prüfkopfeigenschaften wie Anschwingverhalten und Schutzschichtdicke ein, die sich jedoch prüfkopfabhängig herausjustieren lassen. Bei Prüfkopfwechsel ist deshalb ein Neuabgleich erforderlich. Je geringer die Wanddicke, umso mehr ist für hochpräzise Meßwerte eine Messung zwischen zwei aufeinanderfolgenden Rückwandechos anzuraten, da sie unabhängig von den eingangs erwähnten Einflüssen ist. Da bei sehr dünnen Meßobjekten die Vielfachechos dem Sendeimpuls immer näher rücken, ist die Verwendung von Vorsatzstücken (delay-line) zwischen Normalprüfkopf und Aufsetzfläche anzuraten (Bild 7-2 b–d). Die Rückwandechofolge erscheint dann hinter dem ersten Echo des Vorsatzstücks, dem Eintrittsecho in das Werkstück. Die Dicke des Vorsatzstücks ist so zu wählen, daß das zweite Echo daraus deutlich hinter der auszuwertenden Echofolge liegt. Ein Vorteil der Prüfköpfe mit Vorlaufstrecke liegt auch darin, daß diese leicht gekrümmten Oberflächen angepaßt werden können. Die Wanddickenmessung ist problemlos möglich bei Prüfobjekten mit parallelen bzw. konzentrischen Innen- und Außenoberflächen. Bei Korrosion an der Innenwand, besonders wenn diese nicht gleichmäßig, sondern wie beim sog. Lochfraß nur in kleinen Teilbereichen erfolgt ist, wird an der kleinsten noch vorhandenen Wanddicke nur ein Bruchteil der gesamten Ultraschallwelle zum Prüfkopf zurückgeworfen. SE-Prüfköpfe sind wegen ihrer Fokussierung besser geeignet als Normal-Prüfköpfe mit oder ohne Vorsatzstücke (Bild 7-2 e). Sie sind dann besonders wirksam, wenn ihre höchste Empfindlichkeit, s. Abschn. 3.1.1, im Bereich der zu messenden Wanddicke liegt. Bei der Justierung ist in jedem Fall der „Umweg-Fehler" zu berücksichtigen, s. Bild 3-54 in Abschn. 3.4.2.1.

Die Meßwerte t_v und t_w bzw. die gesuchten Wanddicken lassen sich von den entsprechend justierten Schirmbildern leicht ablesen (Bild 7-2). Die in Abschn. 3.2 beschriebenen Geräte zur Wanddickenmessung ersparen die Ablese- und Justierarbeit und zeigen die Dickenwerte, bei Geräten für SE-Prüfköpfe unter Berücksichtigung des Umwegfehlers, digital an. In der Regel sind sie umschaltbar von Wanddicken- auf Schallgeschwindigkeitsmessung.

Die Wanddickenmessung ist in großem Maße industriell eingeführt. Eine umfassende Zusammenstellung ist in [219] gegeben.

Ein recht neues Verfahren ist die Dickenmessung von dünnen Lackschichten im Bereich von 8–100 µm Dicke, die auf Holz, Glas, Beton, Kunststoff oder Glas aufgebracht sind. Diese kann man mit herkömmlichen Methoden nicht mehr auflösen, da die aus der Schicht reflektierten Schallanteile nicht mehr als einzelne Echos hervortreten, sondern ineinander verlaufen und ein Wellengebirge darstellen, das weder mit dem Auge noch mit herkömmlichen elektronischen Schaltungen auswertbar ist. Statt dessen wendet man eine Methode an, die in der Signalverarbei-

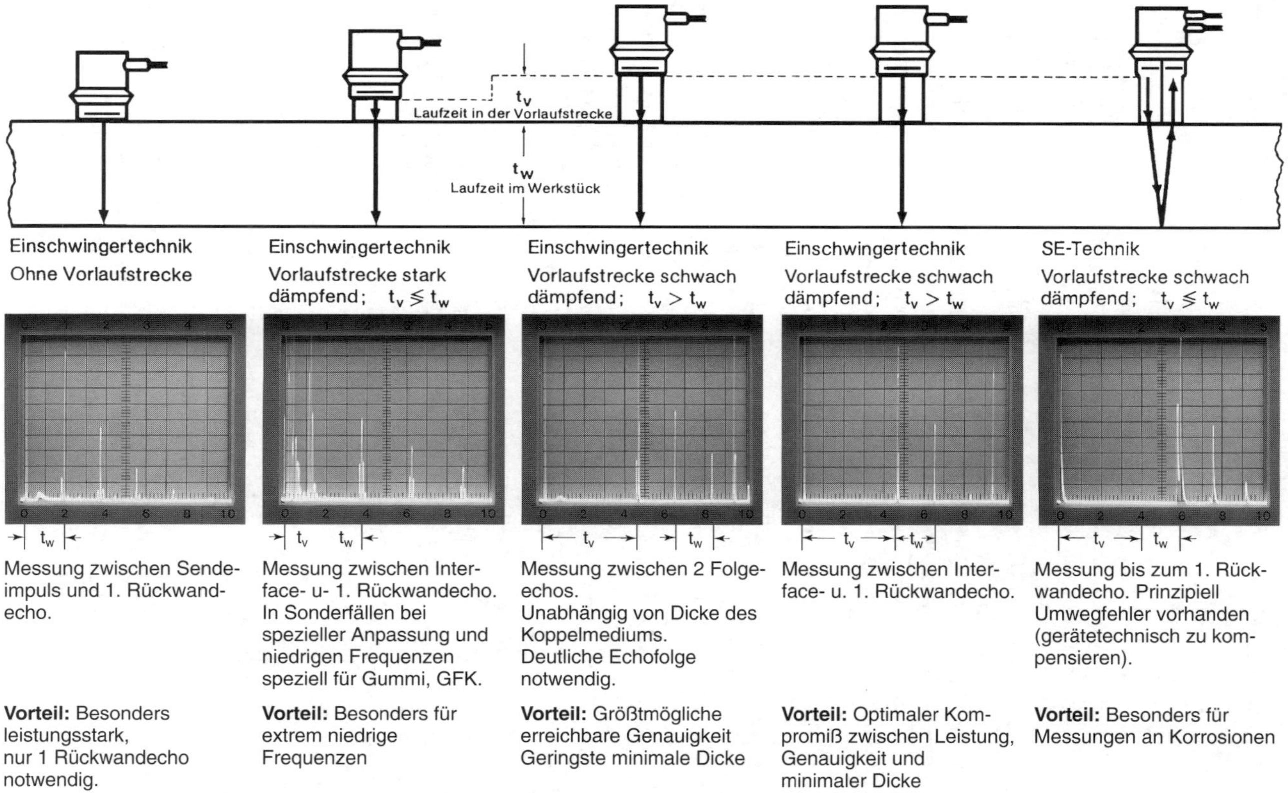

Bild 7-2 Prinzipielle Möglichkeiten für die Schallgeschwindigkeits- oder Dickenmessung

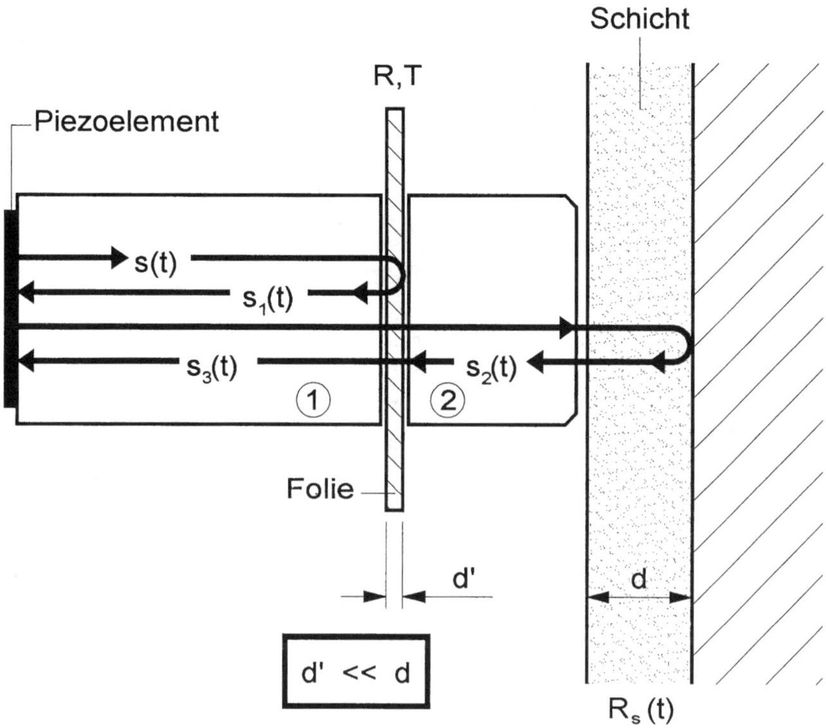

Bild 7-3 Prinzip der Messung dünner Schichten mit Ultraschall

tungstechnik als *Entfaltung* bekannt ist. Dazu wird ein Delay-Line-Prüfkopf verwendet, der in der Vorlaufstrecke eine Folie enthält, die noch wesentlich dünner als die zu messende Schichtdicke ist (Bild 7-3). Mit Hilfe erst in jüngerer Zeit zur Marktreife entwickelter digitaler Signalprozessoren läßt sich in relativ kurzer Verarbeitungszeit aus dem Vergleich der Echofolgen aus der Schicht und der Folie die gesuchte Schichtdicke ermitteln.

7.3 Ermittlung von Werkstoffeigenschaften

Elastizitätsmodul E, Schubmodul G sowie die Querkontraktionszahl (Poisson-Konstante) μ eines Werkstoffs lassen sich aus den Geschwindigkeiten in km/s von Longitudinal- und Transversalwelle nach folgenden Gleichungen errechnen:

$$E\left[\frac{N}{mm^2}\right] = 4000 \cdot \rho \cdot c_T{}^2 \cdot \left(\frac{0{,}75 \cdot \left(\frac{c_T}{c_L}\right)^2}{1 - \left(\frac{c_T}{c_L}\right)^2}\right) \qquad \text{mit } \rho \text{ in } \frac{g}{cm^3} \quad \text{mit } c \text{ in } \frac{km}{s} \qquad (7\text{-}1)$$

$$G\left[\frac{N}{mm^2}\right] = 1000 \cdot \rho \cdot c_T{}^2 \qquad \text{mit } \rho \text{ in } \frac{g}{cm^3} \quad \text{mit } c_T \text{ in } \frac{km}{s} \tag{7-2}$$

$$\mu = \frac{0{,}5 - \left(\frac{c_T}{c_L}\right)^2}{1 - \left(\frac{c_T}{c_L}\right)^2} \tag{7-3}$$

Die Dichte ρ ist darin in g/cm^3 einzusetzen.

Die Messung der Longitudinalwellen-Geschwindigkeit ist mittels Senkrecht-Prüfkopf einfach. Die Handhabung senkrecht einschallender Transversalwellen-Prüfköpfe ist hingegen schwierig. Da Transwellen sich nicht in Flüssigkeiten ausbreiten, s. Abschn. 2.2, ist die Ankopplung nur mit relativ hohem Druck auf ebener Oberfläche und mit sehr zähen Koppelmitteln möglich. Bei geeigneter Gestalt des Probekörpers lassen sich meist Winkelprüfköpfe problemloser zur Messung der Transwellengeschwindigkeit verwenden, oder die in Abschnitt 3.3 beschriebenen Neben- und Zusatzechos. Beim axialen Einschallen in eine Rundstange mit Durchmesser D ergibt sich der Abstand a_x des ersten Nebenechos hinter dem Rückwandecho der Longwelle (Bild 3-51), nach der Formel:

$$a_x = D \cdot \sqrt{\frac{c_L{}^2}{c_T{}^2} - 1} \tag{7-4}$$

c_L: Longitudinal-, c_T: Transversalwellengeschwindigkeit.

Bei rechteckigem Querschnitt (d · b) entsteht eine zusätzliche Echofolge, die sich ergibt, wenn in der obigen Beziehung b bzw. d anstelle von D eingesetzt wird. Umgekehrt läßt sich diese Erscheinung auch dazu verwenden, die Transversalwellengeschwindigkeit zu bestimmen, ohne daß ein (wegen der Ankopplung schwierig zu handhabender) Prüfkopf mit Scherschwinger (Transversalwellen- oder Y-Schnitt-Prüfkopf) zur Verfügung steht. Die Transwellen-Geschwindigkeit berechnet sich zu:

$$c_T = \frac{c_L}{\sqrt{\frac{a_x{}^2}{D^2} + 1}} \tag{7-5}$$

Die so ermittelten elastischen Konstanten entsprechen u.U. nicht den bei mechanischer Beanspruchung in Zug- oder Druckprüfmaschinen gemessenen. Das liegt an dem unvermeidlichen Anteil plastischer Verformung beim Aufbringen höherer Zug- bzw. Druck-Beanspruchung.

Die bei radialer Einschallung in Rundmaterial entstehenden Zusatzechos (Bild 3-52) erscheinen ebenfalls hinter dem ersten Rückwandecho. Die Dreiecksreflexion ohne Wellenumwandlung erscheint bei

$$a_{y1} = 1{,}3 \cdot D \tag{7-6}$$

wobei D wiederum der Durchmesser des Prüfgegenstandes ist.

Das Echo von der Dreiecksreflexion mit Wellenumwandlung erscheint später, zunächst gilt:

$$\alpha_T = 90° - 2\alpha_L \tag{7-7}$$

(Winkelsumme im Dreieck), wobei sich dann die beiden Winkel α_L und α_T aus dem Brechungsgesetz, s. Formel (2-22), ergeben. Hieraus läßt sich z.B.

$$\sin \alpha_L = 0{,}25\left(\sqrt{8 + \frac{c_T^2}{c_L^2}} - \frac{c_T}{c_L}\right) \tag{7-8}$$

und damit α_L bestimmen, woraus sich nach

$$a_Z = D\left(\cos \alpha_L + 0{,}5\frac{c_L}{c_T} \cdot \sin 2\alpha_L\right) \tag{7-9}$$

der Abstand a_z dieses Zusatzechos vom Nullpunkt ermitteln läßt.

Eine ebenfalls entstehende Quadratreflexion ohne Wellenumwandlung (Bild 7-4) ist vergleichsweise schwach ausgebildet, da sie einen weiter außen liegenden Teil des Schallbündels betrifft und einen noch längeren Schallweg zurückzulegen hat. Das Echo erscheint bei

$$a_{y2} = 1{,}414 \cdot D \tag{7-10}$$

Infolge Fokussierung an der konkaven Rückwand des Rundmaterials entsteht auch eine Stelle mit erhöhter Prüfempfindlichkeit (Bild 7-5). Ihre Entfernung ist:

$$a_F = 1{,}33 \cdot D \tag{7-11}$$

Bei manchen Werkstoffen lassen sich bestimmte Eigenschaften auch allein aus der Kenntnis der Longwellen-Geschwindigkeit ermitteln. Das gilt z.B. für die Festig-

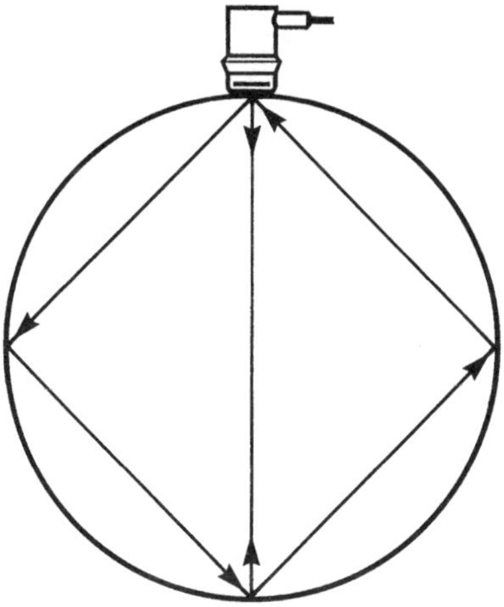

Bild 7-4 Vierfach-Reflexion bei radialer Einschallung in eine Rundstange

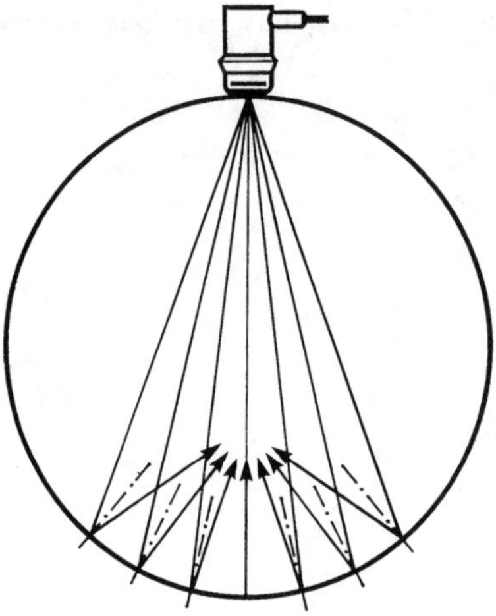

Bild 7-5 Ort erhöhter Prüfempfindlichkeit (Hinter dem 1. Rückwandecho) in Rundmaterial

keit von *Grau-* und *Kugelgraphit-Guß* (Bild 7-6). Allerdings ist dieser Zusammenhang von der Erschmelzungsart und der Zusammensetzung des Werkstoffs abhängig. Bei jeder neuen Gußcharge ist eine erneute Justierung mit Teststücken mechanisch ermittelter Festigkeit notwendig. Der Einfluß unterschiedlicher Dicke bei gleichem Werkstoff läßt sich hingegen in einer Zweikopf-Anordnung in Tauchtechnik nach Bild 7-7 kompensieren. Bei festem Prüfkopfabstand kann die Schallgeschwindigkeit aus den automatisch ermittelten Schallaufzeiten t_1 bis t_4 unabhängig von den Maßtoleranzen bestimmt werden [220].

Über sinngemäß ähnliche Messungen an Grauguß, Messing und Kunststoffen gibt es u.a. folgende Literatur [29, 221].

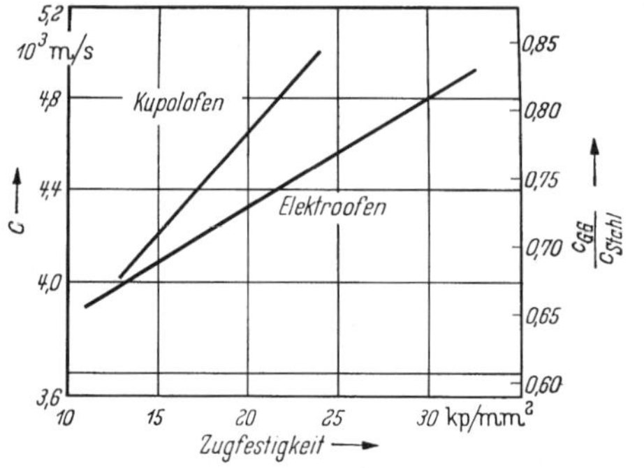

Bild 7-6 Schallgeschwindigkeit und Zugfestigkeit bei Gußeisen [15]

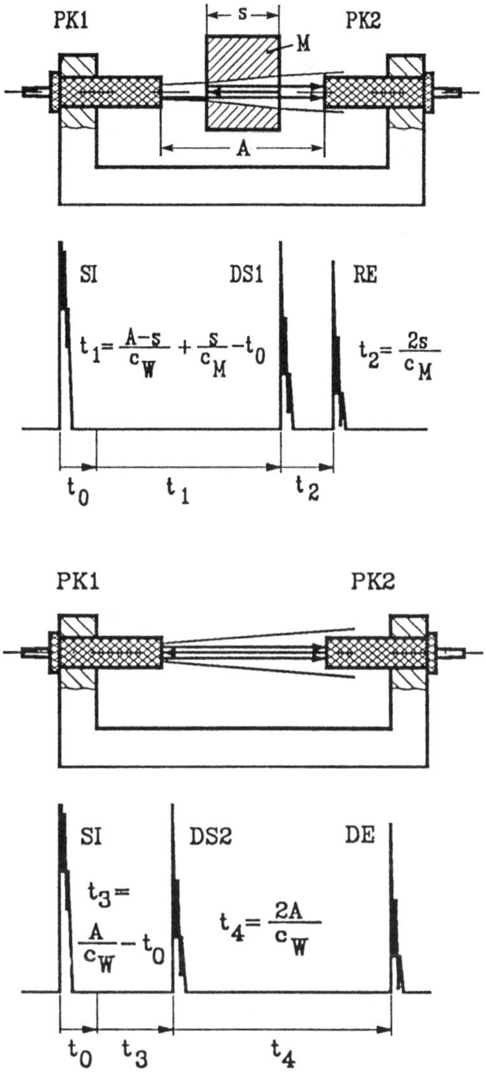

t_0 : Zeitverzögerung zw. SI und Schallaustritt aus PK1
t_1–t_4 : Schallaufzeiten
DS1, DS2, DE : Durchschallungssignale
c_W : Schallgeschwindigkeit in Wasser
c_M : Schallgeschwindigkeit im zu messenden Material

Bild 7-7 Schallgeschwindigkeitsbestimmung in Gußeisen unabhängig von der Dicke [220]

Auch die Schallschwächung kann ein Maß für Werkstoffeigenschaften sein; meist nimmt sie mit sinkender Schallgeschwindigkeit zu. Unterschiede werden deutlich im Abklingen von Rückwandecho-Folgen (Bild 3-48). Der Schallschwächungskoeffizient selbst kann in Kontakttechnik bei Prüfköpfen mit weicher Schutzschicht mit hinreichender Genauigkeit aus den Amplituden aufeinander folgender Rückwandechos ermittelt werden. Genauere Ergebnisse werden erzielt, wenn man die ersten Rückwandechos aus unterschiedlichen Entfernungen miteinander vergleicht. Die dB-Unterschiede zwischen den tatsächlichen Rückwandechohöhen und denen gemäß AVG-Diagramm für den betreffenden Werkstoff sind dann auf Schwächungsverluste zurückzuführen [55], s. auch Abschn. 3.4.3.2, Beispiele 1 und 2.

Auch die Konzentration von Flüssigkeitsgemischen oder der Gehalt an gelösten Substanzen wie Salz, Zucker etc. läßt sich mit Ultraschall bestimmen [222, 223]. Bild 7-8 zeigt als Beispiel die Abhängigkeit der Schallgeschwindigkeit in einem Methanol-Wasser-Gemisch in Abhängigkeit von der Methanol-Konzentration [224]. Die Werte am linken und rechten Rand des Diagramms entsprechen dabei den bekannten Werten für Wasser und Methanol bei 25 °C. Allerdings ist bei solchen Messungen die Temperatur unbedingt konstant zu halten, da sich in Flüssigkeiten die Schallgeschwindigkeit mit der Temperatur sehr rasch ändert.

In ähnlicher Weise zeigt Bild 7-9 die Einflüsse von Salzgehalt und Temperatur bei Seewasser [108].

Für einfache Aufgaben in der chemischen Verfahrenstechnik oder der Qualitätssicherung, z.B. Kontrolle des Korrosionsschutzmittelgehaltes in Kühlschmierstoffen,

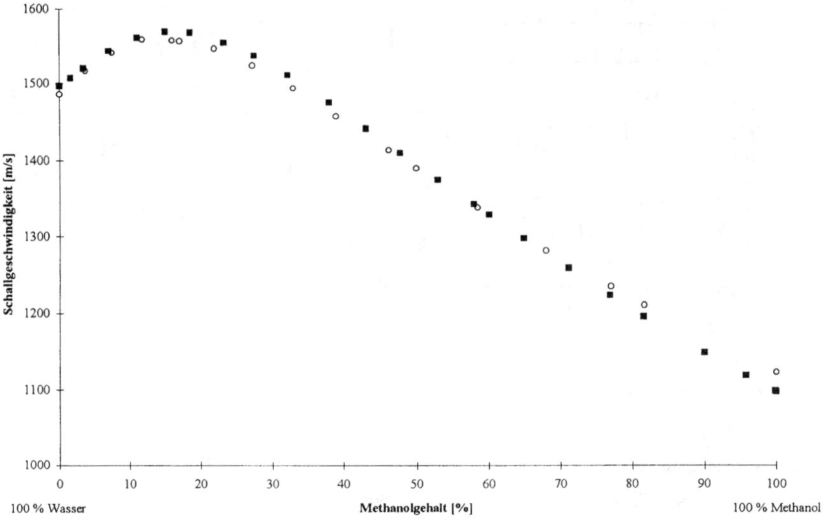

Bild 7-8 Abhängigkeit der Schallgeschwindigkeit eines Methanol-/Wassergemisches von der Konzentration; i= [37], J = [224]

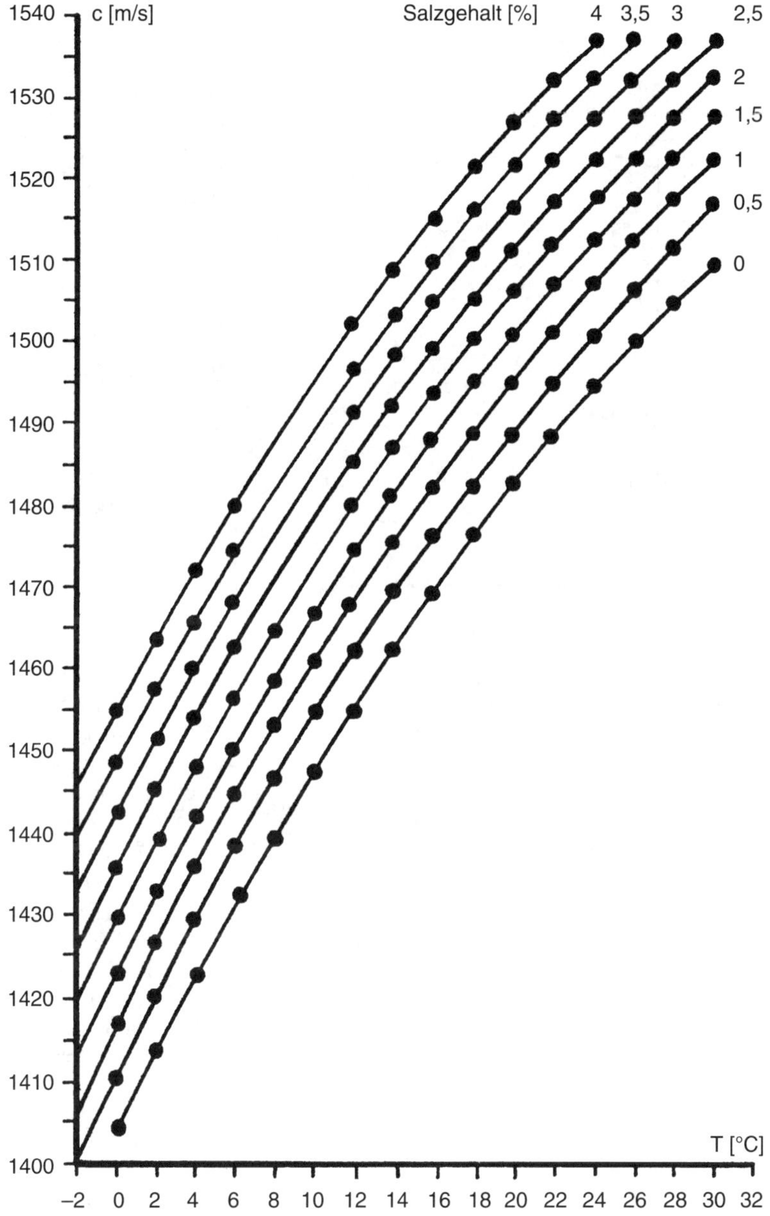

Bild 7-9 Schallgeschwindigkeit in Salzwasser in Abhängigkeit von Temperatur und Salzgehalt [108]

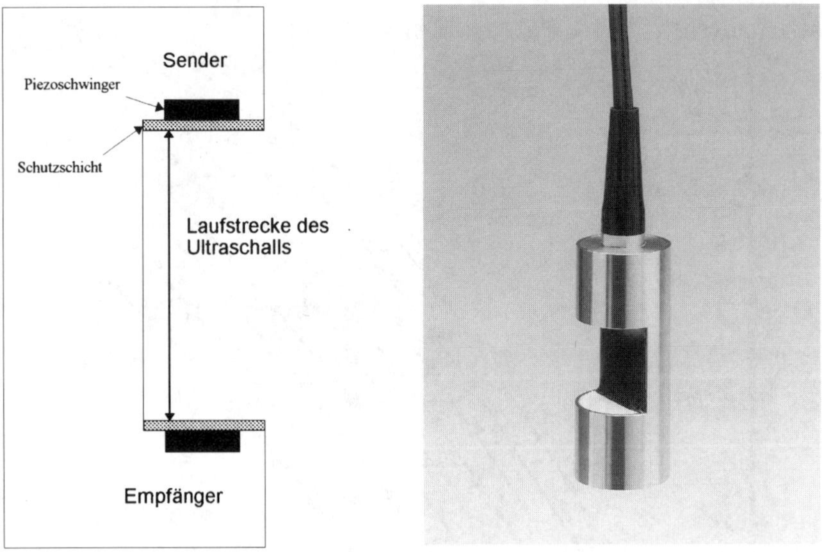

(a) (b)

Bild 7-10 Prinzip (a) und Aufbau (b) des Prüfkopfes zur Schallgeschwindigkeitsbestimmung in Flüssigkeiten

sind neuerdings auch einfache Meßgeräte [225] erhältlich, die ähnlich wie die Wanddickenmeßgeräte in Abschnitt 3.2 arbeiten und die Schallaufzeit in Flüssigkeiten ermitteln. Dabei werden spezielle Sensoren eingesetzt (Bild 7-10) bei denen Sender und Empfänger in einem festen Abstand voneinander, der Laufstrecke des Ultraschalls, angebracht sind. Sie sind Chemikalien-resistent ausgelegt und werden einfach in die zu messende Flüssigkeit eingetaucht (Bild 7-11). Auf der Digitalanzeige des Meßgerätes kann die gesuchte Schallgeschwindigkeit direkt abgelesen werden.

Auch Strömungsgeschwindigkeiten von Flüssigkeiten bzw. bei bekanntem Querschnitt die Durchflußmenge pro Zeiteinheit können mittels Ultraschall mit hoher Genauigkeit gemessen werden [6]. Das meist bei Rohrleitungen in der Lebensmittel- oder chemischen Industrie eingesetzte Verfahren benutzt zwei in einem Abstand zueinander angeordnete Schwinger mit möglichst kleinem Winkel zur Strömungsrichtung (Bild 7-12 a). Der Schallweg s wird abwechselnd jeweils in Strömungs- und in entgegengesetzter Richtung durchschallt, indem beide Schwinger abwechselnd als Sender oder Empfänger betrieben werden. Die Laufzeit ist in Strömungsrichtung geringer als entgegengesetzt. Aus der Differenz wird die Strömungsgeschwindigkeit ermittelt.

Nicht nur in der Medizintechnik zur Prüfung einer hinreichenden Durchströmung von Blutgefäßen, sondern auch bei durchströmten Leitungen wird auch das *Dopplerverfahren* verwendet. Unter Verwendung nur eines Prüfkopfes, der schmalban-

Bild 7-11 Schallgeschwindigkeitsmessung in Flüssigkeiten

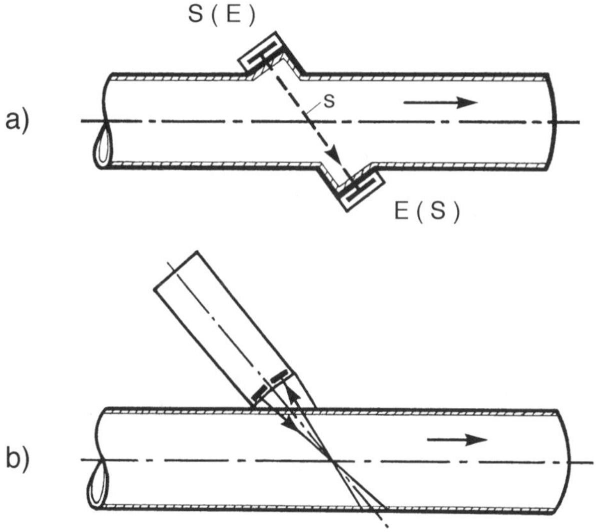

Bild 7-12 Messung der Strömungsgeschwindigkeit von Flüssigkeiten: a) Messung der Schalllaufzeiten vor- und rückwärts; b) Messung über den Doppler-Effekt (Frequenzverschiebung)

dig angeregt wird, werden hier bei hoher Verstärkung Rückstreuechos aus dem bewegten Medium empfangen (Bild 7-12 b). Die Frequenz des empfangenen Rückstreuechos ist gegenüber der Frequenz des ausgesendeten Ultraschallsignals aufgrund des *Dopplereffektes* in Abhängigkeit von der Strömungsgeschwindigkeit mehr oder minder stark verschoben. Da Frequenzen sehr präzise meßbar sind, läßt sich aus der Frequenzverscheibung sehr genau die Strömungsgeschwindigkeit ableiten.

Mit Ultraschall läßt sich auch eine *Härteprüfung* nach VICKERS durchführen. Das Gerät gem. Bild 7-13 [226] arbeitet nach dem sog. *UCI (Ultrasonic Contact Impedance)*-Verfahren. Ein mit variabler Federkraft (3–100 N) auf den zu prüfenden Gegenstand gedrückter Vickers-Diamant befindet sich am unteren Endes eines Metallstabes, der in seiner Resonanzfrequenz zu niederfrequenten Ultraschall-Schwingungen angeregt wird. Abhängig von der Härte des Werkstücks und der gewählten Federkraft dringt der Diamant wie bei der gewöhnlichen Vickersprüfung mehr oder weniger in die Oberfläche ein. Die sich dadurch ergebende unterschiedlich große Kontaktfläche ändert in charakteristischer Weise die Eigenfrequenz des Sondenstabes. Sie wird vom Gerät mit hoher Genauigkeit bestimmt und in den gesuchten Härtewert umgerechnet, der digital angezeigt wird. Das Verfahren läßt sich ortsunabhängig auch an kompliziert geformten Werkstücken anwenden.

Bild 7-13 VICKERS – Härtemessungen nach dem UCI-Verfahren [226]

8 Die Ultraschallprüfung innerhalb der ZfP

In diesem Buch wurde bisher ausschließlich die Ultraschall-Prüfung in ihren vielfältigen Möglichkeiten, aber auch in ihren Grenzen beschrieben. Bei Erreichen der Grenzbereiche und auch bei Abwägen der Prüfkosten ist zu überlegen, ob andere ZfP-Verfahren technisch bessere oder preisgünstigere Alternativen darstellen. Diese müssen zunächst kurz beschrieben werden, damit ein sachlicher Vergleich möglich wird:

8.1 Durchstrahlungsprüfung mittels Röntgen- und Gammastrahlen

Röntgengeräte liefern energieärmere, d.h. langwelligere sog. „weichere" Strahlung als die *Gammastrahlen* radioaktiver *Isotope* wie Iridium 192, Kobalt 60 und neuerdings Selen 75. Die Durchstrahlungsfähigkeit ist daher geringer, die Detailerkennbarkeit jedoch besser. Bekanntlich muß der Mensch vor Strahlenschäden geschützt werden. Durch sachkundiges Personal ist die Einhaltung gültiger Vorschriften sicherzustellen. Das ist bei Röntgengeräten einfacher, da sich diese abschalten lassen, Isotope hingegen nicht. Letztere müssen daher in geeigneten Arbeitsbehältern abgeschirmt aufbewahrt werden. Dadurch geht der Vorteil der leichteren Hantierbarkeit gegenüber Röntgengeräten u.U. wieder verloren. Isotope werden zudem mit der Zeit schwächer. In der sog. *Halbwertszeit* sinkt die Intensität auf jeweils den halben Wert ab.

Die *Röntgen-Prüfung* hat sicher jeder Mensch schon einmal am eigenen Leib erlebt. Genau wie in der medizinischen Diagnostik der menschlichen Körper befindet sich die zu prüfende Schweißverbindung zwischen Strahlenquelle und Strahlendetektor. Als Strahlenquelle dient entweder ein Röntgengerät oder ein radioaktives Isotop. In beiden Fällen durchdringen elektromagnetische Wellen den Prüfling. Sie werden beim Durchgang geschwächt, um so mehr, je mehr Werkstoff zu durchstrahlen ist. Der Nachweis der nach Durchstrahlung noch vorhandenen Intensität wird in der industriellen Praxis meist mit Hilfe von Filmen festgestellt (Bild 8-1), in der ZfP seltener – in der Medizin häufiger – mit Bildverstärkern und noch seltener mit daran angeschlossenen Bildverarbeitungssystemen. Auf dem Film machen sich Intensitäts- durch Schwärzungsunterschiede bemerkbar (Bild 8-2). Es liegt auf der Hand, daß sich voluminöse Fehler im durchstrahlten Objekt deutlicher abzeichnen als flächige, z.B. Risse, die nur dann deutlich werden, wenn die Einstrahlrichtung parallel zum Rißverlauf gewählt wird.

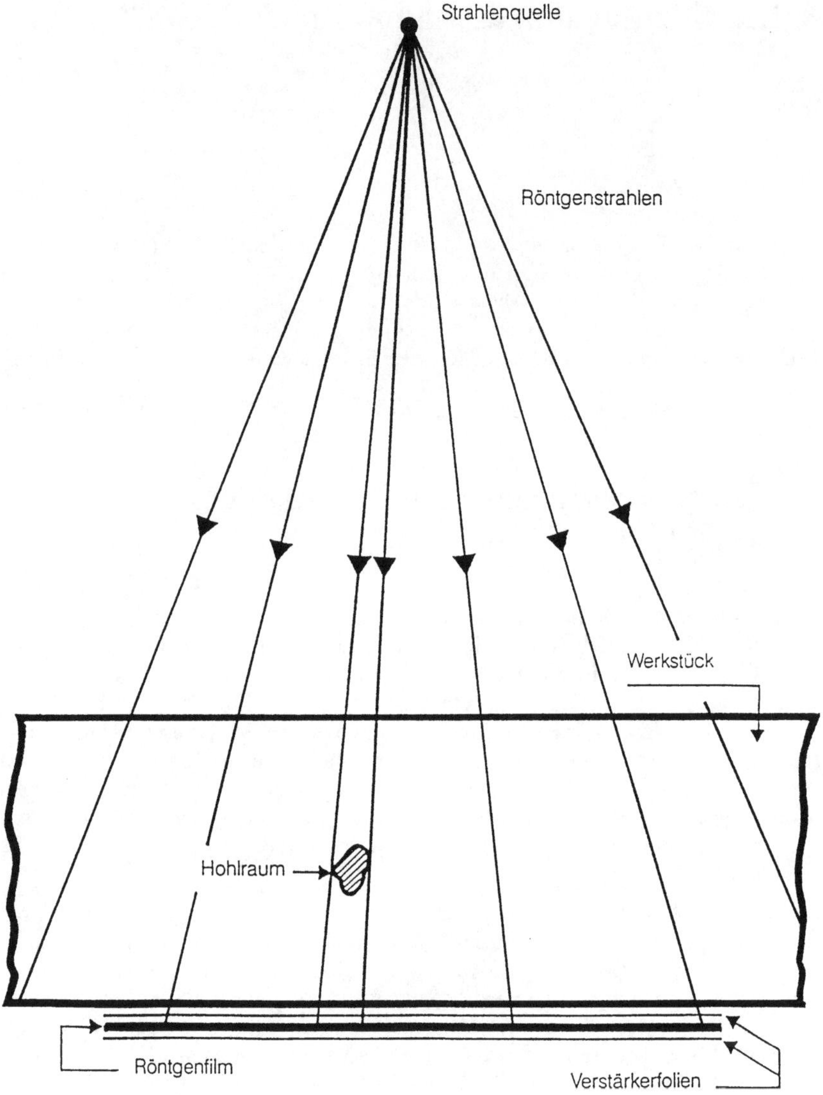

Bild 8-1 Prinzip der Durchstrahlungsprüfung [232]

Daher ist die Durchstrahlungsprüfung besser für die Prüfung auf voluminöse Innenfehler, wie Lunker, Poren und dergleichen geeignet, als für flächen- und linienhafte Fehler wie Risse. Weiteres Schrifttum zur Durchstrahlungsprüfung enthalten die Arbeiten [19, 227–233].

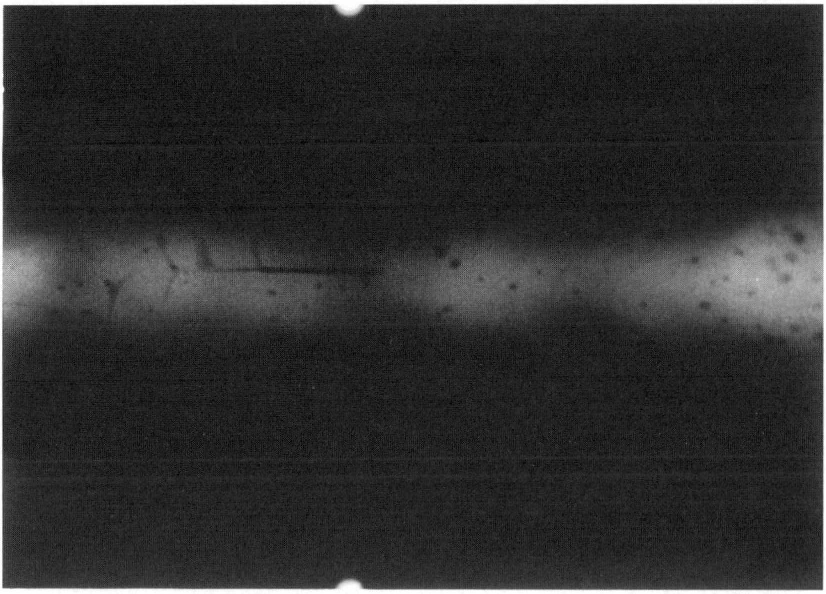

Bild 8-2 Durchstrahlungsaufnahme einer Schweißnaht mit Poren und einem Riß senkrecht zur Oberfläche [233]

8.2 Wirbelstromverfahren

Die Anwendung von Wirbelstrom für die Rißprüfung beruht darauf, daß Oberflächenrisse zu einer Störung im Verlauf der Wirbelstromlinien an Werkstückoberflächen führen, die sich im Wirkungsbereich einer von Wechselstrom durchflossenen Durchlauf- oder Tastspule befinden (Bild 8-3). Dadurch ändert sich die normale Rückwirkung auf das primäre Wechselfeld der Spule und es kommt zur Änderung des Scheinwiderstandes bei Spulen mit nur einer Wicklung (parametrische Spulen) oder zu einer Änderung der Signalspannung an Spulen mit Primär- und Sekundärwicklung (transformatorische Spulen). Mittels Wirbelstrom lassen sich im Prinzip Teile aus allen elektrisch leitenden Werkstoffen auf Oberflächenrisse prüfen. Nachteilig wirkt sich aus, daß auch eine Reihe anderer Einflüsse wie Dickenänderungen, Zunder, Leitfähigkeits- und Permeabilitätsschwankungen das Prüfergebnis beeinflussen können. Die meisten dieser störenden Einflüsse haben andere Einflüsse auf die Amplitude und Phase der Signalspannung als ein Riß und lassen sich dadurch eleminieren. Schwierigkeiten bereitet bei ferritischen Stählen der Permeabilitätseinfluß, der auf die Signalspannung eine ähnliche Auswirkung hat wie eine Durchmesseränderung in einer zylindrischen Spule oder die Abhebung einer Tastspule von dem zu prüfenden Teil. Um den Permeabilitätseinfluß zu

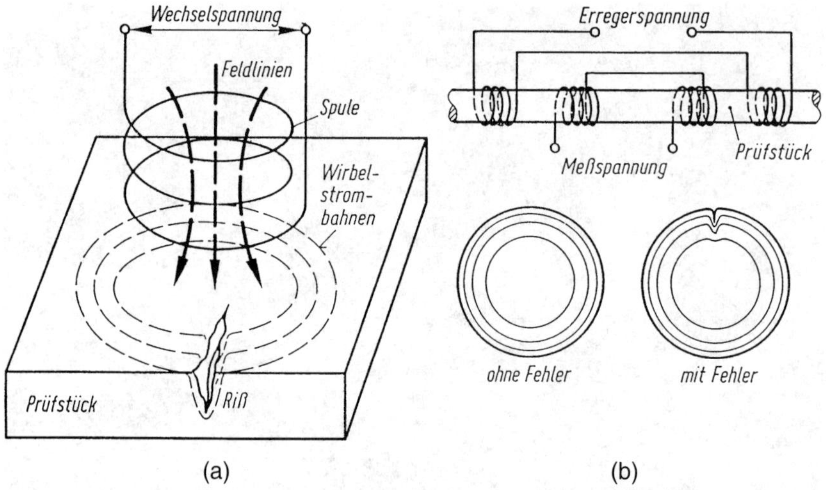

Bild 8-3 Wirbelstromprüfung (schematisch): a) Tastspulen-Verfahren; b) Durchlauf-Verfahren

verringern, kann das Material vormagnetisiert werden. Damit erreicht man, daß die feldstärkeabhängige Permeabilität gegen 1 geht.

Mit Wirbelstrom läßt sich auch die Dicke nichtleitender Schichten auf Metallen messen.

Weiteres Schrifttum zur Wirbelstromprüfung enthalten die Arbeiten [19, 227–229, 234].

8.3 Streuflußprüfung

Die magnetische Streuflußprüfung beruht auf der Erscheinung, daß ein magnetischer Fluß innerhalb eines ferromagnetischen Prüfobjekts durch einen senkrecht oder schräg dazu verlaufenden Oberflächenriß zum Teil nach außen verdrängt wird. Er bildet dort einen sog. *Streufluß* (Bild 8-4). Dieser kann mit magnetfeldempfindlichen Spulen oder Sensoren nachgewiesen werden. Sie haben sich unter dem Gesichtspunkt der Automatisierung der Prüfung bei geometrisch einfachen Teilen wie z.B. der serienmäßigen Halbzeugprüfung von Stangen, Rohren und Knüppeln bewährt. Das bei der Magnetisierung über einem Riß entstehende Streufeld kann auch indirekt abgetastet werden, indem man zunächst die Streufelder mit einem Magnetband aufnimmt und danach die im Magnetband fixierten Streufelder mittels Streuflußsonden ähnlich wie bei einem Tonbandgerät oder einem Videorecorder abtastet. Dieses von FÖRSTER entwickelte Prüfverfahren wird als *Magneto-*

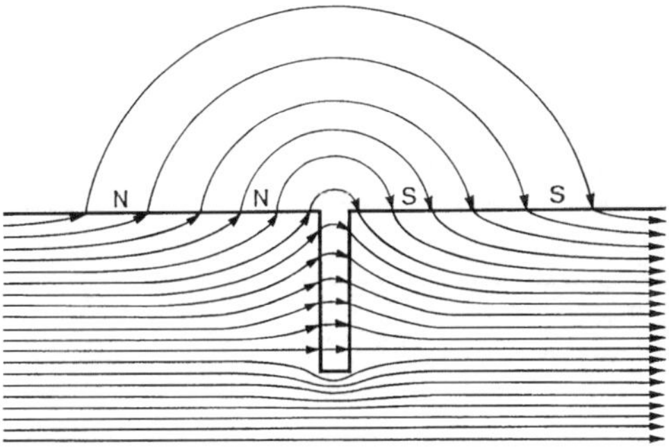

Bild 8-4 Entstehung eines Magnetstreuflusses über einem Riß

graphie bezeichnet. Im einfachsten Falle können die Magnetbänder auf die magnetisierte Oberfläche des zu prüfenden Teils aufgelegt werden. Das Magnetband kann aber auch über der Oberfläche als unendliches Band abgerollt werden, wobei sich die Streuflußeinprägung, die Streuflußabtastung und die Entmagnetisierung des Bandes in steter Folge wiederholen.

Die Magnetographie konnte in Rußland in großem Maße bei der Pipelineprüfung eingesetzt werden, weil dort relativ niedrige Anforderungen an die Fehlernachweisbarkeit gestellt wurden. Die Prüfung mit Streuflußsonden einschließlich der Magnetographie macht es in begrenztem Umfange möglich, auch dicht unter der Oberfläche liegende Risse nachzuweisen.

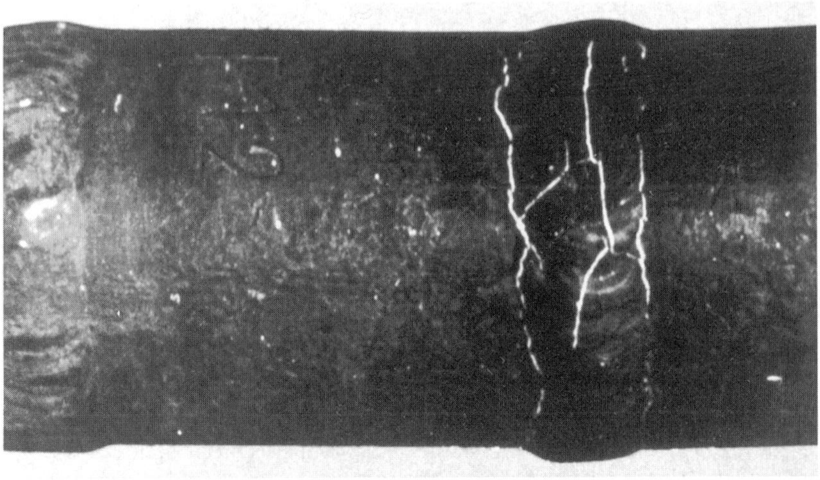

Bild 8-5 Rißanzeigen mit Magnetpulver an einer Rohrschweißnaht

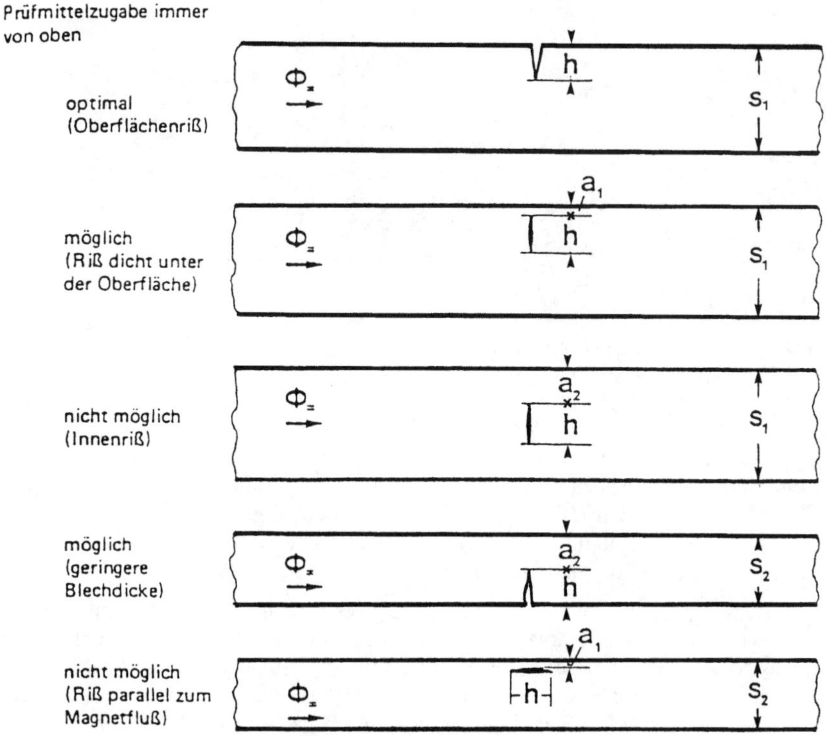

Bild 8-6 Nachweisbarkeit von Rissen an und unterhalb der Oberfläche

Die verbreitetste Methode der Streuflußprüfung ist die *Magnetpulver-Rißprüfung*. Der Streufluß zieht nämlich magnetische Pulverteilchen an. Da Streufluß und Pulverraupe breiter als die Rißoberkante sind, entsteht dadurch eine für das menschliche Auge sichtbare Anzeige, vor allem wenn ein deutlicher Farbkontrast zwischen Pulver und Werkstückoberfläche besteht. Das ist dann besonders der Fall, wenn die Pulverteilchen mit einem in ultraviolettem *(UV-) Licht fluoreszierenden* Farbstoff verbunden sind (Bild 8-5). Selbst sehr feine Oberflächenrisse mit Tiefen im µm-Bereich werden sicher angezeigt, auch dann, wenn sie mit Öl, Schmutz oder Korrosionsprodukten gefüllt sind. Die Anzeige von Innenrissen ist nicht ausgeschlossen, aber problematisch, da die Streuflußbildung an der Oberfläche nicht nur vom Abstand von der Oberfläche, sondern auch von Form und Größe der Trennung abhängt (Bild 8-6).

In jedem Fall muß der zur Anzeige notwendige magnetische Fluß senkrecht auf den Riß treffen oder mindestens eine deutliche Komponente in dieser Richtung aufweisen. Dies ist der Fall, wenn sich beide Richtungen um mindestens 30° unterscheiden. Zum Nachweis von Rissen aller Richtungen sind daher nacheinander zwei um 90° zueinander versetzte Magnetisierungsrichtungen zu wählen. Alternativ können gleichzeitig zwei zueinander senkrecht stehende Magnetisierungen aufgebracht werden. Allerdings müssen sich beide Magnetisierungen zeitlich unterschiedlich verhalten, damit die Richtung des jeweils wirksamen zusammengesetzten Magnetisierungsvektors nacheinander senkrecht zu Rissen aller Richtungen steht.

Die Magnetpulver-Rißprüfung kann auch Risse direkt unterhalb der Oberfläche bzw. unter einer dünnen Farb- oder Galvanikschicht nachweisen, bleibt andererseits jedoch auf ferromagnetische (= magnetisierbare) Werkstoffe beschränkt [1].

Neuerdings wurden zur automatischen Rißerkennung auch Rechner eingesetzt, die das Bild einer CCD-Kamera einem Mustererkennungsprozeß unterziehen [244].

8.4 Eindringprüfung

Die Farb- und Fluoreszenzeindringprüfung sind die am weitesten verbreiteten Verfahren der Oberflächenrißprüfung, wenn die zu prüfenden Teile nicht ferromagnetisch sind. Die Verfahren haben sich sowohl bei metallischen als auch bei nichtmetallischen Werkstoffen bewährt (außer bei porösem Material).

Wie bei der Magnetpulver-Rißprüfung wird der Riß auch bei der Farbeindringprüfung auf der Werkstückoberfläche verbreitert dargestellt. Dazu sind Werkstück und Riß in einem ersten Arbeitsgang sorgfältig zu reinigen (Bild 8-7). Nach dem Entfernen des Reinigers wird ein dünnflüssiges farbiges oder fluoreszierendes *Eindringmittel* aufgebracht, das infolge Kapillarwirkung auch in feine Risse eindringt.

Nach einer von der Viskosität abhängigen Eindringzeit zwischen wenigen Sekunden bis zu einigen Minuten wird überschüssige Flüssigkeit von der Oberfläche entfernt. Danach ist eine mit dem Eindringmittel kontrastierende sog. *Entwicklerflüssigkeit* aufzubringen, die nach Antrocknen wie ein Löschblatt die in die Risse eingedrungene Flüssigkeit wieder herauszieht und so den Rißverlauf sichtbar macht (Bild 8-8).

Die Eindringprüfung kann nur Risse anzeigen, die zur Oberfläche offen sind, diese allerdings in jedem festen Werkstoff.

Es gibt zahlreiche Varianten der Eindringprüfung, denen aber allen dasselbe Grundprinzip zugrundeliegt. Die Luft- und Raumfahrtindustrie prüft Turbinenschaufeln und andere Teile teilautomatisch in großen, geschlossenen Tauchanlagen.

Nur noch selten wird die *Ölkochprobe*, das älteste Eindringverfahren, angewendet. Bei diesem Verfahren werden die vorher entfetteten und gesäuberten Teile in heißem Öl erwärmt. Dabei dringt das Öl in die Oberflächenrisse ein. Läßt man die Teile nach dem Herausnehmen aus dem Öl an der Luft erkalten und bestreicht sie

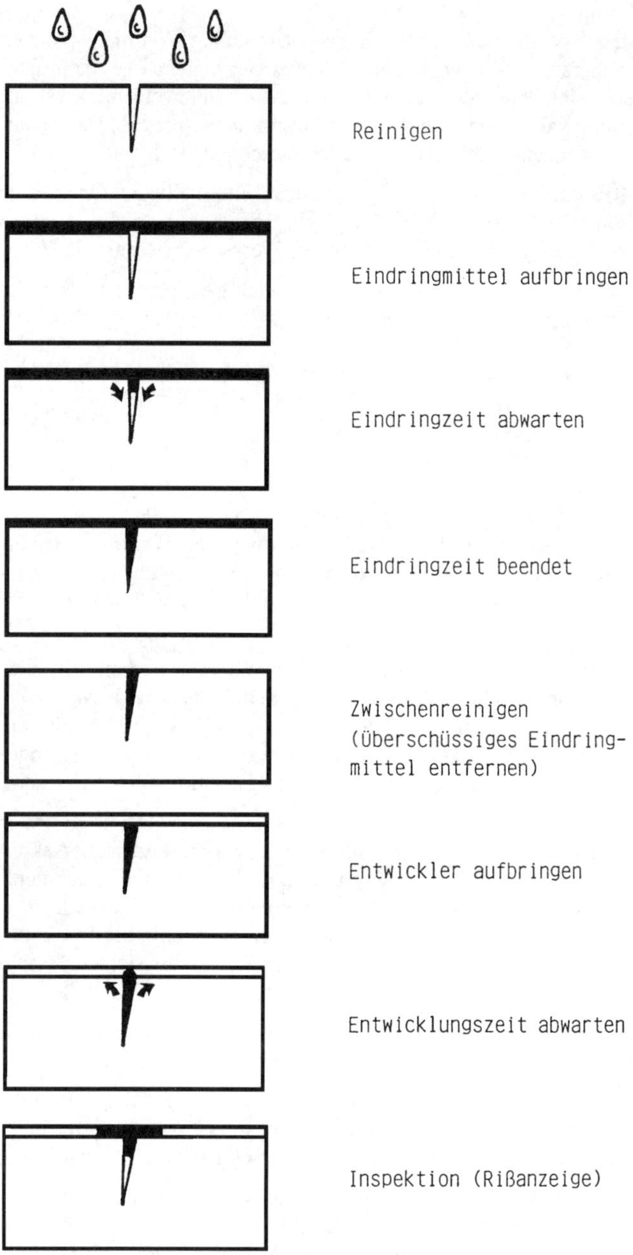

Bild 8-7 Die einzelnen Schritte bei der Farb- und Fluoreszenz-Eindringprüfung

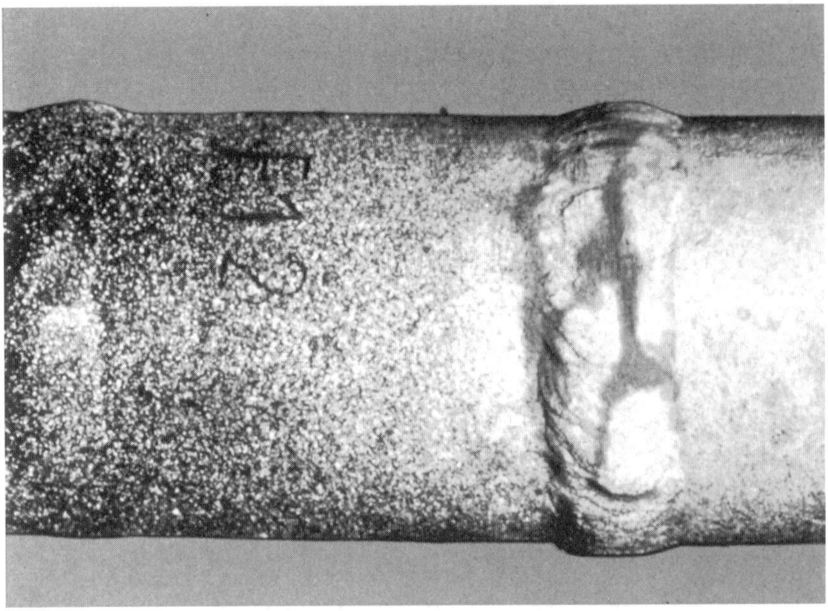

Bild 8-8 Rohrschweißnaht von Bild 8-5; Rißnachweis mit dem Eindringverfahren

mit Schlämmkreide, so wird das Öl beim Erkalten der Teile aus den Rissen herausgedrückt und von der Schlämmkreide herausgesaugt und hinterläßt eine dunkle Spur in der als Entwickler dienenden Schicht aus Schlämmkreide.

Die Beizprobe ist ein spezielles Eindringverfahren, bei dem ohne Entwickler gearbeitet wird und die in Oberflächenrissen zurückbleibende Beizflüssigkeit zu chemischen Reaktionen und damit zu einer Verfärbung der Oberflächen führt. Durch Abbeizen der oberen Rißkanten entsteht außerdem auch hier eine optische Verbreiterung der Anzeige. Für eine sich anschließende Magnetpulver-Rißprüfung ist Beizen wegen der Abrundung der Kanten ungünstig.

8.5 Potential-Sonden-Verfahren

Auf der Oberfläche eines von Strom durchflossenen Leiters tritt bei fehlerfreiem Werkstoff auf jedem gleich langen Abschnitt ein gleicher Spannungsabfall auf. Liegt jedoch ein Oberflächenriß vor, so erhöht sich der Spannungsabfall dort proportional der Rißtiefe, da der Weg des Stromfadens um den Riß herum verlängert wird (Bild 8-9). Mit Hilfe geeigneter empfindlicher Meßtechnik läßt sich der Meßwert direkt in mm Rißtiefe kalibrieren [235, 236].

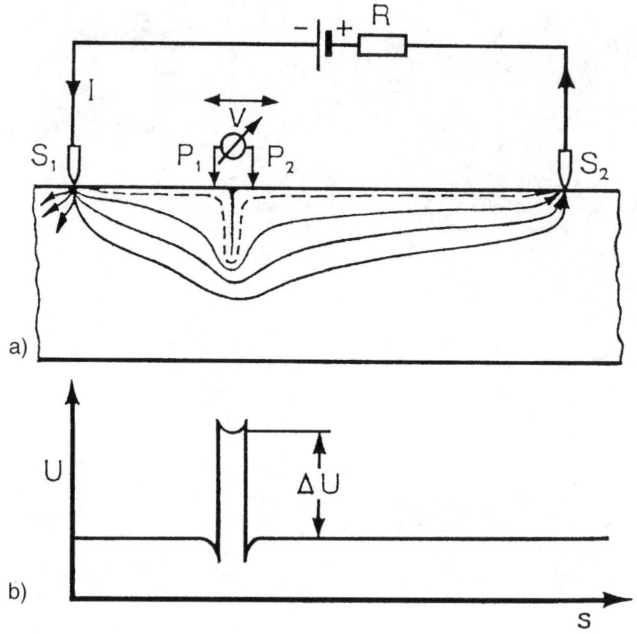

Bild 8-9 Prinzip des *Potentialsonden-Verfahrens* zur Rißtiefenmessung
a) Anordnung, b) Spannungsverlauf

8.6 Magnetinduktion

Der magnetische Fluß in einer stromdurchflossenen Spule wird verändert, wenn ferromagnetische Werkstoffe in ihren Wirkungsbereich eingebracht werden. Werden nacheinander Werkstücke aus ferromagnetischem Stahl, z.B. geschmiedete oder gegossene Kfz-Pleuel gleicher Abmessung, in stets gleiche Position innerhalb einer Spule gelegt (Bild 8-10), so sind die dadurch verursachten Veränderungen des magnetischen Flusses dann gleich, wenn die magnetischen und elektrischen Eigenschaften ebenfalls gleich sind. Diese ändern sich jedoch mit der Werkstoffzusammensetzung (Legierung) und dem Gefügezustand. Daher sind auf diese Weise Werkstoffverwechslungen, Chargen-, Gefüge- und Härteunterschiede nachweisbar [237, 238].

Nähert man eine offene oder mit einem Eisenkern versehene Spule einem ferromagnetischen Körper an, so ändert sich deren Induktivität L bzw. elektrischer Scheinwiderstand abhängig vom Abstand (Bild 8-11). Diese Erscheinung läßt sich zur Messung der Dicke d nichtmagnetischer Schichten, sowohl leitender wie nicht leitender, ausnutzen [239], indem bei festem Strom I die jeweilige Spulenspannung gemessen wird.

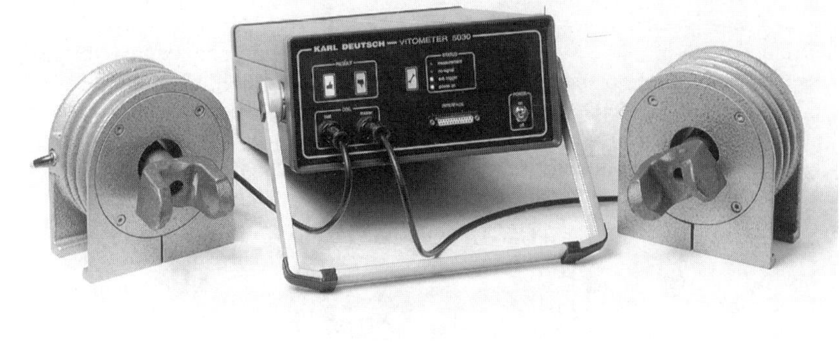

Bild 8-10 Magnetinduktives Gefüge- und Verwechselungsprüfgerät

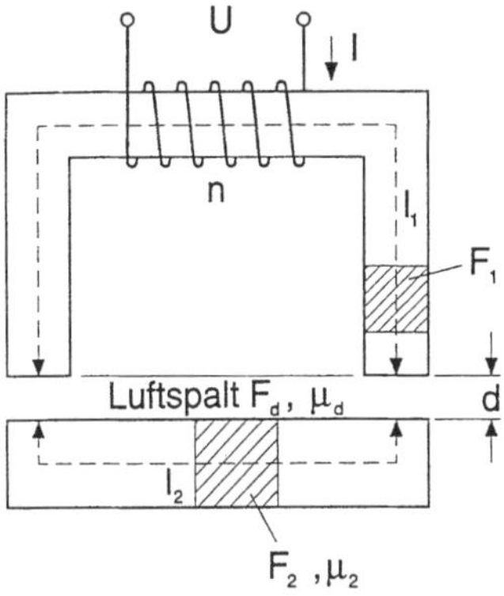

$$L \approx \frac{n^2}{\frac{2 \cdot d}{F_d \cdot \mu_d} + \frac{l_1}{F_1 \cdot \mu_1} + \frac{l_2}{F_2 \cdot \mu_2} + \left(\sum \frac{l_i}{F_i \cdot \mu_i}\right)}$$

$$U = j\omega L \cdot I$$

F = Querschnitt, μ = Permeabilität

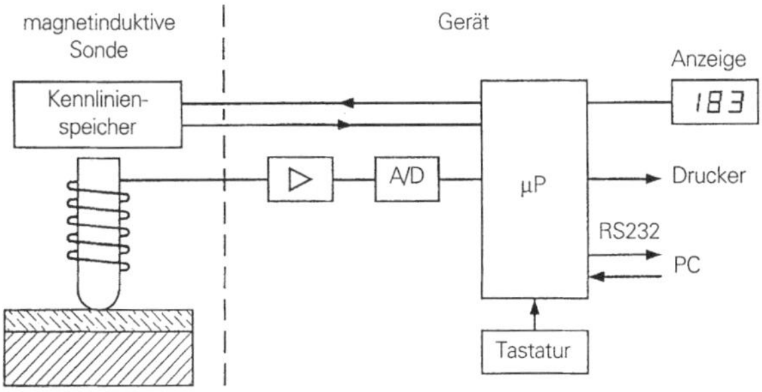

Bild 8-11 Grundprinzip der magnetinduktiven Schichtdickenmessung; oben: Zweipol-Meßsonde, unten: Geräteaufbau mit Einpolsonde

8.7 Schallemissionsanalyse

Mit diesem Verfahren wird versucht, ganze Bauteile global auf Risse zu prüfen. Das geht nur, wenn es sich um aktive Risse handelt, d.h. um Risse, die unter mechanischer, thermischer oder korrosiver Beanspruchung wachsen. Die dabei auftretenden, vom menschlichen Ohr nicht hörbaren Geräusche können mit geeigneten Sensoren und Verstärkern erkannt werden. Erforderlich ist immer eine Belastung des Bauteils. Die Deutung der Signale setzt eine große Erfahrung voraus. Die Prüfkosten lassen sich gering halten, wenn durch Wahl geeigneter Belastungsbedingungen Prüflinge ohne kritische Risse schnell von denen zu unterscheiden sind, die mit den üblichen Verfahren zur ZfP-Rißprüfung nachgeprüft werden müssen.

Wichtigste Anwendungen sind die Überwachung von Kesseln und Druckgefäßen.

8.8 Thermische Verfahren

Wird ein gleichförmiges Werkstück gleichmäßig erwärmt, so ergibt sich auf dessen Oberflächen eine gleichmäßige Temperatur. Diese Gleichmäßigkeit kann durch Innen- und/oder Außenfehler gestört werden. Aus den sich so entstehenden Temperatur-Unterschieden oder -Profilen läßt sich auf die Fehlerhaftigkeit schließen. Der Nachweis kann mit Prüfmitteln erfolgen, die bei Erreichen bestimmter Temperaturen ihre Farbe ändern oder auch mit Infrarot-Detektoren bzw. -kameras. Bekannteste Anwendungen sind die Aufdeckung von Bindefehlern bei Verbundwerkstoffen, der Nachweis von Oberflächenrissen an Stahlknüppeln und – außerhalb der ZfP – die Wirksamkeit von Wärmedämm-Maßnahmen an Gebäuden.

8.9 Sichtprüfung

Die älteste und einfachste Methode der Prüfung auf zur Oberfläche hin geöffnete Risse und andere Oberflächenfehler ist nach wie vor die visuelle Prüfung, d.h. die Prüfung durch Betrachtung. Bei schlechtem Zugang zu dem zu prüfenden Oberflächenbereich und bei besonders hohen Anforderungen an die Fehlererkennbarkeit können optische Hilfsmittel wie Lupe, Endoskope und Videokameras eingesetzt werden. Bei Anwendung der Videotechnik ist in gewissenem Umfange eine Automatisierung denkbar. Durch kontraststeigernde Beleuchtung, durch Anwendung einer der Prüfung vorangehenden Entzunderung und Oberflächenreinigung sowie durch die Verwendung spezieller Beizmittel kann die visuelle Rißnachweisbarkeit wesentlich verbessert werden.

8.10 Die Ultraschallprüfung im Vergleich mit anderen ZfP-Verfahren

In den Tabellen 8-1, 8-2 und 8-3 werden die anderen in diesem Kapitel bereits vorgestellten gängigen ZfP-Verfahren in ihren physikalischen Grundlagen, ihren Vorzügen, Nachteilen und Grenzen der Ultraschallprüfung gegenübergestellt.

Dabei wurde nur das meistbenutzte Ultraschallverfahren, die Impuls-Reflexionsmethode, zur Basis aller Vergleiche benutzt. Die zusätzliche Einbeziehung des Durchschallungsverfahrens würde die Übersichtlichkeit mindern.

Die Tabellen weichen in einigen Aussagen von denen in früheren Veröffentlichungen [240, 241] ab. Dazu bedarf es folgender Erläuterungen:

In Tabelle 8-1 ist der physikalische Effekt, auf dem die einzelnen ZfP-Verfahren beruhen, prüftechnisch und nicht nur physikalisch beschrieben. Im Prinzip sind alle ZfP-Verfahren zur Ermittlung von Fehlern geeignet. Einschränkungen bestehen bei dem Potential-Sonden-Verfahren und bei der Schallemissions-Prüfung. Mit einer Potentialsonde Fehler zu suchen, ist zumindest dann mühsam, wenn der Ort der Fehlerentstehung nicht von vornherein durch Art der Beanspruchung und/oder Werkstückgeometrie feststeht. Daher wird der Rißtiefenmessung zumeist eine großflächige Rißprüfung nach dem Magnetpulver- oder dem Eindringverfahren vorhergehen.

Die Rißentstehung und/oder das Rißwachstum ist zwar in aller Regel, aber nicht immer mit der Entstehung nachweisbarer Geräusche auch im Ultraschallbereich verbunden. Daher ist eine quantitative Fehlererfassung mit Hilfe der Schallemission schlechter als bei allen anderen ZfP-Verfahren. Die Bestimmung der Fehlerlage ist mit allen anderen Prüftechniken möglich, wenn auch nicht gleich gut oder gleich vollständig. So ist mit Ultraschall die Fehlerortung, d.h. die Ermittlung der Tiefenlage eines Fehlers viel besser möglich als mit der Durchstrahlungsprüfung. Bei der Darstellung der Fehlerdimension parallel zur Oberfläche verhält es sich jedoch genau umgekehrt. Bei den Rißprüfverfahren sind Auffindwahrscheinlichkeiten und Anzeigesicherheit unterschiedlich. Diese Differenzen lassen sich aber in Form möglichst kurz gefaßter Tabellen nicht verdeutlichen.

Bei der Breite heute üblicher Anwendungstechniken der ZfP-Verfahren fällt ein allgemeiner Vergleich schwer. Das gilt vor allem für die Kosten wie Tabelle 8-2 für manuell ausgeführte Prüfungen zeigt. Hier sind automatische Prüfanlagen sowie Großserienprüfungen z.B. im Automobilbereich ausdrücklich ausgenommen.

Bezieht man die Ausbildungskosten auf Stufe 3 nach EN 473, Prüfgerätekosten auf die Preise von Handgeräten plus Zubehör und Verbrauchsmaterial sowie Durchführungskosten auf den Zeitaufwand, z.B. für einen Meter Schweißnaht oder eine bestimmte Anzahl von Prüfungen, so geben die in Tabelle 8-2 angegebenen Zahlen ungefähre Vergleichswerte.

Einige Verfahren müßten zur genaueren Beurteilung in mehrere unterteilt werden. Zu den thermischen Verfahren z.B. gehören nicht nur die Anwendung von Schichtwerkstoffen, die auf Temperaturveränderungen mit Farbwechsel reagieren, sondern

Tabelle 8-1: Die Verfahren der ZfP

Prüfverfahren	**Physikalischer Effekt**	**Einsetzbar zu:**				
		Fehlerprüfung	**Bestimmung der Fehlerlage**	**Bestimmung der Fehlergröße**	**Ermittlg v. Werkstoffeigenschaften**	**Messen von Dimensionen**
Ultraschall (Impuls-Reflexions-Verfahren)	Reflexion an Grenzflächen	ja	ja	ja, aber nur im Vergleich mit anderen Reflektoren	ja, Schallgeschwindigkeit, E-Modul	ja, Entfernung, Wanddicke
Durchstrahlung mit Röntgen-Strahlen und Gamma-Strahlen	Unterschiedliche Absorption in verschiedenen Werkstoffen	ja	ja, in Filmebene, nicht in Strahlrichtung	ja, in Filmebene, begrenzt in Strahlrichtung	ja, mit Röntgen-Feinstruktur-Geräten	ja, Band- und Folien-Dickenmessung
Wirbelstrom	Veränderung und Störung von Wirbelstrom-Feldern	ja	ja	ja, an der Oberfläche, nicht darunter	ja, Leitfähigkeit Permeabilität	ja, Schichtdicke
Streuflußprüfung mittels Sonden o.ä., bzw. Magnetpulver	Streuflußbildung an der Oberfläche	ja	ja, an der Oberfläche, nicht darunter	ja, an der Oberfläche, begrenzt in der Rißtiefe	nein	nein
Eindringverfahren	Kapillarwirkung	ja	ja, nur an der Oberfläche	ja, an der Oberfläche, sehr begrenzt in der Rißtiefe	nein	nein
Potentialsonde	Messung des Spannungsabfalls in einem Strompfad	ja, aber nur dann, wenn Ort der evtl. Rißentstehung bekannt ist	nein	ja, Tiefe von Oberflächenrissen	nein	ja, Wanddicke
Magnetinduktion	Änderung des magnetischen Flusses	begrenzt	begrenzt	begrenzt	ja, unter bestimmten Voraussetzungen Härte, Gefügeausbildung	ja, unter bestimmten Voraussetzungen Länge, Durchmesser, Dicke, Schichtdicke
Schallemission	Geräuschbildung bei Fehlerentstehung und -wachstum	ja	ja, mit mehreren Sensoren	nein	nein	nein

Tabelle 8-1: (Fortsetzung)

Thermische Verfahren	Ausbildung von Temperaturprofilen durch unterschiedliche Wärmeleitfähigkeit und spezifische Wärme	ja	ja	begrenzt	begrenzt	nein
Sichtprüfung	Erkennung von Helligkeits-, Form- u. Farbunterschieden bzw. Zuständen durch das menschl. Auge, auch mit Hilfsmitteln	ja	ja	ja, an der Oberfläche, nicht darunter	sehr begrenzt	ja

Tabelle 8-2: Die Anwendbarkeit der ZfP-Verfahren

Prüfverfahren	**Besonders geeignet für**	**Automatisierbar**	**Besonderer Vorteil gegenüber anderen ebenfalls geeigneten Verfahren**	**Verfahrensgrenzen**	**Kosten jeweils von 1 (niedrig) bis 10 (hoch) für**		
					Prüfer-Ausbildung	**Prüfmittel und Geräte**	**Durchführung der Prüfung**
Ultraschall (Impuls-Reflexions-Verfahren)	Nachweis von flächigen und voluminösen Innenfehlern, Messung von (Rest-)Wanddicke	ja	Große Reichweite (keine Beschränkung durch Werkstückdicke), vielfältige Anwendung; Innen- u. Außenfehler gleich gut nachweisbar)	Fehlergröße nur im Vergleich abschätzbar, Deutung schwierig	10	9	8
Durchstrahlung mit Röntgen-Strahlen	Nachweis von voluminösen Innenfehlern	bisher nicht, in Zukunft möglich	Dokumentation des realen Fehlerbildes auf einem Film, bessere Detailerkennbarkeit als mit Gammastrahlen	Werkstückdicke, Risse eingeschränkt nachweisbar	9	8	10
Durchstrahlung mit Gamma-Strahlen	Nachweis von voluminösen Innenfehlern	bisher nicht, in Zukunft möglich	Größere Werkstückdicke prüfbar als mit Röntgen-Strahlen	Werkstückdicke, Risse eingeschränkt nachweisbar	8	7	9
Wirbelstrom	Oberflächenrisse	ja, hohe Prüfgeschwindigkeit	Rißnachweis in NE-Metallen	nur bei elektrisch leitenden Werkstoffen anwendbar	7	4	6
	Schichtdickenmessung	ja	kein Koppelmittel		2	1	1
Streufluß-prüfung mittels Sonden o.ä..	Oberflächenrisse	ja	weniger Störeinflüsse als bei Wirbelstrom	nur bei ferromagnetischen Werkstoffen anwendbar	7	8	6

Tabelle 8-2: (Fortsetzung)

Streufluß-prüfung mit Magnetpulver	Oberflächenrisse	bisher nicht, in Zukunft möglich	Rißlage u. -länge deutlich sichtbar, leicht auswertbar, geringer Einfluß von Werkstück-geometrie u. Oberflächen-struktur, hohe Empfindlichkeit	nur bei ferromagne-tischen Werkstoffen anwendbar	4	5	5
Eindring-verfahren	Oberflächenrisse u. -poren	begrenzt	keine Apparatur notwendig, unabhän-gig von Prüflings-geometrie	Fehlstellen müssen offen zur Oberfläche sein, ungeeignet für poröse Grundwerkstoffe	2	2	3
Potentialsonde	Messung der Tiefe von Oberflächen-rissen	nein (nur in Sonderfällen)	exakte Rißtiefen-messung	zur Rißauffindung normalerweise nicht einsetzbar	3	4	4
Magnet-induktion	Verwechslungs- u. Gefügeprüfung	ja	schnelle Prüfung von Massenteilen	nur bei ferromagne-tischen Werkstoffen anwendbar	6	6	6
	Schichtdicken-messung	ja	kein Koppelmittel notwendig		2	1	1
Schallemission	Nachweis von Rißentstehung u. -wachstum	ja	Prüfung von Gesamtbauwerken, geeignet zur Früh-erkennung von Schäden	Quantitative Aus-sagen kaum möglich, Aussagefähigkeit bei Belastungsänderung besser als im stati-schen Betrieb, Neben-geräusche stören	6	10	7
Thermische Verfahren	Aufinden von Bindungsfehlern und flächenhaften Trennungen	sehr begrenzt	flächenhafte Auswertung	nur bei gleichmäßiger Geometrie, Befunde verändern sich zeitlich	5	3	2
Sichtprüfung	Grobe Oberflächenrisse u. -strukturen	begrenzt	ohne Aufwand	subjektiv, ohne Hilfsmittel, geringe Empfindlichkeit	1	1	1

Tabelle 8-3: Vor- und Nachteile der Ultraschallprüfung

Die Ultraschall-Prüfung hat gegenüber	Vorteile	und Nachteile
allen anderen ZfP-Verfahren	sichere und schnelle Erkennung von Innen- u. Außenfehlern in allen schalleitfähigen Werkstücken	bei Handprüfung objektive Dokumentation schwierig
und zusätzlich speziell gegenüber Durchstrahlungsprüfung	kein Strahlenschutz notwendig, Zugänglichkeit von einer Seite des Prüflings ausreichend	größere subjektive Einflüsse bei Wiederholungs-prüfungen
Wirbelstromprüfung	Erfassung des gesamten Prüflingsquerschnitts	Notwendigkeit der Ankopplung, geringere Durchsatzleistung
Streuflußprüfung mittels Sonden o.ä.	Erfassung des gesamten Prüflingsquerschnitts	Notwendigkeit der Ankopplung
Magnetpulver	viel besser automatisierbar	stark abhängig von Prüflingsgeometrie, unempfindlicher, geringerer Störabstand u. Kontrast
Eindringverfahren	viel besser automatisierbar Anzeige auch bei geschlossenen und/oder korrodierten Oberflächenfehlern	wie bei Magnetpulver
Potentialsonde	Messung von Rißtiefen auch bei unterbrochenen Rissen	Genauigkeit der Tiefenmessung an Oberflächenrissen weit geringer
Magnetinduktion	wenig vergleichbare Anwendungen	Gefügeunterschiede weniger empfindlich nachweisbar geringere Auflösung bei Schichtdickenmessung
Schallemission	quantitative Aussagen möglich	keine schnelle Gesamtbeurteilung von Bauteilen möglich
Thermische Verfahren und Sichtprüfung	Es gibt kaum Anwendungen bei gleichen Prüfproblemen	

auch die direkte Messung der Oberflächentemperaturen bzw. Temperaturprofile mit hochempfindlichen Infrarot-Detektoren. Da die industriellen Anwendungen dieser Technik jedoch sehr viel geringer sind als die der Ultraschallprüftechnik, sind Vereinfachungen in der Tabelle ebenso zulässig wie das Weglassen der Prüfung mittels Mikrowellen, der Neutronen-Radiographie und anderer in Sonderfällen sicher nützlicher Prüfmethoden.

Die Vergleiche in Tabelle 8-3 beziehen sich jeweils auf Prüffälle, bei denen in der Praxis nahezu gleichwertig die US-Prüfung und das Vergleichsverfahren eingesetzt werden. Das können sowohl Handprüfungen als auch automatische Prüflinien sein. In der Gegenüberstellung mit der Magnetpulver-Rißprüfung ist an die Handprüfung von Schweißnähten gedacht, beim Vergleich mit Wirbelstrom und Magnetinduktion an die vollautomatische Stangenprüfung im Walzwerk. Mit Potentialsonden lassen sich theoretisch auch Wanddicken an metallischen Gegenständen messen. Geräte gibt es aber nur zur Rißtiefenmessung. Daher kann ein Vergleich der theoretisch denkbaren Vor- und Nachteile bei der Dickenmessung entfallen. Generell läßt sich sagen, daß kein ZfP-Verfahren ein anderes völlig ersetzen kann. Selbst bei genau gleicher Prüfaufgabe ist der Informationsgehalt der Anzeigen von verschiedenen natürlichen Fehlern nicht immer gleich. Daher kann die Kombination mehrerer ZfP-Verfahren am gleichen Objekt durchaus sinnvoll sein und vollständigere Prüfaussagen erbringen.

9 Literatur- und Quellenangaben

Vorbemerkung:

Es gibt kaum ein Fachgebiet mit einer solch großen Vielfalt von Veröffentlichungen, wie gerade die Ultraschallprüftechnik sie bietet. Aus diesem Grunde können die Literaturangaben niemals auch nur annähernd vollständig sein; deshalb wird empfohlen, ggfs. weitere Veröffentlichungen in Fachzeitschriften wie „Schweißen und Schneiden" (DVS), „Materialprüfung" (DGZfP), „Der Praktiker" (DVS) usw. hinzuzuziehen. Auch die hier angegebenen Literaturhinweise können deshalb nicht vollständig sein und geben lediglich eine Auswahl aus dem vorhandenen Fundus wieder. Weiterhin wird verwiesen auf zahlreiches Unterrichtsmaterial, wie z.B. DGZfP- und firmeneigene Ausbildungsunterlagen.

[1] *Deutsch, V., W. Morgner und M. Vogt:* Magnetpulver-Rißprüfung, Grundlagen und Praxis. VDI-Verlag GmbH, Düsseldorf 1993.

[2] *Deutsch, V. und M. Vogt:* Ultraschallprüfung von Schweißverbindungen. Die Schweißtechnische Praxis Band 28, DVS-Verlag Düsseldorf 1995.

[3] *Bergmann, L. und C. Schäfer:* Lehrbuch der Experimentalphysik, Bd. 2 Elektrizität und Magnetismus, 7. Auflage. Walter de Gruyter & Co, Berlin 1986.

[4] *Kuttruff, H.:* Physik und Technik des Ultraschalls. S. Hirzel Verlag Stuttgart 1988.

[5] *Lindner, H.:* Grundriß der Festkörperphysik. Vieweg Verlag Braunschweig 1978.

[6] *Millner, R.:* Ultraschalltechnik. Physik Verlag 1987.

[7] Vibrit – Piezokeramik von Siemens. Druckschrift des Zentralbereichs Technik, Kunststoff und Porzellanwerk Redwitz.

[8] *Veit, I.:* Flüssigkeitsschall. Vogel Verlag Würzburg 1979.

[9] *Böttger, W., A. Graff und H. Schneider:* Dickenmessung an Stahl. Materialprüfung 29(1987), S. 124–128.

[10] *Böttcher, W., H.-J. Kopinek und G. Künne:* Zur elektrodynamischen Ultraschallerzeugung. Materialprüfung 20(1978), S. 62–67.

[11] Mannesmann Automatisierungs-Systeme. Druckschrift 1-4445-000/028908.

[12] *Crostack, H.-A. und H.-J. Storp:* Optimierung der Anregung von Longitudinalwellen mit elektrodynamischen Wandlern. Materialprüfung 30(1988), S. 281–286.

[13] *Scruby, C. B.:* Some Applications of Laser Ultrasound. Ultrasonics 27 (1989), S. 195–209.

[14] *Sutilov, A. V.:* Physik des Ultraschalls. Springer Verlag Wien – New York 1984.

[15] *Krautkrämer, J. und H. Krautkrämer:* Werkstoffprüfung mit Ultraschall, 5. Auflage. Springer-Verlag Berlin 1986.

[16] *Auld, B. A.:* Acoustic Fields and Waves in Solids. Wiley – Interscience Publication, New York 1983.

[17] *O'Neil, H. T.:* Theory of Focusing Radiators. J. Acoust. Soc. Am. 21 (1949), S. 516–526.

[18] *Bergmann, L.:* Der Ultraschall und seine Anwendung in Wissenschaft und Technik, 3. Auflage, VDI-Verlag GmbH, Berlin NW 7.

[19] *Müller, E. A. W.:* Handbuch der zerstörungsfreien Materialprüfung. Verlag R. Oldenbourg, München 1975.

[20] *Hossack, J. A. und B. A. Auld:* Performance Characteristics of Piezocomposite Bulk Wave Transducers. Review of Progress in Quantitative Nondestructive Evaluation, Vol. 12.

[21] *Chofflet, L., M. Gauchet und J. M. Tellier:* Which Piezoelectric Material for which Transducer? Revue Annuelle LEP 1990, S. 37–38.

[22] *Smith, W. A.:* Piezocomposite Materials for Acoustical Imaging Transducers. Acoustical Imaging, Vol. 21, Plenum Press, New York, 1995.

[23] *Deutsch, V., M. Platte und P. Möller:* Ultraschallprüfköpfe aus piezoelektrischen Hochpolymeren. Materialprüfung 32 (1990), S. 333–337.

[24] *Möller, P.:* Vorteile von gekrümmten Folien- und ebenen Piezo-Schwingern bei der Ultraschallprüfung von Rohren und Stangen. Berichtsband DGZfP-Jahrestagung 1992, S. 206–213.

[25] *Platte, M. und P. Möller:* Automatisches Ultraschallprüfen von Blechen und Rohren. Bänder, Bleche, Rohre 34 (1993), S. 25–32.

[26] *Platte, M. und A. Ries:* Ultraschallprüfköpfe für extreme Temperaturen. Materialprüfung 33 (1991), S. 170–173.

[27] *Crostack, H.-A. und H.-D. Steffens:* Untersuchungen zur Steuerung von Ultra-schallimpulsen und ihr Einsatz in der zerstörungsfreien Werkstoffprüfung. DGZfP- Berichtsband Europäische Tagung „Zerstörungsfreie Materialprüfung", Mainz 1978, S. 475–482.

[28] *Crostack, H.-A., Deutsch, V., Steffens, H.-D., Stelling, H.-A., Vogt, M.:* Ultraschallprüfung mit Sendeimpulsen stufenlos veränderlicher Frequenz und steuerbarer Spektralverteilung. Materialprüfung 20 (1978), S. 372–377.

[29] *Crostack, H.-A., Deutsch, V., Vogt, M.:* Erfahrungsaustausch Ultraschall-CS-Technik. Fachberichte Hüttenpraxis 19 (1982) S. 113–129.

[30] Datel: Handbuch der Datenwandlung. Datel General Electric Semiconductor GmbH, München (1986).

[31] *Kutzner, J., H. Wüstenberg et al.:* Zonenaufteilung, Empfindlichkeitseinstellung und Prüfkopfhalterung bei der manuellen Ultraschallprüfung mit dem Tandemverfahren. Materialprüfung 17 (1975), S. 246–250.

[32] *Walte, F., R. Werneyer und B. Horst:* Zur Bestimmung von Prüfzonen bei der Ultraschallprüfung nach dem Tandemverfahren. Materialprüfung 19 (1977), S. 174–177.

[33] *Cross, B. T., Hannah, K. J., Tooley, W. M., Birks, A. S.:* Delta technique extends the capability of weld quality assurance. British Journal of Nondestructive Testing 11 (1969), S. 62–77.

[34] *Richter, H.-U.:* Möglichkeiten zur Bestimmung der Ungänzenart bei der Ultraschall-Schweißnahtprüfung. Schweißtechnik 29 (1979) Nr. 8.

[35] *Meyer, H.-J.:* Probability of Detecting Planar Defects in Heavy Wall Welds by Ultrasonic Techniques According to Existing Codes. IIW Annual Assembly Copenhagen 1997.

[36] *Richter, H.-U. und D. Linke:* Zur Rückstrahlungsgeometrie typischer Ungänzen bei der Ultraschallprüfung von Schweißverbindungen. Schweißtechnik 17 (1967) Nr. 5.

[37] Labormessungen Fa. Karl Deutsch.

[38] *Deutsch, V. und H.-J. Schinke:* Neue Hilfsmittel zur Schweißnahtprüfung mit Ultraschall. Schweißen und Schneiden 14 (1962) Nr. 3.

[39] *Cramer, K.:* Sicherung der Güte von Schweißarbeiten. Kommentar zu EN 25817 (ISO5817), 2. Auflage, Beuth Verlag Berlin, Wien, Zürich und DVS-Verlag Düsseldorf 1994.

[40] *Deutsch, V. und M. Vogt:* Gerätejustierung bei der Schweißnahtprüfung mit Ultraschall. Wt-Zeitschrift für industrielle Fertigung 67 (1977), S. 327–334.

[41] *Betz, U.:* Vorschlag zur Empfindlichkeitseinstellung von Ultraschallprüfgeräten bei der Schweißnahtprüfung. Materialprüfung 9 (1967) Nr. 3.

[42] *Frielinghaus, R.:* Zur Ersatzfehlergrößenbestimmung von Schweißnahtfehlern mit Ultraschall. Schweißen und Schneiden 25 (1973) Nr. 12.

[43] *Gerstner, R.:* Möglichkeiten der Fehlergrößenbestimmung bei der Materialprüfung mit Ultraschall. Schweißtechnik 27 (1973) Nr. 11.

[44] *Kloth, E.:* Untersuchungen über die Ausbreitung kurzer Schallimpulse bei der Materialprüfung mit Ultraschall. Forschungsberichte des Wirtschafts- und Verkehrsministeriums NRW Nr. 216, Westdeutscher Verlag Köln und Opladen.

[45] *Meyer, H.-J.:* Relation between Ultrasonic Indications and Flaw Size in Pressure Vessel Welds. NDT conference Washington D.C. 1976.

[46] *Meyer, H.-J.:* Estimating Flaw Size in Pressure Vessel Welds. Welding Design & Fabrication (1977) Nr. 11.

[47] *Richter, H.-U. und D. Linke:* Klassifizierungsprobleme bei der Ultraschallprüfung von Schweißverbindungen. Schweißtechnik 21 (1971) Nr. 4.

[48] W.I. (The Welding Institute): Size Measurement and Characterisation of Weld Defects by Ultrasonic Testing. Part 1: Non-planar defects in ferritic steels. Cambridge CB 16 AL England 1979.

[49] *Stelling, H. A. und K. Büttner:* Die Ermittlung von Einflußgrößen auf die Ersatzfehlergrößenbestimmung von realen Schweißfehlern. Mitteilungen aus dem Institut für Werkstoffkunde (E) der Technischen Universität Hannover 1976, S. 21–25.

[50] *Papke, W. H. und H.-A. Stelling:* Zur Beurteilung von Ergebnissen der Ersatzfehlergrößenbestimmung in der Ultraschallprüfung. Materialprüfung 17 (1975) Nr. 5, S.139–143.

[51] *Schröder, K.:* Ultraschall-Schweißnahtprüftechnologie für spezielle Schweißkonstruktionen zur Fehlergrößenbestimmung mittels AVG-Methode. ZIS-Mitteilungen 17 (1975) Nr. 8.

[52] *Schlengermann, U. und U. Wielpütz:* Beitrag zur Ersatzfehlergrößenbestimmung beim Ultraschallprüfen nach der Tandemmethode. Schweißen und Schneiden 26 (1974) Nr. 5.

[53] *Wüstenberg, H. und E. Mundry:* Die Eigenschaften zylindrischer Bohrungen als Testfehler in der Ultraschallprüfung. Reprints 6. ICNT Hannover 1970, B. 13, S. 147–158.

[54] *Tietz, H.-D.:* Fehlergrößenabschätzung mit Ultraschall nach einem Kugelersatzfehler. Feingerätetechnik 20 (1971) Nr. 10

[55] *Deutsch, V. und M. Vogt:* Das Bestimmen der Ersatzfehlergrößen beim Ultraschallprüfen von Schmiedestücken. Industrieanzeiger 97. Jg. Nr. 51 (6/1975), S. 1109–1112.

[56] *Hornung, R.:* Erfahrungen mit der Ultraschallprüfung von Schweißnähten. Konstruktion 14 (1972) Nr. 2.

[57] *Trumpfheller, R.:* Abnahmeprüfungen an Schweißnähten nach dem Ultraschallprüfverfahren. Schweißen und Schneiden 18 (1966) Nr. 6.

[58] *Deutsch, V., H. Schaper und M. Vogt:* Vorschlag einer Vorsatzscheibe zum quantitativen Auswerten der Befunde beim Prüfen von Schweißnähten mit Ultraschall. Schweißen und Schneiden 2 (1971) Nr. 6.

[59] *Wüstenberg, H. und E. Mundry:* Nuten und Kanten als Bezugsreflektoren in der Materialprüfung mit Ultraschall. Materialprüfung 14 (1972), S. 58–61.

[60] *Crostack, H. A. und W. Roye:* Verbesserung der Ultraschallprüfung von Gußteilen. Fehleranalye mit der Mehrfrequenztechnik. 3rd Europ. Conf. NDT, Florenz 1984, Vol. 4, S. 11–19.

[61] *Crostack, H.-A., W. Oppermann und W. Roye:* Ultraschallmehrfrequenzentechnik – Ansätze zu einer verbesserten Fehlerbeschreibung. Schweißen und Schneiden Heft 11/84, DVS-Verlag, Düsseldorf.

[62] *Wüstenberg, H., A. Erhard, G. Schenk und H.-J. Montag:* Anwendung der Ultraschalltomografie an Turbinen und Generatorwellen. Materialprüfung 29 (1987), S. 297–302.

[63] *Klanke, H.-P., E. Szafarska und A. Erhard:* Ultraschall-Echotomografie – Handprüfung, ein erster Vergleich. Berichtsband DGZfP Jahrestagung 1988, S. 517–521.

[64] *B. Grohs, O. A. Barbian, W. Kappes, H. Paul, R. Licht und F. W. Höh:* Characterization of Flaw location, Shape, and Dimensions with the ALOK System. Materials Evaluation 40 (1982), S. 84–89.

[65] *Stanger, H. K., W. Kappes, R. Licht, H. Bohn und O. A. Barbian:* Einsatzmöglichkeiten des automatisierten Ultraschallprüfsystems ALOK in Verbindung mit einem Gruppenstrahlersystem. Berichtsband der DGZfP-Jahrestagung 1987, S. 484–500.

[66] *Von Bernus, L., F. Mohr und R. Schmid:* Entwicklungen auf dem Gebiet der bildzeichnenden Ultraschallverfahren. Berichtsband der DGZfP-Jahrestagung 1991, S. 279–286.

[67] *Schmitz, V., W. Müller und F. Höh:* PCSAFT – Ein zweikanaliges Ultraschallprüfsystem. Berichtsband der DGZfP-Jahrestagung 1993, S. 648–651.

[68] *Kauppinen, P. und V. Schmitz:* Analyse von Primärkreisventilen mittels PCSAFT. Berichtsband der DGZfP-Jahrestagung 1993, S. 659–663.

[69] *Bartsch, R. und V. Schmitz:* Ultraschallprüfung mit dem LSAFT-Verfahren an dem Druckbehälter und der Hauptkühlmittelleitung des Kernkraftwerkes Obrigheim. Berichtsband der DGZfP-Jahrestagung 1987, S. 287–293.

[70] *Langenberg, K. J., M. Berger, W. Kappes und O. A. Barbian:* Anwendung der SAFT-Rekonstruktionsalgorithmen auf ALOK Urdaten. Berichtsband der DGZFP-Jahrestagung 1989, S. 545–552.

[71] *Burch, S. F. und J. T. Burton:* Ultrasonic synthetic aperture focusing using planar pulse-echo transducers. Ultrasonics (1984), S. 275–281.

[72] *Mayer, K., R. Marklein, K. J. Langenberg und T. Kreutter:* Three-dimensional imaging system based on Fourier transform synthetic aperture focusing technique. Ultrasonics 28 (1990) S. 241–255.

[73] *Crostack, H.-A. und V. Schuster:* Die akustische Konturholografie als ein Beitrag zur verbesserten Fehlerbewertung an Schweißnähten. Berichtsband der DGZfP-Jahrestagung 1993, S. 743–751.

[74] *Schuster, V.:* Untersuchungen zur verbesserten Fehlerbeschreibung mit der akustischen Holographie. Dissertation, Universität Dortmund (1995).

[75] *Kutzner, J., A. Erhard und H. Wüstenberg:* Mehrfrequente Kreisholographie in der Ultraschallprüfung. Materialprüfung 28 (1986), S. 211–213.

[76] *Kutzner, J., A. Erhard und H. Wüstenberg:* Mehrfrequenzholographie und SAFT (Synthetic Aperture Focusing Technique) – Verfahren in der Ultraschallprüfung. Materialprüfung 28 (1986), S. 142–271.

[77] *McLay, A. und J. Lilley:* The advantages of ultrasonic techniques as an aid to condition monitoring of industrial plant. Insight 36 (1994), S. 441–444.

[78] *Silk, M. G.:* An evaluation of the performance of the TOFD technique as a means of sizing flaws, with particular reference to flaws with curved profiles. Insight 38 (1996), S.280 -287.

[79] *Ganz, S.:* Ultraschall-Wandler und -Linsen für Ultraschall-Mikroskope. DGZfP- Seminar über Ultraschallprüfung und Sensoren 1992, S. 122–130.

[80] *Boseck, S.:* Akustische Mikroskopie. Phys. Bl. 49 (1993), S. 497–502.

[81] *Rüdiger, A.:* Ultraschallmikroskopie in der Qualitätssicherung- Die Fledermaus als Vorbild. Elektronik Journal 17 (1991), S. 36–38.

[82] *Baumann, J. und G. Fritsch:* Das Ultraschall-Raster-Mikroskop. Physik in unserer Zeit 19 (1988) S. 16–28.

[83] *Hrabovec, A.:* „Ultrasònic Testing of Aluminium Welds", IIW-Doc. V, 1987.

[84] IIW (International Institute of Welding): Handbook on the Ultrasonic Examination of Austenitic Welds. Edition 1986, Miami FL. 3335.

[85] IIW (International Institute of Welding), Doc. 836-85: Anleitung zur Prüfung von austenitischen Schweißverbindungen mit Ultraschall. DVS-Verlag Düsseldorf 1988.

[86] *Echterhoff, U. und H.-D. Kunze:* Prüfen von Schweißverbindungen austenitischer Stähle mit Hilfe von Ultraschall. Maschinenmarkt 84 (1978).

[87] *Edelmann, X. und R. Hornung:* Erfahrungen im Prüfen von austenitischen Schweißverbindungen mit Ultraschall. Material und Technik 5 (1977), Schweiz.

[88] *Edelmann, X.:* Betrachtungen zur praktischen Anwendung der Ultraschallprüfung von austenitischen Schweißverbindungen. DGZfP-Berichtsband Europäische Tagung „Zerstörungsfreie Werkstoffprüfung", Mainz 1978, S. 729–736.

[89] *Edelmann, X.:* Zur Ultraschallprüfung von Schweißverbindungen. Materialprüfung 28 (1986) Nr. 9, S. 262–264.

[90] *Frielinghaus, R.:* Ultraschallprüfung austenitischer Werkstoffe. Fachberichte für Materialbearbeitung 1979, Nr. 1–2

[91] *Goebbels, K., M. Römer und H.-A. Crostack:* Quantitativer Vergleich verschiedener Ultraschall-Prüfverfahren zur Verbesserung des Signal-Rausch-Abstandes beim Vorliegen kohärenten Untergrundes. Materialprüfung 21 (1979) Nr. 8, S. 261–267.

[92] *Herberg, G. und W. Laufer:* Statusbericht zur Ultraschallprüfung an austenitischen Schweißnähten. Materialprüfung 20 (1978) Nr. 3, S. 120–124.

[93] *Mohr, F., E. Szafarska et al.:* Ultraschall-Prüftechnik für die austenitischen Schweißnähte des Kernmantels. Berichtsband DGZfP-Jahrestagung 1995, S. 391–401.

[94] *Neumann, E., et al.:*Ultraschallprüfung von austenitischen Plattierungen, Mischnähten und austenitischen Schweißnähten. Expert-Verlag Renningen-Malmsheim 1995.

[95] *Silber, F. A. und O. Ganglbauer:* Beitrag zur Ultraschallprüfung austenitischer Schweißnähte. Schweißtechnik 9 (1977), Österreich.

[96] *Wüstenberg, H., T. Just, W. Möhrle und J. Kutzner:* Zur Bedeutung fokussierender Prüfköpfe für die Ultraschallprüfung von Schweißnähten mit austenitischem Gefüge. Materialprüfung 19 (1977) Nr. 7, S. 246–251.

[97] *Decker, H. und M. Vogt:* Ultraschallprüfung austenitischer Schmiedestücke mit neuartiger Sendetechnik. Fachberichte Hüttenpraxis H 10 (1978), S. 915–919.

[98] *Schlinke, D.:* Werkstoffprüfung für Metalle, ein Laboratoriumslehrgang. VDI-Verlag Düsseldorf 1981.

[99] Hütte, Taschenbuch der Werkstoffkunde (Stoffhütte), 4. Auflage, Verlag W. Ernst & Sohn, Berlin-München 1967.

[100] *Lehfeldt, W.:* Ultraschall kurz und bündig. Vogel-Verlag Würzburg 1973.

[101] DGZfP-Lehrhefte Ultraschallkursus U 1, U 2; Deutsche Gesellschaft für Zerstörungsfreie Prüfung, Berlin 1988.

[102] *Rint, C.:* Handbuch für Hochfrequenz- und Elektro-Techniker, 2. Band. Verlag für Radio-Foto-Kinotechnik, Berlin-Borsigwalde 1953.

[103] Herstellerangaben.

[104] *Anderson, L. A.:* Physics VadeMecum. American Institute of Physics, New York 1981.

[105] *Kino, G.S.:* Acoustic Waves: Devices, Imaging and Analog Signal Processing. Prentice-Hall, Englewood Cliffs, New Jersey 1987.

[106] *Hartmann und Jarzynski:* Ultrasonic measurements in polymers. JASA 56 (1974) S. 1472–1477.

[107] RAPRA Members Journal September 1974.

[108] *McIntire, P.:* ASNT Non-Destructive Testing Handbook, Volume 7 :Ultrasonic Testing. 2nd Edition 1991.

[109] *Landolt Börnstein:* Molekularakustik Bd. 4, Springer Verlag Berlin 1955.

[110] *Landolt Börnstein:* Molekularakustik Bd. 5, Springer Verlag Berlin 1967.

[111] Ultran Laboratories, Inc. 1020 East Boal Avenue, Boalsburg, PA 16827 USA.

[112] *Anson, L. W. und R. C. Chivers:* Thermal Effects in Dilute Suspensions. Ultrasonics 28 (1990), S. 16–26.

[113] *Wheast, R. C.* (Editor*):* Handbook of Chemistry and Physics, 58th Edition, CRC Press, Cleveland Ohio (1977).

[114] *Hung, B.-N. und A. Goldstein:* Acoustic Parameters of Commercial Plastics. IEEE Trans. Son. Ultrason. SU-30 (1983), S. 249–254.

[115] *Morgner, W., K.-H. Schiebold und H. Krause:* Ultrasonic High-Temperature Materials Evaluation – A Solved Problem? Materials Evaluation 45 (1987), S. 569–571

[116] *Papke, W. H.:* Vorschlag zur dokumentarischen Erfassung des Befundes von Ultraschall-Schweißnahtprüfungen. Schweißen und Schneiden 13 (1961) Nr. 10

[117] *Rechner, W.:* Bewertung und Dokumentation bei der Ultraschall-Schweißnaht-prüfung. ZIS-Mitteilungen 17 (1975) Nr. 8.

[118] *Richter, H.-U.:* Datenfluß der Ultraschall-Schweißnahtprüfung. Schweißtechnik 21 (1971) Nr. 9

[119] *Moser, E., M. Platte und P. S. Osborne:* Mobiles C.Bild-Erfassungssystem für die manuelle Ultraschallprüfung. Stahl und Eisen 114 (1994) S. 51–57

[120] *Moser, E.:* Fast topographical reporting of manual ultrasonic testing results by evaluation of amplitude and depth by using a „See-Scan" and a „ECHOGRAPH 1030" UT-unit. World Conference of Non-Destructive Testing (WCNDT), Rio de Janeiro (1992).

[121] SRI (Southwest Research Institute): Search Unit Tracking And Recording System (SUTARS). US Pat. No. 4160386; San Antonio und Houston, USA.

[122] *Buschke, P.:* Für den harten Alltag. Kontrolle 1993, Juli/August, S. 11–12.

[123] By Courtesy of DRA, Farnborough, England, British Crow Copyright 1992, via Krautkrämer, Hürth.

[124] *Lund, S. A., S. E. Iversen und H. Holst:* P-scan, ein neues System für die Ultraschall-Schweißnahtprüfung. DGZfP-Berichtsband Europäische Tagung „Zerstörungsfreie Werkstoffprüfung" Mainz 1978, S. 339–346.

[125] *Meyer, H.-J.:* Ultraschallprüfung von Schweißnähten und Wandungen im Druckbehälterbau in Hinsicht auf Mechanisierung und Automatisierung des Prüfablaufes. Materialprüfung 12 (1970) Nr. 10, S. 329–336.

[126] DGZfP-Berichtsband 17: Vorträge des Seminars „Automatisierung in der Ultraschallprüfung – Stand der Technik, Entwicklungstendenzen bei mobilen Prüfanlagen", Berlin Nov. 1988.

[127] *Grabendörfer, W.:* Über die Bedeutung des Testfehlers bei automatischen Ultraschallprüfanlagen. Materialprüfung 8 (1964), S. 261–265.

[128] *Heidt, H., Nockemann, Ch. u. N. Thomsen:* ROC: How to Describe the Reliability of NDT Quantitatively; Proceedings of Automatic and Advancing Radiologic NDT, 11, ASNT, 14. bis 16. 8. 1990, Wilmington, Delaware, USA.

[129] *Berner, K.:* Fehler-Anzeigewahrscheinlichkeit und -größenklassifizierung bei automatischen Ultraschall-Grobblechprüfanlagen mit feststehenden und oszillierenden Prüfköpfen. Archiv Eisenhüttenwesen 46 (1975) Nr. 2.

[130] *Möller, P. und K. Berner:* Neue Generation eines Ultraschall-Gerätesystems für automatische Ultraschallprüfanlagen, aufgezeigt am Beispiel einer Groblechprüfanlage. Fachberichte Hüttenpraxis Metallweiterverarbeitung, Nr. 10 (1977).

[131] Voest-Alpine Stahl Linz GmbH (Werksfoto).

[132] *Smit, H. und H. Paaßen:* Automatisierte Ultraschallprüfung von Warmband bis 10 mm Dicke nach dem Impuls-Echo-Verfahren mit Plattenwellen. Archiv Eisenhüttenwesen 46 (1975) Nr. 7.

[133] *Deutsch, V. und H. Kötter:* Ultraschallprüfung von Blechen. Bänder, Bleche, Rohre 9 (1968) Nr. 12.

[134] *Berner, K. und J. Kugler:* Kontinuierliche Ultraschallprüfung von Bändern und Blechen für Spiralrohre. Bänder, Bleche, Rohre 13 (1972).

[135] *Berner, K. und J. Kugler:* Einfache Prüfanlagen für eine 100 % Fehleranzeigewahrscheinlichkeit bei der Ultraschall-Flächenprüfung von Blechen und Bändern. Materialprüfung 15 (1973) Nr. 2, S. 43–49.

[136] *Thoma, C., H. Paaßen u. P. Möller:* Automatische Ultraschallprüfung von Schienen mittels Freiwasserstrahlankopplung im Produktionsfluß. Berichtsband DGZfP-Jahrestagung 1995, S. 279–286.

[137] *Rossberg, R. R.:* Fahrt auf schneller Schiene.VDI-Nachrichten Nr. 32/1996, S. 13.

[138] *Sladojevic, B.:* Ultrasonic Testing of Rails. INSIGHT Vol. 37 (1995), S. 987–991.

[139] Fa. Nukem, D-63755 Alzenau (Werksfoto „ROTA 25").

[140] *Schlawne, F.:* Oberflächen mit elektrodynamisch angeregten Ultraschall-Oberflächenwellen prüfen. QZ 35 (1990) Heft 10, S. 585–589.

[141] *Schlawne, F. und H. Schneider:* Ultraschallprüfung von Präzisrohren mit elektrodynamischen Wandlern. Informationsschrift der Mannesmann AG, Duisburg.

[142] Report M 25 Informationen für den Maschinen- und Fahrzeugbau der Mannesmann-Röhrenwerke: „Schnelle koppelmittelfreie Ultraschallprüfung im Werk Wickede – Premiere für eine neue Ultraschall-Prüftechnik", Oktober 1994.

[143] N.N.: NDT Aspects of the Significance of Weld Defects. SANDT Special Seminar 1971, NDT 17.

[144] *Deutsch, V.:* Die zerstörungsfreie Prüfung von Schweißnähten. Der Praktiker 12/1973.

[145] *Tenbusch, T.:* Zerstörungsfreie Prüfung von Schweißnähten im Druckbehälterbau. Schweißen und Schneiden 26 (1974) Nr. 5.

[146] *Weise, H.-D.:* Zerstörungsfreie Schweißnahtprüfung. Bd. 4 der „Schweißtechnischen Praxis", 2. Auflage, DVS-Verlag Düsseldorf 1981.

[147] *Deutsch, V. und M. Vogt:* Die zerstörungsfreie Prüfung von Schweißverbindungen – Verfahren und Anwendungsmöglichkeiten. Schweißen und Schneiden 39 (1987) Nr. 3.

[148] *Fischer, K.-H.:* Schweißverbindungen zerstörungsfrei geprüft. Band 24 der „Schweißtechnischen Praxis", DVS-Verlag Düsseldorf 1990.

[149] W.I. (The Welding Institute): Procedures and Recommendations for the Ultrasonic Testing of Butt Welds. Second edition 1971.

[150] IIW (International Institute of Welding): Handbook on the Ultrasonic Examination of Welds. Abington Hall, Abington, Cambridge CB1 6AL, England.

[151] *Steffens, H. D., I. D. Henderson und U. Echterhoff:* Zerstörungsfreie Prüfung von Tiefspaltschweißnähten mittels Durchstrahlung und Ultraschall. Zeitschrift für Werkstofftechnik 1975 Nr. 5.

[152] *Richter, H.-U. und K. Jänicke:* Prüfgerechte Konstruktionen, Spezifische Bedingungen der zerstörungsfreien Werkstoffprüfung. Schweißtechnik 23 (1973), Nr. 2.

[153] *Neumann, A.:* Prüfgerechtes Konstruieren für die zerstörungsfreie Prüfung von geschweißten Baugruppen. Jahrbuch '93, DVS-Verlag, Düsseldorf, S. 212–216.

[154] *Drews, P. und J. Schmidt:* Gütesicherung mit dem Ultraschallprüfverfahren bei Reibschweißverbindungen aus Stahl. VDI-Zeitschrift Bd. 122 (1980) Nr. 13.

[155] *Tutzschky, G.:* Probleme bei der Ultraschallprüfung von Reibschweißverbindungen. Schweißtechnik 30 (1980) Nr. 4.

[156] *Stelling, A. H.:* Beitrag zur Ermittlung der Aussagemöglichkeiten des Ultraschallprüfverfahrens über die Nahtgüte von Abbrennstumpfschweißverbindungen. Mitteilungsblatt für die amtliche Materialprüfung in Niedersachsen, Jg. 1970/71, S. 16–19.

[157] *Wilkens, G.:* Ein neuartiges zerstörungsfreies Prüfverfahren für Punktschweißungen. Mitteilungsblatt für die amtliche Materialprüfung in Niedersachsen, Jahrg. 1962/63, S. 28–31.

[158] *Matting, A. und G. Wilkens:* Die Prüfung von Punktschweißungen durch Ultraschall. Fachbuchreihe Schweißtechnik Bd. 35, DVS-Verlag, Düsseldorf.

[159] *Deutsch, V.:* Automatisches Prüfen von Schweißpunkten mit Ultraschall. Schweißen und Schneiden 19 (1967) Nr. 1.

[160] *Mundry, E.:* Untersuchungen über die zerstörungsfreie Prüfung von Schweißpunkten an dicken Blechen mit Ultraschall. Schweißen und Schneiden 19 (1967) Nr. 4

[161] *Frohart, W., F. W. Meinke und B. Vogt:* Zerstörungsfreie Prüfung von Punktschweißverbindungen. Vortrag auf der 171. Sitzung des DGZfP-AK Hannover.

[162] *Wüstenberg, H. B. Rotter und H.-J. Krause:* Ultraschallprüfung von Punktschweißverbindungen durch Abbildungsverfahren. Materialprüfung 32 (1990), S. 171–174.

[163] *Berner, K. und J. Müller-Hillebrand:* Ermittlung optimaler Prüfabstände bei der Ultraschall-Schweißnahtprüfung mit automatischen Anlagen. Materialprüfung 17 (1975), S. 221–222.

[164] *Berner, K.:* Zerstörungsfreie Prüfung spiralnahtgeschweißter Großrohre. Dokumentation zerstörungsfreie Prüfung der Bundesanstalt für Material (BAM).

[165] *Füchtenschnieder, F.-J., P. Möller und V. Deutsch:* Automatische Ultraschall-Prüfanlagen für die Schweißnahtprüfung an Rohren und Behältern. Materialprüfung 18 (1976), S. 372–375.

[166] *Koch, F. O.:* Qualitätssicherung bei der Herstellung von UP-geschweißten Großrohren. 3 R International 16. Jg. Nr. 11–12.

[167] *Deutsch, V. und M. Vogt:* Ultraschall-Prüftechnik in der Automobilindustrie. Werkstatt und Betrieb, 108-Jahrgang 1975, Heft 10 und 11.

[168] *Egelkraut, K.:* 20 Jahre Ultraschallpürfung an Achswellen – bewährte Verfahren und neuere Entwicklungen bei der DB und anderen Eisenbahnen. Schienen der Welt, September 1970.

[169] *Tuncel, S.:* Non-Destructive Testing of Railway Truck Axles. British Journal of NDT.

[170] Werksfoto Deutsche Bahn AG.

[171] *Vogt, G. und C. Köhler:* Computergesteuerte Ultraschall-Radsatzprüfanlage – ein Beispiel für ein neues innovatives Prüfsystem. Berichtsband DGZfP-Jahrestagung 1995, S. 541–544.

[172] Fa. Vogt Werkstoffprüfsysteme, 30938 Großburgwedel: Ultraschall-Werkstoffprüfung für sichere Räder: Deutsche Bahn AG nimmt computergesteuerte Ultraschall-Radsatzprüfanlage im Werk Neumünster in Betrieb. Pressemitteilung 01-94.

[173] *Hillger, W.:* Ultraschallprüfung großer Bauteile aus Faserverbundstoffen. Vortrag 3. DGZfP-Kolloquium Qualitätssicherung durch Werkstoffprüfung in der Hochschule Zwickau, 23. und 24. November 1993.

[174] *Vogt, G. und P. Kleest:* Mobile bildverarbeitende Wirbelstromprüfung für spezielle Prüfprobleme in der Luft- und Raumfahrt (enthält auch Ultraschall-Verfahren). Berichtsband DGZfP-Jahrestagung 1993, S. 865–872.

[175] Patentschrift DE 42 37 378 C 1: Verfahren und Vorrichtung zur Ankopplung eines ersten Körpers an einen zweiten Körper.

[176] N.N.: Adhesive Bond Testing. Aircraft Production, February 1960; N.V. Koninklijke Nederlandse Vliegtuigenfabriek Fokker – Amsterdam, Niederlande.

[177] *De Sterke, A.:* Ultrasonic Inspection of Welds in Nuclear Reactor Pressure Vessels (New developed equipment for automatic scanning and recording of butt welds). International Symposium on „Non-Destructive Testing of Nuclear Power Reactor Components", Rotterdam, Februar 1970.

[178] *Engl, G.:* NDE Systems Qualification – A German View. Sonderdruck Siemens-KWU, Erlangen 1993.

[179] *Engl, G. und W. Schmulling:* Konzept der wiederkehrenden Prüfungen für WWER-Reaktoren in Anlehnung an das deutsche Regelwerk. MPA-Seminar Stuttgart, 5 u. 6.10.1995, Vortrag 23.

[180] *Goebbels, K., S. Kraus und R. von Klot:* Signalanhebung bei der Ultraschallprüfung grobkörniger Werkstoffe. Seminar ZfP in der Kernreaktortechnik, IZfP Saarbrücken, 8. u. 9. 3. 1978.

[181] *Kolb K. und M. Wölfel:* Ultraschallprüfung auf Unterplattierungsrisse an Reaktorteilen. Materialprüfung 16 (1974) Nr. 3, S. 74–75.

[182] *Kolb, K. und M. Wölfel:* Zur Ultraschallprüfung von Kernreaktor-Druckbehältern. Materialprüfung 17 (1975) Nr. 10, S. 352–358.

[183] *Meyer, H.-J. und W. Prestel:* Ultraschallprüfung dünnwandiger Nähte mit Quantifizierung und Registrierung, dargestellt am Beispiel von Zirkonium-Brennelementkästen. Materialprüfung 18 (1976) Nr. 3, S. 76–81.

[184] *Meyer, H.-J.:* Ultraschall-Wiederholungsprüfungen an Reaktor-Druckbehältern. Kerntechnik, Isotopentechnik und -chemie, 13. Jg. 1971 Heft 2, S. 56–68.

[185] *Meyer, H.-J. und W. Rath:* Ultraschalleinrichtungen für Wiederholungsprüfungen an Reaktordruckbehältern. Referat der Fachtagung Nr. 9 Nuclex 72, Basel, Schweiz.

[186] *Müller, G.:* Fernbediente Ultraschall-Basis- und Wiederholungsprüfungen an Reaktordruckbehältern. Kerntechnik 20. Jg. (1978) Nr. 3.

[187] *Mundry, E. et al.:* Entwicklungstendenzen in der Ultraschallprüfung anhand von Problemen der Reaktorsicherheit. Materialprüfung 17 (1975) Nr. 10, S. 347–352.

[188] *Neumann, E. et al.:* Ultraschallprüfung von austenitischen Plattierungen, Mischnähten und austenitischen Schweißnähten. Expert-Verlag 1995.

[189] *Seiger, H. und G. Engl:* The Development of an Ultrasonic Testing System for the Spherically Shaped Perforated Areas of Light Water Reactor Pressure Vessels. Specialists meeting on the Ultrasonic Inspection of Reactor Components, Risley, U.K. 27-29. Sept. 1976, OECD Nuclear Energy Agency.

[190] *Trumpfheller, R.:* Prüfung von Druckbehältern für Kernkraftwerke. Kerntechnik 20. Jg. (1978) Nr. 3, S. 109–113.

[191] *Trumpfheller, R.:* „Zerstörungsfreies Prüfen von Schweißungen an Behältern und Rohrleitungen in der Kerntechnik", Schweißen und Schneiden 23. Jg. 1971 Heft 4, S. 138–140.

[192] *Wüstenberg, H.:* Technischer Bericht der BAM (Labor 6.21) zum Forschungsvorhaben RS 2702, I. und II. Teil, 1976.

[193] *Walte, F.:* Prüfung geschichteter Medien mit Ultraschall. Materialprüfung 27 (1985) Nr. 7/9, S. 191–193 u. 265–268.

[194] *Matting, A. und A. Heidemann:* Entwicklung eines Gerätes zur zerstörungsfreien Prüfung von Lagerschalen mit Ultraschall. Materialprüfung 8 (1966) Nr. 5, S. 175–180.

[195] *Mundry, E.:* Zerstörungsfreie Prüfung von Verbundteilen. Materialprüfung 7 (1967) Nr. 8, S. 296–303.

[196] *de Raad, J. A.:* Ultraschallprüfen hartgelöteter Verbindungen zwischen Rohrplatten von Wärmetauschern. Schweißen und Schneiden 28 (1976) Nr. 4, S. 139–141.

[197] *Reti, P.:* Die Beurteilung der Qualität des Schrumpfsitzes mit Ultraschallprüfung. Materialprüfung 16 (1974) Nr. 9, S. 279–280.

[198] *Schaper, H. und F. Pries:* Ultraschallprüfung der Bindung Gummi/Metall. Materialprüfung 27 (1985) Nr. 9, S. 262–265.

[199] *Steinkamp, G.:* Ultraschall-Impulsgerät für Beton. Elektronische Rundschau 10 (1956), S. 172–173.

[200] *Schaper, H.:* Beitrag zur zerstörungsfreien Prüfung von glasfaserverstärkten Kunststoffen. Materialprüfung 10 (1968) Nr. 2, S. 50–54.

[201] *Schaper, H. und H. A. Stelling:* Beitrag zur Ultraschallprüfung von glasfaserverstärkten Kunststoffen – Grenzen der Meßgenauigkeit bei der Schallgeschwindigkeitsbestimmung. Materialprüfung 10 (1968) Nr. 10, S. 337–342.

[202] *Schütze, R. und W. Hillger:* Erkennbarkeit von Fehlern in CFK-Laminaten. Vortrag auf der DGLR-Jahrestagung in Aachen, 12.–14. Mai 1981.

[203] *Bisle, W.:* Zerstörungsfreie Prüfung von faserverstärkten Kunststoffen. Kunststoffberater 9/10 1995, S. 35–43.

[204] *McConnell, G. und R. Klinman:* The NDT Inspection of Aircraft Tires by Use of Pulse Echo Ultrasonics. Report NADC-72035-VT/AD 747633, (5/1972); Naval Air Development Center, Warminster, PA, USA.

[205] *Taylor, J.-L. et al.:* The Evaluation of Sintered Metal Products. The British Journal of NDT, September 1978, S. 248–253.

[206] *Liebchen, H.:* Ultraschall-Untersuchung zur Feststellung von biotischen und abiotischen Holzschädigungen. Diplomarbeit an der Bergischen Universität, Fachbereich Bautechnik, Prof. Klingsch (1984).

[207] *Kessel, M.:* Festigkeitsuntersuchungen von Eichenbalken. Bauen mit Holz, Heft 3/4 1990.

[208] *Deutsch, V. und P. Möller:* Automatische Ultraschall- Gasflaschenprüfanlage. Materialprüfung 17 (1975) Nr. 10, S. 376–379.

[209] *Steiner, R.:* Betrachtungen zur Sicherheit von Hochdruck-Transportbehältern. Material und Technik 6 (1978) Nr. 4, S. 159–161.

[210] *Kopineck, H.-J., W. Böttcher u. F. H. Veith:* Zerstörungsfreie Prüfung von Arbeitswalzen für Kaltwalzwerke. Archiv Eisenhüttenwesen 45 (1975) Nr. 1, S. 33–38.

[211] *Barbian, O. A., Goedecke, H., Krieg, W.:* Measurement of Remaining Wall Thickness of Pipelines Using „Intelligent“ Pigs. Non-Destructive Testing (1992), S. 803–805, Elsevier Science Publishers.

[212] New Borehole Scanner. Druckschrift der DMT Bochum.

[213] Europäische Patentanmeldung 0671547A1.

[214] *Krüger, E., Diederichs, R., Klose, R.:* Das Wie und Wo von Ultraschall bei der Automatisierung. Plastverarbeiter 43 (1992), S. 37–43.

[215] *Kastel, R.:* Statische und dynamische Messung des Laufradspaltes bei Wasserturbinen und -pumpen mittels Ultraschall. Schriftenreihe der Technischen Universität Wien: 5. Internationales Seminar Wasserkraftanlagen, Betriebserfahrungen und Erneuerungen, TU-Wien (1988), S. 355–364.

[216] *Kastel, R.:* Ultraschallmessung von wassergefüllten Laufradspalten. Berichtsband DGZfP-Jahrestagung 1991, S. 132–137.

[217] *Kastel, R., Kreiner, Pichler und M. Platte:* Ultraschalldifferenzverfahren zur Bestimmung von aufgespritzen Schichtdicken bei Laufradmänteln von Rohrturbinen. Erscheint in: Schriftenreihe der Technischen Universität Wien: 9. Internationales Seminar Wasserkraftanlagen TU-Wien (1996).

[218] *Tietz, H.-D.:* Ultraschall-Meßtechnik. VEB Verlag Technik Berlin 1969.

[219] DGZfP Richtlinie US 1: Wanddickenmessung mit Ultraschall“. Deutsche Gesellschaft für Zerstörungsfreie Prüfung e.V., Motardstr. 54, 13629 Berlin.

[220] *Möller, P.:* Ultraschall-Verfahren zur simultanen präzisen Messung der Schallgeschwindigkeit und Dicke. Berichtsband DGZfP-Jahrestagung 1991, S. 232–239.

[221] *Pohl, D., Schmidt et al.:* Ultraschallprüfung in Gießereien. Gießerei 66 (1979) Nr. 19.

[222] *Asher, R. C.:* Ultrasonics in Chemical Analysis. Ultrasonics 25 (1987), S. 17–19.

[223] *Jha, D. K. und B. L. Jha:* Ultrasonic Velocity and Related Parameters of Aqueous Solutions of Some Group I Salts. Acustica 68 (1989), S. 67–76.

[224] *Douheret, G., A. Khadir and A. Pal:* Thermodynamic Characterisation of the Water + Methanol System, Thermochimica Acta, 142 (1989), S. 219–243.

[225] *Wagner, R., P. Schäfer und M. Platte:* „Einfache Konzentrationsbestimmung in Flüssigkeiten mit Ultraschall. LaborPraxis 10 (1996), S. 56–58.

[226] N.N.: Härteprüfung nach dem UCI-Verfahren. Das Echo 34, 1989; Fa. Krautkrämer, Hürth.

[227] *Blumenauer, H.* (Hrsg.)*:* Werkstoffprüfung. 4. Auflage, Leipzig: Deutscher Verlag für Grundstoffindustrie 1987.

[228] *Master, R. C. Mc., Intire, P. Mc. u. M. L. Mester:* Nondestructive Testing. Band 1.9, 1986.

[229] *Steeb, S.* (Hrsg)*:* Zerstörungsfreie Werkstück- und Werkstoffprüfung. Expertverlag Ehningen, 1988.

[230] *Becker, E.:* Grobstrukturprüfung mittels Röntgenstrahlung und Gammastrahlung. Verlag für Grundstoffindustrie, Leipzig 1984.

[231] *Glocker, R.:* Materialprüfung mit Röntgenstrahlen. Springer-Verlag Berlin, New York, Heidelberg 1970.

[232] N.N.: Industrielle Radiographie. AGFA-Gevaert N.V. 1990, B-2510 Mortsel, Belgien.

[233] N.N.: Bewertungskatalog zu EN 25817/ISO 5817. Referenzkarten mit der Bewertung, DVS-Verlag Düsseldorf 1993.

[234] *Förster, F.:* Theoretische und experimentelle Grundlagen der zerstörungsfreien Werkstoffprüfung mit Wirbelstromverfahren, Zeitschrift f. Metallkunde 43 (1952), S. 163.

[235] *Deutsch, V. und M. Vogt:* Die Rißtiefenmessung. Neue Fachberichte Oktober 1976, Werkstattechnik.

[236] *Deutsch, V., M. Platte et al.:* Rißtiefenmessung, zeitgemäße Meßtechnik für ein bewährtes Verfahren. Materialprüfung 38 (1997), H. 7–8, S. 306–310.

[237] *Becker, E. A. und M. Vogt:* Wirkungsweise und Anwendungsmöglichkeiten eines elektromagnetischen Gefüge- und Verwechslungs-Prüfgerätes. Materialprüfung 15 (1973) Nr. 5, S. 182–185.

[238] *Wahl, G. und J. Rödicker:* Wirtschaftliche Qualitätserzeugung. Kontrolle 9/96, S. 48–50.

[239] *Deutsch, V., M. Platte und P. Ettel:* Schichtdickenmessung: Erhöhte Genauigkeit durch programmierbare Sensoren. Metalloberfläche 47 (1993), S. 113–117.

[240] *Deutsch, V.:* Die zerstörungsfreie Prüfung von Schweißnähten. Der Praktiker 12/ 1973.

[241] *Deutsch, V. und M. Vogt:* Die zerstörungsfreie Prüfung von Schweißverbindungen – Verfahren und Anwendungsmöglichkeiten. Schweißen und Schneiden 3/87.

[242] *Deutsch, W. A. K., A. Cheng und J. D. Achenbach:* Self-Focusing of Rayleigh Waves and Lamb Waves with a Linear Phased Array (wird veröffentlicht in: Research in Nondestructive Evaluation).

[243] Pipetronix GmbH, Stutensee, D.

[244] *Wahl, G., V. Deutsch und M. Platte:* Automatisierte Rißerkennung. Kontrolle 7/8 (1995), S. 20–24.

[245] *Rott, H.-D.:* Ultraschalldiagnostik: Neuere Bewertung der biologischen Sicherheit. Dt. Ärzteblatt 93 (1996), Heft 23, S. C-1075 – C-1079.

[246] Siemens-KWU, Erlangen.

[247] *Salzburger, H. J. et al.:* Entwicklung, Betriebstest und Einsatz eines automatischen Systems zur wiederkehrenden Prüfung der Laufflächen von Eisenbahn-Rädern. Berichtsband DGZfP-Jahrestagung 1987, S. 253–264.

10 Formelzeichen und Abkürzungen

10.1 Formelzeichen

Hinweis: Da viele Formelzeichen aus unterscheidlichen Sachgebieten stammen und z.T. in der Literatur fest eingeführt sind, lassen sich Doppeldeutigkeiten nicht immer vermeiden. Wenn doppelte Bedeutung gegeben ist, sind die Sachgebiete i.a. so verschieden, daß eine Verwechslung auszuschließen ist. Ansonsten ist durch geeignete Indices oder durch Hinweise im Text oder Bildunterschriften eine eindeutige Zuordnung gegeben.

A	Abstand (nur zus. mit AVG)
	Amplitude (in % oder dB)
a	Abstand, allgemein
	Kantenlänge Rechteckschwinger
	Abstand Prüfkopf-Reflektor
	Projektionsabstand
	Magnetostriktive Konstante
a'	Verkürzter Projektionsabstand
a_1, a_2	Fehlerabstand
a_F	Abstand der Fokussierung
a_p	Sprungabstand
a_v	Länge der Vorlaufstrecke
a_x	Abstand der Nebenechos
a_y, a_z	Abstand der Zusatzechos
B_{PK}	Schallbündelbreite
b	Kantenlänge Rechteckschwinger
b_1, b_2	Abstand auf dem Bildschirm
c	Schallgeschwindigkeit
c_L	Longitudinal-Schallgeschwindigkeit
c_T	Transversal-Schallgeschwindigkeit
D	Durchmesser, allgemein
D_f	Fokusdurchmesser
D_K	Kreisscheiben-Durchmesser
D_{min}	Fehlerdurchmesser
D_S	Schwingerdurchmesser
D_Z	Durchmesser der Zylinderbohrung

d	Dicke, allgemein Blechdicke Gesamtdicke Rohrwanddicke Wanddicke
d_{ij}	Piezoelektrische Konstante (Schallerzeugung)
E	Elastizitätsmodul
E_{dB}	Empfindlichkeit
E_i, E_x	Elektrische Feldstärke
F, F'	Fokusabstand
f	Frequenz, allgemein
f_m	Mittenfrequnz
f_o	Obere Grenzfrequenz
f_r	Resonanzfrequenz
f_u	Untere Grenzfrequenz
G	Durchmesser, Größe (nur zus. mit AVG) Schubmodul
g_{ij}	Piezoelektrische Konstante (Schallempfang)
H	Magnetische Feldstärke
I	Elektrische Stromstärke Intensität, akustisch
I_o, I_l	Intensität (Röntgenstrahlung)
i	Anzahl der Halbwellen vor dem Maximum (ALOK)
j	Wirbelstrom(dichte)
K	Kraft, allgemein
k	Elektromechanischer Kopplungsfaktor Anzahl der Halbwellen nach dem Maximum (ALOK)
k_c	Korrekturfaktor
k_p	Kopplungsfaktor für Planarschwingungen
k_t	Kopplungsfaktor für Dickenschwingungen
$k_{\square}$	Konstante, abh. von Schwinger-Kantenlänge
L	Schalldruckpegel Aperturlänge bei SAFT Spurbreite
l	Länge, allgemein
N	Nahfeldlänge
n	Anzahl, allgemein Entstörrate

P	Fixpunkt, Bezugspunkt
p	Druck, Schalldruck allgemein
p_o	Referenzwert Schalldruck
p_E	Schalldruck, einfallende Welle
p_K	Schalldruck, kreisförmiger Schwinger
$p_\sim$	Schallwechseldruck
R	Reflexionsfaktor
r	Radius, allgemein
r_K	Krümmungsradius
r_R	Rohr-Krümmungsradius
r_S	Schwinger-Radius
S	Relative Längenänderung $\Delta s/s$ Röntgen (Strahlungs)quelle
s	Schallweg, allgemein Länge
T	Transmissionsfaktor Temperatur
t	Zeit, Zeitpunkt allgemein
t_A	Zeitpunkt beim Start
t_E	Zeitpunkt bei der Endposition
t_i	Laufzeit (ALOK)
t_s	Schwingungsdauer
t_v	Laufzeit in der Vorlaufstrecke
t_w	Laufzeit in Wasser bzw. Werkstück
t_0–t_3	Tiefenmaß (Index: Anzahl der Schallumlenkungen, nur bei Schweißnahtprüfung)
t_0–t_4	Schallaufzeiten
U_x	Elektrische Spannung
u_p	Pseudoausschuß
V	Verstärkung
V_p	Schalldruckerhöhung fokussiert(nicht fokussiert
V_i	Volumenelement des Werkstücks (SAFT)
v	Geschwindigkeit des Prüfobjekts
w_p	Anzeigewahrscheinlichkeit echter Fehler
X	X-Maß
x	Längskoordinate, allgemein Ortskoordinate Prüfkopfposition (ALOK)
x_{1v}	Länge des Röntgen-Empfangssegmentes
x_F	Fehlerausdehnung

y	Querkoordinate, allgemein
Z	Akustische Impedanz (Schallwellenwiderstand), allgem.
Z_a	Impedanz der Anpaßschicht
Z_s	Impedanz des Schwingermaterials
Z_v	Impedanz des Vorsatzkeils
z	Räumliche Koordinate, allgemein
α	Absorptionskoeffizient (Ultraschall)
α	Einschallwinkel, Brechungswinkel, Einfallwinkel
α_{1v}	Absorptionskoeffizient (Röntgenstrahlung)
α_K	Kippwinkel
α_L	Winkel der Longitudinalwelle
α_T	Winkel der Transversalwelle
β_L	Reflexionswinkel der Longitudinalwelle
β_T	Reflexionswinkel der Transversalwelle
γ	Winkel, allgemein Schwenkwinkel bei Gruppenstrahlern
Δ	Unterschied, Differenz allgemein
ΔA	Entfernungsunterschied (nur zus. mit AVG)
Δf	Absolute Bandbreite
Δf_{rel}	Relative Bandbreite
Δl	Längenänderung
Δs	Längenunterschied
Δt	Gangunterschied
Δt_A	Abtastschritte bei Digitalisierung
Δt_R	Rechteckbreite der Sendeimpulse
Δt_{50}	Halbwertsbreite des Sendeimpulses
ΔV	dB-Unterschied durch Schwächungseinfluß (nur zus. mit AVG)
$\Delta\varphi$	Phasendifferenz
ε	Dielektrizitätskonstante
ϑ	Öffnungswinkel des Schallbündels
ϑ_+, ϑ_-	Vertikale Öffnungswinkel bei Schrägeinschallung
λ	Wellenlänge
μ	Permeabilität Poissonkonstante
π	3,14
ρ	Dichte
φ	Phasenwinkel Fokussierwinkel Drehwinkel

10.2 Verwendete Abkürzungen

A-Bild	Echobild am Ultraschallgerät
AD-Wandler	Analog-/Digitalwandler
ALOK	Amplituden-Laufzeit-Ortskurve
ASME	American Society of Mechanical Engineers
ASTM	American Society for Testing and Materials
AVG	Abstand-Verstärkung-Größe
B-Bild	Längsschnitt auf der Prüfspur durch das Werkstück
BSH	Bildschirmhöhe
C-Bild	Projektion des Fehlers auf die Werkstückoberfläche
CFK	Kohlefaserverstärkter Kunststoff
CS	Controlled Signals
DAC	Distance-Amplitude Correction
DAK	Distanz-Amplituden-Korrektur
DGZfP	Deutsche Gesellschaft für zerstörungsfreie Prüfung
DIN	Deutsches Institut für Normung
DVS	Deutscher Verband für Schweißtechnik
EDV	Elektronische Datenverarbeitung
EFG	Ersatzfehlergröße
ELD	Elektrolumineszenz-Display
EN	Europäische Norm
EMAT	Elektromagnetic Acoustic Transducer
EMUS	Elektromagnetischer Ultraschallwandler
EPW	Elektrodynamische Permanent-Wandler
FE	Fehlerecho
FuE	Forschung und Entwicklung
GFK	Glasfaserverstärkter Kunststoff
HF	Hochfrequenz, nicht gleichgerichtet
IFF	Impulsfolgefrequenz
IIW	International Institute of Welding
ISO	International Organisation for Standardisation
KDP	Kaliumhydrogenphosphat
KSR	Kreisscheiben-Reflektor
LCD	Liquid Crystal Display
LSAFT	SAFT-Verfahren entlang einer Linie
NE	Nichteisen(metall)
PC	Personal Computer
PK	Prüfkopf

PRF	Pulse Repetition Frequency
PT	Bleititanat
PVDF	Polyvinylidenfluorid
PZT	Bleizirkonattitanat
QM	Qualitäts-Management
QS	Qualitätssicherung
QSH	Qualitätssicherungs-Handbuch
RDB	Reaktordruckbehälter
RE	Rückwandecho
ROC	Relative (Receiver) Operating Characteristic
SAFT	Synthetic Aperture Focusing Technique
SE	Sende-/Empfangs(-prüfkopf, -technik)
SEL	SE-Longwellen-Winkelprüfkopf
SI	Sendeimpuls
SLV	Schweißtechnische Lehr -und Versuchsanstalt
SVDB	Schweizer. Verein von Dampfkessel-Besitzern
TDM	Tausend DM
TOFD	Time Of Flight Diffraction
UCI	Ultrasonic Contact Impedance
UP	Unter Pulver (geschweißt)
US	Ultraschall
UT 1, 2	Ultraschallprüfer Stufe 1, 2
UV	Ultraviolett
ZfP	Zerstörungsfreie Prüfung

11 Sachwortverzeichnis